Le Règne animal distribué d'après son organisation

Volume 3

Georges Cuvier

CAMBRIDGE UNIVERSITY PRESS

Cambridge, New York, Melbourne, Madrid, Cape Town,
Singapore, São Paolo, Delhi, Mexico City

Published in the United States of America by Cambridge University Press, New York

www.cambridge.org
Information on this title: www.cambridge.org/9781108058902

This edition first published 1817
This digitally printed version 2012

ISBN 978-1-108-05890-2 Paperback

CAMBRIDGE LIBRARY COLLECTION

Books of enduring scholarly value

Life Sciences

Until the nineteenth century, the various subjects now known as the life sciences were regarded either as arcane studies which had little impact on ordinary daily life, or as a genteel hobby for the leisured classes. The increasing academic rigour and systematisation brought to the study of botany, zoology and other disciplines, and their adoption in university curricula, are reflected in the books reissued in this series.

Le Règne animal distribué d'après son organisation

French zoologist and naturalist Georges Cuvier (1769–1832), one of the most eminent scientific figures of the early nineteenth century, is best known for laying the foundations of comparative anatomy and palaeontology. He spent his lifetime studying the anatomy of animals, and broke new ground by comparing living and fossil specimens – many he uncovered himself. However, Cuvier always opposed evolutionary theories and was during his day the foremost proponent of catastrophism, a doctrine contending that geological changes were caused by sudden cataclysms. He received universal acclaim when he published his monumental *Le règne animal*, which made significant advances over the Linnaean taxonomic system of classification and arranged animals into four large groups. The sixteen-volume English translation and expansion, *The Animal Kingdom* (1827–35), is also reissued in the Cambridge Library Collection. First published in 1817, Volume 3 of the original version covers molluscs, arachnids and insects.

Cambridge University Press has long been a pioneer in the reissuing of out-of-print titles from its own backlist, producing digital reprints of books that are still sought after by scholars and students but could not be reprinted economically using traditional technology. The Cambridge Library Collection extends this activity to a wider range of books which are still of importance to researchers and professionals, either for the source material they contain, or as landmarks in the history of their academic discipline.

Drawing from the world-renowned collections in the Cambridge University Library and other partner libraries, and guided by the advice of experts in each subject area, Cambridge University Press is using state-of-the-art scanning machines in its own Printing House to capture the content of each book selected for inclusion. The files are processed to give a consistently clear, crisp image, and the books finished to the high quality standard for which the Press is recognised around the world. The latest print-on-demand technology ensures that the books will remain available indefinitely, and that orders for single or multiple copies can quickly be supplied.

The Cambridge Library Collection brings back to life books of enduring scholarly value (including out-of-copyright works originally issued by other publishers) across a wide range of disciplines in the humanities and social sciences and in science and technology.

LE

RÈGNE ANIMAL

DISTRIBUÉ

D'APRÈS SON ORGANISATION.

LE

RÈGNE ANIMAL

DISTRIBUÉ

D'APRÈS SON ORGANISATION,

POUR SERVIR DE BASE A L'HISTOIRE NATURELLE DES ANIMAUX ET D'INTRODUCTION A L'ANATOMIE COMPARÉE.

PAR M. LE CH^ER. CUVIER,

Conseiller d'État ordinaire, Secrétaire perpétuel de l'Académie des Sciences de l'Institut Royal, Membre des Académies et Sociétés Royales des Sciences de Londres, de Berlin, de Pétersbourg, de Stockholm, d'Édimbourg, de Copenhague, de Gœttingue, de Turin, de Bavière, des Pays-Bas, etc., etc.

Avec Figures, dessinées d'après nature.

TOME III,

CONTENANT

LES CRUSTACÉS, LES ARACHNIDES ET LES INSECTES,

Par M. LATREILLE, de l'Académie des Sciences, etc.

A PARIS,

Chez DETERVILLE, Libraire, rue Hautefeuille, n° 8.

DE L'IMPRIMERIE DE A. BELIN.

1817.

AVERTISSEMENT

DU TROISIÈME VOLUME.

SURCHARGÉ de travaux, et cédant peut-être trop aisément à l'impulsion de l'amitié, à mon empressement à lui être utile, M. Cuvier m'a confié la rédaction de la partie de cet ouvrage qui traite des insectes.

Ces animaux ont été l'objet de ses premières études zoologiques, et le principe de ses liaisons avec un des plus célèbres disciples de Linnæus, Fabricius, qui lui donne souvent dans ses écrits des témoignages de son estime particulière. C'est même par des observations curieuses sur plusieurs de ces animaux (*Journal d'Hist. nat.*) que M. Cuvier a préludé à ses travaux sur l'Histoire naturelle. L'entomologie a retiré, comme toutes les autres branches de la zoologie, de grands avantages de ses recherches anatomiques et des changemens heureux qu'il a faits aux bases de nos classifications. L'organisation intérieure des insectes a été mieux connue, et cette étude n'est plus négligée comme elle l'était généralement avant lui. Il nous a mis sur la voie de la méthode naturelle. (*Tableau élém. de l'Hist. nat. des Anim.; Leç. d'Anat. comp.*) Le public regrettera donc vivement que ses occupations nombreuses ne lui aient point permis de rédiger cette partie de son traité sur les animaux.

Peut-être le désir de répondre à sa confiance, d'associer mon nom au sien dans un ouvrage qui, par la multitude de recherches sur lesquelles il repose, et par leur application, sera pour notre siècle un précieux monument littéraire, m'a-t-il fait illusion et jeté dans une entreprise au-dessus de mes forces. J'ai contracté une obligation bien grande, et je me suis imposé une tâche aussi hardie pour le plan que difficile dans l'exécution. Réunir dans un cadre très-limité les faits les plus piquans de l'histoire des insectes, les classer avec précision et netteté dans une série naturelle, dessiner à grands traits la physionomie de ces animaux, tracer d'une manière laconique et rigoureuse leurs caractères distinctifs, en suivant une marche qui soit en rapport avec les progrès successifs de la science et ceux de l'élève, signaler les espèces utiles ou nuisibles, celles qui par leur maniere de vivre intéressent notre curiosité, indiquer les meilleures sources où l'on puisera la connaissance des autres, rendre à l'entomologie cette aimable simplicité qu'elle a eue dans le temps de Linnæus, de Geoffroy et des premières productions de Fabricius, la présenter néanmoins telle qu'elle est aujourd'hui, ou avec toutes les richesses d'observations qu'elle a acquises, mais sans trop l'en surcharger, se conformer, en un mot, au modèle que j'avais sous les yeux, l'ouvrage de M. Cuvier ; tel est le but que je me suis efforcé d'atteindre.

Ce savant, dans son tableau élémentaire de l'histoire naturelle des animaux, n'a pas restreint l'étendue donnée par Linnæus à sa classe des insectes; mais il y a fait cependant des améliorations nécessaires, et qui ont servi de bases à d'autres méthodes publiées depuis. Il distingue d'abord les insectes des autres animaux sans vertèbres, par des caractères bien plus rigoureux que ceux qu'on avait employés jusqu'à lui : *une moëlle épinière, noueuse; des membres articulés*. Linnæus termine sa classe des insectes par ceux qui n'ont point d'ailes, quoique la plupart d'entre eux, tels que les *crustacés*, les *aranéïdes*, soient, sous les rapports de leurs systèmes d'organisation, les plus parfaits de la classe ou les plus rapprochés des mollusques. La disposition de sa méthode est donc, à cet égard, en sens inverse de l'ordre naturel; et M. Cuvier, en transportant, d'après cette différence de systèmes, les crustacés à la tête de la classe, et en fesant venir immédiatement à leur suite presque tous les autres insectes aptères de Linnæus, a rectifié la méthode dans un point où la série était en opposition avec l'échelle formée par la nature.

Dans ses Leçons d'anatomie comparée, la classe des insectes, dont il sépare maintenant les crustacés, est divisée en neuf ordres, d'après la nature et les fonctions des organes masticateurs, l'absence ou la présence des ailes, leur nombre, leur consistance, et la manière dont elles sont réticulées. C'est l'alliance du sytème de Fabricius et de la méthode de Linnæus perfectionnée.

Les coupes que M. Cuvier a faites dans son premier ordre, celui des *gnathaptères*, sont presque les mêmes que celles que j'avais établies, soit dans un Mémoire que j'ai présenté à la Société Philomatique, au mois d'avril 1795, soit dans mon *Précis des caractères génériques des insectes* (1).

M. de Lamarck, dont le nom est si cher aux amis des sciences naturelles, a profité habilement de ces divers travaux. Sa distribution méthodique des insectes aptères de Linnæus, nous paraît être celle qui se rapproche le plus de l'ordre naturel, et nous l'avons suivie, à quelques modifications près, dont nous allons rendre compte.

Ainsi que lui, je partage les insectes de Linnæus en trois classes : les *crustacés*, les *arachnides*, et les *insectes*; mais je fais abstraction, dans les caractères essentiels que je leur assigne, des changemens que ces animaux peuvent éprouver antérieurement à leur état adulte. Cette considération, quoique naturelle et déjà employée par de Géer, dans sa distribution des insectes aptères, n'est point classique, en ce qu'elle suppose l'observation de l'animal dans les divers âges, et elle souffre d'ailleurs beaucoup d'exceptions (2).

---

(1) J'y ai divisé les insectes aptères de Linnæus en sept ordres : 1°. Les SUCEURS; 2°. les THYSANOURES; 3°. les PARASITES; 4°. les ACÉPHALES (*Arachnides palpistes* de M. de Lamarck); 5°. les ENTOMOSTRACÉS; 6°. les CRUSTACÉS; 7°. les MYRIAPODES.

(2) Ces considérations n'ont pas cependant été négligées, et je m'en suis servi, avec un grand avantage, pour grouper les familles et les disposer dans un ordre naturel, ainsi qu'on peut le voir par les petits tableaux historiques qui sont à la tête de l'exposition de ces familles.

La situation et la forme des branchies, la manière dont la tête est unie au corselet, et les organes de la manducation, m'ont fourni le moyen d'établir dans la classe des crustacés cinq ordres qui me paraissent naturels. Je la termine, ainsi que l'a fait M. de Lamarck, par les *branchiopodes*, qui sont des espèces de *crustacés-arachnides*.

Je ne comprends dans la classe suivante, celle des arachnides, que les espèces composant, dans la méthode de M. de Lamarck, l'ordre des *arachnides palpistes*, ou celles qui n'ont point d'antennes. L'organisation tant intérieure qu'extérieure de ces animaux nous présentera dès-lors un signalement simple, rigoureux, et d'une application générale.

Ils ont tous les organes de la respiration intérieurs, recevant l'air par des stigmates concentrés, ayant tantôt des fonctions analogues à celles des poumons, et consistant tantôt en des trachées rayonnées ou ramifiées dès leur base; ils sont privés d'antennes, et offrent communément huit pieds. Je partage cette classe en deux ordres : les *pulmonaires* et les *trachéennes*.

Deux trachées s'étendant parallèlement dans la longueur du corps, ayant, par intervalles, des centres de rameaux correspondant à des stigmates, et deux antennes, caractérisent, d'une manière

---

Je me suis même occupé d'un travail général sur les métamorphoses des insectes, dans un mémoire qui n'a pas encore été publié, mais que j'ai rédigé depuis long-temps et que j'ai communiqué à quelques amis; j'en ai fait usage dans les généralités.

très-simple, la classe des insectes. Ses coupes primaires ont pour base les trois considérations suivantes : 1°. *Insectes aptères, à métamorphoses nulles ou incomplètes ;* les trois premiers ordres. 2°. *Insectes aptères et subissant des transformations complètes ;* le quatrième. 3°. *Insectes ayant des ailes, et les acquérant par des métamorphoses, soit parfaites, soit incomplètes ;* les huit derniers. Je débute par les *arachnides antennistes* de M. de Lamarck, qui sont comprises dans cette première division, et forment nos trois premiers ordres. La seconde est composée du quatrième ordre, et n'offre qu'un seul genre, celui des *puces* : il semblerait, sous quelque rapport, devoir se lier, au moyen des *hippobosques*, avec les diptères ; mais d'autres caracteres, et la nature de ses métamorphoses, éloignent ce genre de celui des hippobosques. Au surplus, il est souvent difficile de distinguer ces filiations naturelles, et souvent même, lorsqu'on est assez heureux pour les découvrir, est-on obligé de sacrifier ces rapports à la clarté et à la facilité de la méthode.

Aux ordres connus des insectes ailés, j'ai ajouté celui des *strépsiptères* de M. Kirby, mais sous une autre dénomination ; savoir, celle des *rhipiptères*, la sienne me paraissant être fondée sur une fausse supposition. Peut-être même devrait-on supprimer cet ordre, et le réunir à celui des diptères, ainsi que le pense M. de Lamarck.

Pour des motifs que j'ai développés ailleurs (1),

(1) *Considér. génér. sur l'ordre des Crust., des Arach. et des Insect.*, pag. 46.

et que je pourrais fortifier par d'autres preuves, j'attache plus de valeur aux caractères tirés des organes locomoteurs aériens des insectes, et à la composition générale de leur corps, qu'aux modifications des parties de leur bouche, du moins lorsque leur structure se rapporte essentiellement au même type. Ainsi, je ne divise point d'abord ces animaux en *broyeurs* et *suceurs*, mais en ceux qui ont des ailes et des étuis, et en ceux qui ont quatre ou deux ailes de même consistance. La forme et les usages des organes de la manducation ne sont employés que secondairement. Ma série des ordres relativement aux insectes ailés, est conséquemment presque semblable à celle de Linnæus.

Fabricius, MM. Cuvier, de Lamarck, Clairville et Duméril, mettant en première ligne les différences des fonctions des parties de la bouche, ont disposé ces coupes d'une autre manière.

D'après le plan de M. Cuvier, j'ai réduit le nombre des familles que j'avais établies dans mes ouvrages antérieurs, et converti en sous-genres les démembremens qu'on a faits des genres de Linnæus, quoique leurs caractères puissent être d'ailleurs bien distincts. Telle avait été aussi l'intention de Gmelin, dans son édition du *Systema Naturæ* Cette méthode est simple, historique et commode par l'avantage qu'elle procure à l'étudiant de graduer son instruction suivant son âge, sa capacité, ou le but qu'il se propose.

Tous mes groupes sont fondés sur l'examen comparatif de toutes les parties des animaux que je veux faire connaître, et sur l'observation de leurs habitudes. C'est pour être trop exclusifs dans leurs considérations, que la plupart des naturalistes s'écartent de l'ordre naturel. Aux faits recueillis par Réaumur, Rœsel, de Géer, Bonnet, MM. Huber, etc., sur l'instinct des insectes, j'en ai ajouté plusieurs qui me sont propres, et dont quelques-uns n'avaient pas encore été publiés. M. Cuvier y a joint un extrait de ses observations anatomiques; il s'est même livré à de nouvelles recherches, parmi lesquelles je citerai celles qui ont pour objet l'organisation des limules, genre de crustacés très-singulier.

N'ayant pu décrire qu'un petit nombre d'espèces, j'ai choisi les plus communes et les plus intéressantes, celles, particulièrement. qui sont mentionnées dans le tableau élémentaire de l'histoire naturelle des des animaux de M. Cuvier.

Vous, dont les travaux dans cette branche des sciences naturelles ont mérité l'hommage de nos respects et de notre gratitude, ne voyez dans cet ouvrage qu'une grande esquisse de l'Entomologie, qu'un exposé succinct de ce que vous avez fait pour elle, qu'un repos pour votre mémoire; en un mot, qu'un traité élémentaire qui préparera les élèves à la méditation de vos écrits. Qu'il me serait doux d'avoir rempli leurs espérances, et celle du savant illustre dont j'ai été auprès d'eux le faible organe!

LATREILLE, *de l'Académie Royale des Sciences.*

TABLE MÉTHODIQUE

DU TROISIÈME VOLUME.

LE
RÈGNE ANIMAL,
DISTRIBUÉ
D'APRÈS SON ORGANISATION.

DES ANIMAUX ARTICULÉS POURVUS DE PIEDS ARTICULÉS EN GÉNÉRAL.

Les trois dernières classes des animaux articulés que Linnæus réunissait sous le nom d'insectes, se distinguent par des pieds articulés, au moins au nombre de six. Chaque article est tubuleux, et contient, dans son intérieur, les muscles de l'article suivant, qui se meut toujours par gynglyme, c'est-à-dire dans un seul sens.

Le premier article qui attache le pied au corps, et qui est le plus souvent composé de deux pièces, se nomme la hanche; le suivant, qui est d'ordinaire dans une situation à peu près horizontale, est la cuisse; le troisième, le plus souvent vertical, se nomme la jambe; enfin il en reste une suite de petits, qui posent à terre et qui forment proprement le pied, ou ce qu'on appelle le tarse.

La dureté de l'enveloppe calcaire ou cornée du plus grand nombre de ces animaux, tient à celle de l'excrétion qui s'interpose entre le derme et l'épiderme, et qu'on appelle dans l'homme le tissu muqueux. C'est aussi dans cette excrétion que sont déposées les couleurs souvent brillantes et si variées qui les décorent.

Ces animaux ont tous des yeux, qui peuvent être de deux sortes; les yeux simples ou lisses, qui se présentent sous la forme d'une très-petite lentille; et les yeux composés, dont la surface est divisée en une infinité de lentilles différentes, à chacune desquelles répond un filet du nerf optique. Ces deux sortes peuvent être réunies ou séparées selon les genres; on ne sait point encore si leurs fonctions sont essentiellement différentes; mais dans l'une et dans l'autre la vision se fait par des moyens très-différens de ceux qui ont lieu dans l'œil des vertébrés (1).

D'autres organes qui paraissent ici pour la première fois, et qui se trouvent dans deux de ces classes, les crustacés et les insectes,

---

(1) Voyez Marcel de Serres, Mém. sur les yeux composés et les yeux lisses des insectes. Montpellier 1813, in-8°.

ce sont les antennes, filamens articulés, et infiniment diversifiés pour la forme, qui tiennent à la tête, paraissent éminemment consacrés à un toucher délicat, et peut-être à quelque autre genre de sensation dont nous n'avons pas d'idée, mais qui pourrait se rapporter à l'état de l'atmosphère.

Ces animaux jouissent du sens de l'odorat et de celui de l'ouïe; mais on ignore le siége du premier; quelques-uns le placent dans les antennes, d'autres, comme M. Duméril, aux orifices des trachées, d'autres encore, comme M. Marcel de Serres, dans les palpes. Quant à l'ouïe, les seuls crustacés ont quelquefois une oreille visible.

La bouche de ces animaux présente une grande analogie, qui s'étend même, d'après les observations de M. Savigny, à ceux qui ne peuvent que sucer des alimens liquides (1).

Ceux qu'on peut appeler *broyeurs*, parce qu'ils ont des mâchoires propres à triturer les alimens, les présentent toujours par paires latérales, placées au-devant les unes des autres: la paire antérieure se nomme spécialement man-

---

(1) Mem. sur les anim. sans vertèbres, I.

dibules. Des pièces qui les couvrent en avant et en arrière porrent le nom de lèvres, et celle de devant en particulier celui de labre. On appelle palpes des filamens articulés attachés aux mâchoires ou aux lèvres, et qui paraissent servir à l'animal pour reconnaître ses alimens. Les formes de ces divers organes déterminent le genre de nourriture aussi nettement que les dents dans les quadrupèdes. A la lèvre inférieure adhère communément la langue qui se prolonge dans certaines familles, tantôt en une trompe véritable qui sert de tuyau aux alimens, tantôt en une sorte de fausse trompe ayant le pharynx sur sa base. Quelquefois, comme dans beaucoup de crustacés, les pieds antérieurs se rapprochent des mâchoires, en prennent la forme, exercent une partie de leurs fonctions, et l'on dit alors que les mâchoires sont multipliées. Il peut arriver même que les vraies mâchoires soient tellement réduites, que ces pieds maxillaires soient obligés de les remplacer en entier. D'autrefois, comme dans beaucoup d'insectes suceurs, la trompe prend beaucoup de développement, les mâchoires et leurs dépendances se rappetissent et deviennent presque insensibles, ou bien elles se prolongent et prennent elles-mêmes les fonctions de trompe; mais il y a toujours moyen de reconnaître le type général dans ces modifications.

DEUXIÈME CLASSE DES ANIMAUX ARTICULÉS.

LES CRUSTACÉS.

Sont des animaux articulés, à pieds articulés, et respirant par des branchies ; leur circulation est double ; le sang qui a respiré se rend dans un grand vaisseau ventral qui le distribue à tout le corps, d'où il revient à un vaisseau ou même à un vrai ventricule situé dans le dos, qui le renvoie aux branchies.

Leurs branchies sont des pyramides composées de lames, ou hérissées de filets, ou des panaches, ou des lames simples, et tiennent en général aux bases d'une partie des pieds. Ceux-ci ne sont jamais au nombre de moins de cinq paires, et prennent des formes variées selon le genre de mouvement des animaux. Il y a presque généralement quatre antennes, et au moins six mâchoires ; mais une lèvre inférieure proprement dite manque toujours

DIVISION DES CRUSTACÉS EN ORDRES.

La situation et la forme des branchies, la manière dont la tête s'articule avec le tronc, les organes masticatoires seront les bases de nos divisions, et donneront lieu aux ordres suivans :

Le premier ordre, ou les CRUSTACÉS DÉCAPODES,

Portent un palpe aux mandibules, ont les yeux mobiles, et la tête confondue avec le tronc; les branchies pyramidales, feuilletées ou en plumes, situées à la base extérieure des pieds-mâchoires et des pieds proprement dits et cachées sous les bords latéraux du test.

Le second ordre, ou les STOMAPODES,

Portent aussi un palpe aux mandibules, et ont également des yeux mobiles; mais la tête est distincte du tronc, divisée en deux parties, dont l'antérieure porte les antennes et les yeux. Les branchies, en forme de panaches, sont suspendues sous la queue, qui est très-grande, derrière chaque paire des pieds-nageoires qui la garnissent en dessous.

Le troisième ordre, ou les AMPHIPODES.

Portent encore un palpe aux mandibules,

mais les yeux sont immobiles; la tête est distincte du tronc et d'une seule pièce. Les branchies sont vésiculeuses et situées à la base intérieure des pieds, à l'exception de celle de la paire antérieure.

Ces trois ordres ne composent dans Linnæus qu'un seul genre, celui de *Cancer*.

Le quatrième ordre, ou les Isopodes.

Ont des mandibules sans palpes, et la bouche toujours composée de plusieurs mâchoires, dont les deux inférieures imitent une lèvre avec deux palpes. Les branchies sont ordinairement (1) situées sous l'abdomen. Tous les pieds sont simples et uniquement propres à la locomotion ou à la préhension (La tête est presque toujours distincte du du tronc; il n'y a point de test et les yeux sont grenus.)

Ce sont les *Oniscus* ou Cloportes de Linnæus.

---

(1) Celles des *cyames*, des *chevrolles* et des *protons* ne sont pas encore connues d'une manière certaine. Il serait possible que des corps vésiculeux, placés à la base extérieure de la troisième et quatrième paires de leurs pieds, ou à la place qui leur correspond, lorsque ces pieds manquent ou ne sont que rudimentaires, fussent les organes de la respiration.

Le cinquième ordre, ou les BRANCHIOPODES,

N'ont point de palpe aux mandibules, lorsqu'elles existent. La bouche est tantôt en forme de bec, tantôt composée de plusieurs mâchoires, mais dont les deux inférieures n'ont point l'apparence d'une lèvre avec deux palpes. Leurs pieds sont en forme de nageoires, et les branchies sont attachées à une partie d'entre eux. Le corps est le plus souvent recouvert d'un test, avec lequel la tête se confond.

Ce sont les MONOCLES de Linnæus.

LES CRUSTACÉS A YEUX MOBILES, OU LES DÉCAPODES ET STOMAPODES EN GÉNÉRAL.

Ces crustacés ont pour caractères communs des yeux composés placés au bout d'un pédicule mobile, sans yeux simples; une première paire de mâchoires fortes, portant chacune un palpe, précédées par une protubérance charnue, seul vestige de lèvre antérieure, suivies de deux feuillets qui représenteraient la postérieure, et de plusieurs organes que l'on peut appeler des pieds-mâchoires, mais qui ont tous un palpe adhérent à leur base. Les plus extérieurs en ont même d'adhérens à leur extrémité. Les organes génitaux sont doubles dans les deux sexes; ceux de leurs pieds qui sont assez développés pour la marche, ont six articulations.

LE PREMIER ORDRE DES CRUSTACÉS.

LES DÉCAPODES.

Ont pour caractère particulier la tête unie au corcelet, où elle ne se marque que par une rainure, et formant avec lui un grand bouclier, qui recouvre toute la partie antérieure du corps, et dont les bords se replient pour envelopper les branchies. Le dessous de cette partie, qu'on peut appeler le thorax, porte cinq paires de pieds bien développés, surtout les antérieurs, ordinairement en forme de serres, et dont la grandeur les oblige le plus souvent à marcher de côté ou à reculons. Le reste du corps, composé de plusieurs articulations, forme une sorte de queue, portant en dessous d'autres pieds en forme de nageoires. Les vraies mâchoires et les pieds-mâchoires forment ensemble six paires, dont aucune ne ressemble aux autres, et dont la forme varie même assez selon les genres. Le cœur et les organes de la digestion et de génération sont renfermés dans le thorax, excepté le rectum qui va s'ouvrir au bout de la queue. L'estomac, soutenu par un squelette cartilagineux, est armé à l'intérieur de cinq pièces osseuses et dentées qui achèvent de broyer les alimens. On y voit aussi dans le temps de la mue, qui arrive à la fin du printemps, deux corps calcaires, convexes d'un côté, planes de l'autre, qu'on appelle vulgairement yeux d'écrevisses, et qui disparaissent après la mue, en sorte qu'on peut croire qu'ils fournissent la matière du renouvellement du test. Le foie consiste en deux grandes grappes de vaisseaux aveugles remplis d'une humeur bilieuse, qu'ils versent dans l'intestin près le pilore. Le canal alimentaire est court et droit. La croissance de ces animaux est lente et leur vie dure long-temps. C'est parmi eux qu'on trouve les plus grands crustacés, et les plus utiles à notre nourriture, quoique leur chair soit difficile à digérer. Ils se tiennent dans l'eau, mais ne périssent pas sur-le-champ à l'air. Quelques espèces y passent même une partie de leur vie, et ne vont à l'eau que dans le temps de l'amour. Leur naturel est vorace et carnassier. La régénération de leurs membres se fait avec beaucoup de promptitude.

La première famille, ou

LES DÉCAPODES BRACHYURES. (KLEISTAGNATHA. Fabr.)

A la queue plus courte que le tronc, sans appendices ou nageoires à son extrémité, et se reployant en dessous dans l'état de repos, pour se loger dans une fossette de la face inférieure. Triangulaire dans les mâles, et garnie seulement à sa base des deux organes génitaux en forme de cornes, elle s'arrondit et se bombe dans les femelles et y porte quatre paires de pieds en forme de doubles filets velus, destinés à porter les œufs. Les vulves sont deux trous sous la poitrine, entre les pieds de la troisième paire. Leurs antennes sont petites; les intermédiaires, ordinairement logées dans une fossette sous le bord antérieur, se terminent chacune par deux filets très-courts. Le tube auriculaire est presque toujours entièrement pierreux. La première paire de pieds se termine en serres. Les branchies sont composées de lames empilées en pyramides. Dans presque tous, la dernière paire de pieds-mâchoires, en repliant toutes ses parties, forme comme une sorte de lèvre qui recouvre tous les autres organes de la manducation.

Dans notre manière de nommer, nous pourrions réunir cette famille sous le nom générique de

CRABE. (CANCER. Cuv.)

Le très-grand nombre a les pieds tous attachés aux cotés de la poitrine. Les cinq premières sections sont dans ce cas.

La première, ou les NAGEURS, joint à ce caractère celui d'avoir les derniers pieds aplatis en nageoires à leur extrémité; ils s'éloignent plus aisément du rivage, et se portent en haute-mer. Tels sont,

LES ETRILLES. (PORTUNUS. Fab.)

Qui ont la dernière paire seulement aplatie, le test en arc de cercle en avant, rétréci et tronqué en arrière, et les yeux portés sur des pédicules courts.

Les espèces de nos côtes ont cinq dentelures de chaque côté au bord antérieur du test.

L'*Etrille commune.* (*Canc. puber.* L.) Zool. Brit. IV, IV, 8. Herbst. VII, 49.

Est velue, et a le front découpé de plusieurs petites pointes, dont les deux du milieu plus fortes. C'est le plus estimé de nos crabes.

La *petite Étrille.* (*Canc. corrugatus.* Penn.) Ib. IV, V, 9 Herbst. VII, 50.

Velue, à front festonné de trois dents presque égales, à test tout ridé (1).

---

(1) Ajoutez *canc. depurator*, Herbst. LIV, 6;—*portunus crucifer*, Fab.;—*c. lysianassa*, Herbst. LIV, 6;—*portunus holsatus*, Fab.; —*port. holosericeus*, id.;—*c. callianassa*, Herbst. LIV, 7;—*canc. cruciatus*, Herbst. XXXVIII, 1;—*c. ocellatus*, XLIX, 4;—*c. admete*, id. LVII, 1;—*c. prymna*, ib. 2.

Les espèces étrangères ont souvent plus de dentelures (1).

M. Leach appelle LUPA des étrilles étrangères, à test tres-large, découpé en avant de chaque côté de neuf dents au lieu de cinq, et dont l'angle latéral est fort aigu. La plupart sont très-grands (2).

LES PODOPHTALMES. Lam.

Ont aussi la dernière paire seule aplatie, et le test très-large, à angles latéraux très-aigus; mais au lieu de dentelures, tout son bord antérieur de chaque côté est creusé d'une fosse, où se loge le très-long pédicule de l'œil. C'est surtout le premier article de ce pédicule qui en fait la longueur. Le deuxième, qui porte l'œil, est court.

On n'en connaît qu'un, de la mer des Indes. (*Portunus Vigil.* Fab.) Latr. Gener. I, 1, et II, 1.

LES MATUTES. (MATUTA. Fab.)

Ont tous les pieds aplatis en nageoires, exceptés les serres. Leur test est presque orbiculaire, et ne tient à la forme rhomboïdale que par une forte épine, saillante de chaque côté; leurs pédicules des yeux sont courts (3).

LES ORITHYES. (ORITHYIA. Fab.)

Ont, comme les étrilles, la dernière paire seulement aplatie, et les pédicules des yeux courts; mais leur test est plus long que large, ovale, plus étroit en avant, épineux sur les côtés.

On n'en connaît qu'une, des mers de la Chine. (*Ori-*

---

(1) *Cancer natator*, Herbst. XL, 1; — *canc. sex dentatus*, id. VII, 52; — *canc. olivaceus*, id. XXXVIII, 3; — *canc. fasciatus*, id. XLIX, 5.

(2) *Canc. pelagicus*, L. Herbst. VIII, 55; — *canc. forceps*, Herbst. LV, 4, Leach. Zool. Misc. LIV; — *canc. sanguinolentus*, Herbst. VIII, 56-57; — *canc. cedo nulli*, id. XXXIX, et *c. reticulatus*, id. L; — *c. hastatus*, id. LV, 1; — *c. menestho*, ib. 3; — *c. ponticus*, ib. 5.

(2) *Matuta planipes*, Herbst. XLVIII, 6; — *m. victor*, id. VI, 44; — *canc. latipes*, Degeer.

thyia mammillaris. Fab. *Canc. bimaculatus.* Herbst. XVIII, 101.)

Parmi ceux des brachyures qui ont les pieds terminés en pointe, une deuxième section, celle des ARQUÉS, a le test évasé, coupé par devant en arc de cercle, rétréci et tronqué en arrière. Elle comprend,

LES CRABES proprement dits. (CANCER. Fab.)

Qui ont tantôt des dents en scie, de chaque côté, au bord antérieur de leur test; comme

Le *Crabe vulgaire de nos côtes.* (*Canc. mœnas.* L.) Herbst. VII, 46 et 47.

D'un gris-verdâtre, cinq dents de chaque côté, cinq festons au bord antérieur, et un prolongement en forme de pointe, à l'articulation qui précède les pinces (1).

Tantôt ce bord est divisé par de larges crénelures, qui se confondent presque avec les rides du test (2);

Tantôt il y a des crénelures nombreuses et régulières, au bord d'un test uni; et tel est sur nos côtes (le *Poupart* ou *Tourteau* (*Canc. pagurus.* L.) Herbst. IX, 59, large, roussâtre, à neuf festons de chaque côté, et les doigts des serres noirs au bout. Il devient fort grand, et l'on estime sa chair (3).

---

(1) Aj. *Canc. amœnus,* Herbst. XLIX, 3;—*c. dodone,* id. LII, 5; —*c. acaste,* ib. LIV, 4;—*c. panope,* ib. 5;—*c. climene,* LII, 6;—*c. thoe,* LVII, 3;—*c. trispinosus,* ib. 4.

(2) *C. amphitrite,* L. Herbst. III, 39, et XXI, 120;—*c. melissa,* ib. 121, et LI, 1, et LIII, 1;—*c. octodes,* id. VIII, 54;—*c. saxatilis,* Rumph. Mus. V. m.;—*c. orientalis,* Herbst. XXI, 117;—*c. cochleatus,* ib. 123;—*c. eudora,* ib. 124, et LI, 3;—*c. doris,* id. XXXVII, 4; —*c. spectabilis,* ib. 5;—*c. Rumphii,* id. XLIX, 2;—*c. daïra,* XXI, 122, et LIII, 2;—*c. electra,* id. LI, 6;—*c. metis,* LIV, 3.

(3) Aj. *C. poressa,* Oliv. Zool. Adr. II, 3;—*c. undecim dentatus,* Herbst. X, 60;—*c. æneus,* ib. 58.

Tantôt les dentelures elles-mêmes sont dentelées (1).

Tantôt, enfin, le bord antérieur est mousse et sans dentelure, et il y a une dent seulement à l'angle externe (2).

Quelquefois il y en a une petite au milieu du bord (3).

On a distingué des autres crabes, les HEPATES (HEPATUS. Latr.), dont les bords du test sont finement dentelés, et les serres comprimées en crête, parce que leur second article des premiers pieds-mâchoires est pointu (4).

Une troisième section, celle des QUADRILATÈRES, a le test presque carré ou en cœur; leur front est prolongé, infléchi, ou très-incliné, et forme une sorte de chaperon.

Les uns ont le front occupant presque toute la largeur du test, et les yeux aux angles externes.

Tels sont

LES PLAGUSIES. (PLAGUSIA. Latr.)

Où les antennes intermédiaires se logent dans une fissure profonde du front, qui entame le test en dessus. Ce test est un peu plus étroit en avant. Ces crabes viennent de la mer des Indes (5).

LES GRAPSES. (GRAPSUS. Lam.)

Où le test est un peu plus large en avant, et les antennes sous le bord inférieur du front.

---

(1) *C. calypso*, Herbst. id. LII, 4;—*c. hippo*, ib. 1;—*c. eurynome*, ib. 7;—*c. polydora*, ib. 2.

(2) *Canc. corallinus*, L. Herbst. V, 40;—*c. maculatus*, id. VI, 41, et XXI, 118;—*c. dispersus*, ib. 119;—*c. petrœa*, id. LI, 4; — *c. pitho*, ib. 2;—*c. ocyroe*, id. LIV, 2;—*c. marmarinus*, id. LX, 1; —*c. maculatus*, ib. 2.

(3) *C. bispinosus*, LIV, 1.

(4) *Calappa angustata*, Fab. ou *canc. princeps*, Herbst. XXXVII, 2;—*canc. armadillus*, id. VI, 42-43, —*c. decorus*? id. XXXVII, 6.

(5) *Canc. depressus*, Fabr. Herbst. III, 35;—*plag. clavimana*, Latr. Herbst. LIX, 3, et Séb. III, XIX, 21;—*canc. squamosus*, Herbst. XX, 113.

Nos côtes offrent le *Grapse madré.* (*Canc. marmoratus.* Fab.) Oliv. Zool. Adr. II, I, petit, brun-rougeâtre, coupé de petites lignes blanches; trois dents aiguës de chaque côté en avant, etc. (1).

Le *G. Porte-Pinceau*, Rumph. Mus. X, 2, est remarquable par les franges de poils longs et noirs dont les doigts de ses pinces sont accompagnés.

Il y a de ces grapses qui montent jusque sur les arbres.

En d'autres, le front infléchi n'occupe que le milieu du devant du test, et les pédicules des yeux attachés à ces côtés, se trouvent ainsi rapprochés l'un de l'autre.

Quelquefois ces pédicules sont assez longs pour atteindre l'angle du test. Tels sont :

LES OCYPODES. (OCYPODE. Fabr.)

Où l'œil est étendu sous la longueur de son pédicule, et les antennes mitoyennes cachées sous le test. Ils sont remarquables par leur vitesse et habitent dans des terriers.

Dans l'*Oc. chevalier.* (*Canc. eques.* Bel.) Olivier, Voy. II, XXX, I.

Le pédicule de l'œil se termine par un faisceau de poils. Cette espèce est des côtes de Syrie.

Dans l'*Oc. ceratophthalme.* (*Canc. ceratophthalmus.* Pall. Spic. IX, V, 7, 8.)

Ce pédicule se prolonge en pointe au-delà de l'œil (2).

LES GONÉPLACES. (GONEPLAX. Leach.)

Ont les quatre antennes apparentes, et les yeux au bout de leurs longs pédicules. Le test est plus large en avant.

---

(1) Ajoutez *canc. grapsus*, L. Herbst, III, 33;—*graps. cruentatus*, Latr., l'un et l'autre des parties chaudes de l'Amérique;—*c. marmoratus*, Herbst. XX, 114;—*canc. hispanus*, XXXVII, 1;—*canc. fascicularis*, id. XLVII, 5;—*canc. strigosus*, ibid. 7;—*canc. glaberrimus*, id. XX, 115.

(2) Aj. *Oc. albicans*, Bosc. crustacés, I, IV, 1.

Les uns ont les bras très-longs et presque égaux, les serres allongées.

Telle est une espèce des bords de la Manche. (*Canc. angulatus.* L.) Herbst. I, 13.

Et une autre de la Méditerranée (*Canc. rhomboidalis.* L.) ib. 12, qui en diffère à peine (1).

Dans les autres, l'une des deux serres est beaucoup plus grande que l'autre. L'animal la meut comme s'il voulait faire des signes (2).

D'autres fois les pédicules des yeux sont courts et se logent dans des fossettes arrondies.

LES GÉCARCINS. (GECARCINUS. Leach.) Vulgairement *Tourlourous*, dans nos Colonies.

Ont le test en forme de cœur, largement tronqué en arrière. Les pieds-mâchoires extérieurs s'écartent. La deuxième paire de pieds est plus courte que les suivantes.

Ils passent la plus grande partie de leur vie à terre, se cachant dans des trous, et ne sortant que le soir. Il y en a qui se tiennent dans les cimetières. Une fois par année, lorsqu'ils veulent faire leur ponte, ils se rassemblent en bandes nombreuses, et suivent la direction la plus courte jusqu'à la mer, sans s'embarrasser des obstacles. Après la ponte, ils reviennent très-affaiblis. On dit qu'ils bouchent leur terrier pendant la mue; lorsqu'ils l'ont subie, et qu'ils sont encore mous, on les appelle boursiers, et on estime beaucoup leur chair, qui cependant est quelquefois empoisonnée. On attribue cette qualité au fruit du mancenillier.

L'espèce la plus commune, (*Canc. ruricola.* L.) Herbst. III, 36; XX, 116, et mieux XLIX, I, a le test rouge

(1) Ajoutez *canc. tetragonon*, Herbst. XX, 110;—*c. brevis*, id. LX, 4.

(2) *Canc. vocans*, Degeer, VII, XXVI, 12;—le *maracoani*, Pison, Bras. 77, et Séb. III, XVIII, 8;—*c. vocator*, Herbst. LIX, 1.

de sang, marqué d'une impression en forme d'H; les côtés bombés, etc. (1).

Les UCA Leach. ne diffèrent des gécarcins que parce que tous leurs pieds diminuent progressivement.

On n'en connaît qu'un, des marais de la Guiane. (*Canc. uca.* L.) Herbst. VI, 38.

LES POTAMOPHILES. Latr.

Ont le test en cœur des précédens, mais leurs pieds-mâchoires extérieurs recouvrent bien toute la bouche. Leurs antennes externes sont très-courtes, et insérées très-près de l'origine des pédicules oculaires, sous lesquels elles sont couchées. Ceux qu'on connaît vivent dans les eaux douces.

Il y en a un dans le midi de l'Europe (*Canc. fluviatilis.* Bel. et Rondel.), Olivier, Voy. XXX, 2, dont le test jaunâtre a latéralement un petit rebord dentelé et quelques aspérités. Les moines Grecs le mangent cru. Il est commun dans les petits lacs de l'Italie méridionale (2).

LES ERIPHIES. Latr.

Ressemblent aux potamophiles par la forme de leur test et leurs pieds-mâchoires extérieurs; mais leurs antennes externes sont assez longues, saillantes, et distantes de l'origine des pédicules oculaires.

Le front est moins incliné que dans les autres genres de cette tribu.

Nos côtes en fournissent une espèce (*Canc. pinifrons.* Fab.) Herbst. XI, 65, dont les côtés et le devant du test,

---

(1) Aj. *Canc. ruricola,* Herbst. IV, 37; — *canc. carnifex*, XLI, 1. — *c. hydrodromus*, ib. 2; — *c. litteratus*, XLVIII, 4; — *c. aurantius,* ib. 5.

(2) Le *canc. fluviatilis,* Herbst. X, 61, est une espèce différente et d'Amérique.

sont hérissés de pointes ainsi que les serres, qui sont très-grosses, inégales, avec les doigts noirs (1).

Une quatrième section, les ORBICULAIRES, a le test orbiculaire ou elliptique, mais non pas comme la suivante, se rétrécissant par degrés en avant.

LES PINNOTHÈRES. (PINNOTHERES. Latr.)

Sont de petits crabes à test circulaire, mousse tout autour, souvent presque membraneux. Leurs antennes sont très-courtes, ainsi que les pédicules de leurs yeux.

On en trouve dans l'intérieur des moules et de quelques autres bivalves, surtout en automne (2).

Les anciens croyaient qu'ils vivaient dans une sorte de société avec ces mollusques, et les avertissaient du danger, ou allaient à la chasse pour eux. Aujourd'hui, le peuple de certaines côtes attribue, peut-être sans de meilleures raisons, à leur présence dans les moules, la qualité malfaisante que celles-ci prennent quelquefois.

LES ATÉLÉCYCLES. (ATELECYCLUS. Leach.)

Ont le test rond, dentelé aux bords; les yeux écartés; les antennes médiocres, saillantes; les serres comprimées en crêtes; ils sont petits et de nos côtes (3).

LES THIA, Leach.

Sont aussi de petits crabes à test globuleux, mais dont

---

(1) Aldrov. crust. *pagure*, pag. 189;—*c. rufo-punctatus*, Herbst. XLVII, 6;—*c. cymodoce*, id. LI, 5;—*c. tridens*, id. XXI, 125.

(2) *Cancer pisum*, L. Leach. Malac. Brit. XIV, 1-3.;—*canc. mytilorum*, Herbst. II, 24. Leach. ib. 6-8;—*canc. varians*, Ol. Herbst. ib. 25. Leach. ib. 9-11;—*canc. pinnotheres*, L. Leach. XV, 1-5;—*c. pinnophylax*, H. II, 27; *pinnotheres montagui*, id. ib. 6-8. Voyez sur les rapports de ces especes l'article ci-dessus de M. Leach.

(3) *Canc. rotundatus*, Oliv. Zool. adr. II, 2;—*canc. hippa*, Montagu, Soc. Lin. XI, 1; *atelecyclus heterodon*, Leach. Malac. Brit. II.

les antennes latérales sont longues et velues, et les ongles flexueux (1).

LES CORYSTES. (CORYSTES. Latr.)

Ont le test elliptique, plus long que large, et, comme les thia, se distinguent de la plupart des brachyures par des antennes extérieures rapprochées, longues et ciliées.

On en connaît une des côtes d'Angleterre (*Canc. personatus*. Herbst. XII, 71, 72.) (2), à trois dentelures de chaque côté du test.

LES LEUCOSIES. (LEUCOSIA. Fabr.)

Ont le test rond, bombé, comme globuleux, et dans un court rétrécissement de sa partie antérieure, de petits yeux à pédicules courts, presque immobiles dans leurs fossettes, entre lesquelles en sont aussi qui cachent de très-courtes antennes. Leurs deux pieds-mâchoires extérieurs pointus, forment ensemble un grand triangle, dont la pointe est en avant.

La Méditerranée en produit une (*Canc. nucleus*. L.) Herbst. II, 14, à quatre dentelures obtuses en arrière de son test (3).

LES IXA. Leach.

Ne diffèrent des leucosies que parce que leur test produit de chaque côté une grosse proéminence cylindrique et mousse, qui le rend trois fois plus large que long (4).

Il en faut rapprocher une espèce dont le test a de chaque côté une grosse et longue épine transverse (5).

---

(1) *Thia polita*, Leach. Zool. Misc. 103, ou *canc. residuus*, Herbst. XLVIII, 1.

(2) Leach, Malac. Brit. 1.

(3) Ajoutez *canc. craniolaris*, L. Herbst. II, 17;—*c. porcellanus*, ib. 18;—*c. punctatus*, Brown. Jam. 42, 3;—*c. fugax*, Herbst. II, 15, 16;—*c. mediterraneus*, XXXVII, 2;—*c. erinaceus*, id. XX, III;—*c. urania*, id. LIII, 3.

(4) *Cancer cilindrus*. Herbst. II, 29-31.

(5) *Canc. septemspinosus*, id. XX, 112.

LES MICTYRES. (MICTYRIS. Latr.)

Ont le test ovale, renflé et mou; les yeux globuleux sans fossettes (1).

La cinquième section, les TRIANGULAIRES, a le test rhomboïdal ou ovoïde, mais toujours se rétrécissant en avant.

Ceux qui ont le test ovoïde sont connus vulgairement sous le nom d'araignées de mer.

LES INACHUS. (INACHUS. Fab.)

Sont les plus nombreux. Leur test est plus long que large, élargi et arrondi en arrière, rétréci en avant, et le plus souvent hérissé de pointes ou de tubercules (2).

Les EGERIA de Leach, auxquelles nous réunissons ses INACHUS, ne diffèrent des précédens que par des pieds très-longs et très-grêles. Leur ressemblance avec des faucheurs fait illusion (3).

On peut séparer plus nettement des inachus,

LES LITHODES. (LITHODES. Latr.)

Où les derniers pieds, beaucoup plus petits que les autres,

---

(1) L'espèce est nouvelle.

(2) Nous ne croyons pas nécessaire de conserver les nombreuses subdivisions établies par M. Leach, d'après les formes des orbites, et d'autres circonstances peu importantes, sous les noms de *maja*, *lissa*, *pisa*, *hyas*, *libinia*; nous réunissons donc ici *canc. muricatus*, Herbst, XIV, 83;—*c. squinado*, ib. 84, 85;—*c. ursus*, ib. 86;—*c. superciliosus*, ib. 89;—*c. longirostris*, id. XVI, 92;—*c. bufo*, id. XVII, 95;—*c. chiragra*, ib. 96;—*c. pipa*, ib. 97;—*c. bilobus*, id. XVIII, 98;—*c. condyliatus*, ib. 99;—*c. heros*, id. XLII, 1;—*c. prœdo*, ib. 2;—*c. cervicornis*, id. LVIII, 2;—*c. thalia*, ib. 3;—*c. philyra*, ib. 4;—*c. pleione*, ib. 5;—*c. styx*, ib. 6;—*c. hirticornis*, id. LIX, 4;—*c. dama*, ib. 5;—*c. cornudo*, ib. 6;—*libinia emarginata*, Leach. — Zool. misc. 108;—*pisa nodipes*, ib. 73.

(3) *Canc. rostratus*, L. Herbst. XV, 90;—*inachus dorynchus*, Leach, Malac. Brit. XXII, 7, 8;—*egeria indica*, id. Zool. misc. 73;—*inachus dorsettensis*, id. Malac. Brit. XXII, 1-6.

sont presque cachés sous le bord postérieur du test. Les palpes extérieurs sont presque aussi saillans qu'aux crustacés macroures.

Il y en a un assez grand de la mer du Nord (*Canc. maia*. L. *Lithodes artica*. Latr.) Herbst. xv, 87, tout hérissé sur le test et les pieds.

Quand, avec les formes des inachus et des égeries, le museau s'allonge beaucoup et porte les yeux à une assez grande distance en avant de la bouche, ce sont

LES MACROPODES. Latr. (MACROPODIA et LEPTOPODIA. Leach.)

Leurs pieds très-longs, très-grêles, leur test petit, les font ressembler à des faucheurs ; leurs palpes externes sont aussi très-saillans (1).

LES PACTOLES. (PACTOLUS. Leach.)

Ressemblent aux macropodes, si ce n'est que par une disposition presque unique parmi les crustacés, leurs premiers pieds n'ont point de serres, et qu'il y en a aux quatre derniers (2).

LES DOCLEA. Leach.

Se rapprocheraient des egeria, parce que leurs pieds ne sont ni moins longs, ni moins grêles; mais leur test est fort racourci, au moins aussi large que long. Leurs serres sont souvent courtes et grêles; leurs palpes ne s'allongent pas. Ils ressemblent aussi à des faucheurs (3).

---

(1) *Canc. seticornis*, Herbst. xv, 91, LV, 2; Leach. Zool. misc. tab 67.—*Macropodia tenuirostris*, Leach. Malacost. Brit. tab. 23, fig. 1-5.—*M. phalangium*, ejusd. ibid. 6.

(2) *Pactolus boscii*, Leach, Zool. misc. pl. 68.

(3) *Doclea Rissonii*, Leach. Zool. misc. pl. 74;—*canc. araneus*, Herbst. XIII, 81;—*canc. longipes*, Rumph. Mus. VIII, 4.

LES MITHRAX. Leach.

Ont aussi le test plus large que long, et approchant de la figure rhomboïdale; mais leurs serres et leurs pieds sont gros et courts (1).

LES PARTHENOPES. (PARTHENOPE. Fab.)

Auxquelles nous réunissons les EURYNOMES de M. Leach, ont le test rhomboïdal ordinairement très-rude et raboteux, ce qui les rend horribles à voir; de longs bras qui ne peuvent se rapprocher en avant beaucoup au-delà de la ligne transversale, portent de longues serres, terminées par des crochets brusquement courbés commes des becs de perroquet (2).

Une sixième section fort particulière, LES CRYPTOPODES, a les quatre derniers pieds susceptibles de se retirer et d'être recouverts par une avance en forme de voûte de l'angle postérieur de chaque côté du test, lequel est demi-circulaire.

LES MIGRANES. (CALAPPA. Fab.)

Ont le crâne très-bombé, les serres comprimées en crête, et s'adaptant parfaitement aux bords extérieurs du test, de manière à couvrir toute la région de la bouche. Le deuxième article de leurs pieds-mâchoires extérieurs se termine en pointe.

Nous en avons une dans la Méditerranée, dite *Coq de de mer*, *Crabe honteux*, etc. (*Canc. granulatus.* L. *Calappa granul.* Fab.) Herbst. XII, 75, 76. Son test est rougeâtre,

---

(1) *Canc. spinipes*, Herbst. XVII, 94;—*canc. hispidus*, id. XVIII, 100;—*canc. aculeatus*, id. XIX, 104.

(2) *Cancer horridus*, Séb. XXII, 2, 3. Herbst. XIV, 88;—*canc. longimanus*, Séb. XX, 12. Herbst. XIX, 105, 106;—*canc. macrochelos*, Herbst. XIX, 107;—*canc. echinatus*, ib. 108, 109;—*canc. pransor*, id. XLI, 3;—*c. contrarius*, id. LX, 3;—*Eurynome aspera*, Leach. Malac. Brit. XVII.

a de gros tubercules, et des taches couleur de carmin; les angles postérieurs ont chacun quatre dents(1).

Les Œthra. Leach.

Ont, avec des formes analogues aux migranes, le test très-aplati, et le deuxième article des premiers pieds-mâchoires carré (2).

Enfin une septième et dernière section, les Notopodes. Se compose des brachyures, où deux pieds de derrière, quelquefois même quatre, sont attachés si haut sur l'arrière du corps, qu'ils se dirigent vers le ciel.

Le plus grand nombre a ces pieds terminés en crochet aigu.

Les Dromies. (Dromia. Fab.)

Ont le test arrondi, bombé et hérissé. Leurs quatre derniers pieds sont relevés et terminés en double crochet, dont ils se servent pour saisir des alcyons, des valves de coquilles et d'autres corps sous lesquels ils se mettent à l'abri, et qu'ils transportent avec eux.

L'espèce la plus connue (*Canc. Dromia.* L. *Dromia Rumphii.* Fab.) Herbst. XVIII, 103, est très-velue, a cinq dents latérales, trois au front, etc. On la trouve dans la Méditerranée et dans la mer des Indes; elle se couvre d'alcyons. Quelques-uns l'ont dite venimeuse (3).

---

(1) Aj. *Canc. calappa*, Séb. XX, 7, 8. Herbst. XII, 73, 74;—*c. lophos*, Herbst. XIII, 77;—*c. tuberculatus*, ib. 78;—*c. flammeus*, id. XL, 2; —*c. inconspectus*, ib. 3;—*c. gallus*, id. LVIII, 1.

(2) *Canc. scruposus*, Lin.; *canc. polynome*, Herbst. III, LIII, 4, 5; —*canc. fornicatus*, id. XIII, 79, 80.

(3) Ajoutez *canc. caput mortuum*, L. ou *dromia clypeata*, act. Hafn. 1802, de la Méditerranée. Le *dr. cap. mort.* Bosc. crust. est différent et propre à l'Amérique. C'est le *c. sabulosus*, Herbst. XLVIII, 2, 3, et probablement Nicols, Hist. nat. de St.-Dom. pl. VI, f. 3 et 4; — *dr. ægagropyla*, Fabr.; — *dr. artificiosa*, Fab. Herbst. LVIII, 7.

Les Dorippes. (Dorippe. Fab.)

Ont le test plus étroit en avant, et cependant tronqué carrément et dentelé dans cette partie; les antennes entre les yeux; ceux-ci à l'angle du test. Leurs quatre pieds relevés se terminent en crochets simples.

La Méditerranée en produit une nommée sur quelques côtes *Facchino.* (*Canc. lanatus.*) Planc. Conch. min. not. v, I. Herbst. XI, 67 (1).

Les Homoles. (Homola. Leach.)

N'ont qu'une paire relevée, encore l'est-elle peu, et terminée par un crochet simple. Leur test est rectangulaire, plus long que large, tronqué carrément et fort épineux en avant; leurs antennes sont insérées sous les pédicules des yeux, qui, rapprochés à leur base, sont assez longs pour atteindre les angles du test.

Il y en a un de la Méditerranée. (*Canc. barbatus.* Fab. Herbst. XLII, 3, ou *Homola spinifrons.* Leach. Zool. Misc. 88.)

D'autres notopodes ont les pieds, à l'exception des serres, terminés par un aplatissement ou nageoire.

Les Ranines. (Ranina. Latr.)

Que Fabricius a réunies avec les albunées, se rapprochent en effet des macroures par leur queue petite, mais toujours étendue; cependant elle n'a point de nageoires au bout.

Leur test est oblong, tronqué en avant; tous leurs pieds aplatis et crochus, donnent à ces crabes une apparence fort bizarre. On n'en connaît que peu d'espèces, de la mer des Indes. On dit qu'ils montent jusque sur les toits (2).

---

(1) Ajoutez les esp. ou var. Herbst. XI, 68, 69 et 70, et son *canc. astutus*, LV, 6.

(2) *Cancer raninus*, L. Rumph. Mus. amb. VII, t. v, ibid. tab. x, 3.

La seconde famille, ou

LES DÉCAPODES MACROURES. (EXOCHNATA. Fab.)

Ont, au bout de la queue, des appendices formant le plus souvent, de chaque côté, une nageoire (1), et la queue aussi longue au moins que le tronc, étendue ou découverte, et simplement courbée vers son extrémité postérieure; son dessous a, dans la plupart, aux deux sexes, cinq paires de fausses pattes, terminées chacune par deux lames ou deux filets. Leurs pieds-mâchoires extérieurs sont généralement étroits, allongés, et ne recouvrent point en totalité les autres parties de la bouche. Les branchies sont formées de pyramides imitant des brosses, ou des barbes de plumes, et séparées entre elles par des lanières tendineuses, qui prennent naissance de la base extérieure des pieds. Les antennes mitoyennes sont presque toujours saillantes comme les latérales. Les organes sexuels des

---

(1) Les *nébalies*, dernier genre de cette famille, sont les seules qui aient la queue terminée par deux filets allongés, en forme de soie; dans tous les autres, l'avant-dernier segment de la queue a, de chaque côté, un appendice composé de trois pièces, dont une s'articule avec ce segment et porte les deux autres. Ces pièces sont ordinairement en forme de lames et forment, avec le dernier segment, une grande nageoire en éventail.

mâles, autant qu'on a pu l'observer, consistent en un mamelon charnu renfermé dans l'article radical de leurs derniers pieds; les femelles ont, au même article de ceux de la troisième paire, une ouverture génitale.

Dans la méthode de nomenclature suivie dans cet ouvrage, on pourrait les réunir tous sous le nom générique d'ÉCREVISSES. (ASTACUS.) Nous les diviserons en quatre sections.

La première, ou celle des ANOMAUX.

A les pieds simples et non partagés sur leur longueur; les quatre antennes insérées presque à la même hauteur; le pédoncule des latérales n'est point recouvert par une grande écaille annexée à sa base; et les deux ou les quatre pieds postérieurs sont beaucoup plus petits que les précédens, de sorte que ces crustacés semblent, au premier coup d'œil, en avoir moins que les autres décapodes.

Les femelles, dans le plus grand nombre, ont seules des fausses pattes sous la queue.

Les uns ont les appendices du bout de la queue repliés ou rejetés sur ses côtés, et ne formant point, avec son dernier segment, une nageoire commune en éventail.

Parmi eux, quelques-uns ont tous les tégumens crustacés; les pieds de la seconde paire et ceux des deux suivantes terminés par une lame ou nageoire en forme de faux; ceux de la paire postérieure très-menus, filiformes et repliés; les quatre antennes avancées et très-ciliées ou plumeuses, et les appendices latéraux du bout de la queue en forme de lames crustacées.

LES ALBUNÉES. (ALBUNEA. Fab.)

Ont leurs deux pieds antérieurs terminés par une serre

triangulaire, et dont le doigt immobile est très-court; les antennes mitoyennes beaucoup plus longues que les latérales d'un seul filet, et les pédicules oculaires en forme d'écailles contiguës au milieu du front.

La seule espèce connue (*Albunea symnista.* Fab.) Herbst. XXII, 2, habite les mers des Indes.

Les Hippes. (Hippa. Fab. — *Emerita.* Gronov.)

Ont leurs deux pieds antérieurs terminés par un article ovale, comprimé, en forme de lame et sans doigts; les antennes intermédiaires divisées en deux filets, et les latérales plus longues et contournées. Les yeux sont écartés et portés sur un pédicule filiforme (1).

Les Remipèdes. (Remipes. Latr.)

Ressemblent beaucoup aux hippes; mais leurs pieds antérieurs s'amincissent peu à peu pour finir en pointe. Leurs antennes sont presque de la même longueur, courtes et avancées. Leurs pieds-mâchoires extérieurs sont semblables à de petits bras, et ont au bout un fort crochet.

Ce genre a été établi sur une seule espèce, propre aux mers de la Nouvelle-Hollande.

Quelques autres ont le tronc légèrement crustacé; la queue, soit très-molle, en forme de sac vésiculeux, cylindrique, soit orbiculaire et recouverte par des lames simplement cartilagineuses; les pieds de la seconde et de la troisième paire finissant en pointe, et les quatre derniers beaucoup plus courts, terminés de même ou par une petite serre; les appendices latéraux du bout de la queue charnus à leur extrémité. Tels sont:

Les Hermites ou Pagures. (Pagurus. Fab.)

Ils passent leur vie dans des coquilles univalves et vides,

---

(1) *Cancer emeritus*, Lin. Gronov. zoop. XVII, 8, 9. Herbst. XXII, 3. —*Cancer carabus*, Lin. de la Méditerranée.

dont ils s'emparent, qu'ils traînent avec eux, et dont ils changent, lorsque par l'effet de la croissance ils s'y trouvent trop à l'étroit.

Leurs antennes intermédiaires sont portées sur un pédoncule fort long, coudées, et se terminent par deux filets. Les pédicules oculaires sont longs et cylindriques. Le corselet est ovoïde. La queue est ordinairement très-molle, sans anneaux distincts, contournée, et n'a de fausses pattes ou de filets portant les œufs, que sur un de ses côtés. Le foie et les ovaires y sont en partie logés. Les appendices latéraux de son extrémité sont inégaux, et l'animal ne paraît s'en servir que pour se fixer aux parois intérieures de la coquille. Les serres des deux pieds antérieurs sont toujours terminées par deux doigts, et souvent de grandeur inégale; la plus grosse se présente à l'ouverture de la coquille.

Quelques espèces se logent dans des serpules, des alcyons, etc. Il paraît même qu'il y en a de terrestres. Celles dont la queue est orbiculaire, divisée en tablettes cartilagineuses, forment le genre *Birgus* de M. Leach. (1).

L'*Hermite Bernard* (*Cancer Bernhardus*. Lin.) Herbst. XXII, 6, est de grandeur moyenne. Ses deux serres sont pointues, hérissées de piquans, presque en cœur, avec les doigts larges; la droite est plus grande. Le pédoncule des antennes latérales est accompagné d'un appendice. Commun sur toutes nos côtes, et habite différentes coquilles univalves (2).

---

(1) *Pagurus latro*, Fab. Herbst. XXIV, Rumph. Mus. IV.

(2) Aj. *Cancer Diogenes*, Herbst. XXII, 5; — *c. miles*, ibid. 7; — *c. clibonarius*, id. XXIII, 1; — *clypeatus*, ibid. 2; — *sclopetarius*, ibid. 3; — *oculatus*, ibid. 4; — *tympanista*, ibid. 5; — *tibicen*, ibid. 6; — *hungarus*, ibid. 7; — *arrosor*, id. XLIII, 1; — *dubius*, id. LX, 5; — *canaliculatus*, ibid. 6, et Planc. conch. app. tab. 4, A; — *c. megistos*, id. LXI, 1, queue fausse; — *c. pedunculatus*, ibid. 2; — *c. strigatus*, *ibid.* 3; — *pagurus streblonyx*, Leach. Malac. Brit. XXVI, 1-4; — *p. prideaux*, ibid. 5-6.

Les autres ont les appendices latéraux du bout de la queue réunis avec son dernier segment, et formant ensemble une nageoire commune et en éventail.

Ils ont le pedoncule des antennes mitoyennes allongé, comme dans le genre précédent; les yeux écartés; les deux serres antérieures très-grandes; les pieds des trois paires suivantes terminés en pointe, et les deux derniers très-petits et grêles.

LES PORCELLANES. (PORCELLANA. Latr.)

Ont la queue repliée en dessous, presque comme les brachyures; le tronc presque carré; les antennes mitoyennes retirées dans leurs fossettes, et les serres ovales ou triangulaires.

La *Porcellane à six pieds* (*Cancer hexapus.* Lin.) Herbst. XLVII, 4, est très-petite, glabre, avec trois dents au bord extérieur du test; les serres ovales unies en dessus et dépourvues de poils ou de cils. — Parmi les fucus des mers de l'Europe (1).

LES GALATHÉES. (GALATHEA. Fab.)

Ont la queue étendue; le tronc presque ovoïde ou oblong; les antennes mitoyennes saillantes et les serres allongées.

La *Galathée rayée.* (*Cancer strigosus.* Lin.) Leach. Malac. Brit. XXVIII, B, a le front avancé, en forme de bec, avec trois épines de chaque côte; les pieds très-épineux et garnis de duvet; les serres oblongues, comprimées, avec les doigts velus. Les bords latéraux du test sont épineux.

La *G. Rugueuse* (*rugosa.* Fab.) Leach. Malac. Brit. XXIX, a les deux pieds anterieurs très-longs, cylindriques, epineux, et son front est armé de trois pointes avancées, en forme d'épines, dont l'intermédiaire plus longue.

---

(1) Aj. *Cancer platycheles*, Herbst. XLVII, 2; — *c. longicornis*, ibid. 3.

Cette espèce a été nommée le *Lion* par Rondelet. Elle se trouve, avec la précédente, sur nos côtes (1).

La second section, ou LES HOMARDS.

Ont, comme les précédens, les pieds sans divisions, et les quatre antennes insérées presque à la même hauteur, avec le pédoncule des latérales nu; mais leurs deux ou quatre pieds postérieurs ont une grandeur proportionnelle à celle des antérieurs.

Le dessous de la queue a des fausses pattes dans les deux sexes, et les appendices latéraux de son extrémité postérieure composent toujours, avec son dernier segment, une nageoire commune en éventail.

Dans les uns, tous les pieds sont presque semblables, cylindriques, et se terminent graduellement en pointe. Le pédoncule des antennes mitoyennes est beaucoup plus long que les deux filets de son extrémité. Le corcelet est carré ou cylindrique, et les nageoires du bout de la queue sont en grande partie membraneuses.

LES SCYLLARES. (SCYLLARUS. Fab.)

Ont les antennes latérales courtes, sans soies, et ne conservant que les articles de la base, lesquels sont très-larges, aplatis et forment, par leur réunion, une sorte de crête; les yeux sont petits et logés dans des fossettes orbiculaires du test. Leur tronc est presque carré.

Ils sont connus sous le nom de *Cigales de mer.*

Le *Scyllare ours.* (*Cancer arctus.* Linn.) Herbst. XXX, 3, a les yeux situés près des angles antérieurs du test; une dent avancée à l'extrémité inférieure du pénultième article des pieds posterieurs; les antennes latérales très-dentées, et trois aretes longitudinales et dentées sur le test. Il est commun dans la Méditerranée. On y trouve aussi

(1) Aj. *Galathea squamifera*, Leach, Malac. Brit. XXVIII, A.

l'espèce que Rondelet nomme *Squille large*, qui est beaucoup plus grande, et dont les antennes latérales ne sont point dentées sur leurs bords. Gesner en a donné une bonne figure. Hist. anim. tome III, pag. 1097 (1).

LES LANGOUSTES. (PALINURUS. Fab.)

Ont les antennes latérales très-longues, en forme de soie, et les yeux saillans, gros et rapprochés sur un support commun et transversal. Leur tronc est cylindrique.

Elles se plaisent dans les rochers ou les lieux pierreux de la mer. Leur chair, et particulièrement leurs œufs, nommés *corail de la langouste*, passent pour des mets délicats. Quelques individus parviennent à une taille très-considérable. L'avant-dernier article des pieds est garni en dessous, dans une espèce, d'une forte brosse de poils; dans d'autres il est simplement épineux.

La *Langouste commune* (*Pal. quadricornis*. Fab.) Leach, Malac. Brit. xxx, est grande, rougeâtre, avec le test hérissé de piquans, garni de duvet, et armé à sa partie antérieure, au-dessus des yeux, de deux dents très-fortes, avancées, comprimées et dentelées en dessous. La queue est tachetée ou ponctuée de blanc-jaunâtre; les segmens ont un sillon transversal et interrompu. Les pieds sont entrecoupés de jaunâtre et de rougeâtre. — Sur nos côtes (2).

D'autres ont les deux pieds antérieurs plus forts que les autres, et terminés par un grand article en forme de main ou de serre. Le pédoncule des antennes mitoyennes

---

(1) Aj. *Ibacus Peronii*, Leach, Zool. miscell. cxix ;—*cancer arctus*, Herbst. xxx, 1. Rumph. Mus. II, D. ;—*Cancer ursus major*, Herbst. xxx, 2. Rumph. Mus. II, G. ;—*potiquiquixe*, Marcg.

(2) Cette espèce est le *cancer elephas* d'Herbst. xxix, 1 ; aj. *canc. homarus*, ejusd. xxxi, 1 ;—*cancer polyphagus*, ejusd. xxxii ;—*potiquiquiya*, Marcg.

est plus court que les deux filets de l'extrémité, ou à peine de leur longueur. Le tronc se rétrécit en avant, et prend une forme ovoïde. Les appendices du bout de la queue sont entièrement crustacés.

Les yeux sont toujours rapprochés et saillans ; le test se termine, par devant, en pointe ou en museau déprimé. Ces animaux se tiennent souvent cachés dans des trous.

LES ÉCREVISSES. (ASTACUS. Fabr.)

Ont des saillies, en forme de petites écailles ou de dents, sur le pédoncule des antennes latérales ; les six pieds antérieurs terminés par une pince à deux doigts ; et la pièce extérieure des appendices natatoires du bout de la queue divisée en deux parties.

Les unes vivent dans les eaux douces, et les autres dans la mer. Elles sont toutes très-voraces et peuvent vivre vingt ans et au-delà. Leur chair est estimée. L'estomac de l'*écrevisse fluviatile* renferme, lorsqu'elle est sur le point de muer, deux concrétions pierreuses, qu'on appelle *yeux d'écrevisse*, et dont la médecine fait usage comme absorbans. C'est particulièrement sur cette espèce qu'on a constaté la faculté qu'ont les crustacés de régénérer leurs pieds lorsqu'ils les ont perdus, ou qu'ils ont été mutilés.

Les unes ont le dernier segment de la queue d'une seule pièce, et sont toutes marines.

L'*Ecrevisse de Norwége* (*Cancer Norwegicus*. Linn.) De Géer. insect. tom. VII, pl. XXIV ; Herbst. XXVI. 3. dont les deux serres antérieures sont égales, allongées, prismatiques, avec les arêtes dentées, et dont les segmens de la queue sont ciselés (1).

Le *Homard* (*Cancer gammarus*. Linn.) Herbst. XXV.

---

(1) Genre *Nephrops* de M. Leach.

dont les serres sont inégales, l'une ovale, avec des dents fortes et mousses, et l'autre oblongue avec de petites dents nombreuses. C'est un des crustacés de mer que l'on sert le plus sur nos tables.

Les autres ont le dernier segment de la queue composé de deux pièces soudées et vivent dans les eaux douces.

L'*Ecrevisse commune.* (*Cancer astacus.* Linn.) Roes. ins. tom. III, LIV—LVII. Ses deux serres antérieures sont inégales, chagrinées, et n'ont au côté interne que des dentelures très-fines. Quelques circonstances locales font varier ses couleurs.

L'*Ecrevisse de Barton* (*Astacus Bartonii.* Fab.) est propre aux eaux douces de l'Amérique Septentrionale.

LES THALASSINES. Latr. (Les genres GEBIA, CALLIANASSA et AXIUS. Leach.)

Diffèrent en général des écrevisses, en ce que le pédoncule des antennes latérales n'a point de saillies en forme d'écailles ou d'épines, et que la lame extérieure des appendices natatoires du bout de la queue n'est que d'une seule pièce; mais les THALASSINES propres (1) ont les quatre pieds antérieurs terminés par une serre dont le doigt inférieur ou celui qui est immobile, n'est qu'ébauché ou en forme de dent. Les GEBIES (2) ne s'en éloignent guère que par la forme presque triangulaire et non linéaire des feuillets du bout de la queue. Dans les CALLIANASSES (3), les deux premières paires de pieds ont une serre à deux doigts très-distincts; ceux de la troisième paire sont terminés par un onglet, qui manque aux quatre derniers.

---

(1) *Thalassina scorpionides*, Latr.; *cancer anomalus*, Herbst. LXII.

(2) *Cancer stellatus*, Montag. Trans. Linn. soc. tom. IX.

(3) *Cancer subterraneus*, Montag. ibid.

Les AXIES (1) ont aussi les deux premières paires de pieds terminés en une pince à deux doigts; mais tous ceux qui suivent finissent par un onglet.

La troisième section, ou celle

DES SALICOQUES.

A, de même que les précédentes, les pieds formés d'une série unique d'articulations, mais les antennes latérales ou extérieures sont situées au-dessous des mitoyennes, et leur pédoncule est entièrement recouvert par une grande écaille annexée à sa base.

Leur corps est arqué, comme bossu, et d'une consistance moins solide que celui des crustacés précédens. Les antennes sont toujours avancées; les latérales sont fort longues, et les intermédiaires se terminent par deux ou trois filets. Les yeux sont très-rapprochés. L'extrémité antérieure forme souvent au-dessus d'eux un bec avancé et comprimé. Les pieds-mâchoires extérieurs ressemblent, dans la plupart, à des palpes longs et grêles, ou même à des antennes. Une des deux premières paires de pieds est pliée sur elle-même, ou doublée dans un grand nombre. Les segmens du milieu de la queue sont dilatés ou élargis sur les côtés; elle se termine par une nageoire en éventail, comme dans les autres macroures. Les fausses pattes inférieures sont allongées, et souvent en forme de feuillets.

On fait une grande consommation de ces crustacés dans toutes les parties du monde. On en sale même quelques espèces, afin de les conserver.

Les uns n'ont aucun appendice particulier sur leurs pieds, et leurs pieds-mâchoires extérieurs ne servent point à la locomotion.

Tantôt leurs antennes intermédiaires sont terminées par deux filets, comme dans les suivans.

---

(1) *Axius styrynchus*, Leach. Trans. Linn. soc. tom. XI;—*canc. modestus*, Herbst. XLIII, 2.

LES PROCESSES. Leach. ou LES NIKAS. Risso.

Se distinguent de tous les autres macroures de cette tribu, par une anomalie singulière de leurs deux pieds antérieurs; l'un d'eux se termine en une serre à deux doigts, tandis que l'autre finit simplement en pointe. Ceux de la paire suivante sont en pince, et l'article qui précède la pince est composé.

Le *Nika comestible*, Risso, est d'un rouge de chair pointillé de jaunâtre. L'extrémité antérieure de son test a trois pointes aiguës. Le pied droit de la paire antérieure est en pince. On le vend, pendant toute l'année, dans les marchés de la ville de Nice (1).

LES PENÉES. (PENÆUS. FAB.)

Ont les trois premières paires de pieds terminées par une serre à deux doigts.

L'espèce la plus connue est celle que Rondelet nomme la *Caramote* (2). On en mange beaucoup dans le Levant.

LES ALPHÉES. (ALPHEUS. Fab.)

N'ont que les deux premières paires de pieds terminées en pince, et l'article qui précède immédiatement la pince est divisé, par des lignes transverses, en plusieurs autres petits articles.

Nous y rapportons le genre HIPPOLYTE Leach (3). Celui

---

(1) Aj. *Processa canaliculata*, Leach. Malac. Brit. tab. XLI.

(2) Rond. de Pisc. lib. 18, cap. 18, p. 547; *palæmon sulcatus*, Oliv.;—*squilla indica*, Bont. Hist. Nat. p. 81.

Cancer setiferus, Linn. Herbst. XXXIV, 3.

(3) *Hippolyte varians*, Leach. Transact. Linn. soc. tom. XI;—*h. inermis*, ibid.;—*cancer nautilator*, Herbst. XLIII, 4;—*cancer longipes*, id. XXXI, 2.

qu'il nomme ATIA (1) nous est inconnu, et paraît faire le passage des penées aux alphées.

LES CRANGONS. (CRANGON. Fab.)

Ressemblent aux alphées par le nombre et la correspondance des pieds en pince; mais le doigt inférieur des deux premiers est très-court et en forme de dent; ceux de la seconde paire sont coudés et filiformes.

Le *Crangon vulgaire* (*Cr. Vulgaris*. Fab.), ou le *Cardon*, Roes. insect. III, LXIII, 1, 2, est petit, avec le test lisse, et la pointe antérieure très-courte, sans dents. Il est fort commun sur nos côtes.

Les mers du Nord offrent une espèce assez grande. (*Canc. boreas*. Phipps, Voy. au nord, pl. XI, 1. Herbst. XXIX, 2.)

LES PANDALES. Leach.

N'ont que la seconde paire de pieds en pince, avec l'article qui la précède composé comme dans les alphées (2).

Tantôt les antennes intermédiaires sont terminées par trois filets, et tels sont

LES PALÉMONS. (PALÆMON. Fab.)

Dont les quatre pieds antérieurs sont en pince. On en trouve, aux deux Indes, des espèces remarquables par leur taille et la grandeur de leurs deux pieds antérieurs. Celles de nos côtes sont beaucoup plus petites, et sont désignées sous le nom de *Crevettes*, de *Salicoques*, etc.

La *Salicoque* ou *Crevette commune* (*Cancer squilla*. Lin. *Squilla fusca*, Bast. Opusc. Subs. lib. 2, III, 5.) a une

---

(1) *Atya scabra*, Leach. Trans. Linn. soc. tom. XI. Voyez *canc. innocuus*, Herbst. XXVIII, 3.

(2) *Pandalus annulicornis*, Leach. Malac. Brit. XL;—*canc. narval*, Herbst. XXVIII, 2;—*canc. armiger?* Herbst. XXXIV, 4.

tache d'un rouge vif sur le milieu du test. La corne du front est droite, ne dépasse guère le pédoncule des antennes mitoyennes, a huit dents en dessus, sans compter les deux de la pointe, et trois en dessous. La seconde paire de pieds est plus longue que la première.

Le *Palémon à dents de scie* (*Pal. Serratus.* Leach.) Herbst. XXVII, I, que l'on confond souvent avec le précédent, est plus grand. La corne du front dépasse le pédoncule des antennes mitoyennes, se relève à son extrémité, et a sept dents en dessus, la pointe non comprise, et cinq en dessous. La seconde paire de pieds est plus courte que la première. La queue a des bandes transverses d'un rouge assez vif; c'est aussi la couleur de la nageoire de son extrémité. Dans ces deux espèces, les deux pieds antérieurs sont coudés. Elles sont excellentes à manger (1).

D'autres SALICOQUES ont, au côté extérieur de leurs pieds, vers leur origine, un appendice en forme de soie, et leurs pieds-mâchoires extérieurs servent également à la locomotion. Tels sont

LES PASIPHÉES (PASIPHÆA. Savigny.)

Ils se rapprochent des alphées, à l'égard des antennes et du nombre de leurs pieds en pince; mais par les caractères énoncés ci-dessus, ils font le passage des salicoques aux crustacés de la section suivante.

La quatrième et dernière section, celle

DES SCHIZOPODES.

A les pieds divisés jusqu'à la base ou jusque près de leur milieu en deux branches.

Le corps est toujours mou, et d'une forme analogue à celle des salicoques. Les pieds sont très-grêles, soyeux, et uniquement propres à la natation.

---

(1) Aj. *Palæmon carcinus*, Leach. Zool. misc. XCII; Herbst. XXVII, 2;—*canc. carcinus*, Herbst. XXVIII, 1;—*guaricuru?* Marcg.

Les femelles portent leurs œufs dans une capsule bivalve, à l'extrémité postérieure de la poitrine.

Toutes les espèces connues sont très-petites et marines.

LES MYSIS. (MYSIS. Lat.)

Ont les pieds-mâchoires et les pieds propres divisés jusqu'à la base en deux tiges, de sorte que ces organes sont disposés sur quatre séries longitudinales, et que ces crustacés paroissent avoir quatorze paires de pieds. Les antennes latérales sont, comme dans les salicoques, accompagnées d'une grande écaille, et situées plus bas que les mitoyennes. La queue est terminée par une nageoire de quatre à cinq feuillets (1).

LES NÉBALIES. (NEBALIA. Leach.)

Ont dix pieds, divisés, jusque près de la moitié de leur longueur, en deux branches soyeuses. Leurs antennes latérales, qu'on a prises pour d'autres pieds, sont insérées beaucoup au-dessous des mitoyennes, et n'ont pas d'écaille apparente à leur base. La queue est terminée par deux appendices, en forme de soies.

L'extrémité antérieure du test se prolonge en forme de bec, sous lequel les yeux sont insérés et très-rapprochés. Ce genre a de l'analogie avec celui des *Cyclops* (2).

---

(1) Genre *mysis*, Leach. Trans. Linn. soc. tom. XI ;—*canc. oculatus*, Oth. Fab. Faun. Groënl. fig. 1 ;—*cancer pedatus*, ejusd. n°. 221 ; —*cancer flexuosus*, Müll. Zool. dan. LXVI ;—l'*astacus harengum* de Fabricius est peut-être aussi de ce sous-genre.

(2) *Nebalia Herbstii*, Leach. Zool. misc. XLIV ;—*cancer bipes*, Oth. Fab. Faun. Groenl. fig. 2.

LE SECOND ORDRE DES CRUSTACÉS.

LES STOMAPODES, vulgairement *Mantes de mer.*

Nous offre, ainsi que le précédent, des mandibules portant chacune un palpe, jointes à des yeux pédiculés et mobiles; mais la partie de la tête qui porte les antennes mitoyennes et les yeux, est distincte du thorax et fort petite. Le thorax est moins grand et moins recourbé sur les flancs, où il n'a point de branchies à recouvrir, et où l'on ne voit à la base de ses pieds que des membranes analogues à celles qui, dans les décapodes, s'interposent entre les branchies. Celles-ci, en forme de panache, sont attachées aux pieds-nageoires, dont il y a une paire terminée par deux larges pièces sous cinq des articulations de la queue, qui elle-même est demi-cylindrique, beaucoup plus longue et plus grosse que le thorax; en avant des articles qui portent ces nageoires et ces branchies, en sont qui portent des pieds non nageurs.

Dans les stomapodes connus, les antennes mitoyennes se terminent par trois filets; les externes qui naissent du devant de la partie postérieure de la tête, n'en ont qu'un seul, et à leur base s'articule une lame allongée analogue à l'écaille des salicoques. La bouche a un labre demi-circulaire membraneux; de fortes mandibules très-dentées, pourvues d'un palpe filiforme, suivies d'une double languette et de deux paires de mâchoires portant des palpes, auxquelles succède un pied grêle terminé par une petite serre; puis un pied très-grand, dont le dernier article fort long et souvent très-denté, se replie dans une rainure de l'article précédent; puis trois autres paires moindres, et terminées chacune par un crochet ou griffe (1). Les trois paires suivantes sont terminées en pointe, mais ont un stilet à côté de leur troisième articulation. Les cinq dernières sont de doubles larges nageoires, et portent, comme nous l'avons dit, les branchies attachées à leur lame externe.

La queue est terminée, comme dans les décapodes macroures, par des appendices aux côtés d'une pièce moyenne.

---

(1) Dans la manière de voir de M. Savigny, le pied grêle, le grand pied, et le premier pied à griffe seraient des pieds-mâchoires; les deux derniers pieds à griffes, et les trois pieds à stilets répondraient aux cinq pieds thorachiques des décapodes. Enfin les cinq pieds nageurs seraient les sous-caudaux.

A l'intérieur on leur voit un petit estomac contenu sous le thorax, et ayant quelques très-petites dents vers le pylore, suivi d'un intestin grêle et droit qui règne dans toute la longueur de la queue, accompagné, à droite et à gauche, d'un nombre de lobes glanduleux qui paraissent tenir lieu de foies.

Le cœur s'allonge en un gros vaisseau fibreux qui règne aussi tout le long de la partie dorsale de la queue, donnant à droite et à gauche des branches aux organes de la respiration, et aux autres parties. C'est ainsi que l'on commence à être conduit au vaisseau dorsal des insectes.

L'organe mâle est une tige adhérente à la base interne de la dernière paire de pieds non nageurs. Il paraît que ces animaux ne transportent point leurs œufs attachés à leur queue, comme la plupart des crustacés.

Le nom de mantes leur a été donné à cause de leurs grands pieds, qui ont quelque rapport avec ceux des mantes terrestres.

Cet ordre ne compose qu'une famille, dont Fabricius ne fait qu'un genre :

LES SQUILLES. (SQUILLA. Fab.)

Que l'on peut diviser en deux.

LES SQUILLES proprement dites. (SQUILLA. Latr.)

Dont le thorax se termine postérieurement sur la dernière paire des pieds en griffe. Les anneaux servant d'attache aux trois paires suivantes de pieds non nageurs, sont à découvert.

La *Squille mante* (*Cancer mantis.* Lin.), Herbst. XXXIII, 1, est longue d'environ sept pouces. Ses grandes serres ont à leur base trois épines mobiles, et leurs griffes sont divisées en six pointes allongées, très-acérées, et dont la terminale plus grande. Les segmens du corps, à l'exception du dernier, ont six arêtes longitudinales, terminées pour la plupart en une pointe aiguë; le dernier est élevé, dans son milieu, en une forte carène, ponctué, terminé postérieurement par un double rang de dentelures, et quatre pointes très-fortes, dont les deux du milieu plus rapprochées, chacun de ses bords latéraux a deux divisions rebordées ou plus épaisses, et dont la dernière finit en pointe. L'article qui sert de support aux appendices en nageoires, se prolonge et se termine au-dessous par deux dents très-fortes. Commune dans la Méditerranée, avec deux autres espèces (1).

LES ERICHTHES. (ERICHTHUS. Latr.)

Diffèrent des squilles par la grandeur de la plaque supérieure de leur test, qui se prolonge en arrière jusqu'à l'extrémité postérieure du tronc, et recouvre les anneaux portant les dernières paires de pieds non nageurs.

L'*Erichte vitrée* (*Squilla vitrea.* Fab.) est petite, avec le test lisse, caréné, et dont les angles sont pointus. Le doigt des grandes serres n'a point de dents. Elle vit dans l'Océan Atlantique.

---

(1) Aj. *Squilla maculata*, Fab. Herbst. XXXIII, 2;—*s. chiragra*, Fab. Herbst. XXXIV, 2;—*s. scyllarus*, Fab. Herbst. XXXIV, 1. Rumph. Mus. III, F. 1;—*tamaru guacu*, Marcg.

LE TROISIÈME ORDRE DES CRUSTACÉS.

LES AMPHIPODES.

Faisant encore partie des cancers de Linnæus, est le dernier de cette classe où les mandibules soient accompagnées d'un palpe, comme dans les précédens. Mais les yeux sont immobiles et sans pédicule ; la tête est distincte du tronc et d'une seule pièce ; leur troisième et dernière paire de mâchoires représente une lèvre avec deux palpes ou deux petits pieds réunis à leur naissance. L'on observe enfin, près de la base intérieure de leurs pieds, à l'exception des deux premiers, des lames membraneuses qui servent, dans les femelles, à retenir les œufs et même les petits. Leur corps est faiblement crustacé, le plus souvent comprimé, arqué et composé : 1°. d'une tête distincte, portant deux yeux, quatre antennes presque toujours en forme de soie, dont deux plus hautes, et la bouche formée d'un labre, de deux mandibules avec un palpe à découvert ou saillant, et de trois paires de mâchoires. 2°. D'un tronc divisé en sept anneaux, portant ordinairement chacun une paire de pieds, dont les quatre premiers, divisés en avant, sont souvent terminés par une serre avec un seul doigt. 3o. D'une queue formée de six à sept articles dans le plus grand nombre, et offrant, en dessous, cinq paires de fausses pattes sous la forme de filets, divisés en deux branches, très-mobiles, analogues aux pieds nageurs et branchiaux des stomapodes, et remplissant peut-être les mêmes fonctions. L'extrémité de cette queue est courbée en dessous, et ne présente point d'appendices en nageoire.

Les amphipodes nagent et sautent avec facilité, et toujours posés sur le côté. Les uns se trouvent dans les ruisseaux et les fontaines; les autres vivent dans les eaux salées. Ils s'accouplent à la manière des insectes, le mâle étant placé sur le dos de sa femelle. Leur union dure quelque temps, et l'on voit souvent le dernier individu emportant l'autre, qui est alors sous son ventre. Les œufs sont rassemblés sur la poitrine, et recouverts par des écailles particulières qui leur forment une sorte de poche. Ils s'y développent, et les petits restent attachés aux pieds ou à d'autres parties du corps de leur mère, jusqu'à ce qu'ils aient acquis assez de forces pour n'avoir plus besoin de cet appui.

Nous pourrions comprendre cet ordre sous le nom générique de

GAMMARUS.

Presque toutes ses espèces ayant appartenu à ce genre de Fabricius, il ne comprend qu'une section; ses animaux sont petits et de nos eaux.

LES PHRONIMES. (PHRONIMA. Latr.)

N'ont que deux antennes distinctes et fort courtes.

Leur tête est grosse, les pieds de la cinquième paire sont fort longs et terminés seuls par une serre à deux doigts. La queue, beaucoup plus étroite que le corcelet, est composée de cinq articles, dont le dernier a, au bout, plusieurs appendices allongés en forme de stilets. Le corps est très-mou.

La *Phronime sédentaire*. (*Phr. sedentaria*. Lar. Gener. crust. et insect. tom. I, II, 2, 3.) *Cancer sedentarius*. Faun. arab. pag. 95. Se trouve dans la Méditerranée et se loge dans un étui membraneux presqu'en forme de tonneau qui paraît provenir du corps d'une espèce de beroë.

LES CHEVRETTES. (GAMMARUS. Lat.)

Ont quatre antennes, dont les supérieures sensiblement plus longues que les inférieures.

Les unes ont ces organes composés de trois pieces, dont la dernière articulée, et c'est ce que l'on voit dans les *Leucothoë* et les *Dexamine* de M. Leach. Les premiers (1) diffèrent des autres (2) par leurs deux pieds antérieurs terminés en une serre à deux doigts.

(1) *Cancer articulosus*, Montag. Trans. Linn. soc. tom. VII, tab. VI, 6;—*cancer spinicarpus*? Müll. Zool. dan. tab. CXIX, 1-4.

(2) *Cancer gammarus spinosus*, Montag. in trans. tom. XI, 3

En d'autres, les antennes sont de quatre pièces, dont la dernière articulée. Tantôt les mâles ont les serres de la seconde paire de pieds plus grandes et comprimées, comme dans les *Melite* (1) et les *Mœrza* (2) de M. Leach. Tantôt les quatre pieds antérieurs sont semblables dans les deux sexes. Si les antennes supérieures ont une soie à leur base, ce sont ses CHEVRETTES proprement dites, ou GAMMARUS, Leach.

La *Chevrette des ruisseaux* (3), de Geoffroi, est de cette subdivision.

Ces antennes supérieures n'offrent-elles aucun appendice à leur base, nous aurons les PHERUSA et les AMPHITOE (4) de M. Leach.

LES TALITRES. (TALITRUS. Latr.)

Ont aussi quatre antennes, mais dont les inférieures sont plus longues que les supérieures, avec leur dernière pièce composée d'un grand nombre de petits articles. M. Leach les subdivise encore comme il suit.

Dans ses ATYLES (ATYLUS) (5), le devant de la tête se prolonge, en forme de bec.

Dans ses TALITRES (6) et ses ORCHESTIES (7), la tête

---

(1) *Cancer palmatus*, id. ibid. tom. VII, 69.

(2) *Cancer gammarus grossimanus*, id. ibid. tom. IX, tab. IV, 5.

(3) *Cancer pulex*, Linn.; *squilla pulex*, de Géer. Insect. tom. VII, tab. XXXIII, 1, 2.

(4) *Cancer gammarus rubricatus*, Montag. Trans. Linn. soc. tom. IX.

Oniscus cancellus, Pall. Spicil. Zool. fasc. IX, tab. III, 18.

(5) *Gammarus carinatus*, Fab.; ou *atylus carinatus*, Leach, Zool. misc. tab. LXIX.—*Gammarus ampulla*, Fab. Phipps, it. Bor. tab. XII, 3;—*cancer locusta*, Linn.

(6) *Oniscus locusta*, Pall. Spicil. Zool. fasc. IX, tab. IV, 7.

Gammarus nugax, Fab.; ou *cancer nugax*, Phipps, it. Bor. tab. XII, 2?

(7) *Oniscus gammarellus*, Pall. tab. eâd. 8.

Cancer mutilus? Mull. Zool. dan. tab. CXVI, 1-11.

n'a point de saillie, et les antennes supérieures sont beaucoup plus courtes que les inférieures, leur longueur n'égalant guère que celle des deux premiers articles des dernières.

Les pieds des talitres sont presque semblables entre eux, et tous terminés par un seul doigt.

Dans les orchesties, ceux de la seconde paire ont une serre à deux doigts dans la femelle, ou à un seul dans le mâle, mais très-grande et comprimée.

Les Corophies. (Corophium. Lat.)

Sous le rapport du pédoncule des antennes, et des différences relatives de leur longueur, ressemblent aux talitres; mais les deux inférieures, ou les plus grandes, sont en forme de pieds; leur dernière pièce n'est composée que d'un à quatre articles, et paraît se terminer par un petit crochet.

Le genre a pour type le *Cancer grossipes* de Linnæus (*Gammarus longicornis*. Fab. — *Oniscus volutator*. Pall. Spicil. Zool. Fasc. IX, tab. IV, 9.)

Nous y rapportons les Podocera et les Jassa de M. Leach. Ici les antennes sont presque de grosseur égale, et la seconde paire de pieds est terminée par une grande serre.

LE QUATRIÈME ORDRE DES CRUSTACÉS.

LES ISOPODES.

A des mandibules sans palpes; la bouche toujours composée de trois paires de mâchoires, dont les deux inférieures représentent, soit deux petits pieds réunis à leur base, soit une lèvre avec deux palpes; des branchies dans ceux où elles sont bien connues, situées sous l'abdomen, ou plutôt sous la queue; tous les pieds simples et uniquement propres à la locomotion ou à la préhension.

Leur corps est presque généralement composé d'une tête distincte, portant quatre antennes, dont les latérales, au moins, en forme de soie, et deux yeux grenus; d'un tronc, divisé en sept anneaux, ayant chacun une paire de pieds; d'une queue formée d'un nombre variable (1—7) d'anneaux, et garnie en dessous de lames ou de feuillets, disposés par paires, sur deux rangs, portant ou recouvrant les branchies, et servant aussi à la natation.

Les uns sont aquatiques et se nourrissent généralement de substances animales; plusieurs d'entre eux sont marins, s'attachent aux cétacés, à divers poissons pour sucer leur sang, ou se cachent entre les plantes des rivages.

Les autres sont terrestres, se tiennent sous les pierres, dans le creux des arbres ou sous leurs écorces, dans les fentes des murs, particulièrement aux lieux sombres et humides, et rongent différentes matières.

Les organes sexuels masculins du petit nombre d'espèces où on les a découverts, sont doubles et placés sous les premiers feuillets de la queue, où ils s'annoncent par des filets ou des crochets. Les femelles portent leurs œufs sous la poitrine, soit entre des écailles, soit dans une poche ou un sac membraneux, qu'elles ouvrent afin de livrer passage aux petits, qui ont, en naissant, la forme propre à leur espèce, et ne font que changer de peau en grandissant.

Cet ordre, dans Linnæus, embrasse le genre

DES CLOPORTES. (ONISCUS. Linn.)

Et comprend encore quelques-uns de ses cancers. Nous le partagerons en trois sections, d'après la forme et la position des branchies.

La première section,

LES CYSTIBRANCHES.

N'a pour organes respiratoires apparens, ou présumés tels, que des corps vésiculaires, très-mous, tantôt au nombre de six, et situés, un de chaque côté, sur les second, troisième et quatrième segmens, à la base extérieure des pieds qui y sont attachés; tantôt au nombre de quatre, et annexés à autant de pattes, vraies ou fausses, du second et du troisième segmens, ou à leur place, si ces segmens sont absolument dépourvus d'organes locomotiles. Les deux pieds antérieurs sont insérés sur la tête, le premier segment du corps étant intimement uni avec elle, très-court, et lui formant un cou ou un prolongement en arrière.

Le corps, ordinairement linéaire ou semblable à un fil, est composé 1° d'une tête portant quatre antennes en forme de soies, dont les deux supérieures plus longues; deux yeux immobiles et point ou peu saillans; la bouche, qui consiste en un labre, deux mandibules, une languette profondément échancrée, deux paires de mâchoires rapprochées sur un mêmeplan transversal, et deux pieds-mâchoires réunis à leur base, représentant une lèvre; et la première paire de pieds qui est située près du cou. 2°. De six segmens (le premier, ou celui qui est uni à la tête, non compris), sur chacun desquels est insérée une paire de pieds, mais qui manquent le plus souvent ou ne sont que rudimentaires sur le second et le troisième de ces anneaux. 3°. D'une queue très-courte, composée d'un à deux segmens, avec quelques petits appendices peu saillans, en forme de tubercules, à l'extrémité postérieure et inférieure. Les pieds complets, au nombre de dix à quatorze, sont terminés par un fort crochet; ceux de la seconde paire sont plus grands; l'avant-dernier article est renflé et forme, avec le crochet du bout, ou le dernier article, une serre ou griffe.

Les femelles portent leurs œufs sous les second et troisième segmens du corps, dans une poche formée d'écailles rapprochées (1).

Les uns ont le corps et les pieds allongés et menus, ou filiformes; la quatrième et dernière pièce des antennes supérieures, composée de plusieurs articles, et n'offrent que des yeux composés.

Ils se tiennent parmi les plantes marines, marchent à la manière des chenilles *arpenteuses*, tournent quelquefois avec rapidité sur eux-mêmes, ou redressent leur corps, en fesant vibrer leurs antennes. Ils courbent, en nageant, les extrémités de leur corps.

Les Leptomères. (Leptomera. Lat.)

Ont quatorze pieds, disposés dans une série continue, depuis la tête jusqu'à l'extrémité postérieure du corps (2).

---

(1) Suivant M. Savigny, ces animaux avoisinent les *pycnogonides*, qui lui paraissent lier les *arachnides* aux *crustacés*.

(2) *Squilla ventricosa,* Müll. Zool. dan. tab. LVI, 1-3. Herbst. XXXVI, 11.

LES PROTONS. (PROTO. Leach.)

Ont dix pieds, disposés dans une série continue, depuis la tête jusqu'au quatrième anneau inclusivement (1).

LES CHEVROLLES. (CAPRELLA. Lam.)

Ont dix pieds, mais dans une série interrompue; le second et le troisième anneaux du corps n'en offrant d'aucune sorte (2).

Les autres ont le corps ovale, formé de segmens larges ou transversaux; les pieds de longueur moyenne et robustes; la quatrième et dernière pièce des antennes supérieures simple ou sans articles, et deux yeux lisses sur le sommet de la tête, outre les yeux composés.

Ils n'ont que dix pieds parfaits; le second et le troisième anneaux du corps en sont dépourvus, et offrent, à leur place, des appendices grêles, articulés, ou de fausses pattes, et qui portent les organes vésiculeux, présumés respiratoires. Ces corps sont allongés et non globuleux ou ovales, comme dans les genres précédens. Ces animaux vivent en parasites, sur des cétacés et des poissons. On n'en connaît qu'un genre,

LES CYAMES. (CYAMUS. Lat.—LARUNDA. Leach.)

Dont la seule espèce décrite (*Oniscus Ceti.* L. *Pycnognum Ceti.* Fab.) vit plus particulièrement sur les baleines (3).

---

(1) *Gammarus pedatus*, Müll. ibid. tab. CI, 1, 2.

Cancer linearis ? Linn.

(2) *Squilla quadrilobata*, Müll. ibid. tab. LVI, 4-6;—*oniscus scolopendroides*, Pall. spicil. Zool. fasc. IX, IV, 15.

Gammarus quadrilobatus, Müll. ib. tab. CXIV, 11, 12.

Rapportez à ce genre les *cancer atomus* et *filiformis* de Linnæus.

Forskahl en a décrit une espèce comme une *larve* d'un genre incertain, Faun. arab. pag. 87.

(3) De Géer, Pallas et Müller l'ont figurée. Voyez le dernier : Zool. dan, CXIX, 13-17.

La seconde section des Isopodes, ou

LES PHYTIBRANCHES.

A les branchies sous la queue, toujours nues, en forme de tiges plus ou moins divisées. Les uns ont dix pieds à onglet, les autres en ont quatorze, mais dont les quatre derniers au moins n'ont point de crochet au bout, et ne sont propres qu'à la natation.

Elle est composée de plusieurs petits crustacés peu connus, et qui forment les genres suivans :

LES TYPHIS. (TYPHIS. Riss.)

Ont dix pieds, insérés par paires sur autant de segmens, et dont quatre sont terminés par une serre à deux doigts; deux antennes très-petites; et, de chaque côté du tronc, deux lames réunies longitudinalement, pouvant s'ouvrir ou se fermer comme deux battans de porte.

L'animal peut se contracter, prendre une forme ovoïde, et cacher toutes les parties inférieures de son corps, en inclinant sa tête, courbant sa queue vers la poitrine, et en rapprochant les deux valvules mobiles, adhérentes aux côtés du tronc (1).

LES ANCÉES. (ANCEUS. Riss.)

N'ont encore que dix pieds, et insérés aussi, par paires, sur autant de segmens; mais aucun de ces organes n'est terminé en serre, et leurs antennes sont au nombre de quatre, et très-distinctes. L'extrémité de leur queue a des appendices en feuillets. Ils ne peuvent d'ailleurs se contracter en boule, comme les précédens.

Les mâles ont, au-devant de la tête, deux grandes saillies, en forme de mandibules avancées (2).

---

(1) *Typhis ovoïdes*, Riss. Hist. nat. des Crust. de Nice, tab. II, 9.

(2) *Anceus forficularius*, ib. tab. eâd. 10, mâle; —*cancer maxillaris*, Montag. Trans. Linn. soc. tom. 7, tab. VI, 2.

LES PRANIZES. (PRANIZA. Leach.)

Ont dix pieds, sans serres, quatre antennes, et des feuillets au bout de leur queue, comme les ancées. Leur tronc est divisé en trois segmens, dont le dernier très-grand, et servant d'attaches aux trois dernières paires de pieds. Les deux autres paires sont suspendues aux deux segmens antérieurs (1).

LES APSEUDES. (APSEUDES. Leach. — EUPHEUS. Riss.)

Ont quatorze pieds, dont les quatre derniers uniquement propres à la natation, les deux premiers en pince, et les deux suivans élargis, comprimés et dentés au bout. Les antennes sont au nombre de quatre. Le corps est allongé et terminé par deux soies (2).

LES IONES. (IONE. Latr.)

Ont encore quatorze pieds, mais tous sans onglet, en forme de lanières arrondies à leur extrémité, et simplement propres à la natation. Leurs branchies sont très-ramifiées. Leur queue est terminée par deux longs appendices presque semblables aux pieds. Ils ont d'ailleurs des antennes distinctes (3).

La troisième section des Isopodes, celle

DES PTÉRYGIBRANCHES.

A les branchies sous la queue, soit libres et en forme d'écailles vasculaires ou de bourses membraneuses, tantôt nues, tantôt recouvertes par des lames; soit renfermées dans des écailles en recouvrement.

Les uns ont quatre antennes très-apparentes.

---

(1) Genre communiqué par M. Leach.

(2) *Cancer talpa*, Montag. Trans. Linn. soc. IX, IV, 6.

(3) *Oniscus thoracicus*, Montag. Trans. Linn. soc. ibid. III, 3.

Leurs branchies sont libres, en forme d'écailles vasculaires ou de bourses membraneuses. Ces crustacés sont tous aquatiques, et la plupart marins.

Tantôt l'extrémité postérieure du corps offre, de chaque côté, une nageoire formée de deux feuillets, portés sur un pédicule commun, et les écailles sous-caudales se recouvrent graduellement.

LES CYMOTHOÉS. (CYMOTHOA. Fab.)

Ont la queue composée de six segmens; les pieds insérés aux bords latéraux du tronc, terminés par un crochet très-fort. Plusieurs segmens du tronc ont, de chaque côté, une division en forme d'article.

Nous y réunissons les genres: *Limnoria*, *Eurydice*, et *Æga* de M. Leach.

Ils vivent, en parasites, sur des poissons et d'autres animaux marins. On les a désignés sous les noms de *Poux de mer*, d'*Asile* ou d'*Œstre de poisson*, etc. (1).

LES SPHÉROMES. (SPHÆROMA. Latr.)

N'ont que deux segmens à la queue, dont le dernier très-voûté. Leur corps se met en boule.

Nous leur associons les genres *Campecopea*, *Næsa*, *Cymodoce* et *Dynamene* de M. Leach (2).

Tantôt l'extrémité postérieure du corps est dépourvue d'appendices en nageoire, et le dessous de leur queue

---

(1) *Cymothoa asilus*, Fab.; *oniscus asilus*, Pall. spicil. Zool. fasc. IX, tab. IV, 12;—*oniscus œstrum*, Pall. ibid. 13.—*Cymothoa rosacea*, Riss. Hist. nat. des Crust. de Nice, tab. IV, 9. — *Cymothoa œstrum*, Fab.

Les *idotea psora* et *physodes* de Fabricius et ses *cymothoa paradoxa*, *falcata*, *imbricata*, *Guadeloupensis*, *Americana*, outre les espèces citées plus haut.

(2) *Oniscus globator*, Pall. spicil. Zool. fasc. IX, IV, 18; *cymothoa serrata*, Fab.;—*sphœroma spinosa*, Riss. Hist. nat. des Crus de Nice, tab. III, 14.

qui n'a jamais au-delà de trois segmens, présente deux grandes écailles recouvrant entièrement ou presque entièrement les autres.

LES IDOTÉES. (IDOTEA. Fab.)

N'ont aucune sorte d'appendice au bout de la queue; ses deux écailles inférieures et recouvrant les autres sont étroites, allongées, parallèles, fixées par leur côté extérieur, et s'ouvrent comme deux battans de porte (1).

Les espèces qui ont une forme linéaire, et dont les antennes sont de la longueur du corps, forment le genre *Stenosome* de M. Leach.

LES ASELLES. (ASELLUS. Geoff.)

Auxquelles je réunis les *Janires* et les *Jaeres* de M. Leach, ont deux pointes fourchues ou deux appendices en forme de tubercules au bout de la queue. Les deux écailles extérieures recouvrant les branchies sont arrondies et fixées seulement à leur base.

La plupart vivent dans les eaux douces ou dans les lieux humides, sous les pierres, la mousse, et les autres se tiennent parmi les fucus, les ulves, etc. (2).

Les autres PTÉRYGIBRANCHES n'ont que deux antennes apparentes, les mitoyennes étant fort courtes et cachées, ou même n'existant pas du tout.

---

(1) *Oniscus entomon*, Linn. Pall. Spicil. Zool. fasc. IX, V, 1-6. *Squilla marina*, de G. Insect. VII, XXXII, 11; *oniscus marinus?* Linn.

Idotea viridissima? Riss. Hist. nat. des Crust. de Nice, pl. III, 8; — *oniscus balthicus* Pall. ibid. IV, 6; — *o. hecticus*, ibid. 10; — *o. ungulatus*, ibid. 11; — *o. linearis*, ib. 17. Baster, subs. II, XIII, 2.

Gronov. Zooph. tab. XVII, 3.

(2) *Oniscus aquaticus*, Linn.; — *squilla asellus*, de G. Insect. tom. pl. XXXI, 1.

Leur queue est toujours composée de six à sept anneaux. La plupart sont terrestres.

LES LIGIES. (LIGIA. Fab.)

Dont les antennes latérales ou apparentes sont terminées par une pièce composée d'un grand nombre de petits articles, et qui ont, à l'extrémité postérieure du corps, deux pointes fourchues. Beaucoup d'entre elles vivent aux bords de la mer (1).

LES PHILOSCIES. (PHILOSCIA. Latr.)

Qui ont des antennes latérales de huit articles, et découvertes à leur base, et dont le corps est terminé postérieurement par quatre appendices coniques, saillans et presque égaux (2).

LES CLOPORTES. (ONISCUS. Latr.)

Dont les antennes latérales sont également de huit articles, mais ayant la base recouverte par les bords latéraux de la tête, et dont les appendices du bout de la queue sont d'inégale longueur, les deux latéraux étant beaucoup plus grands (3).

LES PORCELLIONS. (PORCELLIO. Latr.)

Qui ressemblent aux cloportes, mais dont les antennes n'ont que sept articles (4).

C'est à ces deux sous genres qu'appartiennent les espèces communes, dans les lieux humides et étouffés de nos maisons.

---

(1) *Oniscus oceanicus*, Linn. Bast. subst. II, XIII, 4. — *Oniscus assimilis*, Linn. Bast. ibid. 3; le précédent, à pointes de la queue mutilées? — *Oniscus agilis*, Panz. Faun. Insect. Germ. IX, XXIV; — *oniscus hypnorum*, Cuv. Journ. d'Hist. nat. XXVI, 3, 4, 5.

(2) *Oniscus sylvestris*, Fab.; *o. muscorum*, Cuv. ibid. 6-8. Coqueb. illust. Icon. Insect. dec. I, VI, 12.

(3) *Oniscus murarius*, Fabr. Cuv., ibid. 11-13.

(4) *Oniscus asellus*, Cuv. ibid. 9. Panz. ibid. IX, XXI.

Les Armadilles. (Armadillo. Latr.)

Voisins des porcellions par les antennes, mais dont les appendices postérieurs de la queue ne font point de saillie; les latéraux se terminent par un article élargi à son extrémité, et leur corps se met en boule.

Les écailles branchiales et supérieures du dessous de la queue ont une rangée de petits trous, donnant passage à l'air (1).

Les Bopyres. (Bopyrus. Latr.)

S'éloignent de tous les genres de cet ordre par le défaut d'antennes, d'organes de la vue, et de mandibules.

Leur corps est en ovale court, rétréci et terminé en pointe à son extrémité postérieure, presque membraneux, très-plat, avec un rebord inférieur portant les pieds, et au-dessous d'eux de petites lames membraneuses, dont les deux dernières allongées. Les pieds sont très-petits et contournés. Le dessous de la queue est garni de deux rangées de petits feuillets ciliés. Son extrémité n'a point d'appendices.

Les bopyres ont de l'analogie avec les cymothoés, et vivent cachés sous un des côtés antérieurs du test de la crevette commune ou palémon *squille*, où ils forment des tubercules qui s'élèvent en forme de loupe. Les pêcheurs de la Manche croient que ce sont des individus très-jeunes de *plies* ou de *soles*. Le rebord latéral et inférieur du corps sert à retenir les œufs nombreux dont la poitrine est chargée.

Sur cette partie, près de la queue, est souvent appliqué un autre bopyre, mais très-petit, et qu'on soupçonne être le mâle (2).

---

(1) *Oniscus armadillo*, Linn. Cuv. ibid. 14-15;—*oniscus cinereus*, Panz. ibid. LXII, tab. XXII.— *Oniscus pulchellus*, Panz. ibid. XXI.

(2) *Monoculus crangorum*, Fab.; *bopyrus squillarum*, Latr. Gener. Crust. et Insect., I, II, 4. Mém. de l'Acad. royale des Sciences, 1772, pag. 29, pl. I.

LE CINQUIÈME ORDRE DES CRUSTACÉS.

Celui des BRANCHIOPODES. (*Entomostraca*. Müll. —*Monoculus*. Linn.)

Se rapproche du précédent en ce que les mandibules, lorsqu'elles existent et qu'on peut les distinguer, n'ont point de palpes; mais il s'en éloigne, soit par l'organisation de la bouche, tantôt en forme de bec, tantôt composée de mandibules et de deux paires de mâchoires en feuillets inarticulés; soit par les pieds, garnis d'appendices branchiaux, ou de petits feuillets propres à la natation.

Le corps du plus grand nombre est recouvert d'un test corné, souvent membraneux, sur lequel les yeux, souvent très-rapprochés, sont implantés et immobiles. La tête est rarement séparée du tronc.

Ces animaux sont aquatiques, et nagent très-bien. Les organes sexuels masculins sont doubles, situés tantôt à l'extrémité postérieure de la poitrine ou à l'origine de la queue, tantôt aux antennes. C'est toujours à l'origine de la queue que sont placés ceux de la femelle, et ses œufs, qui forment par leur réunion des espèces de grappes, sous une enveloppe commune. Les petits y éclosent et l'ouvrent pour en sortir. Plusieurs de leurs organes ne paraissent qu'à la suite de divers changemens de peau, et ces crustacés éprouvent une métamorphose, quoique moins complète que celle des insectes. Ce n'est guère qu'à la cinquième ou sixième mue qu'ils deviennent parfaits ou capables de se reproduire. Leur vie, en général, est de courte durée. Il paraît que leurs œufs peuvent se conserver long-temps dans un état de dessication, sans qu'ils perdent leurs propriétés.

Plusieurs de ces animaux sont de véritables suceurs, et se rapprochent, à cet égard, des arachnides.

Cet ordre composant, avec le précédent, celui des *polygonates* de Fabricius, ne formait dans Linnæus que le genre

DES MONOCLES. (MONOCULUS. Linn.)

Nous le diviserons en trois sections, d'après la considétion des organes du mouvement, de la forme générale du corps et des habitudes. Nous placerons en tête, des Branchiopodes qui paraissent supérieurs aux autres par la faculté qu'ils ont de courir et de nager. Leur test a ordinairement la forme d'un bouclier. Leurs pieds sont nombreux; les branchies le plus souvent situées sous l'arrière du corps. Ces animaux sont plus éminemment carnassiers et suceurs.

La première section des Branchiopodes, celle

DES PŒCILOPES.

A en avant quelques pieds ou pieds-mâchoires terminés par un ou deux crochets, propres à la course et à la préhension, et en arrière les pieds en nageoire, soit composés ou accompagnés de lames, soit membraneux et en digitation.

Ils ont tous la tête confondue avec le tronc, un test, ou la partie antérieure du corps en forme de bouclier.

Les antennes sont toujours courtes et simples. La plupart ont des yeux distincts. Ces animaux peuvent courir et nager, et sont, en partie, parasites.

Les uns n'offrent ni bec ni suçoir. Ils font, par leur grandeur, un singulier contraste avec le reste de cet ordre. Ce sont

LES LIMULES. (LIMULUS. Fabr.)

Leur test est formé de deux pièces, et terminé par un style roide et pointu. La pièce antérieure est en forme de croissant, très-bombée en dessus, et y portant deux yeux composés, écartés, et trois petits yeux lisses rapprochés. Il n'y a point d'antennes, à moins qu'on ne voulût prendre pour telles deux parties qui seront tout aussi bien des palpes ou des mandibules, insérées sur une petite lèvre supérieure, et terminées en pinces. A leur suite viennent cinq paires de pieds-mâchoires, tous terminés en pinces, et dont les hanches hérissées de pointes, et entourant l'ouverture de la bouche, peuvent servir à la mastication. La première a, dans le mâle, la pince irrégulièrement gonflée et depourvue de doigt mobile. La derniere a, dans les deux sexes, quatre feuillets cornés à la base de sa pince. Derrière elle sont deux petites hanches sans pieds; puis une large lame transversale qui porte les organes des sexes à la base de sa face postérieure. Le second segment du corps, qui est plus petit que l'autre et armé sur ses bords d'épines mobiles, a en dessous cinq autres lames transverses ou pieds-nageoires, unis par leur base, et portant à leur face postérieure de nombreux et fins feuillets empilés qui sont les branchies. L'anus est à la racine du style qui termine le corps.

Le cœur, comme dans les stomapodes, est un gros vaisseau garni en dedans de colonnes charnues, régnant le long du dos, et donnant des branches des deux côtés. Un œsophage ridé, remontant en avant, conduit dans un gésier très-charnu, garni intérieurement d'une veloutée cartilagineuse, toute hérissée de tubercules, et suivi d'un intestin large et droit. Le foie verse la bile dans l'intestin par deux canaux de chaque côté. Une grande partie du test est remplie par l'ovaire dans la femelle, par les testicules dans le mâle.

Ces crustacés arrivent quelquefois à deux pieds de longueur; ils habitent les mers des pays chauds. Quelques Sauvages font des flèches du stylet de leur queue. On mange leurs œufs à la Chine. Quand ils rampent, on ne voit point leurs pieds; si on les menace, ils relèvent leur stylet dont la piqûre est redoutable.

On en trouve de fossiles dans certaines couches calcaires d'une ancienneté moyenne (1).

Le *Limule cyclope* (*Monoculus polyphemus*. Linn.) porte une épine sur le milieu de la carène mitoyenne de la partie antérieure du test; la branche supérieure de son stylet est faiblement dentée. Il habite le long des côtes de la Caroline, de la Floride et dans le golfe du Mexique.

Le *Limule des Moluques* (*L. Moluccanus*. Latr.) vulgairement *Crabe des Moluques*. Rumph. mus. XII. Bontius, hist. nat. Ind. lib. V, cap. XXXI, n'a point d'épine au milieu de la carène mitoyenne; son stylet est fortement denté; il est plus brun que le précédent, et devient plus grand. Il habite la mer des Indes.

---

(1) Knorr. monum. du déluge, I, pl. XIV.

Les mers de la Chine en nourrissent une espèce (*L. heterodactylus.* Latr.) où les quatre pieds-mâchoires antérieurs du mâle manquent de deuxième doigt.

Les autres pœcilopes ont un bec ou un suçoir, formé de la réunion de deux lèvres et de très-petites mandibules.

Ces crustacés sont parasites et vivent sur des cétacés, des poissons, des têtards de grenouilles, etc. dont ils sucent le sang. Ils se fixent sur eux au moyen de leurs pieds à crochets, et souvent de deux petites serres situées à l'extrémité antérieure de leur corps. Sous le rapport des habitudes, ils ont de l'analogie avec les *lernées*, et Linnæus en a effectivement rangé avec elles quelques espèces. Mais ils ont de véritables pieds, et Jurine fils a vu la circulation de l'*argule foliacé*, si voisin des *caliges* et des autres branchiopodes de cette famille.

Tantôt le devant du corps et ses organes locomotiles antérieurs sont recouverts par une sorte de bouclier; le corps est déprimé, rétréci en queue vers son extrémité postérieure, ou ovale.

Les Caliges. (Caligus. Müll.)

Ont deux soies ou deux filets articulés et saillans à l'extrémité postérieure de leur queue, qui pourraient être des ovaires, et deux sortes de pieds, les uns à crochet, et les autres en nageoire.

Le *Calige des poissons* (*Monoculus piscinus.* Lin.) *Caligus curtus.* Müll. Entom. XXI, 1, 2. Long de quatre à cinq lignes; à bouclier ovale, portant deux yeux, deux petites antennes en forme de soie, et sous lequel sont six paires de pieds, dont les trois premières crochues au bout, et les autres en nageoire ou branchiales. Le corps est terminé postérieurement par une pièce étroite, presque carrée, avec deux longs filets ou tuyaux au bout, et un appendice échancré dans l'entre-deux. Le bec n'est point représenté dans la figure de Müller. Cette espèce est encore désignée sous le nom de *Pou de poisson*, parce qu'elle s'attache fortement à des animaux de cette classe.

On trouve sur le *maquereau* un animal analogue au précédent, mais que nous n'avons pas encore analysé (1). Nous réunissons provisoirement aux caliges les genres *pandarus* et *anthosoma* de M. Leach, dont la queue est recouverte, par imbrication, d'écailles ou de feuillets, de même que dans le calige *prolongé* de Müller (2).

Les Argules. (Argulus. Müll.)

Ont deux lames en nageoire, à l'extrémité postérieure de leur queue; trois sortes de pieds : les deux premiers en ventouse; les deux suivans propres à la préhension, avec deux crochets, et les autres, au nombre de huit, terminés par une nageoire formée de deux feuillets.

Leur bouclier est ovale et porte deux yeux et quatre antennes très-petites, placées au-dessus d'eux, et dont les deux intermédiaires adhèrent chacune à une espèce de corne ou de crochet denté. Le bec est dirigé en avant. Les pieds sont au nombre de douze; les deux premiers se terminent par un empatement qui paraît agir à la manière d'une ventouse ou d'un suçoir. Ceux de la paire suivante sont épineux. Les deux derniers partent de l'origine de la queue, et ont à leur base, dans les mâles, les organes de la génération. Les parties sexuelles de la femelle ne sont point distinctes de l'anus. Elle colle ses œufs contre des pierres ou d'autres corps solides, et les arrange sur deux files. Leur nombre varie de 100 à 400. Les petits éprouvent, dans leurs mues, des changemens assez remarquables.

---

(1) Le *pou* du *maquereau*, Cuv. Tabl. élémentaire de l'Hist. nat. des anim. p. 454.

(2) Entom. xxi, 3, 4.

Ces observations ont pour objet un branchiopode (1) qui s'attache aux épinoches et aux têtards de grenouilles, et sur lequel Jurine fils a donné un excellent mémoire.

Les Cécrops. (Cecrops. Leach.)

Ont le corps sans appendices postérieurs, ovale, recouvert par quatre pièces échancrées à leur bord postérieur, et dont la seconde plus petite.

Ils ont, deux antennes très-petites, trois paires de pieds-mâchoires, dont ceux de la première et de la troisième paires crochus, et plusieurs paires de pieds-nageoires. Les deux derniers sont fort larges, membraneux, et recouvrent les œufs dans la femelle.

On n'en connaît qu'une espèce qui vit sur les branchies du turbot (*Cecrops Latreillii.* Leach.)

D'autres fois il n'y a point de bouclier ou de test; le segment antérieur de leur corps est simplement très-grand, et porte sur le front deux serres avancées.

Les Dichélestions. (Dichelestium. Herm.)

Leur corps est presque cylindrique, un peu et insensiblement plus grêle vers son extrémité postérieure, composé de sept segmens, dont l'antérieur, beaucoup plus grand, porte deux antennes en forme de soie, deux serres frontales et avancées, un bec avec des espèces de palpes, et quatre pieds crochus et dentés. Au segment suivant sont attachés quatre autres pieds, terminés par des doigts dentelés. Le

---

(1) *Monoculus foliaceus*, Linn.; le *pou* du *têtard*, Cuv.; *ozole* du *gasteroste* et *binocle* du *gasteroste*, Latr.; *argulus foliaceus*, Jur. Ann. du Mus. d'Hist. nat. tom. VII, pag. 451.

N. B. Le *binocle à queue en plumet* de Geoffroi, nous est inconnu; et si la figure qu'il en a donnée est exacte, il doit former un genre propre.

troisième anneau a, de chaque côté, un corps ovalaire et simple. On voit deux petits appendices, en forme de tubercules, au bout de l'anneau postérieur, qui porte souvent deux longs filets articulés.

La seule espèce qu'on ait observée jusqu'ici, vit sur les branchies de l'esturgeon (1).

La seconde section des Branchiopodes,

ou les PHYLLOPES.

A tous les pieds en nageoire, hormis quelquefois les deux premiers, qui sont en forme de rames, et terminés par des soies articulées, semblables à des antennes.

Ils ont, au moins, onze paires de pieds, et tous uniquement propres à la natation. Ils habitent les eaux dormantes, souvent en quantité considérable.

Les uns ont la tête confondue avec le tronc, les yeux immobiles; ce sont

LES APUS. (APUS. Scop. Cuv.)

Que Müller réunit aux limules; ils ont le corps mou; le test ou le bouclier d'une seule pièce, très-mince, ovale, échancree et libre postérieurement, et portant sur le dos, près de son extrémité antérieure, trois yeux simples, dont deux antérieurs plus grands, très-rapprochés et un peu en forme de croissant, et le troisième postérieur, très-petit, ovale. Les antennes sont au nombre de deux, très-courtes, de deux articles différant peu en grosseur, et insérées auprès des mandibules, qui sont cornées, fortes et dentées. La languette est profondément bifide, et a un canal cilié qui conduit droit à l'œsophage, suivant M. Savigny. Les deux mâchoires supérieures sont en forme de feuillet épineux et cilié à son extrémité; les deux inférieures sont simplement velues, et annexées à une pièce membraneuse, en forme

(1) *Dichelestium sturionis*, Herm. mém. apter. pag. 125, pl. v. 7, 8.

de fausse patte. Les pieds sont au nombre d'environ soixante paires, diminuant progressivement; ils ont tous la base ciliée, et sur un de leurs côtés une grande lame branchiale, avec un sac ovalaire vésiculeux en dessous; les deux premiers ont quatre filets articulés, dont les deux supérieurs plus longs et imitant des antennes; les autres ont, au côté opposé à celui où est située la lame branchiale, quatre petits feuillets triangulaires et ciliés, et se terminent par deux autres appendices de même forme, et qui ressemblent à des doigts comprimés. Les filets de la paire antérieure remplacent ces feuillets.

Sur chaque pied de la onzieme paire est une capsule de deux valves, renfermant les œufs, qui sont d'un beau rouge. La queue est cylindrique, composée d'un grand nombre de petits anneaux, et dont le dernier, plus grand, est terminé par deux longues soies articulées.

Ces crustacés habitent les fossés, les mares, les eaux dormantes, et le plus souvent en grandes sociétés. Ils nagent sur le dos. Leurs œufs peuvent se conserver desséchés pendant plusieurs années, sans que le germe éprouve d'altération.

L'*Apus cancriforme* (*Cancriformis*. Bosc. Le *Binocle à queue en filet,* Geoff. II, XXI, 4.), Schœff. Monog. I-V, long d'un pouce et demi avec sa queue, terminée simplement par deux filets.

L'*Apus prolongé*. (*Monoculus Apus*. Lin. Fab.) *Limule serricaude.* Herm. Schœff. Monog. tab. VI. Un peu plus petit; carène du bouclier se prolongeant postérieurement en pointe; bout de la queue ayant une lame entre ses deux filets. Commun dans les départemens de l'ouest.

Les autres PHYLLOPES ont une tête distincte, avec deux yeux portés sur un pédicule; le corps nu ou sans bouclier.

LES BRANCHIPES. (BRANCHIPUS.)

Leur corps est allongé, presque filiforme et très-mou. La

tête est distincte, et offre des antennes capillaires au nombre de quatre dans les femelles, et de deux dans les mâles; deux yeux à réseau, situés sur les côtés, et portés sur un long pédicule; deux espèces de cornes sur le front, beaucoup plus grandes, et très-avancées dans les mâles, et une bouche composée d'une papille, en forme de bec, et de quatre autres pièces latérales. Le tronc est cylindrique, porte onze paires de pieds de quatre articles, et dont les trois derniers en forme de lames ovales et ciliées sur leurs bords. La queue est allongée, conique, et terminée par deux feuillets, allongés et garnis de poils.

Les organes sexuels et les œufs sont placés près de l'origine de la queue (1).

M. Leach forme, avec le *Cancer salinus* de Linnæus, un genre qu'il nomme *Artemisia.*

On trouve dans la Méditerranée un branchiopode très-analogue aux précédens par la forme générale du corps et celle des pieds; mais il n'a point de queue.

J'en ai composé un nouveau genre, sous la dénomination d'EULIMÈNE. (*Eulimene albida.*)

La troisième section des Branchiopodes,

Celle des LOPHYROPES.

A tous les pieds uniquement propres à la natation, mais simplement garnis de poils, tantôt simples, tantôt branchus ou en forme de rames. Le nombre de ces organes, autant qu'on a pu les compter, est de six à douze. La tête est toujours confondue avec l'extrémité antérieure du tronc.

Ce sont de très-petits animaux qui remplissent nos eaux dormantes.

Les uns ont un test de deux pièces réunies, en forme

---

(1) *Cancer stagnalis*, Linn.; *apus pisciformis*, Schœff. monog.; *branchiopoda stagnalis*, Lam. Herbst. Crust. XXXVI, 3-10.

de valves de coquilles, pouvant s'ouvrir ou se fermer, et enveloppant le corps.

Tantôt ce test imitant les deux battans d'une coquille bivalve, renferme entièrement le corps, et cache les yeux ainsi que les antennes, ou du moins leur portion inférieure. Les deux yeux sont réunis, ou si rapprochés, qu'ils paraissent se confondre. On ne distingue que deux antennes. Tels sont

LES CYTHÉRÉES. (CYTHERE. Müll.)

Dont les antennes sont simplement garnies de poils dans leur longueur, et dont les pieds sont au nombre de huit (1).

LES CYPRIS. (CYPRIS. Müll.)

Qui ont leurs antennes terminées par une aigrette de poils ou en pinceau, et qui n'ont que quatre pieds apparens (2).

Tantôt, les antennes (presque toujours au nombre de quatre) et les yeux sont extérieurs, entièrement à découvert, et l'extrémité antérieure du corps présente l'apparence d'une tête. Les pieds sont au nombre de huit à douze.

LES LYNCÉS. (LYNCEUS. Müll.)

Ont deux yeux distincts, et des antennes simples, velues ou en pinceau (3).

LES DAPHNIES. (DAPHNIA. Müll.)

N'offrent qu'un seul œil, et leurs antennes sont rameuses et en forme de bras (4).

La *Daphnie puce* (*Monoculus pulex.* Linn.) Müll. Entom. XII, 4-7, désignée par Geoffroi sous le nom de

---

(1) *Cythere*, Müll. Entom. ostr.

(2) *Cypris*, Müll. Entom.

(3) *Lynceus*, ibid.

(4) *Daphnia*, ibid.

perroquet d'eau, est distincte par ses valves, terminées postérieurement en pointe. Son œil est mobile.

Elle a, suivant M. Jurine, deux mandibules sans dentelures et une soupape, qui fait passer la nourriture entre ces organes et deux palpes articulés. La transparence de ses tégumens permet de voir les parties intérieures, et notamment les mouvemens du cœur, qui se contracte deux cents fois par minute. Le mâle est moitié plus petit que la femelle. Pour s'accoupler, il s'élance sur elle, la saisit avec les longs filets de ses pieds de devant, avance sa queue entre les valves de son test, et la force à rapprocher l'extrémité postérieure de son corps. L'union ne dure qu'un instant. Un seul accouplement suffit pour la fécondation de six générations successives. La première portée est de quatre à cinq petits; les autres vont, en croissant, jusqu'à dix-huit. Les ovaires ne paraissent qu'à la troisième mue. Les œufs sont deux à trois jours à éclore en été, et de neuf à dix en hiver. Ils sont ronds et verdâtres.

La *daphnie puce*, ainsi que les autres espèces, exécute ses mouvemens, non-seulement par le moyen de ses pieds, au nombre de dix, et de sa queue, mais encore en se servant de ses antennes, qui sont peut-être des pieds analogues aux deux premiers des apus. Tantôt elle nage en ligne droite, tantôt en zig-zag, et quelquefois par secousses ou par bonds, ce qui a fait nommer cet animal : *puce aquatique*. Il fourmille au printemps dans certaines eaux dormantes, et comme ses intestins et ses pieds sont rouges, il fait paraître ces eaux de la même couleur, et a fait croire quelquefois à des pluies de sang.

Les autres LOPHIROPES ont le corps nu, ou leur test est fort court et laisse la plus grande partie du corps à découvert.

LES CYCLOPES. (CYCLOPS. Müll.)

N'ont qu'un seul œil placé sur le dos du segment antérieur du tronc. Le corps est allongé et se retrécit, peu à peu, vers son extrémite postérieure.

Ils ont deux à quatre antennes simples, six à dix pieds apparens, soyeux, et une queue longue et fourchue.

Les soies ou les filets délies dont leurs pieds sont garnis, leur servent à pousser l'eau. Ils nagent ordinairement par secousses, ou ont un mouvement analogue à celui d'un bateau que l'on fait avancer au moyen de rames. Les femelles portent leurs œufs sous la forme de deux grappes de raisins, ou de deux paquets ovales, à l'extrémité postérieure et inférieure du tronc. Ces œufs sont renfermés dans un sac membraneux et qui tient au corps par un fil. Les petits y éclosent et le crèvent, pour en sortir. C'est aussi près de l'origine de la queue que les parties sexuelles des femelles sont situées; mais celles des mâles, du moins dans quelques espèces, sont aux antennes, où elles forment une grosseur. L'union des deux sexes dure plusieurs jours; la femelle entraîne le mâle, suspendu à sa queue, et qui se trouve tantôt sur le dos, tantôt sous le ventre de sa compagne. Les jeunes individus ont une forme si différente de celle qui leur est propre, dans l'état parfait, que Müller en a fait deux genres, sous les noms d'*amymone* et de *nauplie*.

Le *Cyclope quadricorne* (*Monoculus quadricornis*. Lin.) Müll. Entom. XIX, 7-9, a quatre antennes, dont deux très-longues, et la queue droite et bifide.

Il habite les eaux douces.

LES POLYPHÈMES. (POLYPHEMUS. Müll.—CEPHALOCULUS. Lam.)

Ont leurs deux yeux réunis en un seul, fort gros, situé à l'extrémité antérieure du corps, et figurant une espèce de tête. Les deux premiers pieds sont beaucoup plus grands que les autres, et ressemblent à deux rames fourchues.

Le corps est transparent, presque crustacé, comprimé, et se termine par une queue en forme de dard, avec deux soies au bout. Les pieds sont au nombre de dix, et velus. Les branches des deux antérieurs sont articulées. On n'a point aperçu d'antennes. De Geer a vu une femelle accoucher de tous ses petits à la fois, qui étaient au nombre de sept.

Le *Polyphème pou* (*Monoculus pediculus.* Linn. Fab.) Müll. Entom. xx, 1-5, habite les eaux dormantes et pures. Il nage toujours sur le dos, pousse l'eau avec promptitude et comme avec des rames. C'est la seule espèce décrite.

Les Zoé. (Zoe. Bosc.)

Qui ont deux yeux situés au-devant du tronc, écartés et très-gros.

Je soupçonne que ce genre, établi par M. Bosc, sur un crustacé de l'Océan Atlantique, appartient moins à cette famille qu'à la dernière tribu des décapodes. Son corps est demi-transparent. Le corselet a en devant une sorte de long bec, avec un œil de chaque côté, quatre antennes insérées au-dessous d'eux, et dont les extérieures sont coudées et divisées en deux. Le dos a une élévation, pointue, longue et rejetée en arrière. Les pieds sont très-courts et à peine visibles, à l'exception des deux derniers qui sont allongés et en nageoire. La queue est de la longueur du corselet, courbée, de cinq articles, dont le dernier plus grand, en croissant, et armé d'épines.

Le *Monoculus taurus* de Slabber (*Micros.* V.) et le *Cancer germanus* de Linnæus paraissent avoir beaucoup d'affinité avec ce crustacé (1). J'ai vu dans la collection de M. de France une autre espèce très-analogue aussi aux précédentes.

---

(1) *Zoe pelagica.* Bosc. Hist. nat. des Crust. tom. II, xv, 3, 4.

LA TROISIÈME CLASSE DES ANIMAUX ARTICULÉS.

LES ARACHNIDES.

Se distingue au premier coup d'œil des deux classes voisines, les crustacés et les insectes, parce qu'elle n'a point d'antennes. Les ouvertures extérieures (en forme de stigmates), placées sous le ventre ou à l'extrémité postérieure de la poitrine, conduisent dans certains genres à des sacs qui tiennent lieu de poumons; dans les autres à de véritables trachées qui se distribuent par tout le corps.

Leur tête se confond avec le tronc; leurs yeux sont toujours simples, et varient pour le nombre et la situation; quelquefois même ils sont imperceptibles ou nuls.

Les unes ont deux mandibules insérées, l'une à côté de l'autre et parallèlement, à l'extrémité antérieure du tronc, articulées, terminées en pince ou en griffe, en forme de petits pieds; deux palpes encore plus analogues aux organes locomotiles, et dont la base forme une mâchoire, par sa dilatation, et une lèvre sans palpes. Les autres ont une bouche en suçoir, mais dont les parties, quoique autrement modifiées, paraissent correspondre à celles de la bouche des précédens. Elle est aussi accompagnée, le plus souvent, de deux palpes.

Le nombre de leurs pieds est généralement de huit. Quelques-unes en ont deux de moins, et les femelles de quelques autres en ont deux de plus, mais ne servant qu'à porter les œufs.

La plupart des arachnides se nourrissent de proie vivante, ou sucent le sang et d'autres humeurs de plusieurs animaux. Elles ne changent pas essentiellement de forme et ne sont sujettes qu'à des mues; dans quelques-unes cependant deux de leurs pieds se développent quelque temps après la naissance. Ce n'est guère qu'au quatrième ou au cinquième changement de peau, qu'elles deviennent propres à la génération.

Division des Arachnides en deux ordres.

Les arachnides qui ont des sacs pulmonaires pour organes, ont toutes un cœur bien marqué et des vaisseaux évidens. Elles composeront le premier ordre, celui des ARACHNIDES PULMONAIRES.

Celles qui respirent par des trachées n'ont pas d'organes de circulation aussi apparens.

Leurs trachées ne paraissent pas communiquer de chaque côté par des tiges latérales, comme dans les insectes. Nous en ferons notre deuxième et dernier ordre, les ARACHNIDES TRACHÉENNES.

LE PREMIER ORDRE DES ARACHNIDES.

LES PULMONAIRES. (UNOGATA. Fab.)

A des sacs pulmonaires et six à huit yeux lisses.

Ces arachnides ont toutes deux mandibules, deux mâchoires avec deux palpes et une lèvre.

Les stigmates sont situés sous le ventre, et leur nombre varie de deux à huit. Ils donnent chacun dans un petit sac, aux parois duquel adhère un organe respiratoire composé de petites lames; le cœur est un gros vaisseau qui règne le long du dos, et donne des branches de chaque côté. Les pieds sont constamment au nombre de huit.

La plupart de ces animaux sont suspects. Leur morsure ou leur piqûre peut produire, dans quelques circonstances, et surtout dans les pays chauds, des accidens plus ou moins graves.

La première famille des ARACHNIDES PUL-

MONAIRES, celle des FILEUSES, se compose du genre

DES ARAIGNÉES. (ARANEA. L.).

Elles ont des palpes en forme de petits pieds, sans pince ni griffe au bout, terminés au plus par un petit crochet, et dont le dernier article renferme ou porte, dans les mâles, les organes de la génération. Ce sont les seules arachnides dont la griffe ou le crochet mobile des mandibules ait, sous son extrémité supérieure, une petite ouverture pour la sortie d'un venin.

Les araignées ont le tronc d'un seul article, auquel est suspendu, en arrière, et par le moyen d'un pédicule court, l'abdomen. Cette dernière partie est ordinairement molle, sans anneaux, a en dessous, près de sa base, deux stigmates recouverts, et à l'anus, six mamelons charnus, percés au bout d'un grand nombre de petits trous, et d'où s'échappent des fils de soie d'une extrême ténuité, partant de leurs réservoirs intérieurs. Le canal intestinal est droit; il a d'abord un premier estomac composé de plusieurs sacs; puis vers le milieu de l'abdomen une seconde dilatation stomacale, entourée du foie.

Les femelles emploient plusieurs fils pour former les cocons qui enveloppent leurs œufs; mais plusieurs individus des deux sexes ourdissent avec eux des toiles d'un tissu plus ou moins serré, dont la forme et la situation varient selon les habitudes particulières des espèces, et qui sont autant de pièges où les insectes dont ces animaux se nourrissent, se prennent ou s'embarrassent. Les fils qui retiennent la toile sont plus forts que les autres, et ceux qui recouvrent immédiatement les œufs, diffèrent encore souvent des fils extérieurs, et sont plus fins et plus doux au toucher. Plusieurs arachnides se servent aussi de cette matière soyeuse pour se construire une habitation.

Celles qui font des toiles se tiennent tranquilles dans leur centre, ou dans la retraite qu'elles se sont ménagées auprès d'elles, jusqu'à ce que des mouvemens extraordinaires imprimés à la toile par quelque animal qui s'y trouve arrêté, les préviennent. Elles accourent promptement, fondent sur lui, si leurs forces ne sont pas trop inférieures aux siennes, le percent de leur dard, afin de lui donner la mort ou de l'affaiblir, et souvent le garottent ou l'enveloppent même d'une couche de soie, pour le mettre dans l'impuissance de se dégager. Elles le sucent, et rejettent ensuite son cadavre. Plusieurs cependant le laissent dans leur toile.

On a essayé de tirer parti de leur soie, et on est parvenu, au moyen de la filature, à en faire des bas de soie et des gants.

Plusieurs de ces animaux sont si cruels, qu'ils ne font pas même grâce à leur propre espèce, et que les mâles, craignant d'être dévorés par leurs femelles, ne s'en approchent, au tems des amours, qu'avec une grande circonspection, ou après beaucoup de tâtonnemens.

Les organes sexuels sont doubles. Ceux des mâles, ordinairement très-compliqués et composés de différentes pièces écailleuses, sont généralement renfermés dans une cavité du dernier article des palpes, qui forme pour ces individus une sorte de massue ou de bouton. Ceux des femelles consistent en deux conduits tubuleux plus ou moins rapprochés, et cachés dans une fente transverse située à la base du ventre, entre les organes de la respiration. Le mâle y introduit alternativement l'organe fécondateur de chacune de ses parties sexuelles, mais si légèrement, et d'une manière si instantanée, qu'il n'y a presque qu'un simple contact. La position respective qu'ont alors les deux individus, varie selon les genres.

Il n'y a, le plus souvent, qu'une ponte par année, et qui a lieu, dans nos climats, vers la fin de l'été ou au commencement de l'automne. La quantité des œufs varie. Plusieurs éclosent avant l'hiver, et leurs fils forment alors ces corps blancs et filamenteux qui voltigent dans l'arrière-saison, et que le vulgaire appelle *fils de la Vierge*. Les œufs des autres n'éclosent qu'au printems de l'année suivante. Plusieurs espèces peuvent vivre quelques années. Il paraîtrait, d'après les observations de M. Amédée Lepelletier, que ces animaux ont, comme ceux de la classe précédente, la faculté de régénérer les pattes qu'ils ont perdues. Audebert a vu une femelle produire plusieurs générations successives, par le seul effet de l'accouplement qui en avait fécondé la première.

On emploie pour subdiviser un genre si nombreux, des caractères tirés de la disposition des yeux, et de quelques parties de la bouche.

Les unes ont les yeux rapprochés dans la largeur de l'extrémité antérieure du corselet, ou sur une partie qui répond au front, soit au nombre de six, soit au nombre de huit, dont quatre ou deux au milieu, et deux ou trois de chaque côté. Elles font des toiles, ou jettent au moins des fils pour surprendre leur proie, et se tiennent immobiles dans le piège ou tout auprès. Ce sont les fileuses *sédentaires.*

Nous les divisons en cinq sections. Les quatre premières ont des caractères communs. Tantôt les deux paires extrêmes (1, 4, ou 4, 1.) de pieds, tantôt la première et puis la seconde, ou la quatrième et la précédente surpassent les autres en longueur. L'animal, dans le repos, tient toujours élevés ces organes du mouvement, et n'a qu'une seule manière de marcher, celle de se diriger en avant.

Leurs yeux ne forment point, par leur réunion, un segment de cercle ou un croissant. Elles font toutes des toiles pour surprendre leur proie.

La première section des FILEUSES, celle des TERRITÈLES (ARANEÏDES THERAPHOSES. Walck.), se distingue aux crochets des mandibules, qui sont fléchis en dessous ou sur leur côté inférieur, et aux filières, dont deux grandes et les autres très-petites.

Les organes sexuels des mâles sont toujours à découvert et très-simples.

LES MYGALES. (MYGALE. Walck.)

Dont les palpes sont insérées à l'extrémité des mâchoires.

Les unes ont des pointes cornées, disposées en forme de rateau ou de dents de peigne, au dessus de la base du crochet des mandibules. Elles se creusent des galeries souterraines, et construisent à leur entrée, avec de la terre et de la soie, un opercule mobile, fixé par une charnière, et qui, à raison de sa forme parfaitement adaptée à l'ouverture, de son inclinaison, de son poids naturel et de la situation de la charnière, ferme de lui-même et d'une manière très-juste, l'entrée de l'habitation. La mère y fait sa ponte. Telles sont

La *Mygale maçonne*. (*M. Cæmentaria*. Walck. Hist. des Aran. fasc. III, tab. x, le mâle.) Crochets des tarses simples ou sans dentelures; corps d'un brun-fauve, et rateau des mandibules composé de cinq dents presque égales et toutes pointues. Des environs de Montpellier.

La *Mygale pionnière*. (*M. Fodiens*. Walck.) *Aranea sauvagesii*. Ross. Faun. et Etrusc. II, IX, 11. Crochets des tarses simples; corps d'un brun-foncé; rateau des mandibules ayant deux dents plus fortes et obtuses. En Toscane, dans l'île de Corse, s'établissant quelquefois dans les murs. Elle porte ses petits sur son dos.

Les autres mygales n'ont point de rateau aux mandibules, et vivent dans des troncs d'arbres ou dans d'autres cavités que le hasard leur procure. Elles sont très-grandes, saisissent quelquefois des *Colibris* ou des *Oiseaux-Mouches*, et sont connues aux Antilles sous le nom d'*Araignées-Crabes*. Leur morsure passe pour très-dangereuse.

La *Mygale aviculaire*. (*Aranea avicularia*. Lin. Fab.) Kléem. Insect. XI et XII, mâle. Longue d'environ un pouce et demi, noirâtre, très-velue, avec l'extrémité des palpes, des pieds, et les poils intérieurs de la bouche rougeâtres. — Cayenne, Surinam (1).

LES ATYPES. (ATYPUS. Lat. — OLETERA. Walck.)

Ont les palpes insérées sur une dilatation extérieure et inférieure des mâchoires; la lèvre très-petite, et recouverte par la base de ces dernières parties de la bouche.

L'*Atype de Sulzer*. (*Aranea picea*. Sulz.) *Atypus Sulzeri*. Lat. Gener. Crust. et Insect. I, v, 2, mâle. A

---

(1) Aj. *M. fasciata*. Séba, Mus. I, LXIX, 1. Walck. Hist. des Aran. 4, 1, fem.

Latr. gener. Crust. et Insect. I, v, 1. *M. nidulans*. Brown. Hist. nat. Jam. XLIV, 3.

corps noirâtre et long, d'environ huit lignes, se creuse, dans les terreins en pente et couverts de gazon, un boyau cylindrique, profond, long de sept à huit pouces, d'abord cylindrique, incliné ensuite, où il se file un tuyau de soie blanche, de la même forme et des mêmes dimensions. Le cocon est fixé avec de la soie par les deux bouts, au fond de ce tuyau. Des environs de Paris, et même de son intérieur.

M. de Basoches a observé, près de Séez, une variété qui est constamment d'un brun plus clair.

LES ÉRIODONS. (ÉRIODON. Lat. — MISSULENA. Walck.)

Qui ressemblent aux *Atypes* par l'insertion des palpes, mais dont la lèvre s'avance entre les mâchoires.

La seule espèce connue (*Eriodon occatorius.* Lat.), a été rapportée de la Nouvelle-Hollande. Son corps est noir et long d'un pouce.

La seconde section des FILEUSES, les TUBITÈLES, ou les ARAIGNÉES TAPISSIÈRES, a les crochets des mandibules repliés en travers le long de leur côté interne; les quatre filières extérieures saillantes, cylindriques, rapprochées en un faisceau, dirigé en arrière, et les pieds robustes.

La plupart ont la quatrième paire de pieds, et ensuite la première, ou réciproquement, plus longues. Leur abdomen est de grandeur moyenne, et ne contraste point, par l'étendue de son volume, comme dans les deux tribus suivantes, avec celui du corselet. Beaucoup sont nocturnes, et n'ont que des couleurs sombres ou peu variées.

Ces arachnides se filent dans des trous, des fentes, sous les pierres, entre les feuilles, les branches, aux angles des murs, etc., une toile blanche, d'un tissu serré, ordinairement horizontale, tantôt en forme de tuyau ou de nasse, tantôt contournée en trémie, où elles se tiennent renfermées et à l'affût des insectes. Dès qu'ils se présentent à l'entrée de leur cellule, elles s'y rendent aussitôt, les saisissent et les emportent, ou les entraînent au fond de leur demeure pour les devorer. C'est là aussi, ou tout auprès, qu'elles placent leurs cocons. Plusieurs passent l'hiver dans une enveloppe de soie. Telles sont

LES SÉGESTRIES. (SEGESTRIA. Lat.)

Qui ont six yeux, dont quatre en avant et deux en arrière, et la première paire de pieds, ensuite la seconde, plus longues que les autres (1).

LES DYSDÈRES. (DYSDERA. Lat.)

Dont le nombre des yeux est également de six, mais disposés en fer à cheval, avec l'ouverture en devant; et qui ont la première paire de pieds, et ensuite la quatrième, plus longues (2).

LES CLOTHO. (CLOTHO. Walck.)

Qui ont huit yeux; les deux filières supérieures beaucoup plus longues que les autres; les pieds presque égaux; et les mâchoires inclinées sur la lèvre, dont la forme est triangulaire (3).

LES ARAIGNÉES PROPRES. (ARANEA. Lat. TEGENERIA. Walck.)

Auxquelles nous associons les *Agelènes* et les *Nysses* de M. Walckenaer, ressemblent aux *Clotho* par le nombre des yeux et la longueur de leurs deux filieres supérieures; mais la première et la dernière paire de pieds sont plus grandes que les autres; les mâchoires sont droites et la lèvre est carrée.

---

(1) *Aranea senoculata,* Linn. Deg.; *segestria senoculata*, Walck. Hist. des Aran. 5, tab. VII;—*aranea florentina*, Ross. Faun. etrusc. II, IX, 3.

(2) *Aranea rufipes*, Fab. Latr. gener. Crust. et Insect. I, V, 5, fem.

(3) *Clotho durandii*, Latr. gener. Crust. et Insect. 4, pag. 37.

Elles forment dans l'intérieur des habitations, aux angles des murs, sur les plantes, les haies, etc., une toile grande, à peu près horizontale, et à la partie supérieure de laquelle est un tube, où elles se tiennent sans faire de mouvement (1).

LES FILISTATES. (FILISTATA. Lat.)

Ont également huit yeux; mais les filières extérieures sont presque de la même longueur; les mâchoires, arquées au côté extérieur, forment un cintre autour de la lèvre; et les yeux sont groupés sur une élévation, à l'extrémité antérieure du corselet, et inégaux (2).

LES DRASSES. (DRASSUS. Walck.)

Ne s'éloignent des *Filistates* que par la disposition des yeux, qui sont situés très-près du bord antérieur du corselet, sans être groupés sur une éminence, et dont la grosseur est presque la même (3).

LES CLUBIONES. (CLUBIONA. Lat.)

Ont huit yeux, et les filières extérieures presque également longues, comme dans les genres précédens; les mâchoires sont droites, élargies à leur base extérieure, pour l'insertion des palpes, et arrondies à leur extrémité; la lèvre est en carré long (4).

---

(1) *Aranea domestica*, Linn. Deg. Fab. Clerck. Aran. Suec. pl. 2 tab. IX;—*tegeneria civilis*, Walck. Hist. des Aran. 5, V;—*aranea labyrintica*, Linn. Fab. Clerck. Aran. Suec. pl. 2, tab. VIII.

(2) *Filistata bicolor*, Latr. du midi de la France, d'Espagne.

(3) Schæff. Icon. Insect. Ratisb. CI, 7;—*drassus viridissimus*, Walck. Hist. des Aran. 4, IX; l'*aranea nocturna* de Linnæus pourrait être congénère.

(4) *Aranea holosericea*, Linn. Deg. Fab. Walck. Hist. des Aran. 4, III, fem.;—*Aranea atrox*, Deg. List. Aran. tit. XXI,—21. Albin Aran. X, 48; et XVII, 82.

LES ARGYRONÈTES. (ARGYRONETA. Lat.)

Tout-à-fait semblables aux *Clubiones*, par le nombre des yeux, les filières, la direction des mâchoires, n'en sont distinguees que parce que ces dernières parties sont coupées, à leur sommet, dans presque toute leur largeur, et que leur lèvre est triangulaire.

L'*Argyronète aquatique* (*Aranea aquatica*. Lin. Geoff. De G.), est d'un brun-noirâtre, avec l'abdomen plus foncé, soyeux, et ayant sur le dos quatre points enfoncés.

Elle vit dans nos eaux dormantes, y nage, l'abdomen renfermé dans une bulle d'air, y forme, pour retraite, une coque ovale remplie d'air, tapissée de soie, et de laquelle partent des fils, dirigés en tout sens, et attachés aux plantes des environs. Elle y guette sa proie, y place son cocon, qu elle garde assiduement, et s'y renferme pour passer l'hiver.

La troisième section des FILEUSES, celle des INÉQUITÈLES, ou les ARAIGNÉES FILANDIÈRES, a aussi les crochets des mandibules repliés en travers, le long de leur côté interne; mais les filières extérieures sont presque coniques, faisant peu de saillie, convergentes, disposées en rosette, et les pieds très-grêles. Leurs mâchoires sont inclinées sur la lèvre et se rétrecissent, ou du moins ne s'élargissent pas sensiblement à leur extrémité superieure.

La plupart ont la première paire de pieds, et ensuite la quatrieme plus longues. Leur abdomen est plus volumineux, plus mou, et plus coloré que dans les tribus précédentes. Elles font des toiles à réseau irrégulier, composées de fils qui se croisent en tout sens, et sur plusieurs plans. Elles garottent leur proie, veillent avec soin à la conservation de leurs œufs, et ne les abandonnent point qu'ils ne soient éclos. Elles vivent peu de temps.

Les unes ont la première paire de pieds et ensuite la quatrième plus longues. Telles sont

LES SCYTODES. (SCYTODES. Latr.)

Qui n'ont que six yeux, et disposés par paires (1).

LES THÉRIDIONS. (THERIDIUM. Walck.)

Dont les yeux sont au nombre de huit, et disposés ainsi : quatre au milieu en carré, et dont les deux antérieurs placés sur une petite éminence, et deux de chaque côté, situés aussi sur une élévation commune. Le corselet est en forme de cœur renversé ou presque triangulaire. Ce genre est très-nombreux (2).

Le *Théridion malmignatte*. (*Aranea 13-guttata*. Fab.) Ross. Faun. Etrusc. II, IX, 10. Yeux latéraux écartés entre eux. Corps noir, avec treize petites taches rondes, d'un rouge de sang, sur l'abdomen. — Toscane, île de Corse.

On croit que sa morsure est très-venimeuse, et même mortelle (3).

---

(1) *Scytodes thoracioa*, Latr. gener. Crust. et Insect. I, v, 4. Walck. Hist. des Aran. I, x, et 2, suppl.

(2) Voyez le Tableau et l'Histoire des Aranéïdes de M. Walckenaer. Il faut rapporter à ce genre les araignées : *bipunctata*, *redimita* de Linnæus, l'*aranea albo-maculata* de Degeer, etc.

(3) Cette espèce est le type du genre *Latrodecte* de M. Walckenaer, qu'il distingue de celui de *Théridion*, d'après les différences des longueurs respectives des pieds ; mais il y a une erreur à cet égard.

Son *Thérodion bienfaisant* (*Benignum.*) Hist. des Aran. fasc. 5, VIII, dont il a étudié, avec beaucoup de soin, les habitudes, s'établit entre les grappes de raisins, et les garantit de l'attaque de plusieurs insectes.

Les Épisines. (Episinus. Walck.)

Ont aussi huit yeux, mais rapprochés sur une élévation commune, et le corselet étroit, presque cylindrique (1).

Les autres Inéquitèles ont la première paire de pieds et la seconde ensuite, plus longues. Tels sont

Les Pholcus. (Pholcus. Walck.)

Dont les yeux, au nombre de huit, sont placés sur un tubercule, et divisés en trois groupes : un de chaque côté, formé de trois yeux, disposés en triangle, et le troisième au milieu, un peu antérieur, composé des deux autres yeux, et sur une ligne transverse.

Le *Pholcus phalangiste.* (*Araignée domestique, à longues pattes.* Geof.) *Ph. Phalangioides.* Walck. Hist. des Aran. fasc. 5, tab. x. Corps long, étroit, d'un jaunâtre très-pâle ou livide, pubescent. Abdomen presque cylindrique, très-mou, et marqué en dessus de taches noirâtres. Pattes très-longues, très-fines, avec un anneau blanchâtre à l'extrémité des cuisses et des jambes.

Commun dans les maisons, où il file aux angles des murs une toile composée de fils lâches et peu adhérens entre eux. La femelle agglutine ses œufs en un corps rond, nu, qu'elle porte entre ses mandibules.

La quatrième section des Fileuses, celle des Orbitèles, ou les Araignées Tendeuses de plusieurs, a, comme dans la précédente, les crochets des mandibules repliés en travers, le long de leur côté interne ; les filières extérieures presque coniques, peu saillantes, convergentes et disposées en rosette, et les pieds grêles ; mais en diffère par les mâchoires, qui sont droites et sensiblement plus larges à leur extrémité.

La première paire de pieds, et la seconde ensuite, sont

---

(1) *Episinus truncatus*, Latr. gener. Crust. et Insect. tom. IV, pag. 371. Italie, environs de Paris.

toujours les plus longues. Les yeux sont au nombre de huit, et disposés ainsi : quatre au milieu, formant un quadrilatère, et deux de chaque côté.

Elles se rapprochent des *Inéquitèles* par la grandeur, la mollesse, la variété des couleurs de l'abdomen, et par la courte durée de leur vie; mais elles ſont des toiles en réseau régulier, composé de cercles concentriques croisés par des rayons droits, se rendant du centre où elles se tiennent presque toujours, et dans une situation renversée, à la circonférence. Quelques-unes se cachent dans une cavité ou dans une loge qu'elles se sont construite près des bords de la toile, qui est tantôt horizontale, tantôt perpendiculaire. Leurs œufs sont agglutinés, très-nombreux, et renfermés dans un cocon volumineux.

On se sert pour les divisions du micromètre, des fils qui soutiennent la toile, et qui peuvent s'allonger d'environ un cinquième de leur longueur. Cette observation nous a été communiquée par M. Arrago.

Lls Linyphies. (Linyphia. Latr.)

Bien caractérisées par la disposition de leurs yeux : quatre au milieu, formant un trapèze dont le côté postérieur plus large et occupé par deux yeux beaucoup plus gros et plus écartés; et les quatre autres groupés par paires, une de chaque côté, et dans une direction oblique. Leurs mâchoires ne s'élargissent qu'à leur extrémité supérieure.

Elles construisent sur les buissons, les genêts, une toile horizontale, mince, peu serrée, et tendent au-dessus, sur plusieurs points, ou d'une manière irrégulière, d'autres fils. Cette toile est ainsi un mélange de celles des inéquitèles et des orbitèles. L'animal se tient à la partie inférieure et dans une situation renversée (1).

(1) *Linyphia triangularis*, Walck. Hist. des Aran. 5, IX, fem.; *aranea resupina silvestris*, Degeer; *aranea montana*, Linn. Clerck. Aran. Suec. pl. 3, tab. I;—*aranea resupina domestica*, Deg.

Les Ulobores. (Uloborus, Latr.)

Ont les quatre yeux postérieurs placés, à intervalles égaux, sur une ligne droite, et les deux latéraux de la première ligne plus rapprochés du bord antérieur du corselet que les deux compris entre eux, de sorte que cette ligne est arquée en arrière.

Ces fileuses, ainsi que les espèces du genre suivant, ont le corps allongé et presque cylindrique. Placées au centre de leur toile, elles portent en avant et en ligne droite les quatre pieds antérieurs, et dirigent les deux derniers dans un sens opposé; ceux de la troisième paire sont etendus latéralement.

Les mâchoires des *Ulobores* s'élargissent et s'arrondissent de la base à leur extrémité, comme celles des *Epeires*. Le premier article de leurs tarses postérieurs a une rangée de crins extrêmement déliés; leur extrémité, ainsi que celle des autres tarses, à l'exception des deux premiers, semble n'avoir pas de crochets, tant ils sont petits.

Ces Arachnides font des toiles semblables à celles des autres orbitèles, mais plus lâches et horizontales. Elles emmaillotent, en moins de trois minutes, le corps d'un petit coléoptère qui s'est pris dans leur filet. Leur cocon est étroit, allongé, anguleux sur ses bords, et suspendu verticalement, par un de ses bouts, à un réseau. L'autre extrémité est comme fourchue, ou terminée par deux angles prolongés, dont l'un plus court et obtus; chaque côté a deux angles aigus.

Je suis redevable de ces observations intéressantes à mon ami M. Léon Dufour.

L'*Ulobore* de *Walckenaer* (*Ul. Walckenaerius*, Latr.), long de près de cinq lignes, d'un jaunâtre roussâtre, couvert d'un duvet soyeux, formant sur le dessus de l'abdomen deux séries de petits faisceaux; des anneaux plus pâles aux pieds. — Des bois des environs de Bordeaux, et dans d'autres départemens méridionaux.

Les Tétragnathes. (Tetragnatha. Lat.)

Dont les yeux sont situés, quatre par quatre, sur deux lignes presque parallèles, et séparés par des intervalles presque égaux, et qui ont les mâchoires longues, étroites, élargies seulement à leur extrémité supérieure. Leurs mandibules sont aussi fort longues, surtout dans les mâles.

Leur toile est verticale (1).

Les Epeïres. (Epeira. Walck.)

Qui ont les deux yeux de chaque côté rapprochés par paires et presque contigus. Leurs mâchoires se dilatent dès leur base, et forment une palette arrondie.

L'epeïre *cucurbitine* est la seule connue dont la toile soit horizontale; celle des autres est verticale, ou quelquefois inclinée.

Les unes s'y placent au centre, le corps renversé ou la tête en bas; les autres se font auprès une demeure, soit cintrée de toutes parts, tantôt en forme de tube soyeux, tantôt composée de feuilles rapprochées et liées par des fils, soit ouverte par le haut et imitant une coupe ou un nid d'oiseau. La toile de quelques espèces exotiques est composée de fils si forts, qu'elle arrête de petits oiseaux, et embarrasse même l'homme qui s'y trouve engagé.

Leur cocon est le plus souvent globuleux; mais celui de quelques espèces a la figure d'un ovoïde tronqué ou d'un cône très-court.

Les naturels de la Nouvelle-Hollande et ceux de quelques îles de la mer du Sud, mangent, au défaut d'autre aliment, une espèce d'epeïre, très-voisine de l'*aranea esuriens* de Fabricius.

---

(1) *Tetragnatha extensa*, Walck. Hist. des Aran. 5, VI; *aranea extensa*, Linn. Fab. Deg.; — *aranea virescens*? Fab.; — *aranea maxillosa*? ejusd. Voyez le Tableau des Aranéïdes de M. Walckenaer.

L'*Epeïre diadème* (*Aranea diadema.* Linn. Fab.) Rœs. insect. IV, XXXV—XL. Grande, roussâtre, veloutée. Abdomen très-volumineux dans les femelles, surtout lorsqu'elles sont sur le point de faire leur ponte; d'un brun foncé, ou d'un roux jaunâtre, avec un tubercule gros et arrondi, de chaque côté du dos, près de sa base, et une triple croix formée de petites taches ou de points blancs; palpes et pieds tachetés de noir.

Très-commune en Europe, en automne. Les œufs éclosent au printemps de l'année suivante.

L'*Epeïre à cicatrices* (*Aranea cicatricosa.* De G.— *A. impressa.* Fab.), dont l'abdomen est aplati, d'un brun grisâtre ou d'un jaunâtre obscur, avec une bande noire, festonnée et bordée de gris, le long du milieu du dos, et huit à dix gros points enfoncés, situés sur deux lignes.

Elle file sa toile contre les murailles ou d'autres corps, et se tient cachée dans un nid de soie blanche qu'elle se forme sous quelque partie saillante, ou dans quelque cavité, à proximité de sa toile.

Elle ne travaille et ne prend de nourriture que dans la nuit, ou lorsque la lumière du jour est faible. Elle se retire sous les vieilles écorces des arbres ou des pieux.

L'*Epeïre brune* (*Fusca.* Walck. hist. des aran. 2, 1, fem.) est très-commune dans les caves de la ville d'Angers. Son cocon est blanc, presque globuleux, fixé par un pédicule, et composé de fils très-fins, et doux au toucher, comme de la laine.

Celui de l'*Epeïre fasciée* (Walck. hist. des aran. 3, 1, fem.) est long d'environ un pouce, ressemble à un petit ballon, de couleur grise, avec des raies longitudinales noires, et dont une des extrémités est tronquée et fermée par un opercule plat et soyeux. L'intérieur offre un duvet très-fin, qui enveloppe les œufs. Cette espèce s'établit sur les bords des ruisseaux; elle est très-commune au midi de la France. Son corselet est couvert d'un duvet soyeux et argenté; son abdomen est d'un beau jaune, entrecoupé, par intervalles, de lignes transverses, noires ou d'un brun noirâtre, arquées et un peu ondées.

L'*Epeïre cucurbitine.* (*Aranea cucurbitina.* Linn. — *A. senoculata.* Fabr.) Walck. hist. des aran. 2, 111. Petite; abdomen ovoïde, d'un jaune citron, avec des points noirs; une tache rousse à l'anus. Elle file entre les tiges et les feuilles des plantes, une toile horizontale, peu étendue.

L'*Epeïre conique.* (*Aranea conica.* De G. Pall.) Walck. hist. des aran. 2, 111. Remarquable par son abdomen bossu en devant, terminé en forme de cône, avec la partie avoisinant l'anus postérieure.

Elle suspend à un fil l'insecte qu'elle a sucé.

Parmi les espèces exotiques, il y en a de très-remarquables. Les unes ont l'abdomen revêtu d'une peau très-ferme, avec des pointes ou des épines cornées (1). D'autres ont des faisceaux de poils aux pieds (2).

La cinquième et dernière section des FILEUSES SÉDENTAIRES, celle des LATÉRIGRADES, a les quatre pieds antérieurs toujours plus longs que les autres; tantôt la seconde paire surpasse la première, tantôt l'une et l'autre sont presque égales; l'animal les étend, dans toute leur longueur, sur le plan de position, et peut marcher de côté, à reculons ou en avant.

Les mandibules sont ordinairement petites, et leur crochet est replié transversalement, comme dans les quatre tribus précédentes. Leurs yeux sont toujours au nombre de huit, souvent très-inégaux, et forment, par leur réunion, un segment de cercle ou un croissant; les deux latéraux

---

(1) Les araignées : *militaris*, *spinosa*, *cancriformis*, *hexacantha*, *tetracantha*, *geminata*, *fornicata*, de Fabricius.

(2) Ses araignées : *pilipes*, *clavipes*, etc. M. Leach forme avec son *a. maculata* le genre *nephisa.* Voyez le Tableau et l'Histoire des Araneïdes de M. Walckenaer.

postérieurs sont plus reculés en arrière, ou plus rapprochés des bords latéraux du corselet que les autres. Les mâchoires sont, dans le grand nombre, inclinées sur la lèvre. Le corps est d'ordinaire aplati, à forme de crabe, avec l'abdomen grand, arrondi ou triangulaire.

Ces arachnides se tiennent tranquilles, les pieds étendus, sur les végétaux. Elles ne font point de toile, et jettent simplement quelques fils solitaires, afin d'arrêter leur proie. Leur cocon est orbiculaire et aplati. Elles se cachent entre des feuilles, dont elles rapprochent les bords, et le gardent assidûment jusqu'à la naissance des petits.

Les Micrommates. (Micrommata. Lat. — Sparassus. Walck.)

Qui ont les mâchoires droites et parallèles, et les yeux disposés quatre par quatre, sur deux lignes transverses dont la postérieure plus longue.

On trouve communément dans les bois des environs de Paris :

La *Micrommate smaragdine* (*Aranea smaragdula.* Fab. — *A. viridissima.* De G.) Clerck. Aran. Suec. pl. 6, tab. IV, qui est de grandeur moyenne, d'un vert de gramen, avec les côtés bordés de jaune-clair; abdomen d'un jaune-verdâtre, coupé sur le milieu du dos par une ligne verte.

Elle lie trois à quatre feuilles en un paquet triangulaire, en tapisse l'intérieur d'une soie épaisse, et place au milieu son cocon, qui est rond, blanc, et laisse apercevoir les œufs. Ces œufs ne sont point agglutinés (1).

Les Sélénopes. (Selenops. Duf.)

Ont aussi les mâchoires droites et parallèles, mais les

---

(1) *Sparassus roseus*, Walck. Hist. des Aran. 4, x, mâle; — *s. ornatus*, ibid. 2, VIII, mâle; — *s. argelasius*, ibid. 4, II, mâle.

yeux autrement disposés; il y en a six de front, et les deux autres sont situés, un de chaque côté, derrière les extrêmes de la ligne précédente.

Ce genre a été établi par mon ami Léon Dufour, sur une espèce d'arachnide qu'il a découverte en Espagne, et qui se trouve aussi en Égypte. M. Cattoire en a observé une autre espèce dans l'île de France.

Les Thomises. (Thomisus. Walck.)

Dont les mâchoires sont inclinées sur la lèvre.

Les espèces de ce genre sont celles qu'on a plus particulièrement désignées sous le nom d'*Araignées-Crabes*. Les mâles sont souvent très-différens, par les couleurs, des femelles, et beaucoup plus petits.

Les unes, toutes exotiques (1), ont les yeux disposés, quatre par quatre, sur deux lignes transverses, presque parallèles, et dont la postérieure plus longue.

Dans les autres, qui forment le plus grand nombre, l'ensemble de ces yeux représente un croissant, dont la convexité est antérieure et en dehors.

Parmi celles-ci, tantôt les pieds sont presque de la même grosseur, longs, et les deux yeux latéraux et postérieurs sont plus rejetés en arrière que les deux intermédiaires de la même ligne.

Le *Thomise tigré.* (*Aranea tigrina.* Deg. — *A. lævipes.* Lin. Fab.) *Aranea jejuna.* Panz. Faun. Insect. Germ fasc. 83, tab. XXI, fem. Petite, d'un blanc verdâtre ou grisâtre, piqueté de noir ; abdomen rhomboïdal;

---

(1) *Thomisus Lamarck*, Latr. espèce voisine de l'*aranea nobilis* de Fab. — *t. canceridus*, Walck. ejusd.;—*t. leucosia* (*aranea regia*? Fab.);—*plagusius*, *pinnotheres*;—*aranea venatoria*, Linn. Sloan. Hist. nat. Jam. tab. CCXXXV, 1, 2; *nhamdiu*, 2 ? Pison.

pieds de la troisième paire plus longs que ceux de la quatrième. Se tient sur les arbres, et court très-vite (1).

Tantôt les quatre pieds postérieurs sont très-sensiblement ou subitement plus menus que les quatre premiers, et leurs quatre yeux, situés en arrière, sont à peu près de niveau.

Le *Thomise arrondi.* (*Aranea globosa.* Fab.) *Aranea irregularis.* Panz. Faun. Insect. Germ. fasc. 74, tab. XX, fem. Long de près de trois lignes, noir, avec l'abdomen globuleux, rouge ou jaunâtre tout autour du dos.

Le *Thomise à crête.* (*Aranea liturata*? Fab. mâle). Clerck. Aran. suec. pl. 6, tab. VI. Taille du précédent; corps d'un roussâtre-gris, quelquefois brun, parsemé de poils, avec de petites épines aux pieds; yeux latéraux plus gros, et portés sur un tubercule; une raie transverse, jaunâtre, sur le devant du corselet; deux autres formant un V, de la même couleur, sur son dos; abdomen arrondi, avec une bande également jaunâtre, ayant de chaque côté trois divisions, en forme de dents, sur le milieu de son dos. Cette espèce est commune, et se trouve souvent à terre.

Le *Thomise citron.* (*Aranea citrea.* De G.) Schœff. Icon. Insect. tab. XIX, 13. D'un jaunâtre-citron, avec l'abdomen grand, plus large en arrière, et ayant souvent, sur le dos, deux raies ou deux taches rouges, ou couleur de souci. Sur les fleurs (2).

D'autres arachnides *fileuses*, dont les yeux, toujours au nombre de huit, s'étendent plus dans le sens de la longueur du corselet, que dans celui de sa largeur, ou du moins presque autant dans l'un que dans l'autre, et qui forment, par leur réunion, soit un triangle curviligne ou un ovale,

---

(1) Les thomises : *dispar, oblongus, rhombifer* de Walkenaer; leur troisième paire de pieds est plus courte que la quatrième.

(2) Voyez le Tableau des *aranéïdes* de M. Walckenaer.

tronqués, soit un quadrilatère, composent une seconde division générale, les *fileuses vagabondes*, que je nomme ainsi, par opposition à celles de la première division ou des *sédentaires*.

Ces arachnides ont les mandibules repliées transversalement, les mâchoires droites, la lèvre saillante, deux ou quatre de leurs yeux souvent beaucoup plus gros que les autres, le corselet grand, et les pieds robustes; ceux de la quatrième paire, les deux premiers, ou ceux de la seconde paire ensuite, surpassent ordinairement les autres en longueur.

Elles ne font point de toile, guettent leur proie, la saisissent à la course, ou en sautant sur elle.

La sixième section des fileuses, les CITIGRADES ou les ARAIGNÉES-LOUPS de plusieurs. Dont les yeux forment, par leur disposition, soit un triangle curviligne ou un ovale, soit un quadrilatère, mais dont le côte antérieur est beaucoup plus étroit que le corselet, mesuré dans sa plus grande largeur; où cette partie du corps est ovoïde, rétrécie en devant, et en carène, dans le milieu de sa longueur; et dont les pieds ne sont genéralement propres qu'à la course.

La plupart des femelles se tiennent sur leur cocon, ou l'emportent même avec elles, appliqué contre la poitrine et la base du ventre, ou suspendu à l'anus. Elles ne l'abandonnent que dans une extrême nécessité, et retournent le chercher lorsqu'elles n'ont plus rien à craindre. Elles veillent aussi, pendant quelque temps, à la conservation de leurs petits.

LES CTÈNES. (CTENUS. Walck.)

Ont les yeux disposés sur trois lignes transverses, s'allongeant de plus en plus (2, 4, 2), et formant une sorte de triangle curviligne, renversé, tronqué en devant ou à sa pointe.

Ce genre a été établi sur une espèce d'arachnide qui se

trouve à Cayenne. Il avoisine, ainsi que le suivant, les thomises.

LES OXYOPES. (OXYOPES. Latr. — SPHASUS. Walck.)

Qui ont les yeux rangés deux par deux, sur quatre lignes transverses, et dont les deux extrêmes plus courtes; ils dessinent une sorte d'ovale, tronqué aux deux bouts (1).

LES DOLOMÈDES. (DOLOMEDES. Latr.)

Dont les yeux, disposés sur trois lignes transverses, 4, 2, 2, représentent un quadrilatère, un peu plus large que long, avec les deux derniers ou postérieurs situés sur une eminence, et qui ont la seconde paire de pieds aussi longue ou plus longue que la première.

Les uns ont les deux yeux latéraux de la ligne antérieure plus gros que les deux mitoyens compris entre eux, et l'abdomen en ovale oblong, et terminé en pointe.

Les femelles se construisent, aux sommités des arbres chargés de feuilles, ou dans les buissons, un nid soyeux, en forme d'entonnoir ou de cloche, y font leur ponte, et lorsqu'elles vont à la chasse, ou qu'elles sont forcées d'abandonner leur retraite, elles emportent toujours avec elles leur cocon, qui est fixé sur la poitrine. Clerck dit avoir vu des individus sauter très-promptement sur des mouches qui volaient autour d'eux (2).

Les autres ont les quatre yeux de devant égaux, et l'abdomen ovale et arrondi au bout.

---

(1) *Sphasus heterophthalmus*, Walck. Hist. des Aran. fasc. 3, tab. VIII, fem.; *oxyopes variegatus*, Lat.;—*sphasus italicus*, Walck. ibid. fasc. 4, tab. VIII, fem.; *oxyopes lineatus*, Latr. gener. Crust. et Insect. tom. I, 5, v, fem. Voyez l'article *oxyope* de la partie entomologique de l'Encycl. méthodique et le Tableau des Araneïdes de M. Walckénaer.

(2) *Araneus mirabilis*, Clerck. Aran. Suec. pl. 5, tab. x; *aran. rufo-fasciata*, Deg.; *a. obscura*, Fab.

Ils habitent le bord des eaux, courent sur sa surface avec une vitesse surprenante, y entrent même un peu sans se mouiller. Les femelles font, entre les branches des végétaux, une grosse toile irrégulière, dans laquelle elles placent leur cocon. Elles le gardent jusqu'à ce que les œufs soient éclos (1).

Les Lycoses. (Lycosa. Latr.)

Qui ont encore les yeux disposés en un quadrilatère, mais aussi long ou plus long que large, et dont les deux postérieurs ne sont point portés sur une éminence. La première paire de pieds est sensiblement plus longue que la seconde.

Les lycoses se tiennent presque toutes à terre, où elles courent très-vite. Elles s'y logent dans des trous, qu'elles trouvent formés, ou qu'elles ont creusés, en fortifiant les parois avec de la soie, et les agrandissent à mesure qu'elles croissent. Quelques-unes s'établissent dans les cavités et les fentes des murs, y font des tuyaux de soie, qu'elles recouvrent à l'extérieur de parcelles de terre ou de sable. C'est dans ces retraites qu'elles muent et qu'elles passent l'hiver, après en avoir fermé, à ce qu'il paraît, l'ouverture. C'est là aussi que les femelles font leur ponte. Elles emportent, lorsqu'elles vont en course, leur cocon, qui est fixé par des fils à l'anus. Les petits se cramponnent, à leur sortie de l'œuf, sur le corps de leur mère, et y demeurent attachés, jusqu'à ce qu'ils soient assez forts pour chercher eux-mêmes leur nourriture.

Les lycoses sont tres-voraces, et défendent courageusement la possession de leur domicile.

Une espèce de ce genre, la *Tarentule*, ainsi nommée de la ville de *Tarente*, en Italie, aux environs de laquelle

---

(1) *Aranea fimbriata*, Linn. Deg. Fab. Panz. Faun. Insect. Germ. fasc. 71, tab. XXII, fem. Clerck, *Aran. Suec.* pl. 5, tab. IX; — *a. marginata*, Deg. Oliv. Clerck, *Aran. Suec.* pl. 5, tab. 1.

A. rufa. Deg.

elle est commune, jouit d'une grande célébrité. Dans l'opinion du peuple, son venin produit des accidens très-graves, suivis même souvent de la mort, ou le *tarentisme*, et qu'on ne peut dissiper que par le secours de la musique et de la danse. Les personnes éclairées et judicieuses pensent qu'il est plus nécessaire de combattre les terreurs de l'imagination, que les effets de ce venin, et la médecine, au surplus, offre d'autres moyens curatifs.

M. Chabrier a publié (*Soc. Acad. de Lille*, 4e. cah.) des observations curieuses sur la lycose *tarentule* du midi de la France.

Ce genre est très-nombreux en espèces, mais qu'on n'a pas encore bien caractérisées.

La *Lycose Tarentule.* (*Aranea Tarentula.* Lin. Fab.) Albin. Aran. tab. XXXIX. Senguerd. de Tarant.

Longue d'environ un pouce. Dessous de l'abdomen rouge, traversé dans son milieu par une bande noire.

La *Tarentule* du midi de la France est un peu moins grande, avec le dessous de son abdomen très-noir, bordé de rouge tout autour.

On trouve aux environs de Paris une espèce analogue, la *Lycose ouvrière* (*Fabrilis.* Clerck. Aran. Suec. pl. 4, tab. II.)

La *Lycose à sac.* (*Aranea saccata.* Lin.) *A. littoralis.* Deg.

Petite, noirâtre; carène du corselet d'un roussâtre obscur, avec une ligne cendrée; un petit faisceau de poils gris, à la base supérieure de l'abdomen; pieds d'un roux livide, entrecoupé de taches noirâtres; cocon aplati et verdâtre. — Très-commune aux environs de Paris (1).

La septième section des fileuses, celle des SALTIGRADES, désignées par d'autres sous le nom d'*Araignées phalanges.*

A les yeux disposés en un grand quadrilatère, et dont le

(1) Voyez pour les autres espèces le *Tableau et l'Histoire des Aranéides* de M. Walckenaer.

côté antérieur, ou la ligne formée par les premiers, s'étend dans toute la largeur du corselet ; cette partie du corps est presque carrée ou en demi-ovoïde, plane ou peu bombée en dessus, aussi large en devant que dans le reste de son étendue, et tombe brusquement sur les côtés. Les pieds sont propres à la course et au saut.

Les cuisses des deux pieds de devant sont ordinairement remarquables par leur grandeur.

L'Araignée *à chevrons blancs*, de Geoffroi, espèce de saltique, très-commune en été, sur les murs ou sur les vîtres exposés au soleil, marche comme par saccades, s'arrête tout court après avoir fait quelques pas, et se hausse sur les pieds antérieurs. Vient-elle à decouvrir une mouche, un cousin surtout, elle s'en approche tout doucement, jusqu'à une distance qu'elle puisse franchir d'un trait, et s'élance tout d'un coup sur l'animal qu'elle épiait. Elle ne craint pas de sauter perpendiculairement au mur, parce qu'elle s'y trouve toujours attachee par le moyen d'un fil de soie, et qu'elle le devide à mesure qu'elle avance. Il lui sert encore à se suspendre en l'air, à remonter au point d'où elle était descendue, ou à se laisser transporter par le vent d'un lieu à l'autre. Ces habitudes conviennent, en général, aux espèces de cette tribu.

Plusieurs se construisent, entre des feuilles, sous des pierres, etc., des nids de soie, en forme de sacs ovales et ouverts aux deux bouts. Ces arachnides s'y retirent pour se reposer, changer de mue, et se garantir des intempéries des saisons. Si quelque danger les menace, elles en sortent aussitôt et s'enfuient avec agilité.

Des femelles se font, avec la même matière, une espèce de tente, qui devient le berceau de leur postérité, et où les petits vivent, pendant quelque temps, en commun avec leur mère.

Quelques espèces, semblables à des fourmis, élèvent leurs pieds antérieurs, et les font vibrer très-rapidement.

Les mâles se livrent quelquefois des combats très-singuliers par leurs manœuvres, mais qui n'ont aucune issue funeste.

LES ÉRÈSES. (ERESUS. Walck.)

Qui ont près du milieu de l'extrémité antérieure du corselet, quatre yeux rapprochés en un petit trapèze, et les quatre autres sur ses côtés, et formant aussi un autre quadrilatère, mais beaucoup plus grand (1).

LES SALTIQUES. (SALTICUS. Lat. — ATTUS. Walck.)

Qui ont quatre yeux, dont les deux intermédiaires plus gros, en avant du corselet, sur une ligne transverse, et les autres près des bords latéraux, deux de chaque côté; ils forment ainsi un grand carré ouvert postérieurement, ou une parabole.

Plusieurs mâles ont de très-grandes mandibules.

Les uns ont le corselet épais et en talus, très-incliné à sa base.

Le *Saltique de Sloane*. (*Aranea sanguinolenta*. Lin.)

Noir, une ligne blanche formée par un duvet, de chaque côté du corselet; abdomen d'un rouge-cinabre, avec une tache allongée, noire, au milieu du dos. — Midi de la France, sur les pierres (2).

Les autres ont le corselet très-aplati, et presque insensiblement en pente, à sa base.

Tantôt leur corps est simplement ovale, garni de poils ou de duvet épais, avec les pieds courts et robustes.

Le *Saltique chevronné*. (*Aranea scenica*. Linn. — L'*Araignée*

---

(1) *Eresus cinnaberinus*, Walck.; *aranea quatuor-guttata*, Ross. Faun. etrusc. tom. II, 1, 8, 9. Coqueb. illust. Icon. Insect. decas. 3, XXVII, 12; — *aranea nigra*, *petagna*. Deux autres espèces inédites, rapportées de l'Espagne par M. Léon Dufour.

(2) Cette division comprend les *attes* suivans de M. Walckenaer: *bicolor*, *chalybeius*, *niger*, *cupreus*, *muscorum*, l'*aranea grossipes* de Degeer.

à chevrons. Geoff.) *Araignée à bandes blanches.* Deg. Insect. VII, XVII, 8, 9.

Long d'environ deux lignes et demie ; dessus noir, avec les bords du corselet et trois lignes en forme de chevrons sur le dessus de l'abdomen, blancs. — Très-commune (1).

Tantôt leur corps est étroit, allongé, presque cylindrique et ras ; les pieds sont longs et grêles.

Le *Saltique fourmi.* (*Formicarius.*) *Aranea formicaria.* Deg. Insect. tom. VII, XVIII, 1, 2.

Roux ; devant du corselet noir ; des bandes noires et deux taches blanches sur l'abdomen.

La seconde famille des ARACHNIDES PULMONAIRES, celle des PÉDIPALPES.

Nous offre des palpes très-grands, en forme de bras avancés, terminés en pince ou en griffe ; un abdomen composé de segmens très-distincts, sans filières au bout ; et des organes sexuels simples et situés à la base du ventre.

Les uns, qui forment le genre

TATENTULE. (TARENTULA. Fabric.)

Ont l'abdomen attaché au tronc par un pédicule ou par une portion de leur diamètre transversal, sans lames en forme de peigne à sa base inférieure, ni d'aiguillon à son extrémité ; leurs stigmates ne sont qu'au nombre de deux, situés près de l'origine du ventre, et recouverts d'une plaque ; leurs man-

(1) Ajout. *Attus tardigradus*, Walck. Hist. des Aran. 5, IV, fém. Voyez son Tableau des *Aranéides.*

dibules sont en griffe, ou terminées simplement par un crochet mobile. Le tronc n'est que d'une seule pièce.

Ils ont tous huit yeux, les palpes épineux, et les tarses des deux pieds antérieurs différens des autres, composés de beaucoup d'articles, en forme de fil ou de soie, et sans onglet au bout.

Ces arachnides n'habitent que les pays très-chauds de l'Asie et de l'Amérique. Leurs habitudes nous sont inconnues. On en fait aujourd'hui deux genres.

Les Phrynes. (Phrynus. Oliv.)

Qui ont des palpes terminés en griffe; le corps très-aplati; le corselet ou le tronc large, presque en forme de croissant; l'abdomen sans queue, et les deux tarses antérieurs très-longs, très-menus, semblables à des antennes en forme de soie (1).

Les Thélyphones. (Thelyphonus. Latr.)

Se distinguent des phrynes par leurs palpes plus courts, plus gros, terminés en pince ou par deux doigts réunis; par leur corps oblong, avec le corselet ovale, et le bout de l'abdomen muni d'une soie articulée, formant une queue; leurs deux tarses antérieurs sont courts, d'une même venue, et à articulations peu nombreuses (2).

---

(1) *Phalangium reniforme*, Linn. Pall. spicil. Zool. fasc. 9, III, 5, 6. Herbst. monog. phal. III. Indes Orientales; îles Séchelles, Herbst. ibid. IV, 1. Amérique Méridionale — *Tarantula reniformis*, Fab. Pall. spicil. Zool. 9, III, 3, 4. Herbst. ibid. V, 1; ejusd. IV, 2, var.? Antilles.

(2) *Phalangium caudatum*, Linn. Pall. spicil. Zool. fasc. 9, III, 1, 2, de Java. L'Amérique Méridionale fournit un autre espèce, décrite et figurée dans le *Journal de Physique* et *d'Histoire naturelle* (1777); les habitans de la Martinique l'appellent le *vinaigrier*.

Les autres ont l'abdomen intimement uni au tronc par toute sa largeur, offrant à sa base inférieure deux lames mobiles en forme de peigne, et terminé par une queue noueuse, armée d'un aiguillon à son extrémité; leurs stigmates sont au nombre de huit, découverts et disposés quatre par quatre, de chaque côté, de la longueur du ventre; le dessus du tronc est recouvert de trois plaques, dont la première très-grande, en forme de corselet; leurs mandibules sont en pince. Ils forment le genre

Des Scorpions. (Scorpio. Lin. Fab.)

Qui ont le corps long, et terminé brusquement par une queue longue, grêle, composée de six nœuds, dont le dernier finit en pointe arquée et très-aiguë, ou en un dard, sous l'extrémité duquel sont deux petits trous, servant d'issue à une liqueur venimeuse, contenue dans un réservoir intérieur.

Les palpes sont très-grands, avec une serre au bout, en forme de main. A l'origine de chacun des quatre pieds antérieurs, est un appendice triangulaire, et ces pièces forment, par leur rapprochement, l'apparence d'une lèvre à quatre divisions. Les peignes, situés près de la naissance du ventre, sont composés d'une pièce principale, étroite, allongée, articulée, mobile à sa base, et garnie, le long de son côté inférieur, d'une suite de petites lames, réunies avec elle par une articulation, étroites, allongées, creuses intérieurement, parallèles, et imitant des dents de peigne. Leur nombre est plus ou moins considérable, selon les espèces ; il varie quelquefois d'une certaine quantité, et peut-être avec l'âge, dans la même. On n'a pas encore déterminé, par des expériences positives, quel est l'usage de ces appendices. Tous les tarses sont semblables, de trois articles, avec deux crochets au bout du dernier.

Les huit stigmates donnent dans autant de bourses blanches, renfermant chacune un grand nombre de petites lames très-déliées, entre lesquelles il est probable que l'air se filtre. Un vaisseau musculeux règne le long du dos, et envoie à chaque bourse une artère et une veine ; d'autres branches en partent pour toutes les parties. Le canal intestinal est droit et grêle. Le foie se compose de quatre paires de grappes glanduleuses qui versent leur liqueur dans quatre points de l'intestin. Le mâle a deux verges sortant près des peignes, et la femelle deux vulves. Ces dernières donnent dans une matrice composée de plusieurs canaux qui communiquent les uns avec les autres, et que l'on trouve au temps du part, remplis de petits vivans ; les testicules sont aussi formés de quelques vaisseaux anamostosés ensemble.

Ces arachnides habitent les pays chauds des deux hémisphères, vivent à terre, se cachent sous les pierres ou d'autres corps, le plus souvent dans les masures ou dans les lieux sombres et frais, et même dans l'intérieur des maisons. Ils courent vite, en recourbant leur queue en forme d'arc sur le dos. Ils la dirigent en tout sens, et s'en servent comme d'une arme offensive et défensive. Ils saisissent avec leurs serres les cloportes et les différens insectes, tels que des carabes, des charansons, des orthoptères, etc., dont ils se nourrissent, les piquent avec l'aiguillon de leur queue, en la portant en avant, et font ensuite passer leur proie entre leurs mandibules et leurs mâchoires. Ils sont friands des œufs d'aranéïdes et de ceux d'insectes.

La piqûre du *Scorpion d'Europe*, n'est pas, à ce qu'il paraît, ordinairement dangereuse. Celle du scorpion de Souvignargues, de Maupertuis, ou de l'espèce que j'ai nommée *roussâtre (Occitanus)*, et qui est plus forte que la précédente, produit, d'après les expériences que le docteur Maccary a eu le courage de faire sur lui-même, des accidens plus graves et plus alarmans ; le venin paraît être d'autant plus actif que le scorpion est plus âgé. On emploie, pour en arrêter les effets, l'alkali volatil, soit extérieurement, soit à l'intérieur.

Quelques naturalistes ont avancé que nos espèces indigènes produisent deux générations par an. Celle qui me semble la mieux constatée, a lieu au mois d'août. La femelle, dans l'accouplement, est renversée sur le dos. Suivant M. Maccary, elle change de peau avant de mettre bas ses petits. Le mâle en fait autant à la même époque.

La femelle fait ses petits à diverses reprises. Elle les porte sur son dos pendant les premiers jours, ne sort pas alors de sa retraite, et veille à leur conservation l'espace d'environ un mois, époque à laquelle ils sont assez forts pour s'établir ailleurs et pourvoir à leur subsistance. Ce n'est guère qu'au bout de deux ans qu'ils sont en état d'engendrer.

Les uns ont huit yeux, et forment le genre *Buthus* de M. Leach.

Le *Scorpion d'Afrique.* (*Afer.* Linn. Fab.) Rœs. insect. 3, LXV. — Herbst. monog. scorp. I. Long de cinq à six pouces, d'un brun noirâtre, avec les serres grandes, en cœur, très-chagrinées et un peu velues. Bord antérieur du corselet fortement échancré. Treize dents à chaque peigne. — Des Indes orientales, de Ceylan, etc.

Les autres n'ont que six yeux, et composent le genre *Scorpion*, proprement dit, du même naturaliste.

Le *Scorpion d'Europe.* (*Europœus.* Linn. Fab.) Herbst. Monog. scorp. III, 1, 2. D'un brun plus ou moins foncé, avec les pieds et le dernier article de la queue d'un brun plus clair ou jaunâtre; serres en forme de cœur et anguleuses; neuf dents à chaque peigne. — Les départemens les plus méridionaux et orientaux de la France.

Le *Scorpion roussâtre.* (*Occitanus.* Amor.) *Tunetanus.* Herbst. monog. scorp. III, 3. Jaunâtre ou roussâtre; queue un peu plus longue que le corps, avec des lignes élevées et finement crénelées. Vingt-huit dents et au-delà (32—65, Maccary.) à chaque peigne. — Midi de l'Europe, Barbarie, et très-commun en Espagne.

LE SECOND ORDRE DES ARACHNIDES.

LES TRACHEENES.

Diffèrent du précédent par des organes respiratoires, consistant en des trachées rayonnées ou ramifiées; et à l'égard du nombre des yeux qui n'est que de deux à quatre (1).

La première famille des ARACHNIDES TRACHÉENNES, celle des FAUX-SCORPIONS.

A le dessus du tronc partagé en trois segmens, dont l'antérieur, beaucoup plus spacieux, en forme de corselet; un abdomen très-distinct et annelé; des palpes très-grands, en forme de pieds ou de serres; huit pieds dans les deux sexes; des mâchoires et une lèvre. (*Langue sternale.* Savigny.)

Ils sont tous terrestres, ont le corps ovale ou oblong, deux mandibules en pince, rapprochées l'une de l'autre dans leur longueur, portées sur un pédicule très-court, prenantes et incisives, et les deux crochets des tarses égaux.

LES GALÉODES. (GALEODES. Oliv. — SOLPUGA. Licht. Fab.)

Ont des mandibules très-grandes; les palpes en forme de pieds, terminés en bouton, et sans crochet au bout; les deux pieds antérieurs presque semblables, mais plus petits; les tarses des autres

---

(1) Suivant Müller, l'*hydrachne umbrata* a six yeux; mais n'est-ce pas une erreur d'optique ou une méprise?

terminés par deux espèces de doigts, avec un onglet au bout, et deux yeux contigus ou rapprochés sur une éminence antérieure du corselet.

On soupconne que les anciens ont désigné ces arachnides sous les noms de *phalangium*, *solifuga*, *tetragnatha*, etc. Leur corps est allongé, très-velu, avec le corselet en cœur, l'abdomen mou et les pieds allongés. Ils ont un stigmate de chaque côté, près la seconde paire de pieds, et les mandibules de plusieurs sont accompagnées d'un cirrhe.

Les galéodes habitent les pays chauds et sablonneux de l'ancien continent, courent avec une extrême vitesse, et sont réputés venimeux (1).

LES PINCES. (CHELIFER. Geoff. — OBISIUM. Illig.)

Ont les palpes allongés en forme de bras, avec une pince au bout; tous les pieds égaux, terminés par deux crochets, et les yeux placés sur les côtés du corselet.

Ces animaux ressemblent à de petits scorpions privés de queue. Leur corps est aplati, avec le corselet presque carré, et ayant de chaque côté deux yeux (2).

---

(1) *Solpuga fatalis*, Fab. Herbst. Monog. solp. I, I, du Bengale; —*s. chelicornis*, Fab. Herbst. ibid. II, 1.—*Phalangium araneoides*, Pall. spicil. Zool. fasc. IX, III, 7, 8, 9. Voyez en outre la Monographie de ce genre publiée par Herbst., et les voyages de Pallas et d'Olivier.

M. Léon Dufour en a découvert une nouvelle espèce en Espagne.

(2) Suivant Hermann fils.

Ils courent vite, et souvent à reculons ou de côté, comme les crabes. Rœsel a vu une femelle pondre ses œufs et les rassembler en tas. Hermann père dit que ces individus les portent réunis en pelotte, sous leur ventre. Il croit même, d'après une autre observation, que ces arachnides peuvent filer.

Son fils (*Mém. aptérol.*) divise ce genre en deux sections. Les uns (*Chelifer.* Leach.) ont le premier segment du tronc, ou le corselet, partagé en deux par une ligne imprimée et transversale; les tarses d'un seul article; une espèce de stylet au bout du doigt mobile des mandibules, et les poils du corps en forme de spatule.

La *Pince Crabe* (*Phalangium cancroïdes.* Linn. *Scorp. cancroïdes.* Fab.) Rœs. Ins. III, suppl. LXIV, vulgairement *Scorpion des livres*, se trouve dans les herbiers, les vieux livres, etc., où elle se nourrit des petits insectes qui les rongent.

Une autre (*Scorp. cimicoïdes.* Fab.) Herm. mém. aptér. VII, 9, habite sous les écorces d'arbres, les pierres, etc.

D'autres (*Obisium.* Leach.) ont le corselet sans division, les mandibules sans stylet, les poils du corps en forme de soies (1).

La seconde famille des ARACHNIDES TRACHÉENNES, celle des PYCNOGONIDES.

A le tronc composé de quatre segmens, occupant presque toute la longueur du corps, terminé à chaque extrémité par un article tubulaire, dont l'antérieur plus grand, tantôt

(1) Herm. Mém. aptér. V, 6; VI, 14.

simple, tantôt accompagné de mandibules et de palpes, ou d'une seule sorte de ces organes, constitue la bouche. Les deux sexes ont huit pieds propres à la course; mais les femelles offrent, en outre, deux fausses pattes, servant uniquement à porter les œufs.

Les *Pycnogonides* sont des animaux marins (1), ayant de l'analogie, soit avec les *Cyames* et les *Chevrolles*, soit avec les arachnides du genre *Phalangium* ou les *Faucheurs*, auxquels Linnæus les a réunis. Leur corps est ordinairement linéaire, avec les pieds très-longs, de huit à neuf articles, et terminés par deux crochets inégaux, paroissant n'en former qu'un seul, et dont le plus petit est fendu. Le premier article du corps, et qui tient lieu de tête et de bouche, forme un tube avancé, presque cylindrique ou en cône tronqué, ayant à son extrémité une ouverture triangulaire ou en trèfle. Il porte à sa base les mandibules et les palpes. Les mandibules sont cylindriques ou en forme de fil, simplement prenantes, composées de deux pièces, dont la dernière en pince, avec le

---

(1) Suivant M. Savigny, ils font le passage des *arachnides* aux *crustacés*. Nous ne les plaçons ici qu'avec doute.

doigt inférieur, ou celui qui est immobile, quelquefois plus court. Les palpes sont en forme de fil, de cinq articles, avec un crochet au bout. Chaque segment suivant, à l'exception du dernier, sert d'attache à une paire de pieds; mais le premier, ou celui avec lequel s'articule la bouche, a sur le dos un tubercule portant, de chaque côté, deux yeux lisses, et en dessous, dans les femelles seulement, deux autres petits pieds, repliés sur eux-mêmes, et portant les œufs qui sont rassemblés tout autour d'eux, en une ou deux pelottes. Le dernier segment est petit, cylindrique, et percé d'un petit trou à son extrémité. On ne découvre aucuns vestiges de stigmates. Peut-être respirent-ils par l'extrémité postérieure du corps.

Ces animaux se trouvent parmi les plantes marines, quelquefois sous les pierres, près des rivages, et quelquefois aussi sur des cétacés.

LES PYCNOGONONS. (PYCNOGONUM. Brunn. Müll. Fab.)

Sont dépourvus de mandibules et de palpes, et la longueur de leurs pieds ne surpasse guère celle du corps, qui est proportionnellement plus court et plus épais que dans les genres suivans. Ils vivent sur des cétacés (1).

LES PHOXICHILES. (PHOXICHILUS. Latr.)

N'offrent point de palpes, de même que les précédens, mais ont des pieds fort longs et deux mandibules (2).

LES NYMPHONS. (NYMPHON. Fab.)

Ressemblent aux *Phoxichiles* par la forme très-étroite et oblongue de leur corps, la longueur de leurs pieds, et la présence des mandibules, mais ont, en outre, deux palpes (3).

---

(1) Müll. Zool. dan. CXIX, 10-12, femelle. Trouvé sur nos côtes par MM. Surirey et d'Orbigny, médecins.

(2) Rapportez à ce genre le *pycnogonum spinipes* d'Othon Fabricius; sa variété du *p. grossipes,* sans antennes; les *phalangium aculeatum, spinosum,* de Montagus (Linn. Trans.); les *nymphon femoratum* des actes de la soc. d'Hist. naturelle de Copenhague (1797); le *nymphon hirtum* de Fabricius, qui peut-être ne diffère pas des *phalangium spinipes, spinosum,* cités plus haut.

(3) *Pycnogonum grossipes,* Oth. Fab.; Müll. Zool. dan. CXIX, 5-9, fem.; à comparer avec les *nymphons gracile* et *femoratum* du docteur Leach. (Zool. Miscell. XIX, 1, 2.) Son genre *ammothea* (*a. carolinensis* ibid. XIII), diffère de celui des *nymphons* par les mandibules beaucoup plus courtes que la bouche, leur première pièce, ou celle de la racine, étant fort petite. Dans ce genre, ainsi que ceux de *phoxichile* et de *pycnogonon*, le second article des tarses est fort court. Le tubercule portant les yeux est quelquefois placé sur une saillie qui s'avance au-dessus de la base de l'article antérieur, ou la bouche.

La troisième famille des ARACHNIDES TRACHÉENNES, celle des

HOLÈTRES. (HOLETRA. Hermann.)

A le tronc et l'abdomen réunis en une masse, sous un épiderme commun : le tronc est tout au plus divisé en deux, par un étranglement, et l'abdomen présente seulement dans quelques-uns des apparences d'anneaux, formés par des plis de l'épiderme.

L'extrémité antérieure de leur corps est souvent avancée en forme de museau ou de bec; la plupart ont huit pieds et les autres six (1).

Cette famille se compose de deux tribus.

La première tribu des ARACHNIDES HOLÈTRES, celle des

PHALANGIENS. (PHALANGITA. Latr.)

A des mandibules très-apparentes, soit en saillie au-devant du tronc, soit inférieures, et coudées ou composées de deux ou trois pièces distinctes, dont la dernière toujours en pince.

(1) Le *trombidium longipes* d'Herman fils, Mém. aptér. pl. 1, 8, est représenté avec dix pieds, dont les deux premiers très-longs. Il ne lui en donne que huit dans le texte.

Ils ont deux palpes en forme de fil, de cinq articles, dont le dernier terminé par un petit onglet; deux yeux distincts; deux mandibules en pince; deux mâchoires formées par le prolongement de l'article radical des palpes, et souvent quatre de plus, et qui ne sont aussi qu'une dilatation de la hanche des deux premières paires de pieds; une lèvre avec un double pharynx (1); le corps ovale ou arrondi, recouvert, du moins sur le tronc, d'une peau plus solide; des apparences d'anneaux ou des plis sur l'abdomen. Les pieds, toujours au nombre de huit, sont longs et divisés distinctement à la manière de ceux des insectes (2).

La plupart vivent à terre, sur les plantes, au bas des arbres, et sont très-agiles; d'autres se cachent sous la pierre, dans la mousse. Leurs organes sexuels sont placés sous la bouche et intérieurs.

---

(1) Caractère qui, suivant M. Savigny, paraît propre aux *arachnides.*

(2) Hanches, cuisses, jambes et tarses de même que dans les familles précédentes. Mais les pieds des autres *arachnides trachéennes* sont composés d'articles-courts, dont les proportions relatives ne diffèrent que graduellement, de sorte que ces distinctions de parties sont moins appréciables.

Les Faucheurs. (Phalangium. Lin. Fab.)

Qui ont les mandibules saillantes, beaucoup plus courtes que le corps, et les yeux portés sur un tubercule commun.

Leurs pieds sont très-longs, fort menus, et détachés du corps, donnent, pendant quelques instans, des signes d'irritabilité. Les deux sexes sont placés vis-à-vis l'un de l'autre dans la copulation, qui a lieu vers la fin de l'été. L'organe générateur du mâle a la forme d'un dard, terminé en demi-flèche. La femelle a un oviducte membraneux, en forme de fil, flexible et annelé.

Le *Faucheur des murailles*. (*Cornutum*. Linn. mâle. — *Opilio*, ejusd. femelle.) Herbst. *monog. phal.* I, 3, mâle; ibid. I, femelle. Corps ovale, roussâtre ou cendré en dessus, blanc en dessous, palpes longs, deux rangées de petites épines sur le tubercule portant les yeux, et des piquans sur les cuisses. Mandibules cornues dans le mâle; une bande noirâtre, avec ses bords festonnés, sur le dos, dans la femelle (1).

Les Sirons. (Siro. Latr.)

A les mandibules saillantes, presque aussi longues que le corps, les yeux écartés, et portés chacun sur un tubercule isolé ou sans support (2).

---

(1) Consultez les Monographies de ce genre, publiées par Latreille (à la suite de l'Histoire des Fourmis), Herbst. et Hermann fils. (Mém. aptérolog.)

(2) *Siro rubens*, Latr. Gener. Crust. et Insect. I, VI, 2. — *Acarus crassipes* Herm. Mém. apter. III, 6, et IX, Q. N. — *Acarus testudinarius*, ibid. IX, 1.

Les Trogules. (Trogulus. Latr.)

Dont l'extrémité antérieure du corps s'avance en forme de chaperon, et reçoit dans une cavité inférieure les mandibules et les autres parties de sa bouche.

Leur corps est très-aplati, et recouvert d'une peau très-ferme. Sous les pierres (1).

La seconde tribu des Arachnides Holètres, celle

Des Acarides.

A tantôt des mandibules, mais composées d'une seule pièce en pince ou en griffe, et cachées dans une lèvre sternale ; tantôt un suçoir, formé de lames en lancette et réunies, ou n'a même pour bouche qu'une cavité, sans autres pièces apparentes.

Cette tribu est formée du genre

Des Mites. (Acarus. L.)

La plupart de ces animaux sont très-petits, ou presque microscopiques. Ils sont dispersés partout. Les uns sont errans, et parmi eux on en rencontre sous les pierres, les feuilles, les écorces des arbres, dans la terre, les eaux; ou bien, sur les provisions de bouche, comme la farine, la viande desséchée, le

---

(1) *Trogulus nepaformis*, Latr. Gener. Crust. et Insect. I, VI, 1; *phalangium tricarinatum*, Linn. Midi de la France, Espagne.

vieux fromage sec, sur les substances animales en putréfaction; d'autres vivent, en parasites, sur la peau ou dans la chair de divers animaux, et les affaiblissent souvent beaucoup, par leur excessive multiplication. On attribue même à quelques espèces, l'origine de certaines maladies, et particulièrement de la gale. Il paraît résulter des expériences du docteur Gallée, que les mites de la gale humaine, mises sur le corps d'une personne saine, lui inoculent le virus de cette maladie. On trouve aussi diverses sortes de mites sur des insectes, et plusieurs coléoptères, vivant de substances cadavéreuses ou excrémentielles, en sont quelquefois tous couverts. On en a observé jusque dans le cerveau et les yeux de l'homme.

Les mites sont ovipares et pullulent beaucoup. Plusieurs ne naissent qu'avec six pieds, et les deux autres se développent peu de temps après. Leurs tarses se terminent de manières diverses, et appropriées à leurs habitudes.

Les unes ont huit pieds, uniquement propres à la course, et des mandibules.

Les Trombidions. (Trombidium. Fab.)

Qui ont des mandibules ou griffes; des palpes saillans, terminés en pointe, avec un appendice mobile ou une espèce de doigt sous leur extrémité; deux yeux, situés chacun au bout d'un petit pédicule fixe, et le corps divisé en deux parties, dont la première ou l'antérieure très-petite, et porte, outre les yeux et la bouche, les deux premières paires de pieds.

Le *Trombidion satiné* (*T. holosericeum.* Fab.) Herm.

Mém. aptér. pl. I, 2, et II, 1, très-commun, au printemps, dans les jardins; d'un rouge couleur de sang; abdomen presque carré, rétréci postérieurement, avec une échancrure; dos chargé de papilles velues à leur base, et globuleuses à leur extrémité.

On trouve aux Indes orientales une autre espèce trois à quatre fois plus grande, et qui donne une teinture rouge: c'est le *T. colorant.* (*T. tinctorium.* Fab.) Herm. Mém. apt. I, 1. (1).

LES ERYTHRÉES. (ERYTHRÆUS. Latr.)

Qui ont les mandibules et les palpes des *Trombidions*, mais dont les yeux ne sont point portés sur de pédicule, et dont le corps n'est pas divisé (2).

LES GAMASES. (GAMASUS. Lat. Fabr.)

Dont les mandibules sont en pince, et qui ont des palpes saillans ou très-dictincts, et en forme de fil.

Les uns ont le dessus du corps. revêtu, en tout ou en partie, d'une peau écailleuse (3).

---

(1) *T. fuliginosum*, Herm. Mém. apt. I, 3;—*t. bicolor*, ibid. II, 2;—*t. assimile*, ibid. 3;—*t. curtipes*, ibid. 4;—*t. trigonum*, ibid. 5;—*t. trimaculatum*, ibid. 6.

(2) *Erythræus phalangioides*, Latr. *trombidium phalangioides*, Herm. ibid. I, 10;—*trombidium quisquiliarum*, ibid. 9;—*t. parietinum*, ibid. 12;—*t. pusillum*, ibid. II, 4;—*t. murorum*, ibid. 5.

(3) *Gamasus marginatus*, Latr.;—*acarus marginatus*, Herm. Mém. apt. VI, 6, trouvé sur le corps calleux du cerveau d'un homme.

Trombidium longipes, Herm. ibid. I, 8.

Acarus coleoptratorum, Fab. Degeer, Mém. Insect. 7, VI, 5.

Acarus hirundinis, Herm. ibid. I, 13;—*a. vespertilionis*, ibid. 14;—*trombidium pipustulatum*, ibid. II, 10;—*t. socium*, ibid. II, 13;—*t. tiliarium*, ibid. 12;—*t. telarium*, ibid. 15. Ces trois espèces vivent en société sur les feuilles, les recouvrent de fils soyeux et très-fins;—*t. celer*, ib. 14;—*acarus gallinæ*, Degeer, Insect. 7, VI, 13.

Les autres ont le corps entièrement mou. Quelques espèces de cette division vivent sur différens oiseaux, et quadrupèdes. On en connaît, tels surtout que l'*Acarus telarius* de Linnæus, ou le *Gamase tisserand*, qui forment sur les feuilles de plusieurs végétaux, particulièrement sur celles du tilleul, des toiles très-fines et leur nuisent beaucoup. Cette espèce est rougeâtre, avec une tache noirâtre de chaque côté de l'abdomen.

Les Cheylètes. (Cheyletus. Latr.)

Qui ont des mandibules en pince, des palpes épais, en forme de bras, et terminés en faulx (1).

Les Oribates. (Oribata. Latr. — Notaspis. Herm.)

Dont les mandibules sont en pince, et les palpes très-courts ou cachés; qui ont le corps recouvert d'une peau ferme, coriace ou écailleuse, en forme de bouclier ou d'écusson, et les pieds longs ou de grandeur moyenne.

Le devant du corps est avancé en forme de museau. On voit souvent une apparence de corcelet. Le bout du tarse est terminé par un seul crochet dans les uns, par deux ou trois dans les autres, sans pelotte vésiculeuse.

Ils se trouvent sur les pierres, les arbres, dans la mousse, et marchent lentement (2).

Les, Uropodes. (Uropoda. Lat.)

Qui ont, à ce que l'analogie nous fait présumer, des mandibules en pince; dont les palpes ne sont point apparens ou saillans; dont le corps est encore recouvert d'une peau écailleuse, mais qui ont des pieds très-courts, et un fil à

---

(1) *Acarus eruditus*, Schrank. enum. Insect. Aust. n°. 1058, tab. II, 1; ejusd. *pediculus musculi*, ibid. n°. 1024, 1 ; 5.

(2) Voyez Hermann, Mém. aptér. genre *notaspe*, et Olivier, Encycl. méthod. Insect. article ORIBATE.

l'anus, au moyen duquel ils se fixent sur le corps de quelques insectes coléoptères, et se suspendent en l'air (1).

LES ACARUS. (ACARUS. Fab. Latr. — SARCOPTES. Latr.)

Ayant, ainsi que les précédens, deux mandibules en pince, des palpes très-courts ou cachés, mais dont le corps est très-mou ou sans croute écailleuse.

Les tarses ont, à leur extrémité, une pelotte vésiculeuse. Plusieurs espèces se nourrissent de nos substances alimentaires. D'autres se trouvent dans les ulcères de la gale de l'homme, de celles du cheval, du chien, du chat (2).

D'autres MITES ont aussi huit pieds et uniquement propres à la course, mais sont dépourvus de mandibules; leur bouche est composée de trois pièces, formant par leur réunion un suçoir.

Tantôt elles ont des yeux distincts, des palpes saillans, filiformes et libres; un suçoir composé de pièces membraneuses et sans dentelures, et le corps très-mou. Elles sont vagabondes.

LES BDELLES. (BDELLA. Lat. Fab. — SCIRUS. Herm.)

Qui ont les palpes allongés, coudés, avec des soies ou des poils au bout; quatre yeux et les pieds postérieurs plus longs. Leur suçoir est avancé en forme de bec conique ou

---

(1) *Acarus vegetans*, Deg. Insect. 7, VII, 15. L'*acarus spinitarsus* d'Hermann, Mém. apt. VI, 5, forme peut-être un genre intermédiaire entre celui-ci et le précédent.

(2) *Acarus domesticus*, Deg. ibid. V, 1-4;—*acarus siro*, Fab.;—*a. scabiei*, ibid. 12, 13. Voyez la dissertation en forme de thèse du docteur Gallée; —*a. farinæ*, ibid. 15;—*a. avicularum*, ibid. VI, 9; —*a. passerinus*, ibid. 12, remarquable par la grandeur de sa troisième paire de pieds;—*a. dimidiatus*, Herm. Mém. apt. VI, 4;—*trombidium expalpe*, ibid. II, 8.

en alène. Elles se trouvent sous les pierres, les écorces d'arbres, ou dans la mousse.

La *Bdelle rouge* (*Acarus longicornis*. Linn.—La *Pince rouge*. Geoff.) *Scirus vulgaris*. Herm. Mém. apt. III, 9; IX, S.

Longue à peine d'une demi-ligne, d'un rouge écarlate, avec les pieds plus pâles. Suçoir en forme de bec allongé et pointu. Palpes à quatre articles, dont le premier et le dernier plus longs : celui-ci un peu plus court et terminé par deux soies.—Commune aux environs de Paris; sous les pierres (1).

LES SMARIDES. (SMARIDIA. Latr.)

Se distinguent des bdelles par les palpes, qui ne sont guère plus longs que le suçoir, droits, et sans soies au bout; par leurs yeux au nombre de deux, et en ce que les deux pieds antérieurs sont plus longs que les autres (2).

Tantôt ces Mites à huit pieds sans mandibules n'ont point d'yeux perceptibles; leurs palpes sont, soit antérieurs et avancés, mais en forme de valvules, élargies ou dilatées vers le bout, servant de gaîne au suçoir, soit inférieurs; les pièces du suçoir sont cornées, très-dures et dentées; le corps est revêtu d'une peau coriace, ou a, du moins en devant, une plaque écailleuse.

Ces tiques sont parasites, se gorgent du sang de plusieurs animaux vertébrés, et d'abord très-aplaties, acquièrent, par la sucion, un très-grand volume et une forme vésiculaire. Elles sont rondes ou ovales.

LES IXODES. (IXODES. Lat. Fab. — CYNORHÆSTES. Herm.)

Dont les palpes engaînent le suçoir et forment avec lui

---

(1) *Scirus longirostris*, Herm. Mém. apt. VI, 2;—*s. latirostris*, ibid. III, 11;—*s. setirostris*, ibid. III, 12; IX, T.

(2) *Acarus sambuci*, Schrank. et peut-être les trombidions suivans d'Hermann;—*miniatum*, I, 7;—*papillosum*, II, 6;—*squamatum*, ibid. 7; le second est même très-voisin de l'espèce qui sert de type au genre.

un bec avancé, court, tronqué et un peu dilaté au bout.

Les ixodes fréquentent les bois fourrés, s'accrochent aux végétaux peu élevés, par les deux pieds antérieurs, et tiennent les autres étendus. Ils s'attachent aux chiens, aux bœufs, aux chevaux, à d'autres quadrupèdes, et même aux tortues, engagent tellement leur suçoir dans leur chair, qu'on ne peut les en détacher qu'avec force et en enlevant la portion de la chair qui lui adhère. Ils pondent une quantité prodigieuse d'œufs, et par la bouche, suivant M. Chabrier. Leur multiplication sur un bœuf, un cheval, est quelquefois si grande, que ces animaux en périssent d'épuisement. Leurs tarses sont terminés par deux crochets insérés sur une palette, ou réunis à leur base sur un pédicule commun.

Il paraît que les anciens désignaient ces arachnides sous le nom de *Ricin*. Les piqueurs appellent *Louvette* l'espèce qui se fixe sur le chien, ou la suivante.

L'*Ixode ricin.* (*Acarus ricinus.* Linn.) *Acarus reduvius.* De G. Insect. 7, VI, 1, 2.

D'un rouge de sang foncé, avec la plaque écailleuse antérieure plus foncée; côtés du corps rebordés, un peu poilus; palpes engaînant peu le suçoir.

L'*Ixode réticulé.* (*Reticulatus.* Lat. Fab.) *Acarus reduvius.* Schrank. enum. insect. Aust. nº. 1043, III, 1, 2. *Cynorhœstes pictus.* Hermann.

Cendré, avec de petites taches et de petites lignes annulaires d'un brun rougeâtre; bords de l'abdomen striés. Palpes presque ovales. S'attache aux bœufs, et a, lorsqu'elle est tuméfiée, cinq à six lignes de longueur.

L'étude des espèces de ce genre n'a pas été suffisamment approfondie (1).

---

(1) *Acarus ægyptius,* Linn. Herm. Mém. apt. IV, 9, L., IV, 13;—*acarus rhinocerotis,* Deg. Insect. 7, XXXVIII, 5, 6;—*acarus ameri-*

LES ARGAS. (ARGAS. Lat. — RHYNCHOPRION. Herm.)

Diffèrent des *Ixodes* par la situation inférieure de leur bouche, et par leurs palpes qui n'engaînent pas le suçoir, ont une forme conique et sont composés de quatre articles, et non de trois, comme dans le genre précédent.

L'*Argas bordé.* (*Ixodes reflexus.* Fab.) Lat. Gen. Crust. et Insect. I, VI, 3. Herm. Mém. apt. IV, 10, 11.

D'un jaunâtre pâle, avec des lignes couleur de sang foncé, ou obscures et anastomosées. — Sur les pigeons, dont il suce le sang.

D'autres MITES encore ont huit pieds, mais ciliés et propres à la natation.

Elles forment le genre HYDRACHNA de Müller (1), ou celui d'*Atax* de Fabricius, et vivent uniquement dans l'eau. Leur corps est généralement ovale ou presque globuleux et très-mou. Celui de quelques mâles se retrécit postérieurement, d'une manière cylindrique ou en forme de queue; leurs parties génitales sont placées à son extrémité; la femelle les a sous le ventre. Le nombre des yeux varie de deux à quatre, et va même jusquà six, suivant Müller.

La bouche des espèces que j'ai pu étudier m'a offert les trois modifications suivantes, et qui ont servi de base à trois coupes génériques, mais auxquelles il est presque impossible de rapporter toutes les espèces d'hydrachnes de Müller, ce naturaliste ne les ayant pas décrites avec assez de détails.

---

canus, Linn.; — *a. nigua*, Deg. ibid. XXXVII, 9, 13. Voyez le genre *ixodes* de Fabricius, et le travail général du docteur Leach sur les insectes aptères de Linnæus (Trans. Linn. soc. tom. XI).

(1) *Hydrarachna*, Herm.

Les Eylaïs. (Eylais. Latr.)

Qui ont des mandibules en griffe, ou terminées par un crochet mobile (1).

Les Hydrachnes. (Hydrachna. Latr.)

Dont la bouche est composée de lames formant un suçoir avancé, et dont les palpes ont, sous leur extrémité, un appendice mobile (2).

Les Limnochares. (Limnochares. Latr.)

Semblables aux *Hydrachnes* par la bouche en suçoir, mais dont les palpes sont simples (3).

D'autres Mites enfin s'eloignent de toutes les autres arachnides par le nombre des pieds, qui n'est que de six.

Elles sont toutes parasites.

Les Caris. (Caris. Lat.)

Qui ont un suçoir et des palpes apparens, le corps arrondi, très-plat et revêtu d'une peau écailleuse (4).

Les Leptes. (Leptus. Latr.)

Ayant aussi un suçoir et des palpes apparens, mais dont le corps est très-mou et ovoïde.

Le *Lepte automnal.* (*Autumnalis.*) *Acarus autumnalis.* Shaw. Misc. Zool. tom. II, pl. XLII.

Espèce très-commune en automne sur les graminées et d'autres plantes. Elle grimpe, s'insinue dans la peau, à

---

(1) *Atax extendens*, Fab. Müll. IX, 4.

(2) *A. geographicus*, Fab. Müll. VIII, 3-5.

A globator, Fab. Müll. IX, 1.

(3) *Acarus aquaticus*, Linn.;—*acarus aquaticus holosericeus*, Deg. Insect. 7, IX, 15, 20;—*trombidium aquaticum*, Herm. Mém. apt. I, 11.

(4) *Caris vespertilionis*, Latr. Gener. Crust. et Insect. I, 161.

la racine des poils, et occasionne des démangeaisons aussi insupportables que celles produites par la gale. On le connaît sous le nom de *Rouget*. Il est en effet de cette couleur et très-petit.

Les autres espèces se trouvent sur différens insectes, et rentrent dans la division des *Trombides héxapodes* d'Hermann (1).

LES ATOMES. (ATOMA. Latr.)

N'ont ni suçoir ni palpes visibles; leur bouche ne consiste qu'en une petite ouverture situee sur la poitrine. Leur corps est ovale, mou, avec les pieds très-courts (2).

LES OCYPÈTES. (OCYPETE.)

De M. Leach, appartiennent à cette tribu par le nombre des pieds; mais ont, suivant lui, des mandibules (3).

LA QUATRIÈME CLASSE DES ANIMAUX ARTICULÉS.

LES INSECTES.

Ont des pieds articulés, un vaisseau dorsal, tenant lieu de vestige de cœur, mais sans aucunes branches pour la circulation; respirent

---

(1) *Trombidium insectorum*, Herm. Mém. apt. I, 16, Deg. Insect. 7, VII, 5;—*t. latirostre*, ibid. 15;—*t. cornutum*, ibid. II, 11;—*t. aphidis*, ibid. Deg. Insect. 7, VII, 14;—*t. libellulæ*, ibid. Deg. ibid. 9;—*t. culicis*, ibid. Deg. ibid. 12;—*t. lapidum*, ibid. VII, 7.

(2) *Acarus parasiticus*, Deg. ibid. VII, 7; *trombidium parasiticum*, Hermann.

(3) *Ocypete rubra*, Leach. Trans. Linn. soc. tom. XI, 396. Sur les tipulaires.

par deux trachées principales, s'étendant, parallèlement l'une à l'autre, dans toute la longueur du corps, ayant par intervalles des centres d'où partent beaucoup de rameaux, et qui répondent à des ouvertures extérieures ou des *stigmates* (1) pour l'entrée de l'air. Ils ont tous deux antennes et une tête distincte.

Les uns, en petit nombre et toujours sans ailes, tels que les *Myriapodes* ou les *Millepieds*, se rapprochent de plusieurs crustacés, soit par la quantité des anneaux du corps et de leurs pieds, soit par quelques traits d'analogie, dans la conformation des parties de la bouche; mais tous les autres n'ont constamment que six pieds, et leur corps, dont le nombre des segmens ne surpasse jamais celui de douze, est toujours partagé en trois portions principales, la *tête*, le *tronc* et l'*abdomen*. Parmi ces derniers, quelques-uns n'ont point d'ailes, conservent toute leur vie la forme qu'ils avaient en naissant, et ne font que croître et changer de peau. Ils ont, à cet égard, des rapports avec les animaux des

(1) Vingt et au delà, dans les *myriapodes*; 18 au plus dans les autres insectes. Leur nombre est moindre dans les dernières familles des insectes à deux ailes, surtout dans leurs larves.

classes précédentes. Les autres insectes à six pieds ont presque tous des ailes; mais ces derniers organes, et souvent même les pieds, ne paraissent pas d'abord, et ne se développent qu'à la suite de changemens plus ou moins remarquables, nommés *métamorphoses*, et que nous ferons bientôt connaître.

La tête porte les *antennes*, les *yeux* et la *bouche*. La composition et la forme des antennes varient beaucoup plus que dans les crustacés.

Plusieurs ont, outre les yeux composés, des *yeux lisses*, ordinairement au nombre de trois, et disposés en triangle, sur le sommet de la tête. Ils sont plus nombreux dans la plupart des insectes des trois premiers ordres et réunis en groupe, sur les côtés de la tête. Ils y remplacent les yeux à facettes ou composés.

La bouche des insectes à six pieds, est, en général, composée de six pièces principales, dont quatre latérales, disposées par paires, et se mouvant transversalement; les deux autres opposées l'une à l'autre, dans un sens contraire à celui des précédentes, et remplissant les vides compris entre elles: l'une est située au-dessus de la paire supérieure, et l'autre au-dessous de l'inférieure. Dans les insectes *broyeurs* ou qui se nourrissent de matières solides, les quatre pièces latérales font l'office de mâchoires, et les deux autres sont considérées comme des lèvres; mais comme nous l'avons déjà observé, les deux mâchoires supérieures ont été distinguées par la dénomination particulière de *mandibules;* les deux autres ont seules conservé celle de *mâchoires;* elles ont d'ailleurs un ou deux filets articulés, qu'on appelle *palpes* ou *antennules*, caractère que n'offrent jamais, dans cette classe, les mandibules. Leur extrémité se termine souvent par deux divisions ou lobes, dont l'extérieure est nommée, dans l'ordre des orthoptères, *galète.* Nous avons encore dit qu'on était convenu d'appeller *labre*, la lèvre supérieure. L'autre, ou la *lèvre* proprement dîte, est formée de deux parties; l'une plus solide et inférieure est le *menton;* la supérieure et qui porte le plus souvent deux palpes, est la *languette.*

Dans les insectes *suceurs*, ou ceux qui ne prennent que des alimens fluides, ces divers organes de la manducation se présentent sous deux sortes de modifications générales. Dans la première les mandibules et les mâchoires sont remplacées par de petites lames en forme de soies ou de lancettes, composant, par leur réunion, une sorte de suçoir, qui est reçu dans une gaine tenant lieu de lèvre, soit cylindrique ou conique et articulée, en forme de bec (le *rostre*), soit membraneuse ou charnue, inarticulée et terminée par deux lèvres (la *trompe*). Le labre est triangulaire, voûté et recouvre la base du suçoir. Dans la seconde sorte d'organisation, le labre et les mandibules sont presque oblitérés ou extrêmement petits; la lèvre n'est plus un corps libre et ne se distingue que par la présence de deux palpes, dont elle est le support; les mâchoires ont acquis une longueur extraordinaire, sont transformées en deux filets tubuleux, qui se réunissant par leurs bords, forment une espèce de trompe, se roulant en spirale, et qu'on nomme *langue*. Son intérieur présente trois canaux, dont celui du milieu est le conduit des sucs nutritifs. A la base de chacun de ces filets est un palpe, ordinairement très-petit et peu apparent.

Les myriapodes ou *mille-pieds* sont les seuls dont la bouche offre un autre type d'organisation, que j'exposerai en traitant de ces insectes.

Le *tronc* ou le *corselet* des insectes héxapodes est formé de trois segmens, portant chacun une paire de pieds; les deux derniers, ou seulement l'intermédiaire, servent d'attache aux ailes, selon qu'il y en a quatre ou deux. Dans plusieurs, comme dans les coléoptères, les orthoptères, etc., le segment antérieur est beaucoup plus grand et séparé même du second par une articulation très-marquée : celui-ci et le postérieur s'unissant intimement à la base de l'abdomen, et ne paraissant pas au-dessus; l'autre, ou le premier, forme la portion la plus considérable et la plus apparente du tronc, et on a coutume de le désigner, quoique inexactement, sous la dénomination de corselet. On appelle poitrine sa face inférieure.

Les insectes ayant toutes sortes de séjours, ont aussi toutes sortes d'organes du mouvement, des *ailes* et des *pieds*, lesquels servent souvent de nageoires.

Les ailes sont des pièces membraneuses, sèches, élastiques, ordinairement transparentes, et attachées sur les côtés du dos du corselet.

Les nervures plus ou moins nombreuses qui les parcourent, et qui forment tantôt un réseau, tantôt de simples veines, sont des conduits aériens (1). Les demoiselles, les abeilles, les guêpes, les papillons, etc., ont quatre ailes; mais celles des papillons, sont couvertes de petites écailles, qui, au premier coup d'œil, ressemblent à de la poussière, et qui leur donnent les couleurs dont elles sont ornées. On les enlève aisément avec le doigt, et la portion de l'aile qui les a perdues est transparente. On voit, au microscope, que ces écailles y sont implantées, par le moyen d'un pédicule, et disposées graduellement et par séries, ainsi que des tuiles sur un toit. Dans certains insectes les ailes restent droites, ou se replient sur elles-mêmes. Dans d'autres, elles sont doublées ou plissées longitudinalement, en éventail. Il y en a d'horisontales, il y en a d'inclinées ou en toit; dans plusieurs elles se croisent sur le dos; ailleurs, elles sont écartées (2). Les insectes à deux ailes, ou les diptères, ont au-dessous d'elles deux petits filets mobiles terminés en massue, et qui semblent remplacer les deux ailes qui

(1) On s'en est servi pour sa classification. Voyez les généralités des *hyménoptères*.

(2) Nous supposons que l'insecte est en repos.

manquent. On les nomme *balanciers.* Au-dessus de chacun de ces corps est une petite écaille membraneuse, mais formée de deux pièces réunies par l'un des bords, et semblables à deux battans de coquille bivalve. C'est l'*aileron* ou le *cueilleron.*

Beaucoup d'insectes, tels que les hannetons, les cantharides, etc., ont, au lieu des deux ailes supérieures ou antérieures, deux espèces d'écailles plus ou moins épaisses et plus ou moins solides, opaques, qui s'ouvrent et se ferment, et sous lesquelles les ailes se replient transversalement dans le repos. Ces espèces d'étuis ont reçu le nom d'*élytres.* Les insectes qui en sont munis sont appelés *coléoptères*, ou insectes à étuis. Ces pièces ne leur manquent jamais; mais il n'en est pas toujours ainsi des ailes. Dans d'autres insectes l'extrémité de ces écailles est tout-à-fait membraneuse, comme les ailes. On les nomme des *demi-étuis*, ou *hémélytres.*

L'écusson est une pièce ordinairement triangulaire, située sur le dos du corselet, entre les attaches des élytres ou des ailes. Elle est quelquefois très-grande, et recouvre alors la plus grande partie du dessus de l'abdomen.

Les pieds sont composés d'une hanche de deux articles; d'une cuisse, d'une jambe, et d'un doigt, qu'on nomme habituellement *tarse*, et qui est divisé en plusieurs phalanges. Le nombre de ses articulations varie, et fournit un bon caractère pour la distinction des genres; la dernière est presque toujours terminée par deux crochets. La forme des tarses éprouve quelques modifications, suivant les habitudes des insectes. Ceux des espèces aquatiques sont ordinairement aplatis, très-ciliés, et en forme de rames.

L'abdomen qui forme la troisième et dernière partie du corps, se confond avec le corselet dans les myriapodes; mais il en est distinct dans tous les autres insectes, ou ceux qui n'ont que six pieds. Il renferme les viscères, les organes sexuels, et présente six à neuf segmens, divisés chacun en deux demi-anneaux. Les parties de la génération sont situées à son extrémité postérieure, et sortent par l'anus. Les ïules et les libellules font seuls exception. L'oviducte de plusieurs femelles se prolonge au-delà, et forme une tarière plus ou moins compliquée. Il se termine par un aiguillon dans les femelles de beaucoup d'hyménoptères. Des crochets ou des pinces accompagnent presque toujours l'organe fécondateur du mâle. Les deux sexes ne se réunissent ordinairement qu'une seule fois, et cet accouplement suffit même dans quelques genres pour la fécondation de plusieurs générations successives. Le mâle se place sur le dos de sa femelle, et leur jonction dure quelque temps. Celle-ci ne tarde pas à faire sa ponte, et dépose ses œufs de la manière la plus favorable à leur conservation, et de sorte que les petits venant à éclore, trouvent à leur portée les alimens convenables. Souvent même elle les approvisionne. Ces soins maternels excitent souvent notre surprise, et nous dévoilent plus particulièrement l'instinct des insectes. Dans des sociétés très-nombreuses de plusieurs de ces animaux, tels que les fourmis, les termès, les guêpes, les abeilles, etc., les individus composant la majeure partie de la population, et qui, par leurs travaux et leur vigilance, maintiennent ces sociétés, ont été considérés comme des individus neutres, ou sans sexe. On les a aussi désignés sous les noms d'*ouvriers* et de *mulets*. Il est reconnu aujourd'hui que ce sont des femelles, dont les organes sexuels ou les ovaires n'ont pas reçu une parfaite élaboration, et qui peuvent devenir fécondes, si une amélioration dans leur nourriture développe, à une certaine époque de leur jeune âge, ces mêmes organes.

Les œufs éclosent quelquefois dans le ventre de la mère; elle est alors *vivipare*. Le nombre des générations annuelles d'une espèce dépend de la durée de chacune d'elles. Le plus souvent il n'y en a qu'une ou deux par année. Une espèce, toutes choses égales, est d'autant plus commune, que les générations se succèdent avec plus de rapidité, et que la femelle est plus féconde.

Un *papillon femelle*, après s'être accouplé, pond des œufs, desquels il naît, non pas des *papillons*, mais des animaux à corps très-allongé, partagé en anneaux, à tête pourvue de mâchoires et de plusieurs petits yeux, ayant des pieds très-courts, dont six écailleux et pointus, placés en avant, et d'autres en nombre variable, membraneux, attachés aux derniers anneaux. Ces animaux, connus sous le nom de *chenilles*, vivent un certain temps dans cet état, et changent plusieurs fois de peau. Enfin, il arrive une époque où de cette *peau de chenille* sort un être tout différent, de forme oblongue, sans membres distincts, et qui cesse bientôt de se mouvoir, pour rester long-temps avec l'apparence de mort et de desséchement, sous le nom de *chrysalide*. En y regardant de très-près, on voit en relief, sur la surface extérieure de cette chrysalide, des linéamens qui représentent toutes les parties du papillon, mais dans des proportions différentes de celles que ces parties auront un jour. Après un temps plus ou moins long, la *chrysalide* se fend, et le *papillon* en sort humide, mou, avec des ailes flasques et courtes, mais en peu d'instans il se dessèche, ses ailes croissent, se raffermissent, et il est en état de voler. Il a six longs pieds, des antennes, une trompe en spirale, des yeux composés; en un mot, il ne ressemble en rien à la chenille dont il est sorti: car on a vérifié que les changemens d'état ne sont autre chose que des développemens successifs des parties contenues les unes dans les autres.

Voilà ce qu'on appelle les *métamorphoses* des insectes. Leur premier état se nomme *larve*; le second *nymphe*; le dernier, *état parfait*. Ce n'est que dans celui-ci qu'ils sont en état de produire.

Tous les insectes ne passent point par les trois états. Ceux qui n'ont point d'ailes, sortent de l'œuf avec la forme qu'ils doivent toujours garder (1) : on les appelle insectes *sans métamorphose*. Parmi ceux qui ont des ailes, un grand nombre ne subit d'autre changement que de les recevoir : on les nomme insectes à *demi-métamorphose*. Leur *larve* ressemble à l'insecte parfait, à l'exception seulement des ailes qui lui manquent tout-à-fait. La *nymphe* ne diffère de la larve que par des moignons ou rudimens d'ailes, qui se développent à sa dernière mue pour mettre l'insecte dans son état parfait. Telles sont les punaises, les sauterelles, etc. Enfin, le reste des insectes pourvus d'ailes, nommés à *métamorphose complete*, est d'abord une *larve* de la forme d'une chenille ou d'un ver, devient ensuite une *nymphe* immobile, mais présentant toutes les parties de l'insecte parfait, contractées, et comme emmaillotées.

Ces parties sont libres, quoique très-rapprochées et appliquées contre le corps, dans les *nymphes* des coléoptères, des nevroptères,

(1) La *puce*, les femelles des *mutilles*, les *fourmis ouvrières* et quelques autres insectes, mais en petit nombre, exceptés.

(2) Nous les désignerons sous le nom d'*homotènes*.

des hyménoptères, etc.; mais elles ne le sont pas dans celles des lépidoptères, de beaucoup d'insectes à deux ailes. Une peau élastique ou d'une consistance assez ferme se moule sur le corps et ses parties extérieures, ou lui forme une sorte d'étui.

Celle des nymphes ou chrysalides des lépidoptères, ne consistant qu'en une simple pellicule, appliquée sur les organes extérieurs, suivant tous leurs contours et formant, pour chacun d'eux, autant de moules spéciaux, comme l'enveloppe d'une momie, permet de les reconnaître et de les distinguer (1); mais celle des mouches, des syrphes, formée de la peau desséchée de la larve, n'a que l'apparence d'une coque en forme d'œuf. C'est une espèce de capsule ou d'étui, où l'animal est renfermé (2).

Beaucoup de larves, avant de passer à l'état de nymphe, se préparent avec de la soie qu'elles tirent de leur intérieur, et au moyen des filières de leur lèvre, ou avec d'autres matériaux qu'elles réunissent, une coque où elles se renferment. L'insecte parfait sort de

(1) *Pupa obtecta*, Linn.

(2) *Pupa coarctata*, ejusd.

la nymphe par une fente ou une scission qui se fait sur le dos du corselet. Dans les nymphes des mouches, une de ses extrémités se détache, en forme de calotte, pour le passage de l'insecte.

Les larves et les nymphes des insectes à demi-métamorphose, ne diffèrent de ces mêmes insectes en état parfait, qu'à raison des ailes. Les autres organes extérieurs sont identiques. Mais dans la métamorphose complète, la forme du corps des larves n'a point de rapport constant avec celle qu'auront ces insectes dans leur dernier état. Il est ordinairement plus allongé; la tête est souvent très-différente, tant par sa consistance que par sa figure, n'a que des rudimens d'antennes ou en manque absolument, et n'offre jamais d'yeux composés.

Les organes de la manducation sont encore très-disparates, ainsi qu'on peut le voir en comparant la bouche d'une chenille avec celle du papillon, la bouche de la larve d'une mouche avec celle de l'insecte entièrement développé.

Plusieurs de ces larves n'ont point de pieds; d'autres, telles que les *chenilles*, en ont beaucoup, mais qui, à l'exception des six premiers, sont tous membraneux et n'ont point d'ongles au bout.

Les insectes qui composent nos trois premiers ordres conservent toute leur vie la forme qu'ils ont en naissant. Les myriapodes néanmoins nous montrent une ébauche de métamorphose. Ils n'ont d'abord que six pieds; les autres, ainsi que les segmens dont ils dépendent, se développent avec l'âge.

Il est bien peu de substances végétales qui soient à l'abri de la voracité des insectes; et comme celles qui sont nécessaires ou utiles à nos besoins ne sont pas plus épargnées que les autres, ils nous causent de grands dommages, surtout dans les années favorables à leur multiplication. Il en est d'omnivores, et tels sont les termès, les fourmis, etc., dont les ravages ne sont que trop connus. Plusieurs de ceux qui sont carnassiers, et les espèces qui se nourrissent de matières soit cadavéreuses, soit excrémentielles, sont un bienfait de l'auteur de la Nature; et compensent un peu les pertes et les incommodités que les autres nous font éprouver. Quelques-uns sont employés dans la médecine, dans les arts, et dans l'économie domestique.

Ils ont aussi beaucoup d'ennemis ; les poissons détruisent une grande quantité des espèces aquatiques. Beaucoup d'oiseaux, les chauve-souris, les lézards, etc., nous délivrent d'une partie de celles qui ſont leur séjour sur terre ou dans les airs. La plupart des insectes essayent de se soustraire, par la fuite ou par le vol, aux dangers qui menacent leur existence ; mais il en est qui employent, à cette fin, des ruses particulières ou des armes naturelles.

Parvenus à leur dernière transformation, ou jouissant de toutes leurs facultés, ils se hâtent de propager leur race, et ce but étant rempli, ils cessent bientôt d'exister. Aussi, dans nos climats, chacune des trois belles saisons de l'année nous offre-t-elle plusieurs espèces qui lui sont propres. Il paraît cependant que les femelles et les individus neutres de celles qui vivent en société, ont une carrière plus longue. Plusieurs individus, nés en automne, se dérobent aux rigueurs de l'hiver et reparaissent au printemps de l'année suivante.

Toutes les méthodes générales relatives aux insectes se réduisent essentiellement à trois. Swammerdam a pris pour base les métamorphoses. Linnæus s'est fondé sur la présence et l'absence des ailes, leur nombre, leur consistance, leur superposition, la nature de leur surface, et sur l'existence ou l'absence d'un aiguillon. Fabricius n'a employé que les parties de la bouche. Les crustacés et les arachnides, dans toutes ces distributions, font partie des insectes, et ils en sont même les derniers dans celle de Linnæus, qu'on a généralement adoptée. Brisson cependant les en avait distraits, et sa classe des crustacés, qu'il place avant celle des insectes, renferme tous ceux de ces animaux qui ont plus de six pieds, c'est-à-dire les crustacés et les arachnides de M. de Lamarck, et les insectes *apiropodes* de M. Savigny. Quoique cet ordre fut plus naturel que celui de Linnæus, il n'avait pas été suivi, et ce n'est que dans ces derniers temps que les observations anatomiques, et l'exactitude rigoureuse des applications qu'on en a faites, nous ont ramenés à la méthode naturelle (1).

Je partage cette classe en douze ordres,

---

(1) Cuvier, Tabl. élém. de l'Hist. nat. des Anim. et Leçons d'anat. comparée. Lamark, Système des Anim. sans vertèbres. Latreille, Précis des Caract. génér. des Insectes, et Genera Crust. et Insectorum.

dont les trois premiers, composés d'insectes privés d'ailes, ne changeant point essentiellement de formes et d'habitudes, sujets seulement, soit à de simples mues, soit à une ébauche de métamorphose qui accroît le nombre des pieds et des anneaux du corps, répondent à l'ordre des *arachnides antennistes* de M. de Lamarck. L'organe de la vision n'est ordinairement, dans ces animaux, qu'un assemblage plus ou moins considérable d'yeux lisses, sous la forme de petits grains. Les ordres suivans composent la classe des insectes du même naturaliste. Par ses rapports naturels, celui des suceurs, qui ne comprend que le genre puce, semble devoir terminer la classe.

Mais comme je mets en tête les insectes qui n'ont point d'ailes, cet ordre, pour la régularité de la méthode, doit succéder immédiatement à celui des parasites.

Quelques naturalistes anglais ont établi, d'après la considération des ailes, de nouveaux ordres ; mais je ne vois pas la nécessité de les admettre, à l'exception cependant de celui des *strépsiptères*, dont la dénomination me paraît vicieuse (1), et que j'appellerai *rhipiptères* (2).

Le premier ordre, les MYRIAPODES,

A plus de six pieds (24 et au-delà), disposés dans toute la longueur du corps, sur une suite d'anneaux, qui en portent chacun une ou deux paires, et dont la première, et même dans plusieurs la seconde, font partie de la bouche. Ils sont aptères (3).

Le second ordre, les THYSANOURES,

A six pieds, et a l'abdomen garni sur les côtés de pièces mobiles, en forme de fausses pattes, ou terminé par des appendices propres pour le saut.

Le troisième ordre, les PARASITES,

A six pieds, manque d'ailes, n'offrent pour organes de la vue, que des yeux lisses; leur bouche est, en grande partie, intérieure, et ne consiste que dans un museau, renfermant un suçoir rétractile, ou dans une fente située

---

(1) Ailes torses. Les parties que l'on prend pour des *élytres* n'en sont pas. Voyez cet ordre.

(2) Ailes en éventail.

(3) Privés d'ailes et d'écusson.

entre deux lèvres, avec deux mandibules en crochet.

Le quatrième ordre, les SUCEURS,

A six pieds, manque d'ailes (1); leur bouche est composée d'un suçoir renfermé dans une gaîne cylindrique, de deux pièces articulées.

Le cinquième ordre, les COLÉOPTÈRES,

A six pieds; quatre ailes, dont les deux supérieures en forme d'étuis; des mandibules et des mâchoires pour la mastication; les ailes inférieures pliées simplement en travers, et les étuis crustacés.

Le sixième ordre, les ORTHOPTÈRES (2),

A six pieds; quatre ailes, dont les deux

(1) Ils subissent des métamorphoses, et acquièrent des organes loco-motiles, qu'ils n'avaient pas à leur naissance. Ce caractère est commun aux ordres suivans; mais dans ceux-ci la métamorphose développe une ou deux paires d'organes loco-motiles, comme des pieds, ou à la fois des ailes et des pieds.

(2) De Geer avait établi cet ordre et lui avait donné le nom de *dermoptères*, qu'Olivier a changé mal à propos en celui d'*orthoptères*. Nous conservons cependant ce dernier, parce que les naturalistes français l'ont généralement adopté.

supérieures en forme d'étuis ; des mandibules et des mâchoires pour la mastication ; les ailes inférieures pliées en deux sens, ou simplement dans leur longueur, et les étuis ordinairement coriaces.

Le septième ordre, les HÉMIPTÈRES,

A six pieds ; quatre ailes, dont les deux supérieures en forme d'étuis crustacés, avec l'extrémité membraneuse, ou semblables aux inférieures, mais plus grandes et plus fortes ; les mandibules et les mâchoires remplacées par des soies formant un suçoir, renfermé dans une gaîne d'une seule pièce, articulée, cylindrique ou conique, en forme de bec.

Le huitième ordre, les NÉVROPTÈRES,

A six pieds ; quatre ailes membraneuses et nues ; des mandibules et des mâchoires pour la mastication ; leurs ailes sont finement articulées, et les inférieures sont ordinairement de la grandeur des supérieures, ou plus étendues dans un de leurs diamètres.

Le neuvième ordre, les HYMÉNOPTÈRES,

A six pieds ; quatre ailes membraneuses et nues ; des mandibules et des mâchoires pour la mastication; les ailes inférieures plus petites que les supérieures; l'abdomen des femelles presque toujours terminé par une tarière ou par un aiguillon.

Le dixième ordre, les LÉPIDOPTÈRES,

A six pieds; quatre ailes membraneuses, couvertes de petites écailles colorées, semblables à une poussière; les mâchoires remplacées par deux filets tubulaires, réunis et composant une langue roulée en spirale sur elle-même.

Le onzième ordre, les RHIPIPTÈRES,

A six pieds; deux ailes membraneuses et plissées en éventail; deux corps crustacés, mobiles, en forme de petits élytres, et situés à l'extrémité antérieure du corselet; et pour organes de la manducation, deux simples mâchoires, en forme de soies, avec deux palpes.

Le douzième ordre, les DIPTÈRES,

A six pieds; deux ailes membraneuses, étendues, accompagnées, dans presque tous, de deux corps mobiles, en forme de balanciers, situés en arrière d'elles; et pour organes de la manducation, un sucoir d'un nombre variable de soies, renfermé dans une gaîne inarticulée, le plus souvent sous la forme d'une trompe, terminée par deux lèvres.

LE PREMIER ORDRE DES INSECTES.

LES MYRIAPODES. (MITOSATA. Fab.)

Nommés vulgairement *Mille-Pieds*, sont les seuls animaux de cette classe qui aient plus de six pieds dans leur état parfait, et dont l'abdomen ne soit pas distinct du tronc. Leur corps, dépourvu d'ailes, est composé d'une suite, ordinairement considérable, d'anneaux, le plus souvent égaux, et portant chacun, généralement, une ou deux paires de pieds, terminés par un seul crochet.

Les myriapodes ressemblent à de petits serpens, ou à des néreïdes, ayant des pieds très-rapprochés les uns des autres, dans toute la longueur de leur corps. Leur tête présente, 1°. deux antennes courtes et composées au moins de sept articles; 2°. deux yeux, qui sont une réunion d'yeux lisses, quelquefois, comme dans les scutigères, très-nombreux et presque à facettes, mais dont les lentilles sont néanmoins proportionnellement plus grandes, plus rondes et plus distinctes que celles des yeux composés des insectes ailés (1); 3°. deux mandibules dentees, propres à broyer ou à inciser les matières alimentaires, divisées, transversalement, par une suture, ou comme emmanchées, et une sorte de lèvre sans palpes, divisée et formée de pièces soudées, que M. Savigny considère comme les analogues des quatre mâchoires supérieures des crustacés, mais réunies. Les deux ou quatre pieds antérieurs se joignent à leur base, s'appliquent ou se couchent sur la lèvre, et concourent, presque exclusivement, à la manducation, tantôt sans changer de forme, tantôt convertis les uns en deux palpes, les autres en une lèvre, avec deux crochets articulés et mobiles. Ces parties semblent répondre aux pieds-mâchoires des crustacés.

Les stigmates sont souvent très-petits, imperceptibles même dans quelques-uns, et leur nombre surpasse ordinairement celui des stigmates des autres insectes qui en ont le plus, c'est-à-dire dix-huit.

Les myriapodes vivent et croissent plus long-temps que les autres animaux de cette classe, et donnent, à ce que je présume, plu-

---

(1) Ils sont quelquefois peu sensibles.

sieurs générations. Ils naissent avec six pieds, ou n'ont pas du moins, dans les premiers instans de leur vie, tous ceux qu'ils offriront dans leur état adulte. Les autres pieds, ainsi que les anneaux auxquels ils sont attachés, et dont le nombre varie selon l'espèce, se développent avec l'âge, sorte de métamorphose qui leur est propre; car les autres insectes n'acquièrent plus de nouveaux segmens, et les pieds à crochets, dont le nombre est invariablement de six, ou existent dans la larve, ou se montrent tous à la fois dans l'état de nymphe. Ainsi, les myriapodes font réellement un passage des insectes aux crustacés; leurs formes extérieures les rapprochent de ceux-ci, et leur organisation intérieure, seule base essentielle de nos coupes classiques, les associe à ceux-là. C'est ainsi encore que les arachnides trachéennes ressemblent à l'extérieur aux arachnides pulmonaires, et sont néanmoins plus près des insectes sous les rapports d'anatomie interne. Les myriapodes font leur habitation dans la terre, sous les différens corps placés à sa surface, sous les écorces des arbres, etc. Beaucoup aiment l'obscurité.

Des animaux fossiles et singuliers, dont on n'a pas encore découvert les analogues, et dont plusieurs, à raison de la constitution minéralogique du terrain où on les a observés, paroissent appartenir à des races totalement anéanties dans les antiques révolutions du globe, les *trilobites*, remplissent peut-être encore mieux le vide qui sépare les myriapodes des crustacés. Ces animaux, que l'on avait confondus jusqu'à ce jour sous la dénomination générale d'*entomolithe paradoxal*, doivent, suivant les recherches de M. Brongniard, former quatre à cinq genres, dont les uns paraissent avoisiner les limules, et les autres se rapprocher des gloméris, premier genre de la famille qui va suivre.

La première famille des MYRIAPODES,

celle des CHILOGNATHES (CHILOGNATHA. Lat.), ou les *Iules* de Linnæus.

A les antennes un peu renflées vers leur extrémité, ou de la même grosseur dans leur étendue, et de sept articles; la bouche composée de deux mandibules et d'une lèvre, divisée et couronnée par quelques appendices, en forme de tubercules, à son bord supérieur. Les deux ou quatre premiers pieds sont réunis à leur base, rapprochés de la lèvre, mais semblables, d'ailleurs, aux autres.

Leur corps est généralement crustacé et souvent cylindrique. Ils marchent très-lentement, ou se glissent, pour ainsi dire, sur le plan de position, et se roulent en spirale ou en boule. Leurs pieds sont très-courts. Le premier segment du corps est plus grand, et présente l'apparence d'un corselet. Les trois à quatre suivans, et le septième dans les mâles, ne portent qu'une paire de pieds; il y en a deux aux autres, à l'exception cependant des deux ou trois derniers, qui en sont dépourvus. Les organes sexuels du mâle sont situés sous le septième, extérieurs, et terminés par deux crochets. Ceux de la femelle sont, à ce qu'il m'a paru, sous le troisième. Dans l'accouplement, les deux sexes s'appliquent l'un contre l'autre, par le dessous de leur corps, et sont couchés sur le côté. L'extrémité antérieure du corps du mâle dépasse celui de la femelle.

Ces insectes se nourrissent de substances soit végétales, soit animales, mais mortes ou décomposées. Ils pondent dans la terre un grand nombre d'œufs, d'où naissent des petits, qui, suivant une observation de Degeer, n'ont d'abord que six pieds et sept ou huit anneaux.

Ils ne forment, dans Linnæus, qu'un genre,

LES IULES. (IULUS. L.)

Que nous divisons comme il suit :

Les uns ont le corps crustacé, sans appendices au bout, et les antennes renflées vers leur sommet.

LES GLOMÉRIS. (GLOMERIS. Latr.)

Semblables à des cloportes, ovales, et se roulant en boule.

Leur corps, convexe en dessus et concave en dessous, a, le long de chacun de ses côtés inférieurs, une rangée de petites écailles, analogues aux divisions latérales des trilobites. Il n'est composé que de onze à douze segmens ou tablettes, dont le dernier beaucoup plus grand et en demi-cercle. La plupart sont terrestres et vivent sous les pierres dans les terrains montueux. Les autres font leur séjour dans la mer (1).

LES IULES propres. (IULUS. Linn.)

Qui ont le corps cylindrique et fort long, se roulant en spirale, et sans saillie en forme d'arête ou de bord tranchant sur les côtés des anneaux.

Les plus grandes espèces vivent à terre, particulièrement dans les lieux sablonneux, les bois, et répandent une odeur désagréable. Les plus petites se nourrissent de fruits, de racines ou de feuilles de plantes potagères. On en trouve quelques autres sous les écorces d'arbres, dans la mousse, etc.

L'*Iule très-grand* (*I. maximus.* Lin.) Marcg. Bras. pag. 255.

Propre à l'Amérique Méridionale, a jusqu'à sept pouces de long.

---

(1) *Iulus ovalis*, Linn. Gronov. Zooph. pl. XVII, 4, 5, dans l'Océan ;—*Oniscus zonatus*, Panz. Faun. Insect. Germ. IX, XXIII ; —*oniscus pustulatus*, Fab. Panz. ibid. XXII.

L'*Iule des sables* (*I. sabulosus.* Linn.) Schæff. Elem. Entom. LXXIII. — *I. fasciatus.* De G. Insect. VII, XXXVI, 9, 10.

Long d'environ seize lignes, d'un brun noirâtre, avec deux lignes roussâtres le long du dos; cinquante-quatre segmens, dont l'avant-dernier terminé par une pointe forte, velue et cornée au bout. — En Europe.

L'*Iule terrestre* (*I. terrestris.* Linn.) Geoff. Insect. II, XXII, 5.

D'un quart plus petit, cendré-bleuâtre, entrecoupé de jaunâtre-clair; quarante-deux à quarante-sept segmens. — Avec le précédent (1).

Les Polydêmes. (Polydesmus. Latr.)

Semblables aux iules par la forme linéaire de leur corps et l'habitude de se rouler en spirale, mais dont les segmens sont comprimés sur les côtés inférieurs, avec une saillie en forme de rebord ou d'arête au-dessus.

On les trouve sous les pierres, et le plus souvent dans les lieux humides (2).

Les espèces qui ont des yeux apparens forment le genre *Craspedosome* de M. Leach (3).

Les autres ont le corps membraneux, très-mou, et terminé par des pinceaux de petites écailles. Leurs antennes sont de la même grosseur. Tels sont

---

(1) Aj. *Iulus indus*, Linn. Deg. VII, XLIII, 7. Séb. Mus. II, XXIV, 4, 5. — Séb. Mus. I, LXXXI, 5. — Schræt. Abhandl. I, III, 7.

(2) Les iules: *complanatus*, *depressus*, *stigma*, *tridentatus* de Fabricius. Ses scolopendres? *dorsalis*, *clypeata*.

(3) Les espèces inconnues avant M. Leach, paraissent propres à la Grande-Bretagne.

LES POLLYXÈNES. (POLLYXENUS. Latr.)

Qui ne comprennent encore qu'une seule espèce, rangée avec les Scolopendres (*Sc. lagura.* L.) par Linnæus, Geoffroi et Fabricius.

C'est le *Iule à queue en pinceau* de Geer. Insect. VII, XXXVI, 1, 2, 3. Cet insecte est très-petit, oblong, avec des aigrettes de petites écailles sur les côtés, et un pinceau blanc à l'extrémité postérieure du corps. Il a douze paires de pieds, placées sur autant de demi-anneaux.

Il se tient sous les vieilles écorces.

La seconde famille de MYRIAPODES,

LES CHILOPODES (CHILOPODA. Lat.)

Ou les *Scolopendres* de Linnæus, etc., ont les antennes plus grêles vers leur extrémité, de quatorze articles et au-delà; une bouche composée de deux mandibules, d'une lèvre quadrifide, de deux palpes ou petits pieds réunis à leur base, et d'une seconde lèvre formée par une seconde paire de pieds dilatés, joints à leur naissance, et terminés par un fort crochet, percé sous son extrémité d'un trou, pour la sortie d'une liqueur vénéneuse.

Le corps est déprimé et membraneux. Chacun de ses anneaux est recouvert d'une plaque coriace ou cartilagineuse, et ne porte, le plus souvent, qu'une paire de pieds; la dernière est ordinairement rejetée en arrière, et s'allonge en forme de queue.

Ces animaux courent très-vite, sont carnassiers, fuient la lumière, et se cachent sous les pierres, les vieilles poutres, les écorces des arbres, dans la terre, le fumier, etc. Les habitans des pays chauds les redoutent beaucoup, les espèces qu'on y trouve étant fort grandes, et leur venin pouvant être plus actif. La scolopendre *mordante* est désignée aux Antilles par l'épithète de *malfaisante*. On en connaît qui ont une propriété phosphorique.

Les organes sexuels sont intérieurs et situés, à ce qu'il paraît, à l'extrémité postérieure du corps, comme dans la plupart des insectes suivans. Les stigmates sont plus sensibles que dans la famille précédente.

Ils ne forment aussi, dans Linnæus, que le genre

DES SCOLOPENDRES. (SCOLOPENDRA. L.)

Que nous divisons comme il suit :

LES SCUTIGÈRES. (SCUTIGERA. Lam. — *Cermatia*. Illig.)

Qui ont le corps recouvert de huit plaques en forme d'écussons, et son dessous divisé en quinze demi-anneaux, portant chacun une paire de pieds terminés par un tarse fort long, grêle et très-articulé; les dernières paires sont plus allongées; les yeux sont grands et à facettes.

Elles ont des antennes grêles et assez longues; les deux

palpes saillans et garnis de petites épines. Le corps est plus court que dans les autres genres de la même famille, avec les articles des pieds proportionnellement plus longs.

Les scutigères sont fort agiles et perdent souvent une partie de leurs pieds lorsqu'on les saisit.

L'espèce de notre pays (1) se cache entre les poutres ou les solives des charpentes des maisons.

LES LITHOBIES. (LITHOBIUS. Leach.)

Qui ont le corps divisé, tant en dessus qu'en dessous, en un pareil nombre de segmens, portant chacun une paire de pieds, et les plaques supérieures alternativement plus longues et plus courtes, en recouvrement, jusque près de l'extrémité postérieure. Elles ont toutes quinze paires de pieds.

Le *Lithobie fourchu*. (*Scolopendra forficata*. Lin. Fabr. De G.) Geoff. Hist. des Insect. II, XXII, 3.—Panz. Faun. Insect. Germ. L, XIII (2).

LES SCOLOPENDRES propres. (SCOLOPENDRA. Linn.)

Ayant, comme les lithobies, le dessus et le dessous du corps également divisé, mais dont les plaques supérieures sont égales ou presque égales et découvertes.

Plusieurs espèces n'ont pas d'yeux bien distincts, et forment les genres *Crytops* et *Geophilus* de M. Leach. Dans celui-ci les deux pieds postérieurs sont presque égaux aux précédens, tandis qu'ils sont plus longs dans les *Géophiles* et les *Scolopendres*. Ces derniers insectes ont quatre yeux sensibles de chaque côté de la tête, et la seconde lèvre den-

---

(1) La *scolopendre à 28 pattes* de Geoffroi, qui paraît différer de la *s. coleoptrata* de Panzer, Faun. Insect. Germ. L, XII, et de celle de Linnæus. — *Iulus araneoides*, Pall. Spicil. Zool. IX, IV, 16. — *Scolopendra longicornis*, Fab.; de Tranquebar.

(2) *L. variegatus*, *lævilabrum*, Leach. Trans. Linn. Soc. XI.

telée à son sommet; ils ont ordinairement quarante-deux pieds. Ce genre renferme les plus grandes espèces. Les *Crytops* et surtout les *Géophiles* ont le corps beaucoup plus long et plus étroit, et le nombre de leurs pieds est très-considérable. Quelques especes sont électriques (1).

LE SECOND ORDRE DES INSECTES.

LES THYSANOURES.

Comprend des insectes aptères, portés seulement sur six pieds, sans métamorphose, et ayant de plus, soit sur les côtés, soit à l'extrémité de l'abdomen, des organes particuliers de mouvement.

La famille première des Thysanoures, celle

des Lepismènes. (Lepismenæ. Lat.)

A les antennes divisées, dès leur naissance, en un grand nombre de petits articles; des palpes très-distincts et saillans à la bouche; l'abdomen muni de chaque côté, en des-

---

(2) *S. morsitans*, Linn. Deg. Ins. VII, xliii, 1;—*s. cingulata*, Latr.; *s. morsitans*, Vill. Entom. IV, xi, 17, 18;—*s. ferruginea*, Deg. Insect. ibid. 6;—*s. flava*, Deg. Insect. ibid. xxxv, 17;—*s. gigantea*, Linn. Brown. Jam. xlii, 4;—*s. electrica*, Linn. Frifch. Insect. XI, viii, 1;—*s. occidentalis*, Linn. List. Itin. vi; — *s. phosphorea*, Linn. Tombée du ciel sur un vaisseau, à 100 milles du Continent.

sous, d'une rangée d'appendices mobiles, en forme de fausses pattes, et terminé par des soies articulées, dont trois plus remarquables.

Elle ne comprend qu'un genre de Linnæus.

Les Lépismes. (Lepisma. L.)

Leur corps est allongé et couvert de petites écailles, souvent argentées et brillantes, ce qui a fait comparer l'espèce la plus commune à un petit poisson. Les antennes sont en forme de soies, et ordinairement fort longues. La bouche est composée d'un labre, de deux mandibules presque membraneuses, de deux mâchoires à deux divisions, avec un palpe de cinq à six articles, et d'une lèvre à quatre découpures et portant deux palpes à quatre articulations. Le tronc est de trois pièces. L'abdomen, qui se rétrécit peu à peu vers son extrémité postérieure, a, le long de chaque côté du ventre, une rangée de petits appendices portés sur un court article, et terminés en pointe soyeuse; les derniers sont plus longs; de l'anus sort une espèce de stylet écailleux, comprimé, et de deux pièces: viennent ensuite les trois soies articulées, qui se prolongent au-delà du corps. Les pieds sont courts, et ont souvent des hanches très-grandes, fortement comprimées et en forme d'écailles.

Plusieurs espèces se cachent dans les fentes des châssis qui restent fermés, ou qu'on n'ouvre que rarement, sous les planches un peu humides, dans les armoires. D'autres vivent retirées sous les pierres.

Ces insectes courent très-vite; quelques-uns sautent par le moyen des filets de leur queue.

On en fait deux sous-genres.

LES MACHILES. (MACHILIS. Latr.)

Dont les yeux sont très-composés, presque contigus, et occupent la majeure partie de la tête; qui ont le corps convexe et arqué en dessus, et l'abdomen terminé par des petits filets propres pour le saut, et dont celui du milieu, placé au-dessus des deux autres, est beaucoup plus long.

Les palpes maxillaires sont très-grands et en forme de petits pieds. Le corselet est étranglé, avec son premier segment plus petit que le second et en voûte.

Ces insectes sautent très-bien et fréquentent les lieux pierreux et couverts. Toutes les espèces connues sont d'Europe (1).

LES LÉPISMES. (LEPISMA. Linn. — *Forbicina.* Geoff.)

Qui ont les yeux très-petits, fort écartés, composés d'un petit nombre de grains; le corps aplati, et terminé par trois filets de la même longueur, insérés sur la même ligne, et ne servant point à sauter.

Leurs hanches sont très-grandes. La plupart des espèces se trouvent dans l'intérieur des maisons.

Le *Lépisme du sucre.* (*L. saccharina.* Linn.—La *Forbicine plate.* Geoff. Insect. II, XX, 3.) Schœff. Elem. entom. LXXV.

Long de quatre lignes, d'une couleur argentée et un peu plombée, sans taches. Est originaire de l'Amérique et devenu commun dans nos maisons.

---

(1) *Lepisma polypoda*, Linn.; — *L. saccharina*, Vill. Entom. lin. IV, XI, 1; Roem. gener. Insect. XXIX, 1; —*forbicine cylindrique*, Geoff. — *Lepisma thezeana*, Fab.

On trouve souvent avec lui, ou dans les mêmes lieux, le *Lépisme rubanné* (*Vittata*. Fab.), qui a le corps cendré, pointillé de noirâtre, avec quatre raies de cette dernière couleur le long du dos de l'abdomen. Il y en a d'autres espèces sous les pierres, etc.

La seconde famille des Thysanoures, celle

Des Podurelles. (Podurellæ. Lat.)

Dont les antennes sont de quatre pièces; dont la bouche n'offre point de palpes distincts et saillans; et qui a l'abdomen terminé par une queue fourchue, appliquée dans l'inaction, sous le ventre, et servant à sauter; ne forme aussi dans Linnæus qu'un genre.

Des Podures. (Podura. L.)

Ces insectes sont très-petits, fort mous, allongés, avec la tête ovale, et deux yeux formés chacun de huit petits grains. Leurs pieds n'ont que quatre articles distincts. La queue est molle, flexible, et composée d'une pièce inférieure, mobile à sa base, à l'extrémité de laquelle s'articulent deux tiges, susceptibles de se rapprocher, de s'écarter ou de se croiser, et qui sont les dents de la fourche. Ces insectes peuvent redresser leur queue, la pousser avec force contre le plan de position, comme s'ils débandaient un ressort, et s'élever ainsi en l'air, et sauter, de même que les puces, mais à une hauteur moindre. Ils retombent ordinairement sur le dos, la queue étendue en arrière. Le milieu de leur ventre offre une partie relevée, ovale, et divisée par une fente.

Les uns se tiennent sur les arbres, les plantes, sous les écorces ou sous les pierres; d'autres, à la surface des eaux dormantes, quelquefois sur la neige même, au temps du dégel. Plusieurs se réunissent en sociétés nombreuses, sur la terre, les chemins sablonneux, et ressemblent de loin à un petit tas de poudre à canon. La multiplication de quelques espèces paraît se faire en hiver.

LES PODURES proprement dites. (PODURA. Latr.)

Ont les antennes de la même grosseur et sans anneaux ou petits articles à la derniere pièce. Leur corps est presque linéaire ou cylindrique, avec le tronc distinctement articulé, et l'abdomen étroit et oblong (1).

LES SMYNTHURES. (SMYNTHURUS. Latr.)

Ont les antennes plus grêles vers leur extrémité, et terminées par une pièce annelée ou composée de petits articles. Le tronc et l'abdomen sont réunis en une masse globuleuse ou ovalaire (2).

---

(1) *Podura arborea*, Linn. Deg. Insect. VII, II, 1-7;—*p. nivalis*, Linn. Deg. ibid. 8-10;—*p. aquatica*, Linn. Deg. ibid. 11-17;—*p. plumbea*, Linn. Deg. ibid. III, 1-4;—*p. ambulans*, Linn. Deg. ibid. 5, 6;—*p. aquatica grisea*, Deg. ibid. II, 18-21.

Les podures : *vaga*, *villosa*, *cincta*, *annulata*, *pusilla*, *lignorum*, *fimetaria*, de Fabricius.

(2) *Podura atra*, Linn. Deg. ibid. III, 7-14; les podures : *viridis*, *polypoda*, *minuta*, *signata*, de Fab.

LE TROISIÈME ORDRE DES INSECTES.

LES PARASITES. (PARASITA. Lat.)

N'ont que six pieds, et sont aptères, de même que les thysanoures; mais leur abdomen n'a point d'appendices articulées et mobiles. Ils n'ont, pour organes de la vue, que quatre ou deux petits yeux lisses; leur bouche est en grande partie intérieure, et présente au dehors soit un museau ou un mamelon avancé renfermant un suçoir rétractile, soit deux lèvres membraneuses et rapprochées, avec deux mandibules en crochets. Ils ne forment dans Linnæus que le genre des

POUS. (PEDICULUS. L.)

Leur corps est aplati, presque transparent, divisé en douze ou onze segmens distincts, dont trois pour le tronc, portant chacun une paire de pieds. Le premier de ces segmens forme souvent une espèce de corselet. Les stigmates sont très-distincts. Les antennes sont courtes, de la même grosseur, composées de cinq articles, et souvent insérées dans une échancrure. Chaque côté de la tête offre un ou deux petits yeux lisses. Les pieds sont courts et terminés par un ongle très-fort ou par deux crochets, dirigés l'un vers l'autre. Ces animaux s'accrochent ainsi facilement soit aux poils des quadrupèdes, soit aux plumes des oiseaux, dont ils sucent le sang, et sur le corps desquels ils passent leur vie et se multiplient. Ils attachent leurs œufs à ces appendices cutanés. Leurs générations sont nombreuses et se succèdent très-rapidement. Quelques causes particulières et qui nous sont inconnues les favorisent d'une manière extraordinaire, et c'est ce qui a lieu, par rapport au pou *de l'homme*, dans la maladie pédiculaire ou *phtiriase*, et même dans notre enfance. Ces insectes vivent constamment sur les mêmes quadrupedes et sur les mêmes oiseaux, ou du moins sur des animaux de ces classes qui ont des caractères et des habitudes analogues. Un oiseau en nourrit souvent de deux sortes. Leur démarche est, en général, assez lente.

LES POUX proprement dits. (PEDICULUS. Deg.)

Ont pour bouche un mamelon très-petit, tubulaire, situé à l'extrémité antérieure de la tête, en forme de museau, et renfermant, dans l'inaction, un suçoir. Leurs tarses sont composés d'un article dont la grosseur égale presque celle de la jambe, terminé par un ongle très-fort, se repliant sur une saillie, en forme de dent de la jambe, et faisant avec cette pointe l'office de pince. Ceux que j'ai observés ne m'ont offert que deux yeux lisses, un de chaque côté.

L'homme en nourrit de trois sortes; leurs œufs sont connus sous le nom de *lentes*.

Le Pou humain du corps. (*P. humanus corporis.* De G. Insect. VII, 1, 7.)

D'un blanc sale, sans taches, avec les découpures de l'abdomen moins saillantes que dans la suivante. Elle vient uniquement sur le corps de l'homme, et pullule d'une manière effrayante dans la maladie pédiculaire.

Le Pou humain de la tête. (*P. humanus capitis.* DeG. Insect. VII, I, 6.)

Cendré, avec les espaces où sont situés les stigmates bruns ou noirâtres; lobes ou découpures de l'abdomen arrondis. — Sur la tête de l'homme, et particulièrement des enfans.

Les mâles de cette espèce et de la précédente ont, à l'extrémité postérieure de leur abdomen, une petite pièce écailleuse et conique, en forme d'aiguillon, probablement l'organe sexuel.

Les Hottentots, les Nègres, différens singes mangent les poux, ou sont *phtirophages.* Oviédo prétend avoir observé que cette vermine abandonne, à la hauteur des Tropiques, les nautoniers espagnols qui vont aux Indes, et qu'elle les reprend au même point, lorsqu'ils reviennent en Europe. On dit encore que dans l'Inde, quelque sale que l'on soit, l'on n'en a jamais qu'à la tête.

Il fut un temps où la médecine employait le pou de l'homme pour les suppressions d'urine, en l'introduisant dans le canal de l'urètre.

Le Pou du pubis (*P. pubis.* Linn.) Red. Exp. XIX, I.

Corps arrondi et large; corselet très-court, se confondant presque avec l'abdomen. Les quatre pieds postérieurs très-forts. Désigné vulgairement sous le nom de *Morpion.* Il s'attache aux poils des parties sexuelles et des sourcils. Sa piqûre est très-forte (1).

---

(1) Ajoutez *pediculus bubali,* Deg. Insect. VII, I, 12; — *p. suis,* Panz. Faun. Insect. Germ. LI, XVI. On en trouve aussi sur le bufle, le chameau, le cheval, l'âne, le tigre, etc.

Le *pou du cerf,* Panz. ibid. XV, appartient au genre *mélophage,* de l'ordre des *diptères.*

Les Ricins. (Ricinus. De G.)

Ont la bouche inférieure, et composée à l'extérieur de deux lèvres et de deux mandibules en crochet. Leurs tarses sont très-distincts, articulés et terminés par deux crochets égaux.

A l'exception d'une seule espèce, celle du chien, toutes les autres se trouvent exclusivement sur les oiseaux. Leur tête est ordinairement grande, tantôt triangulaire, tantôt en demi-cercle ou en croissant, et a souvent des saillies angulaires. Elle diffère quelquefois dans les deux sexes, de même que les antennes. J'ai aperçu, dans plusieurs, deux yeux lisses rapprochés de chaque côté de la tête. Suivant des observations que m'a communiquées M. Savigny, ces insectes ont des mâchoires avec un palpe très-petit sur chacune d'elles, et cachées par la lèvre inférieure, qui a aussi deux organes de la même sorte. Ils ont encore une espèce de langue.

M. Leclerc de Laval m'a dit avoir vu, dans leur estomac, des parcelles de plumes d'oiseaux, et croit que c'est leur seule nourriture. De Geer assure cependant avoir trouve l'estomac du ricin *du pinçon* rempli de sang, dont il venait de se gorger. L'on sait aussi que ces insectes ne peuvent vivre long-temps sur les oiseaux morts. On les voit alors se promener avec inquiétude sur leurs plumes, particulièrement sur celles de la tête et des environs du bec.

Rédi en a représenté un grand nombre d'espèces, mais grossièrement.

Les unes ont la bouche située près de l'extrémité antérieure de la tête. Les antennes sont insérées à côté, loin des yeux et très-petites (1).

---

(1) *Pediculus sternæ hirundinis*, Linn. Deg. Insect. VII, IV, 12; *pediculus corvi coracis*, Linn. Deg. ibid. 11; — *ricinus fringillæ*, Deg. ibid. 5, 6, 7. — *Pediculus tinnunculi*, Panz. ibid. XVII.

Dans les autres, la bouche est presque centrale; les antennes sont placées très-près des yeux, et leur longueur égale presque la moitié de celle de la tête (1).

LE QUATRIÈME ORDRE DES INSECTES.

LES SUCEURS. (Suctoria. Deg.)

Qui composent le dernier des insectes aptères, ont pour bouche un sucoir de deux pièces, renfermé entre deux lames articulées, formant, réunies, une trompe ou un bec, soit cylindrique, soit conique, et dont la base est recouverte par deux écailles. Ces caractères distinguent exclusivement cet ordre de tous les autres, et même de celui des hémiptères, dont il se rapproche le plus sous ces rapports, et dans lequel Fabricius a placé ces insectes. Les suceurs subissent en outre de véritables métamorphoses, analogues à celles de plusieurs insectes à deux ailes, comme les *tipulaires*.

---

(1) *Ricinus gallinœ*, Deg. ibid. 15 : sur la poule, les perdrix et les faisans;—*r. emberizœ*, Deg. ibid. 9;—*r. mergi*, Deg. ibid. 13, 14;—*r. canis*, Deg. ibid. 16;—*pediculus pavonis*, Panz. ibid. XIX; Latr. Hist. nat. des Fourm. 389, XII, 5. Voyez encore Panzer, ibid. pl. XXXXIV. Son *pediculus ardeœ*, XVIII, paraît être le même que le *ricin du plongeon* de Deg. IV, 13.

Cet ordre n'est composé que d'un seul genre, celui

DES PUCES. (PULEX. L.)

Leur corps est ovale, comprimé, revêtu d'une peau assez ferme, et divisé en douze segmens, dont trois composent le tronc qui est court, et les autres l'abdomen. La tête est petite, très-comprimée, arrondie en-dessus, tronquée et ciliée en-devant; elle a, de chaque côté, un œil petit et arrondi, derrière lequel est une fossette où l'on découvre un petit corps mobile, garni de petites épines. Au bord antérieur, près de l'origine du bec, sont insérées les pièces que l'on prend pour les antennes, qui sont à peine de la longueur de la tête et composées de quatre articles presque cylindriques. La gaîne ou bec est divisée en trois articles. L'abdomen est fort grand, et chacun de ses anneaux est divisé en deux ou formé de deux lames, l'une supérieure et l'autre inférieure. Les pieds sont forts, particulièrement les derniers, propres pour le saut, épineux, avec les hanches et les cuisses grandes, et les tarses composés de cinq articles, dont le dernier se termine par deux crochets allongés; les deux pieds antérieurs sont presque insérés sous la tête, et le bec se trouve dans leur entre-deux.

Le mâle est placé, dans l'accouplement, sous sa femelle, de manière que leurs têtes sont en regard. La femelle pond une douzaine d'œufs, blancs et un peu visqueux; il en sort de petites larves sans pieds, très-allongées, semblables à de petits vers, très-vives, se roulant en cercle ou en spirale, serpentant dans leur marche; d'abord blanches, et ensuite rougeâtres. Leur corps est composé d'une tête écailleuse, sans yeux, portant deux très-petites antennes, et de treize segmens, ayant de petites touffes de poils, avec deux espèces de crochets au bout du dernier. Leur bouche offre quelques petites pièces mobiles dont ces larves font usage pour se pousser en avant. Après avoir demeuré une douzaine de jours sous cette forme, les larves se renferment dans une petite coque soyeuse, où elles deviennent nymphes, et dont elles sortent en état parfait au bout d'un espace de temps de la même durée.

Chacun connaît la *Puce commune* (*Pulex irritans*. L.) Rœs. Ins. II, II, IV, qui se nourrit du sang de l'homme, du chien, du chat; sa larve habite parmi les ordures, sous les ongles des hommes malpropres, dans les nids des oiseaux, surtout des pigeons, s'attachant au cou de leurs petits, et les suçant au point de devenir toute rouge.

La *Puce pénétrante* (*Pul. penetrans*. L.) Catesb. Carol. III, x, 3, forme probablement un genre particulier. Son bec est de la longueur du corps. Elle est connue en Amérique sous le nom de *Chique*. Elle s'introduit sous les ongles des pieds et sous la peau du talon, et y acquiert bientôt le volume d'un petit poids par le prompt accroissement des œufs qu'elle porte dans un sac membraneux sous le ventre.

La famille nombreuse à laquelle elle donne naissance, occasionne, par son séjour dans la plaie, un ulcère malin difficile à détruire, et quelquefois mortel. On est peu exposé à cette incommodité fâcheuse, si on a soin de se laver souvent, et surtout si l'on se frotte les pieds avec des feuilles de tabac broyées, avec le roucou et d'autres plantes âcres et amères. Les Nègres savent extraire, avec adresse, l'animal de la partie du corps où il s'est établi.

Divers quadrupèdes et oiseaux nourrissent des puces qui paraissent différer spécifiquement des deux précédentes.

LE CINQUIÈME ORDRE DES INSECTES.

LES COLÉOPTÈRES. (ELEUTHERATA. Fab.)

Ont quatre ailes, dont les deux supérieures en forme d'étuis; des mandibules et des mâchoires; les ailes inférieures pliées, seulement en travers, et les étuis ou élytres crustacés.

Ils sont, de tous les insectes, les plus nombreux et les mieux connus. Les formes singulières, les couleurs brillantes ou agréables que présentent plusieurs de leurs espèces, le volume de leur corps, la consistance plus solide de leurs tégumens, qui rend leur conservation plus facile, les avantages nombreux que l'étude retire de la variété de formes de leurs organes extérieurs, etc., leur ont mérité l'attention particulière des naturalistes.

Leur tête offre deux antennes de formes

très-variées, et dont le nombre des articles est presque toujours de onze ; deux yeux à facettes, point d'yeux lisses ; et une bouche composée d'un labre, de deux mandibules, le plus souvent de consistance écailleuse, de deux mâchoires, portant chacune un ou deux palpes, et d'une lèvre formée de deux pièces, le menton et la languette, et accompagnée de deux palpes, ordinairement insérés sur la pièce. Ceux des mâchoires, ou leurs extérieurs, lorsqu'elles en portent deux, n'ont jamais au-delà de quatre articles ; ceux de la lèvre n'en ont que trois.

Le segment antérieur du tronc, ou celui qui est au-devant des ailes, et qu'on nomme habituellement le *corselet*, porte la première paire de pieds, et surpasse de beaucoup, en étendue, les deux autres segmens. Ceux-ci s'unissent étroitement avec la base de l'abdomen, et leur partie inférieure, ou la *poitrine*, sert d'attache aux deux autres paires de pieds. Le second, sur lequel est placé l'écusson, se rétrécit en devant, et forme un court pédicule qui s'emboite dans la cavité intérieure du premier, et lui sert de pivot dans ses mouvemens.

Les élytres et les ailes prennent naissance sur les bords latéraux et supérieurs de l'arrière-tronc. Les élytres sont crustacées, et, dans le repos, s'appliquent l'une contre l'autre, par une ligne droite, le long de leur bord interne, ou à la suture, et toujours dans une position horizontale. Presque toujours elles cachent les ailes qui sont larges et pliées transversalement. Plusieurs espèces sont aptères, mais les élytres existent toujours. L'abdomen est sessile ou uni au tronc par sa plus grande largeur. Il est composé de six à sept anneaux, membraneux en dessus, ou d'une consistance moins solide qu'en dessous. Le nombre des articles des tarses varie depuis un jusqu'à cinq.

Les coéloptères subissent une métamorphose complète. La larve ressemble à un ver, ayant une tête écailleuse, une bouche analogue, par le nombre et les fonctions de ses parties, à celle de l'insecte parfait, et ordinairement six pieds. Quelques espèces, en petit nombre, en sont dépourvues, ou n'ont que de simples mamelons.

La nymphe est inactive, et ne prend pas de nourriture. L'habitation, la manière de vivre et les autres habitudes de ces insectes, soit dans leur premier âge, soit dans le dernier, varient beaucoup.

Je divise cet ordre en cinq sections, d'après le nombre des tarses.

La première comprend les *Pentamères*, ou ceux dont tous les tarses ont cinq articles, et se compose de cinq familles.

La première famille des COLÉOPTÈRES PENTAMÈRES,

LES CARNASSIERS. CUV. (ADEPHAGES. Clairv.)

A deux palpes à chaque mâchoire, ou six en tout. Les antennes sont presque toujours en forme de fil ou de soie, et simples.

Les mâchoires se terminent par une pièce écailleuse, en griffe ou crochue, et le côté intérieur est garni de cils ou de petites épines. La languette est enchâssée dans une échancrure du menton. Les deux pieds antérieurs sont insérés sur les côtés d'un sternum comprimé et portés sur une grande rotule; les deux postérieurs ont un fort trochanter à leur naissance.

Ces insectes font la chasse aux autres, et les dévorent. Plusieurs n'ont point d'ailes sous leurs élytres. Les tarses antérieurs de la plupart des mâles sont dilatés ou élargis.

Les larves sont aussi très-carnassières. Elles ont, en général, le corps cylindrique, allongé, et composé de douze anneaux; la tête, qui n'est pas comprise dans ce nombre, est grande, écailleuse, armée de deux fortes mandibules recourbées à leur pointe, et offre deux antennes courtes et coniques, deux mâchoires divisées en deux branches, dont l'une est formée par un palpe, d'une languette portant deux palpes plus courts que les précédens, et de six petits yeux lisses de chaque côté. Le premier anneau est recouvert d'une plaque écailleuse; les autres sont mous ou peu fermes. Les trois premiers portent chacun une paire de pieds, dont l'extrémité se courbe en avant.

Ces larves diffèrent selon les genres. Celles des cicindèles et de l'ariste *Bucéphale* ont le dessus de la tête très-enfoncé dans son milieu, en forme de corbeille, tandis que sa partie inférieure est bombée. Elles ont, de chaque côté, deux petits yeux lisses beaucoup plus gros, et semblables à ceux des lycoses ou des *araignées-loups*. La plaque supérieure du premier segment est grande, et en bouclier demi-circulaire. Le huitième anneau a sur le dos, deux mamelons à crochets; le dernier n'a point d'appendices remarquables.

Dans les autres larves de cette famille qui nous sont connues, à l'exception de celle des amophrons, la tête est moins forte et plus égale. Les yeux lisses sont très-petits et semblables. La pièce écailleuse du premier anneau est carrée, et ne déborde point le corps. Le huitième n'a point de mamelons, et le dernier est terminé par deux appendices coniques, outre un tube membraneux formé par le prolongement de la partie du corps où est l'anus. Ces appendices sont cornés et dentés dans les larves des calasomes et des carabes. Ils sont charnus, articulés et plus longs dans celles des harpeles et des licines. Le corps des avant-dernières est un peu plus court, la tête un peu plus grosse. La forme des mandibules des unes et des autres se rapproche de celle qu'elles ont dans l'insecte parfait. La larve de l'omophron *bordé*, d'après les observations de M. Desmaretz, a une forme conique, une tête grande, avec deux très-fortes mandibules, et n'offre que deux yeux; l'extrémité postérieure du corps, qui se rétrécit peu à peu, se termine par un appendice de quatre articles. Je n'en ai compté que deux à ceux des larves des licines et des harpeles.

Cette famille a toujours un premier estomac court et charnu; un second allongé, comme velu à l'extérieur à cause des nombreux petits vaisseaux dont il est garni, un intestin court et grêle. Les vaisseaux hépatiques, au nombre de quatre, s'insèrent près du pylore.

Il y en a de terrestres et d'aquatiques.

Les *terrestres* ont des pieds uniquement propres à la course, les mandibules entièrement découvertes, et, le plus souvent, le corps oblong, avec les yeux saillans. Leur intestin se termine par un cloaque élargi muni de deux petits sacs qui séparent une humeur âcre.

Ils se divisent en deux tribus.

La première, celle des CICINDÉLÈTES, (CICINDELETÆ, Lat.), comprend le genre

DES CICINDÈLES. (CICINDELA. L.)

Qui a, au bout des mâchoires, un onglet qui s'articule, par sa base, avec elles.

Leur tête est forte, avec de gros yeux, des mandibules très-avancées et très-droites, et la languette fort courte, cachée derrière le menton. Leurs tarses de devant n'ont jamais d'échancrure intérieure.

Les unes ont le corselet presque aussi long que large, et les articles des tarses entiers. Tels sont

LES MANTICORES. (MANTICORA. Fab.)

Dont les élytres, en carène sur les côtés, embrassent l'abdomen, se rétrécissent en pointe à leur extrémité, et lui donnent la forme d'un cœur.

Les deux espèces connues se trouvent exclusivement au Cap de Bonne-Espérance (1).

LES CICINDÈLES propres. (CICINDELA. Lin.)

Qui ont l'abdomen en carré long ou ovale et arrondi postérieurement; deux palpes très-distincts à chaque mâchoire, et dont l'extérieur est aussi long ou plus long que ceux de la lèvre.

Elles ont des antennes presque en forme de soie, les palpes velus, des ailes, et les tarses grêles et allongés. Leur corps est ordinairement d'un vert plus ou moins foncé, mélangé de couleurs métalliques et brillantes, avec des taches blanches sur les étuis. Elles fréquentent les lieux secs, exposés au soleil, courent très-vite, s'envolent dès qu'on les approche, et prennent terre à peu de distance. Si on continue de les inquiéter, elles ont recours aux mêmes moyens.

Les larves de deux espèces indigènes, les seules qu'on ait observées, se creusent dans la terre un trou cylindrique assez profond, en employant leurs mandibules et leurs pieds. Pour le déblayer, elles chargent le dessus de leur tête des molécules de terre qu'elles ont détachées, se retournent, grimpent peu à peu, se reposent par intervalles, en se cramponnant aux parois intérieures de leur habitation,

---

(1) *M. maxillosa*, Fab. Oliv. Col. III, 37, 1, 1.—*M. pallida*, Fab.

à l'aide des deux mamelons de leur dos, et arrivées à l'orifice du trou, rejettent leur fardeau. Dans le moment qu'elles sont en embuscade, la plaque de leur tête ferme exactement et au niveau du sol l'entrée de leur cellule. Elles saisissent leur proie avec leurs mandibules, s'élancen tmême sur elle, et la précipitent au fond du trou, en inclinant brusquement et par un mouvement de bascule, leur tête. Elles y descendent aussi très-promptement, au moindre danger. Si elles se trouvent trop à l'étroit ou que la nature du terrein ne leur soit point favorable, elles se font un nouveau domicile. Leur voracité s'etend jusqu'aux autres larves de leur propre espèce qui se sont établies dans les mêmes lieux. Elles bouchent l'ouverture de leur demeure, lorsqu'elles doivent changer de peau ou se métamorphoser en nymphe. Une partie de ces observations m'a été communiquée par M. Miger, qui a étudié avec beaucoup de soin un grand nombre de larves de coléoptères, et en a découvert plusieurs qui avaient échappé aux recherces des Naturalistes.

La *C. champêtre.* (*C. Campestris*, Lin.) Panz. Faun. Insect. Germ. LXXXV. III.

Longue d'environ six lignes, d'un vert-pré en-dessus, avec le labre blanc, faiblement unidenté au milieu. Cinq points blancs sur chaque élytre.

Très-commune en Europe, au printems.

La *C. hybride.* (*C. hybride*, Lin.) Panz. ibid. IV.

Qui a sur chaque élytre deux taches en croissant et une bande blanche; une de ces taches située à la base extérieure et l'autre au bout; suture cuivreuse. — Dans les sablonières, ne se mêlant point avec la précédente (1).

(1) Aj. *Cicindela sylvatica*, Linn. Clairv. Entom. Helv. II. XXIV, A. — *C. sinuata*, Fab. Clairv. ibid. B. b.—*C. germanica*, Linn. Panz. Faun. Insect. Germ. VI, v.

LES MÉGACÉPHALES. (MEGACEPHALA. Lat.)

Ne diffèrent des cicindèles que par la longueur des palpes labiaux qui surpasse notablement celle des maxillaires extérieurs (1).

LES THÉRATES. (THERATES. Lat.)

Semblables encore aux cicindèles, mais dont les palpes maxillaires internes sont remplacés par une petite épine (2).

Les autres ont le corselet étroit, allongé, presque conique ou ovoïde et le pénultième article des tarses bilobé ; comme

LES COLLIURES (COLLIURIS, Lat.—COLLYRIS, Fab.)

Que l'on pourrait même diviser en deux autres sous-genres, d'après la forme des antennes et celle du corselet (3).

Le *Colliure long-cou* (*C. Longicollis*), Lat. Gener. Crust. et Insect. I, VI, 8, d'un bleu d'azur, avec les cuisses fauves et le bout des élytres échancré. — Bengale.

La seconde tribu, celle des CARABIQUES (CARABICI. Lat.), comprend le genre

CARABE. (CARABUS. L.)

Qui a les mâchoires terminées simplement en pointe ou en crochet, sans articulation à son extrémité.

Leur tête est ordinairement plus étroite que le corselet, ou tout au plus de sa largeur ; leurs mandibules, à l'exception de celles d'un petit nombre,

---

(1) *Cicindela megalocephala*, Fab. Oliv. II, 33, II, 12;—*c. carolina*, Linn. Oliv. ibid. II, 22;—*c. virginica*, Linn. Oliv. ibid. 26; —*c. sepulcralis*, Fab.;—*c. æquinoctialis*, Linn.

(2) *Cicindela labiata*, Fab.

(3) Antennes plus grosses vers le bout : les *collyris* de Fabricius ; — antennes filiformes : *cicindela aptera*, Oliv. Col. III, 33, I, I, différente du *collyris aptera* de Fabricius.

n'ont point, ou que très-peu, de dentelures. Beaucoup sont privés d'ailes et n'ont que des élytres. Ils répandent souvent une odeur fétide, et lancent par l'anus une liqueur âcre et caustique. Geoffroi a présumé que les anciens les avaient désignés sous le nom de *Buprestes*, insectes qu'ils regardoient comme un poison très-dangereux, particulièrement pour les bœufs.

Les carabes se cachent dans la terre, sous les pierres, les écorces des arbres, et sont, pour la plupart, très-agiles. Leurs larves ont les mêmes habitudes. Cette tribu est très-nombreuse et d'une étude difficile.

Je la diviserai en sept sections.

1°. Ceux dont les palpes extérieurs sont terminés par un article de la grosseur du précédent ou plus dilaté, soit qu'ils soient semblables, soit que les uns soient filiformes et les autres en massue; qui ont une forte échancrure au côté intérieur des deux premières jambes, les étuis tronqués ou très-obtus au bout, la languette entière, ovale ou presque carrée, et dont la tête, légèrement rétrécie en arrière, ne tient pas au corselet par une espèce d'article ou de nœud.

Dans cette division et la suivante, la tête et le corselet sont plus étroits que l'abdomen; mais ici le corselet est toujours en forme de cœur tronqué en arrière, et sa longueur n'excède pas sa largeur, ou lui est même souvent inférieure.

Les Anthies. (Anthia. Web. Fab.)

Ont la languette ovale et très-avancée entre les palpes.

Les anthies et les espèces du genre suivant sont propres aux pays chauds de l'Afrique et de l'Asie, et vivent dans le sable. Leur corps est noir, moucheté de blanc, et sans ailes ; leur labre est grand et souvent anguleux sur ses bords. Les côtés de la tête s'élèvent en une carène aiguë, près du bord supérieur des yeux; l'abdomen est en ovale court dans les uns (anthie), et circulaire dans les autres (graphiptère). Les mâles de quelques anthies ont l'extrémité postérieure du corselet prolongée en arrière, et recouvrant même quelquefois une partie des élytres. Ces coléoptères sont en général de grande taille (1).

LES GRAPHIPTÈRES. (GRAPHIPTERUS. Lat. ANTHIA, Fab.)

Voisins des anthies, mais plus courts et plus larges, très-aplatis, avec l'abdomen circulaire, et la languette presque carrée.

Les antennes sont comprimées avec le troisième article anguleux. Les palpes sont filiformes. Le corselet est en forme de cœur dilaté ou élargi sur les côtés. Ces insectes sont plus petits que les anthies (2).

LES BRACHINES. (BRACHINUS. Web. Fab.)

Dont la languette est presque semblable à celle des graphiptères, et qui ont l'abdomen en carré long, épais, avec des glandes intérieures, renfermant une liqueur caustique, volatile et détonnante.

---

(1) *Anthia maxillosa*, Fab. Oliv. Col. III, 35, VIII, 90 ;—*a. thoracica*, F. Oliv. ibid. I, X, 5 ;—*a. decem-guttata*, F. Oliv. ibid. II, 15, A ; IX, 15, C. ;—*a. sex-guttata*, F. Oliv. ibid. I, 6. fem. ; —*a. venator*, F. Oliv. ibid. X, 116 ;—*a. sulcata*, F. Oliv. ibid. VIII, 97 ;—*a. nimrod*. F. Oliv. ibid. X, 117 ;—*a. quatuor-guttata*, F. Oliv. ibid. II, 15, B, IX, 107 ;—*a. tabida*, F. Oliv. ibid. II, 17 ; —*a. macilenta*, Oliv. ibid. XI, 130. L'espèce représentée par Olivier, pl. 1, fig. 10, et qu'il rapporte à son *carabus maxillosus*, paraît n'être pas de ce genre et avoisiner plutôt les *scarites* et les *siagones*.

(2) *Anthia variegata*, Fab. Oliv. Col. III, 35, VI, 66. var. Latr. gener. Crust. et Insect. I, VI, II ;—*a. exclamationis*, F. ; *graphiptère triliné*, Nouv. Dict. d'Histoire nat. X, E, 2, 7 ;—*a. trilineata*, F. Oliv. ibid. IX, 101 ;—*a. obsoleta*, F. Oliv. ibid. V, 60.

Ils se tiennent sous les pierres, et souvent rassemblés en grand nombre. Pour épouvanter leurs ennemis, ils font sortir par l'anus, et avec explosion, une liqueur qui s'exhale aussitôt en vapeur, et qui brûle ou noircit la peau exposée à son action (1).

Ceux qui n'ont point d'aile forment le genre *aptine* de M. Bonelli; ils sont tous étrangers à la France.

On y trouve très-communément,

Le *pétard* (*B. crepitans.* Fab.), Panz. Faun. insect. Germ. XXX, v, qui est long de quatre lignes, d'un rouge fauve, avec le troisième et le quatrième articles des antennes, l'arrière poitrine et l'abdomen noirâtres; étuis d'un bleu obscur ou d'un vert foncé, finement sillonnés.

Le *B. pistolet.* (*B. sclopeta.* Fab.) Clairv. Ent. Helv. II, IV, A, *a.*

Plus petit, d'un rouge fauve, avec les étuis d'un bleu foncé ou violet, et ayant la partie supérieure de leur suture de la couleur du corps (2).

LES LÉBIES. (LEBIA, CYMINDIS. Latr.)

Semblables aux brachines, mais ayant le corps très-aplati et dépourvu des organes sécréteurs qui sont propres aux précédens.

Les espèces qui ont la languette cornée, les palpes exté-

---

(1) Mémoire sur le *b. tirailleur* de M. Léon Dufour, Ann. du Mus. d'Hist. nat. XVIII, 70, V.

(2) Aj. *Brachinus bi-maculatus*, Fab. Oliv. Col. III, 35, 16;—*b. complanatus*, F. Oliv. Col. III, 35, VI, 63;—*b. nigripennis*, F. Voet. ibid. XXXVI, 28;—*b. mutillatus*, F. Panz. Faun. Insect. Germ. LXXXVIII, 111;—*b. displosor*, Duf. Ann. du Mus. d'Hist. nat. XVIII, V. Ces espèces sont *aptères*;—*b. humeralis*, Ahr. Faun. Insect. Eur. I, IX;—*carabus exhalans*, Ross. Faun. Etr. Mant. I, 1, B.;—*b. bipustulatus*, Schon. synon. Insect, I, III, 7;—*b. cruciatus*, ibid. 8. Ces espèces sont ailées.

rieurs terminés par un article plus grand, presque en forme de triangle renversé, et le second article des antennes de la longueur du troisième, se rapportent au genre *Helluo* de M. Bonelli (1).

Celles qui ont les palpes maxillaires extérieurs filiformes, et les labiaux terminés par un article plus grand et en forme de hache, forment le genre *Cyminde* de Latreille, ou celui de *Tarus* de M. Clairville (2).

Dans les autres, les palpes extérieurs finissent par un article, dont la forme se rapproche de celle d'un cône renversé ou d'un cylindre, et qui est tantôt un peu plus gros que le précédent, tantôt de la même épaisseur. Telles sont

Les *Lampries,* les *Lebies,* les *Dromies* et les *Démétrias* de M. Bonelli. Le corselet s'étend en largeur dans les deux premiers sous-genres. Les lébies (3) diffèrent des lampries (4) par leurs tarses, dont le pénultième article est divisé en deux lobes. Le corselet des *Dromies* (5) et des *Démétrias* (6) est presque aussi long que large. Les derniers ont la tête

---

(1) *Helluo costatus*, Bonel. Observ. Entom. (Mém. de l'Acad. de Turin);—*galerita hirta*, Fab.

(2) *Carabus humeralis*, Fab.; *tarus humeralis*, Clairv. Entom. Helv. II, XIV, A. a; — *t. crassicollis*, ibid. B. b.; — *c. axillaris*, F.; — *c. miliaris*, ejusd.; — *c. lineatus*, Schonh. synon. insect. I, III, 5.

(3) *Carabus hœmorrhoidalis*, Fab. Panz. Faun. Insect Germ. LXXV, 5;—*c. crux minor*, F. Panz. ibid. XVI, 11;—*c. turcicus*, F. Oliv. Col. III, 55, VI, 68;—*c. vittatus*, F. Oliv. ibid. 69;—*c. succinctus*, Oliv. ibid. XIII, 157.

(4) *Carabus cyanocephalus*, Fab. Clairv. Entom. Helv. II, IV, B. b.; —*c. chlorocephalus*, Duf.

(5) *Carabus quadri-maculatus*, Fab. Panz. ibid. LXXV, 10;—*c. agilis*, Fab. Panz. ibid. 11, ibid. XXX, 9;—*c. quadri-notatus*, ibid. LXXIII, 5;—*c. truncatellus*, Linn. Panz. ibid. LXXV, 12; — *lebia biguttata*, Clairv. ibid. III, A, a.

(6) *Carabus atricapillus*, Linn. Oliv. ibid. IX, 106.

plus large que cette partie du corps, allongée et rétrécie en arrière, et leurs tarses ressemblent à ceux des lébies du même naturaliste.

Ces insectes se trouvent sous les pierres, sur les arbres, sous les écorces et dans les fissures desquels ils se cachent. Ils sont presque tous de très-petite taille.

2°. Ceux qui ont les palpes extérieurs et les élytres, comme dans la division précédente, mais dont la languette a de chaque côté une pièce ou une division en forme d'oreillette, et dont la tête est séparée du corselet par un étranglement brusque et profond, ou lui est attachée par une sorte d'article, imitant un nœud ou une rotule.

Le corselet est plus allongé et plus étroit que dans la division précédente, de sorte que ces insectes semblent avoir un long cou. Le pénultième article des tarses est le plus souvent partagé en deux lobes ou en cœur.

Les Zuphies. (Zuphium. Lat. — Galerita. Fab.)

Où le corselet est en forme de cœur; dont les quatre palpes extérieurs sont terminés par un article plus grand, presque en cône renversé; dont la languette est tronquée à son extrémité; qui ont le corps très-aplati, avec les articles des tarses entiers (1).

Les Galérites. (Galerita. Fab.)

Où le corselet est aussi en cœur; dont les quatre palpes extérieurs sont encore terminés par un article plus grand, mais presque en forme de hache; dont la languette finit en pointe; qui ont le corps épais et le pénultième article des tarses divisé en deux lobes (2).

---

(1) *Galerita olens*, Fab. Clairv. Entom. Helv. II, XVII, A. a; —*g. fasciolata*, F. Clairv. ibid. B. b. Le genre *polystichus* de M. Bonelli.

(2) *Galerita americana*, Fab. Oliv. Col. III, 35, VI, 72. Latr. gen. Crust. et Insect. I, VII, 2.

LES DRYPTES. (DRYPTA. Latr. Fab.)

Qui ont le corselet presque cylindrique, les quatre palpes extérieurs terminés par un article plus grand, presque en cône renversé; les mandibules avancées, longues et très-étroites, avec la tête triangulaire. La languette est linéaire (1).

LES AGRES. (AGRA. Fab.)

Qui ont le corselet presque cylindrique et un peu rétréci en avant; les palpes maxillaires filiformes, et les labiaux terminés par un article plus grand, presque en forme de hache; les mandibules moyennes et triangulaires; la tête ovale, allongée et rétrécie derrière les yeux (2).

LES ODACANTHES. (ODACANTHA. Payk. Fab.)

Dont le corselet est presque cylindrique ou en ovale tronqué; et dont tous les palpes sont filiformes.

Ils ont la tête des agres (3).

3°. Les palpes extérieurs et les deux premières jambes présentent toujours les mêmes caractères; mais les élytres ne sont point tronquées à leur extrémité : la pièce inférieure de la lèvre ou le *menton* n'a point de suture à sa base, ou

---

(1) *Drypta emarginata*, Fab. Clairv. Entom. Helv. II, XVIII;—*d. cylindricollis*, F. Ross. Faun. etrus. append. I, C; ces deux espèces sont du midi de l'Europe.

(2) *Agra œnea*, Fab.; *carabus cajennensis*, Oliv. Col. III, 35, XII, 133;—*attelabus surinamensis*, Linn. Degeer, insect. IV, XVII, 16;—*carabus tridentatus*? Oliv. Col. III, 35, XI, 129.

(3) *Odacantha melanura*, Fab. Clairv. ibid. V;—*o. bi-fasciata*, Fab. Oliv. Col. ibid. VII, 80;—*carabus acuminatus*, Oliv. ibid. I, 8;—*galerita attelaboides*, F. Oliv. ibid. VI, 70;—*carabus occidentalis*, Oliv. ibid. VIII, 94. Drur. Insect. I, XLII, 4, 6;—*attelabus pensylvanicus*, Linn. Latr. gen. Crust. et Insect. I, VII, 1;—l'*odacantha tri-pustulata* de Fabricius est une espèce de *notoxe*.

n'est qu'une continuité de cette portion de la tête, qu'on a désignée sous la dénomination de gorge.

Ces coléoptères, propres aux contrées chaudes de l'Afrique et de l'Asie, font le passage des précédens aux *Scarites* qui vont suivre. Leur corps est oblong, aplati, de la même largeur, avec la tête grande, le corselet en forme de cœur ou de coupe, séparé de l'abdomen par un pédicule. Les mandibules sont dentées; les palpes extérieurs sont terminés par un article plus grand; le dernier des labiaux est en forme de hache. Ils doivent, d'après leur forme, se tenir cachés sous les pierres ou sous des écorces d'arbres. Quelques-uns n'ont point d'ailes.

Les Siagones. (Siagona. Lat.)

Ce genre étant peu nombreux, nous y réunissons celui d'*Encelade* de M. Bonelli, qui n'en diffère d'ailleurs que par des considérations peu importantes (1).

4°. Ils ont encore les palpes extérieurs terminés par un article de la grosseur du précédent où plus épais; les deux premières jambes échancrées, les élytres entières; mais la lèvre inférieure est articulée à sa base; et ces mêmes jambes sont dentées au côté extérieur, ce qui les fait paraître digitées, ou bien elles sont terminées par deux épines longues et très fortes; le second et le troisième articles de leurs antennes, toujours en forme de chapelet, sont presque égaux.

Ils se rapprochent des siagones par la grandeur de leur tête et la forme de leur corselet. Leurs mandibules sont souvent très-grandes et dentées. Leur languette est tantôt courte, large et évasée au bord supérieur, tantôt saillante,

---

(1) *Siagona rufipes*, Latr. gen. Crust. et Insect. I, VII, 9; *cucujus rufipes*, Fab.;—les galerites de Fabricius : *depressa*, *plana*, *flesus*, *Bufo*;—*scarites lævigatus*, Herbst. Col. CLXXV, 6. Voyez les observ. entom. de M. Bonelli (Mém. de l'Acad. de Turin).

divisée en trois, dont la pièce du milieu obtuse ou tronquée au bout.

Ces insectes vivent dans les terreins chauds et sablonneux, et s'y creusent des retraites. Ils sont moins agiles que les autres de la même famille, et ne paraissent pas avoir des habitudes carnassières dans leur état parfait. La plupart sont entièrement noirs.

LES SCARITES. (SCARITES. Fab.)

Dont le labre est crustacé et denté; qui ont les mandibules aussi longues ou plus longues que la tête (le plus souvent dentées), et la languette courte, large, concave ou très-évasée au bord supérieur.

Les quatre jambes postérieures sont ordinairement ciliées.

Les uns ont les palpes de la même grosseur et forment les genres *Scarite* et *Pasimaque* (1) de M. Bonelli. Les derniers ont le corps ovale, large, avec le corselet en forme de cœur tronqué et fortement échancré aux deux extrémités; leurs mâchoires ne sont pas crochues à leur extrémité. Les scarites ont le corps allongé, le corselet en croissant et les mâchoires arquées à leur extrémité.

Les autres ont les palpes extérieurs dilatés à leur extrémité, et composent le genre *Carène* (2) du même naturaliste.

On trouve dans les départemens les plus méridionaux de la France, les trois espèces suivantes, qui se rapportent aux *Scarites* propres de M. Bonelli, et qui ont toutes le corselet en croissant, avec une ligne imprimée le long du milieu du dos, et une petite dent, de chaque côté, à son extrémité postérieure.

S. pyracmon. (*S. pyracmon*, Bonel.) *S. gigas.* Oliv., Col. III, 36, I, I. Clairv. Entom. Helv. II. IX. *a.* Long

---

(1) *Scarites marginatus*, Fab. Pal. de Beauv. Insect. XV, 1, 2;—*s. depressus*, Fab. Pal. de Beauv. ib. 3;—*s. sublævis*, ibid. 4.

(2) *Scarites cyaneus*, Fab. Oliv. Col. III, 26, 11, 17.

d'environ un pouce, sans ailes, déprimé; côté extérieur des jambes intermédiaires ayant deux petites épines, puis s'élargissant vers le bout avec des stries très-fines; deux impressions et de petites rides sur le front.

S. terricole (*Terricola*, Bon.), long de huit à neuf lignes, ailé; côté extérieur des jambes intermédiaires ayant une petite épine; des stries ponctuées sur les étuis; dessus de la tête chargé de petites rides.

S. des sables (*S. sabulosus.* Oliv. — *S. lævigatus.* Fab.), Clairv. Entom. Helv. ibid. b, semblable au précédent, mais sans ailes et n'ayant que des lignes peu marquées sur les étuis.

Le genre *scarite* d'Olivier et d'Herbst qui l'a suivi, comprend plusieurs espèces, ayant le port extérieur des vrais scarites, mais très-différentes par les caractères essentiels, et qui se rangent dans la division suivante (1).

LES CLIVINES. (CLIVINA. Lat. SCARITES. Fab.)

Dont le labre est membraneux ou coriace, sans dents; dont les mandibules, toujours sans dentelures notables, sont beaucoup plus courtes que la tête; et dont la languette est saillante, droite ou obtuse à son sommet, avec une oreillette de chaque côté.

Ces insectes se plaisent dans les lieux un peu humides, sur les bords des fossés ou des rivières.

Les uns (2) ont les deux premières jambes dentées au côté extérieur, de même que les *scarites*.

Les autres (3) les ont simplement terminées par deux

---

(1) Ajoutez: *scarites sulcatus*, Oliv. Col. ibid. I, II;—*s. subterraneus*, ibid. 10;—*indus*, ibid. 2;—les scarites: *grandis*, *gigas*, *impressus*, *quadratus*, *porcatus*, *ruficornis* et *crenatus*, de Fab.

(2) *Tenebrio fossor*, Linn.; *scarites arenarius*, Fab. Clairv. Entom. Helv. II, VIII, A, a.

(3) *Scarites thoracicus*, Fab. Panz. Faun. Insect. Germ. LXXXIII, 11;—*s. gibbus*, F. Panz. ibid. V, 1;—*s. bi-pustulatus*, F.

pointes très-fortes et longues, dont l'intérieure articulée à sa base, ou en forme d'epine. Ce sont les *dischiries* de M. Bonelli. Leur corselet est presque globuleux.

Les *apotomes* se rapprochent, quant au port extérieur, des clivines; mais leurs palpes labiaux sont terminés en alène, caractère qui, d'après notre méthode, les place dans la dernière division.

5°. La cinquième division, conforme aux deux précédentes quant aux palpes, à l'échancrure des deux jambes antérieures, et quant à la manière dont se terminent les élytres, nous montre une lèvre articulée à sa base, comme dans la dernière division (et toutes, à l'exception seule de de la troisième); les deux jambes antérieures ne sont point dentées au côté extérieur, et les deux épines qui les terminent sont courtes ou moyennes. Leur languette, toujours accompagnée de deux oreillettes, est en carré long, avec le bord supérieur droit et sans prolongement, en forme de pointe ou dent à son milieu.

Les uns, et c'est le plus grand nombre, n'ont point de cou bien prononcé; leur tête se rétrécit faiblement et peu à peu vers sa base.

Leurs mandibules sont tantôt pointues, tantôt tronquées ou très-obtuses à leur extrémité. Ceux où elles vont en pointe sont :

LES OZÈNES. (OZÆNA. Oliv.)

Qui ont des antennes composées en grande partie d'articles lenticulaires, et dont le dernier est plus gros (1).

LES MORIONS. (MORIO. Lat.)

Dont les antennes sont également grenues, mais de la même grosseur. Ils ont de l'analogie avec les *scarites* (2).

---

(1) *Ozæna dentipes*, Oliv. Encycl. méth.

(2) *Harpalus monilicornis*, Latr. gen. Crust. et Insect. I, 206;—*scarites nigerrimus*, Herbst. Col. CLXXVI, 2;—*s. georgiæ*, Palis. de Beauv. XV, 5.

Les Aristes. (Aristus. Zieg. Ditomus. Bonel.)

Voisins de beaucoup de scarites par leur grosse tête, le corselet en forme de croissant ou presque demi-circulaire, et l'abdomen pédiculé à sa base, mais dont les antennes sont composées d'articles presque cylindriques, et qui ont les tarses semblables dans les deux sexes.

Ils se retirent sous des pierres ou dans des trous cylindriques et assez profonds qu'ils creusent dans la terre. J'ai vu souvent l'*a. bucéphale* grimper sur des graminées, en arracher les bâles, et les emporter avec ses mandibules. Il ne court pas vite. Sa larve ressemble à celle des cicindèles, et vit de la même manière.

Toutes les espèces de ce genre ne se trouvent qu'au Midi de l'Europe et en Afrique. Les mâles de quelques-unes ont des cornes au-devant de la tête. Celle que je viens de citer étend son habitation jusqu'aux environs de Paris (1).

Les Harpales. (Harpalus. Lat.)

Dont les mâles ont les quatre premiers tarses dilatés (2).

---

(1) *Carabus interruptus*, Oliv. Col. III, 35, v, 52; — *scarites bucephalus*, ibid. 26, I, 3, 5; *carabus buprestoides*? Lin.; —*scarites sphærocephalus*, Oliv. ibid. 4;—*s. calidonius*, ibid. II, 12;—*s. dama*, Ross. Faun. etr. mant. I, II, H. h.;—*calosoma longicornis?* F.

(2) *Carabus megacephalus*, Fab. Ross.—*scarites picipes*, Oliv. Col. III, 36, I, 7;—*c. signatus*, Panz. Faun. Insect. Germ. XXXVIII, IV;—*c. hirtipes*, ibid. V;—*c. binotatus*, Panz. ibid. XCII, III;—*c. ruficornis*, Fab. Panz. ibid. XXX, II;—*c. chlorophanus*, Panz. ibid. LXXIII, III;—*c. tardus*, F. Panz. ibid. XXXVII, 24;—*c. sabulicola*, Panz. ibid. XXX, IV;—*c. vaporariorum*, Linn. Panz. ibid. XVI, VII;—*c. æneus*, F. Panz. ibid. LXXV, III, IV;—*c. meridianus*, Linn. Panz. ibid. IX;—*c. germanus*, Linn. Panz. ibid. XVI, 4;—*c. discus*, F. Panz. ibid. XXXVIII, VII;—*c. vespertinus*, Panz. ibid XXXVII XXI.

Les Féronies. (Feronia.)

Dont les antennes sont formées, ainsi que dans les deux genres précédens, d'articles presque cylindriques ou presque coniques, et dont les mâles n'ont que les deux premiers tarses dilatés.

Ici viennent se placer un grand nombre des genres de M. Bonelli, formant des coupes naturelles, mais qu'il est très-difficile de bien caractériser; elles se nuancent d'ailleurs si insensiblement, qu'il est presque impossible d'en fixer rigoureusement les limites. Nous allons cependant les signaler, en employant quelques autres considérations.

Dans les uns, les mâles ont le second et le troisième articles de leurs deux premiers tarses dilatés en forme de cœur et garnis en-dessous de deux rangs de petites écailles.

Nous séparerons ensuite ceux dont le corselet, mesuré dans son plus grand diamètre transversal, est tantôt de la largeur des étuis réunis, tantôt plus étroit. Les suivans sont dans le premier cas.

Les *zabres*, les *pelors*, les *amares*, les *calathes* et les *pœciles* se rapprochent des harpales par la forme plus ou moins ovale de leur corps, et convexe ou arquée en-dessus, et par celle du dernier article de leurs palpes extérieurs qui est ordinairement ovalaire. Leurs antennes sont filiformes et composées, un peu au-delà de leur base, d'articles cylindriques. La plupart sont ailés, habitent les champs, et ne fuient point la lumière.

Les *zabres* (1) et les *pelors* (2) ont le dernier article de leurs palpes extérieurs plus court que le précédent; les premiers ont des ailes et deux épines à l'extrémité intérieure de leurs jambes de devant. Les seconds sont aptères et n'ont qu'une épine à cette partie des mêmes jambes.

---

(1) *Zabrus gibbus*, Clairv. Entom. Helv. II, XI; *carabus gibbus*, F.

(2) *Blaps spinipes*, Fab. Panz. Faun. Insect. Germ. XCVI, II.

Les *amares* (1) se distinguent des pœciles et des calathes par leur labre échancré et leur corselet transversal.

Les *calathes* (2) n'ont point d'échancrure au labre, et leur corselet est aussi long ou plus long que large, presque carré ou en trapèze, sans rétrécissement à sa base.

Les *pœciles* (3) n'en diffèrent qu'en ce que leur corselet est plus étroit postérieurement. Le troisième article de leurs antennes offre presque toujours en-dessus une carène aiguë.

Le *Carabe cuivreux* (*Cupreus*) de Fabricius, Panz. Faun. insect Germ. LXXV, II, très-commun en Europe, est de cette division; long d'environ cinq lignes, noir en-dessous, vert ou bronzé-cuivreux en-dessus, avec la base des antennes fauves.

Dans les genres suivans de M. Bonelli, et qui ont aussi le corselet de la longueur des élytres, le corps, souvent allongé, est droit; le dernier article des palpes maxillaires extérieurs est presque cylindrique; les antennes sont en grande partie composées d'articles amincis à leur base et se rapprochant de la forme d'un cône renversé; elles paraissent sétacées, ou comprimées au bout, vues de de profil. La plupart des espèces sont aptères, et recherchent l'obscurité.

---

(1) *Carabus apricarius*, Fab. Panz. ibid. XL, III;—*c. fulvus*, Illig. *concolor*, Oliv. Panz. ibid. XXXIX, X;—*c. aulicus*, Panz. ibid. XXXVIII, III;—*c. alpinus*, ibid. LXXV, VII;—*c. torridus*, ibid. XXXVII, II;—*c. eurynotus*, ibid. XXIII;—*c. vulgaris*, F. Panz. ibid. XL, I;—*c. communis*, F. Panz. ibid. II;—*c. scalaris*, Oliv. Col. III, 35, X, 114.

(2) *Carabus melanocephalus*, Fab. Panz. Faun. Insect. Germ. XXX, XIX;—*c. cisteloides*, ibid. XI, XII;—*c. fuscus*, F. ejusd.;—*c. frigidus*.

(3) *Carabus lepidus*, F. Oliv. Col. III, 35, XI, 118;—*c. dimidiatus*, F. Panz. ibid. XXXIX, VIII;—*c. punctulatus*, F. Panz. ibid. XXX, X;—*c. vernalis*, ibid. XVII;—*c. strenuus*, ibid. XXXVIII, VI;—*c. tenebrioides*, Oliv. Col. III, 35, VI, 67.

Les *céphalotes* de M. Bonelli ou les *brosques* (1) de Panzer, et les *stomis* (2) de Clairville, ont des ailes, des mandibules très-fortes et le port des scarites, ou l'abdomen pédiculé à sa base, avec le corselet presque en forme de cœur. Dans les *stomis*, le labre est divisé en deux lobes, et le premier article de leurs antennes est plus long que les deux suivans réunis. Il est plus court dans les céphalotes, et leur labre est entier.

Les *percus* et les *molops* de M. Bonelli, et quelques-uns de ses *ptérochistes*, ont beaucoup de rapports avec les précédens, et on a même associé plusieurs d'eux aux scarites.

Dans les *percus* (3), le rebord extérieur des étuis se termine à l'angle extérieur de leur base, et ne se replie point, comme dans tous les suivans, sur elle.

Les antennes des *molops* (4) sont composés d'articles courts et presque en forme de chapelet.

Les *ptérochistes*, les *abax*, les *platysmes* de cet auteur, ayant, comme les *molops*, le rebord extérieur de leurs étuis replié à leur base jusque près de l'écusson, mais dont les antennes sont formées d'articles plus longs, ne diffèrent point d'ailleurs entre eux par des caractères essentiels.

Les *platysmes* (5) ont le corps étroit, allongé, presque parallélipipède ou cylindrique, avec le corselet presque carré.

---

(1) *Carabus cephalotes*, F. Panz. ibid. LXXXIII, 1; Index Entom. p. 62.

(2) *Stomis pumicatus*, Clairv. Entom. Helv. II, VI.

(3) *Carabus paykulii*, Ross. Faun. Etrusc. Mant. I, V, C;—*scarites lævigatus*, Oliv. III, 36, II, 18.

(4) *Carabus elatus*, Fab.; *scarites gagates*, Panz. Faun. Insect. Germ. XI, 1;—*c. terricola*, F.;—*scarites piceus*, Panz. ibid. II.

(5) *Carabus niger*, F. Panz. ibid. XXX, 1, 1;—*c. nigrita*, F. Panz. ibid. XII, XXII;—*c. cylindricus*, Herbst. archiv. Ins. XXIX, 3;—*c. leucophtalmus*, Fab.;—*c. anthracinus*, Illig. Panz. ibid. XI, XI.

Celui des *abax* (1) est ovale, ou ovale-oblong, avec le corselet grand, carré et appliqué le long de son bord postérieur, contre la base de l'abdomen.

Les *ptérochistes* (2) ont une forme mitoyenne. Leur corselet est plus etroit vers sa base, en forme de cœur tronqué (3).

Les féronies à corselet plus étroit que les étuis, comprennent les genres *sphodre*, *platyne*, *dolique*, *lemosthæne*, *anchomène* et *taphrie* de M. Bonelli, qu'on peut réduire à trois :

Les *sphodres* (4), dont les palpes sont filiformes, et qui ont le troisième article des antennes aussi long ou plus long que les deux précédens réunis.

Les *doliques* (5), qui ont aussi des palpes filiformes, mais dont le troisième article des antennes est évidemment plus court que les deux précédens pris ensemble.

Les *taphries* (6), dont les palpes labiaux sont terminés par un article plus grand, et qui ont le corselet presque circulaire, ou en carré, avec les angles arrondis.

---

(1) *Carabus striola*, F. Panz. ibid. XI, VI ;—*c. striolatus*, ibid. LXXXVII, V ;—*c. metallicus*, F. Panz. ibid. XI, VII.

(2) *Car. globosus*, Fab. ;—*c. æthiops*, Panz. ibid. XXXVII, XXII ;—*c. jurine*, ibid. LXXXIX, VII ;—*fasciato-punctatus*, ibid. LXVII, IX ;—*c. oblongo-punctatus*, Fab. Panz. ibid. XXXIX, VIII ;—*c. panzeri*, ibid. LXXXIX, VIII ;—*c. illigeri*, Panz. ibid. LXXXIX, VI ;—*c. aterrimus*, F. ;—*c. selmanni*, Duft. ;—ejusd. *c. interpunctatus* ; *c. picimanus*, *c. striatus*, Ross.

(3) Les *mélanies* (*carabus aterrimus*, F.) de M. Bonelli s'y rapportent.

(4) *Carabus planus*, Fab. Panz. Faun. Insect. Germ. XI, IV ;—*c. terricola*, Payk. Oliv. Col. III, 35, XI, 124 ;—*c. inæqualis*, Panz. ibid. XXX, XVIII ;—*c. janthinus*, Sturm. ;—*c. steveni*, Schonh.

(5) *C. flavicornis*, F. Preysl. Bohem. Insect. I, III, 6 ;—*c. angusticollis*, F. Panz. LXXXIII, IX.

(6) *Carabus vivalis*, Illig. Panz. ibid. XXXVII, XIX.

Les mâles des autres féronies ont, ainsi que ceux des genres qui terminent cette subdivision, le second article de leurs tarses antérieurs, et souvent même le troisième, en forme de palette carrée ou ronde, avec le dessous garni de papilles, en forme de grains ou de poils nombreux et serrés.

La plupart ont des ailes et se trouvent sur les bords des eaux ou dans les lieux humides.

Tantôt le labre est entier ou légèrement échancré, avec le bord antérieur et supérieur de la tête droit.

Les *epomis* (1) de M. Bonelli, auxquels l'on peut joindre ses *dinodes*, ont le dernier article des palpes extérieurs dilaté, comprimé, en forme de triangle renversé, celui des labiaux surtout.

Ses *chlænies* (2), dont les palpes extérieurs sont filiformes; le dernier des maxillaires est cylindrique, et le même des labiaux a la figure d'un cône renversé.

Le *Carabe savonnier* d'Olivier (Col. III, 36, III, 26.), dont on se sert au Sénégal, en guise de savon, est de ce genre.

Ses *oodes* (3), qui ont aussi les palpes extérieurs filiformes, avec le dernier article ovalaire, et ressemblent aux calathes par leur forme ovale et leur corselet en trapèze.

Ses *callistes* (4), semblables aux oodes par les palpes,

---

(1) *Carabus cinctus*, Ross. Faun. Etrusc. I, IV, 9; *c. crœsus*? Fab.;—*c. azureus*, Duft.—Les carabes *posticus*, *micans*, *stigma*, *ammon* de Fabricius, paraissent aussi devoir s'y rapporter, de même que l'*analis* d'Oliv. III, 35, X, 115; XI, 115, b.

(2) *C. festivus*, Fab. Panz. Faun. Insect. Germ. XXX, XV;—*c. spoliatus*, F. Panz. ibid. XXXI, VI;—*c. zonatus*, Panz. ibid. VII;—*c. vestitus*, Fab. Panz. ibid. V;—*c. holosericeus*, F. Panz. ibid. XI, IX;—*c. cinctus*, Fab. Herbst. Arch. XXIX, 7.

(3) *Carabus helopioides*, Fab. Panz. ibid. XXX, XI.

(4) *Carabus lunatus*, F. Panz. ibid. XVI, V;—*carabus pallipes*, F. Panz. ibid. LXXIII, VII;—*c. prasinus*, F. Panz. ibid. XVI, VI;—*c. tæniatus*, Panz. ibid. XXXIV, III.

mais dont le corps est oblong, avec le corselet en forme de cœur tronqué.

J'y réunis quelques-uns de ses *anchomènes*.

Ses *agones* (1), ayant aussi des palpes terminés de même, mais dont le corselet est rond ou carré, avec les angles arrondis.

Tantôt le labre est profondément échancré, et le bord antérieur et supérieur de la tête forme une espèce de cintre. Tels sont

Les *dicèles* de M. Bonelli, qui se rapprochent d'ailleurs de ses *abax* par la physionomie extérieure. (Observ. entom. Mém. de l'Acad. de Turin.)

Le *Carabus indicus* de Herbst. (Archiv. XXIX, II.) se place ici, quoique la forme du corps soit différente.

Les carnassiers de cette subdivision à mandibules tronquées ou très-obtuses, et dont le bord antérieur de la tête est également cintré, forment les genres suivans :

Les Licines. (Licinus. Latr.)

Qui ont le dernier article de leurs palpes extérieurs presque en forme de hache (2).

Les Badistes. (Badister. Clairv.)

Dont les palpes maxillaires sont filiformes, et qui ont le dernier article des labiaux plus gros et ovoïde (3).

---

(1) *Carabus marginatus*, F. Panz. ib. XXX, XIV ;—*c. austriacus*, F. Panz. ibid. VI, IV ;—*c. sex-punctatus*, F. Panz. ibid. XXX, XIII ;—*c. viduus*, Panz. ibid. XXXVII, XVIII ;—*c. rotundatus*, Payk. Panz. ibid. CVIII, IV ;—*c. flavipes*, ibid. IX ;—*c. impressus*, ibid. XXXVII ; XVII ;—*c. parum-punctatus*, F. Panz. ibid. XCII, IV.

(2) *Licinus emarginatus*, Lat. Gen. Crust. et Insect, I, VII, 8 ;—*carabus cassideus*, Fab. Clairv. Entom. Helv. II, XV, A, a ;—*c. depressus*, Panz. Faun. Insect. Germ. XXXI, 8 ;—*c. silphoides*, Fab. Clairv. ibid. B. b ; —*c. hoffmanseggii*, Panz. ibid. LXXXIX, V.

(3) *Carabus bipustulatus*, Fab. Clairv. ibid. XIII ;—*c. peltatus*, Illig. Panz. ibid. XXXVII, XX.

D'autres carnassiers, distincts des précédens par leur cou brusquement étranglé, en forme de nœud ou d'article, terminent cette subdivision.

Ils ont la tête petite et le corselet grand et presque rond.

LES PANAGÉES. (PANAGÆUS. Latr.)

Leurs palpes extérieurs sont terminés par un article dilaté et presque en forme de hache. Leur languette est très-courte (1).

N. B. Les *loricères*, d'après la forme de leurs tarses antérieurs et celle de leur tête, semblent devoir être placées ici; mais d'autres caractères et leurs habitudes fixent ces insectes dans la subdivision suivante, près des *pogonophores,* des *nébries*, etc.

6°. Dans la sixième division, les élytres sont entiers, les deux jambes antérieures n'ont que très-rarement une échancrure bien prononcée ou évasée (2), et le milieu du bord supérieur de la languette s'élève en pointe ou en forme de dent.

Les yeux sont ordinairement saillans. Le corselet est le plus souvent en forme de cœur tronqué et plus étroit que l'abdomen. Celui-ci est ovale ou carré.

Les uns ont le labre divisé par une ou deux échancrures en deux ou trois lobes. Le dernier article des palpes extérieurs est tantôt beaucoup plus large, en forme de cuiller ou de hache, tantôt en cône renversé: le dernier des labiaux, lorsqu'il est sous cette dernière forme, est beaucoup plus court que le précédent.

Les antennes sont toujours filiformes, à articles allongés;

---

(1) *Carabus crux-major,* Fab. Clairv. Entom. Helv. II, XV;—*cychrus reflexus,* Fab. Oliv. Col. III, 35, VII, 77;—*carabus angulatus,* F. Oliv. ib. VII, 76. Voyez Oliv. Encycl. méthod. article *panagée.*

(2) *Loricère.*

la languette est très-courte; les mâchoires ne sont point ciliées ou barbues au côté extérieur. Ces insectes, généralement aptères, ornés de couleurs brillantes, et d'assez grande taille, habitent plus particulièrement les pays froids et tempérés.

Les Cychres. (Cychrus. Fab.)

Où le dernier article des palpes extérieurs est en forme de cuiller; où les étuis embrassent les côtés inférieurs de l'abdomen, et qui ont les mandibules très-étroites, fort avancées et bidentées sous leur extrémité.

La languette est tres-petite (1).

Les Pambores. (Pamborus. Lat.)

Qui ont des mandibules fortement dentées le long de leur bord intérieur, et les deux jambes terminées, à l'angle extérieur, par une forte pointe (2).

Les Calosomes. (Calosoma. Web. Fab.)

Qui ont le dernier article des palpes extérieurs à peine plus large que le précédent, en cône renversé; le second des antennes beaucoup plus court que le suivant, et l'abdomen presque carré.

Ils habitent les bois, courent très-vite, grimpent sur les arbres pour y chercher des chenilles et d'autres insectes qu'ils dévorent, et répandent une odeur forte et désagréable.

---

(1) *Cychrus rostratus*, Fab. Panz. Faun. Insect. Germ. LXXIV, VI. Clairv. Entom. Helv. II, XIX, A;—*c. attenuatus*, F. Panz. ibid. II, III. Clairv. ibid. B;—*c. elevatus*, Fab. Knoch. Beytr. I, VIII, 12;—*c. unicolor*: F. Knoch. ibid. 1;—*c. stenostomus*, Web. Knoch. ibid. 13;—*c. italicus*, Bonel. Observ. Entom. (Mém. de l'Acad. de Turin.)

(2) *Pamborus alternans*, Lat. Encycl. méthod. Nouvelle-Hollande.

Le *C. sycophante.* (*Carabus sycophantha.* Linn.) Clairv. Entom. Helvet. II, XXI, A.

Long de huit à dix lignes, d'un noir violet, avec les élytres d'un vert doré ou cuivreux très-brillant, très-finement striées, et ayant chacune trois lignes de petits points enfoncés et distans.

Sa larve vit dans le nid des *chenilles processionaires* dont elle se nourrit. Elle en mange plusieurs dans la même journée; d'autres larves de son espèce, encore jeunes et petites, l'attaquent et la dévorent, lorsqu'à force de s'être repue, elle a perdu son activité. Elles sont noires, et on les trouve quelquefois courant à terre ou sur les arbres, et sur le chêne particulièrement (1).

Les Carabes propres. (Carabus.)

Dont le dernier article des palpes extérieurs est sensiblement plus large que le précédent, presque en forme de hache ou de triangle; qui ont le second des antennes aussi long, au moins, que la moitié du suivant, et l'abdomen ovale.

Le corselet est échancré postérieurement.

Les uns ont le bord antérieur du labre divisé en trois lobes, et deux dents à l'extrémité de la saillie du milieu du menton. Ce sont les *procrustes* de M. Bonelli (2).

Les autres n'ont que deux lobes au labre, et la pièce mitoyenne du menton se termine en une pointe simple. Ce sont les *carabes* propres du même.

---

(1) Ajoutez *c. inquisitor,* Fab. Panz. Faun. Insect. Germ. LXXXI, VII;—*c. reticulatum,* F. Panz. ibid. IX;—*c. sericeum,* F. Clairv. Ent. Helv. II, XXI, B;—*c. scrutator,* F. Leach. Zool. Misc. XCIII; —*c. calidum,* F. Oliv. Col. III, 35, IV, 45. Le *c. porculatum* de Fabricius est un *helops.*

(2) *Carabus coriaceus,* F. Panz. Faun. Insect. Germ. LXXXI, I. Ajoutez *c. auro-nitens,* Fab. Panz. ibid. IV, VII;—*c. nitens,* F. Panz. ibid. LXXXV, II.

Le *C. doré* (*C. auratus*. Linn.) Panz. Faun. Insect. Germ. LXXXI, 4, qu'on nomme vulgairement le *Jardinier*, est de cette division. Long de près d'un pouce, d'un vert doré en dessus, noir en dessous, avec les premiers articles des antennes et les pieds fauves; élytres silonnées, avec trois côtes unies sur chaque.

Ce carabe, très-commun aux environs de Paris, disparaît au midi de l'Europe, ou ne s'y trouve plus que dans les montagnes (1).

Quelques espèces dont l'abdomen est aplati doivent terminer le sous-genre et conduisent naturellement à celles du sous-genre suivant (2).

Les autres ont le labre entier ou faiblement sinué; les palpes extérieurs terminés par un article de la grosseur du précédent ou légèrement dilaté, soit presque cylindrique, soit en forme de cœur renversé, mais allongé; le dernier des labiaux est presque aussi long que le pénultième.

---

(1) Aj. *C. scabrosus*, F. Panz. LXXXVII, II;—*c. cyaneus*, F. Panz. ibid. LXXXI, II;—*c. cœlatus*, F. Panz. ibid. LXXXVII, III;—*c. purpurascens*, F. Panz. ibid. IV, V;—*c. catenatus*, Panz. ibid. LXXXVII, IV;—*c. catenulatus*, F. Panz. ibid. IV, VI;—*c. affinis*, Panz. ibid. CIX, III;—*c. scheidleri*, F. Panz. ibid. LXVI, II;—*c. monilis*, F. Panz, ibid. CVIII, I;—*c. consitus*, Panz. ibid. III;—*c. cancellatus*, F. Panz. ibid. LXXXV, I;—*c. arvensis*, F. Panz. ibid. LXXIV, III, LXXXI, III;—*c. morbillosus*, F. Panz. ibid. LXXXI, V;—*c. granulatus*, F. Panz. ibid. VI;—*c. violaceus*, F. Panz. ibid. IV, IV;—*c. marginalis*, F. Panz. ibid. XXXIX, VII;—*c. glabratus*, F. Panz. ibid. LXXIV, IV;—*c. convexus*, F. Panz. ibid. V;—*c. hortensis*, F. Panz. ibid. V, II;—*c. nodulosus*, F. Panz. ibid. LXXXIV, IV;—*c. sylvestris*, F. Panz. ibid. V, III;—*c. gemmatus*, F. Panz. ibid. LXXIV, II.

(2) *C. creutzeri*, F. Panz. ibid. CIX, I;—*c. depressus*, Bonel.;—*c. irregularis*, F. Panz. ibid. V, IV;—*c. cœruleus*, Panz. ibid. CIX, II;—*c. concolor*, F. Panz. ibid. CVIII, II;—*c. Linnæi*, Panz. ibid. CIX, V;—*c. angustatus*, Panz. ibid. IV.

La plupart ont des ailes et fréquentent les lieux aquatiques et humides.

Tantôt les antennes sont filiformes, composées d'articles cylindriques, longs et grêles ; les mâchoires sont ciliées ou barbues au côté extérieur. Tels sont :

LES NÉBRIES. (NEBRIA. Lat. Bon. — ALPÆUS. Bon.)

Dont les deux jambes antérieures n'ont point de profonde échancrure à leur bord interne; dont la languette est courte; où les palpes maxillaires sont au plus de la longueur de la tête, et qui ont le corps oblong et le corselet en forme de cœur tronqué (1).

LES OMOPHRONS. (OMOPHRON. Latr. — SCOLYTUS. Fab.)

Semblables aux précédens, quant aux deux jambes antérieures, à la languette et aux palpes, mais dont le corps est en ovale court, avec le corselet trapezoïde, transversal et sinué ou lobé au bord postérieur (2).

LES POGONOPHORES. (POGONOPHORUS. Latr. — LEISTUS. Froh.)

Ayant aussi les jambes antérieures sans échancrure, mais dont la languette est étroite ou allongée, et dont les palpes maxillaires sont notablement plus longs que la tête.

---

(1) Les unes sont ailées, *nebria arenaria*, Latr. Gener. Crust. et Insect., I VII, 6;—*carabus brevicollis*, Fab. Panz. Faun. Insect. Germ. XI, VIII. Clairv. Entom. Helv. II, XXII, B;—*c. sabulosus*, F. Clairv. ibid. A. Panz. ibid. XXXI, IV;—*c. picicornis*, F. Panz. ibid. XCII, I;—*c. psammodes*, Ross. Faun. Etrusc. Mant. I, v, M; —*scolytus flexuosus*, F.

Les autres sont aptères. Ce sont les *alpées* de M. Bonelli (Observ. entom.);—*c. Helwigii*, Panz. LXXXIX, IV.

(2) Voyez l'article *omophron* d'Olivier, Encycl. méth. I; l'Entom. helvétique de M. Clairville, II, XXVI, et Latr. Gen. Crust. I, 225, VII, 7.

Leurs mandibules sont très-dilatées à leur base, et le côté extérieur de leurs mâchoires est comme épineux (1).

LES LORICÈRES. (LORICERA. Lat.)

Qui ont une forte échancrure au bord interne de leurs deux premières jambes.

Leurs antennes sont courtes, composées d'articles inégaux, avec des aigrettes de poils. La tête tient au corselet par un cou en forme de nœud. Le corselet est orbiculaire (2).

Tantôt leurs antennes, plus courtes que dans les précédens, vont un peu en grossissant, sont composées d'articles courts, dont la figure se rapproche de celle d'un cône renversé, et leurs mâchoires ne sont point ou très-peu ciliées à leur côté extérieur.

Ces insectes ont les yeux gros et presque hémisphériques, une couleur ordinairement bronzée, ressemblent à de petites cicindèles, et courent très-vite sur les bords des eaux, où ils se tiennent habituellement.

LES ELAPHRES. (ELAPHRUS. Fab.)

Ceux qui, comme l'*E. aquatique*, ont le corselet presque carré, le labre en demi-cercle, et les palpes labiaux terminés par un article proportionnellement plus court et plus gros que dans les autres espèces, forment le genre *notiophile* de M. Duméril.

Les *bléthises* de M. Bonelli ne paraissent pas différer essentiellement des élaphres.

L'*E. des rivages*. (*Cicindela riparia*. Lin.) Clairv. Entom.

---

(1) *Carabus spinibarbis*, Fab.;—*leistus cœruleus*, Clairv. Entom. Helv. II, A, a;—*c. spinilabris*, Fab.—ejusd. *c. rufescens*; *leistus rufescens*, Clairv. ibid. B, b. Les carabes: *rufo-marginatus*, *Frohlihii*, *nitidus* de M. Dufschmid. Faun. Aust. II.

(2) *Loricera œnea*, Latr. Gener. Crust. et Insect. I, VII, 5. Clairv. Entom. Helv. II, VII.

Helv. II, xxv, A, a. Long de trois lignes, vert brillant et foncé en dessous, d'un cuivreux mat et mêlé de bronze en dessus, très-pointillé, avec des impressions ou des cicatrices arrondies, vertes, ayant le centre un peu élevé et rougeâtre; une tache cuivreuse, luisante et polie, sur chaque étui, près de la suture.

L'*E. uligineux* (*E. uliginosus*. F.), *Elaphre riverain*, Oliv. Col. II, 34, I. a—e, est un peu plus grand, plus foncé, avec les élytres plus inégales et les bords des cicatrices élevés. On le trouve, mais plus rarement, avec le précédent (1).

La septième et dernière division de cette tribu, est distinguée des précédentes par la forme des palpes extérieurs, dont deux au moins sont terminés en alène, ou par un corps ovalaire, acéré, formé de deux derniers articles réunis.

Ils ont les deux jambes antérieures échancrées au côté interne, et ressemblent beaucoup, dans la plupart, aux élaphres, tant pour les formes que pour la manière de vivre.

Les uns ont les quatre palpes extérieurs courts ou peu allongés, terminés en alène, avec le port des élaphres.

Les Bembidions. (Bembidion. Lat. — Ocydromus. Froh. Clairv.)

Ont le pénultième article des palpes extérieurs plus grand, renflé, en forme de poire, et le dernier très-menu et fort court.

(1) Ajoutez *carabus borealis*, F. Panz. Faun. Insect. Germ. LXXV, VIII;—*c. multipunctatus*, F. Panz. ibid. XI, v. Ces deux espèces appartiennent au genre *bléthise* de M. Bonelli;—*elaphrus aquaticus*, Fab.;—ejusd. *e. semi-punctatus*, Clairv. Entom. Helv. II, xxv, B. b. Fabricius et Olivier ont placé dans ce genre des espèces du suivant.

Le *B. à pieds-jaunes* (*Cicindela flavipes.* Lin.) Panz. Faun. Insect. Germ. XX, II, très-semblable à l'élaphre des rivages, long de deux lignes; corselet un peu plus étroit que la tête, en forme de cœur tronqué, aussi long que large; yeux gros; dessous du corps d'un vert-noirâtre; dessus bronzé, marbré de rouge cuivreux; deux gros points enfoncés près de la suture, sur chaque étui; base des antennes, palpes et pieds jaunâtres. — Très-commun aux environs de Paris (1).

Les Tréchus. (Trechus. Clairv.)

Qui ont le dernier article de leurs palpes extérieurs aussi long ou plus long que le précédent, de sa grosseur à son origine, de sorte qu'ils forment réunis un corps en fuseau (2).

Les autres ont les palpes extérieurs fort longs, et dont les labiaux seuls terminés en alène; le port des *clivines* ou le corps long, étroit, avec le corselet presque globuleux, et séparé de l'abdomen par un pédicule.

---

(1) Ajoutez *carabus tricolor,* Fab.;—ejusd. *c. modestus—cursor—bi-guttutus — quatuor-guttatus—guttula;—c. minutus,* F. Panz. Faun. Insect. Germ. XXXVIII, X;—*c. pygmæus,* F. Panz. ibid. XI;—*c. articulatus,* Panz. ibid. XXX, XXI; — *cicindela quadrimaculata,* Linn.; *carabus pulchellus,* Panz. ibid. XXXVIII, VIII; XL, V;—*c. doris,* Panz. ibid. IX;—*elaphrus rupestris,* Fab. Panz. ibid. XL, 6;—*c. decorus,* Panz. ibid. LXXIII, IV;—*c. ustulatus,* Linn. Panz. ibid. XL, VII, IX;—*c. bi-punctatus,* Linn. Oliv. Col. III, 35, XIV, 163;—*elaphrus ruficollis*, Panz. ibid. XXXVIII, XXI; —*elaphrus impressus,* F. Panz. ibid. XL, VIII;—*elaphrus paludosus,* ibid. XX, IV.

(2) *Trechus rubens,* Clairv. Entom. Helv. II, II, B. b. Le *carabus meridianus,* qu'il représente, même planche, A. a, est un *harpale*; —*carabus micros,* Panz. Faun. Insect. Germ. XL, IV. Les carabes suivans de M., Duftschmid. (Faun. Aust.) *secalis, palpalis, testaceus, quadristriatus, verbasci,* etc,

LES APOTOMES. (APOTOMUS. Hoffm.)

On n'en connaît qu'une espèce, qui se trouve en Italie et en Espagne (1).

Les Coléoptères pentamères carnassiers aquatiques forment une troisième tribu, celle des HYDROCANTHARES (HYDROCANTHARI, Lat.), ou des *Nageurs*.

Elle a des pieds propres à la course et à la natation; les quatre derniers sont comprimés, ciliés ou en forme de lame; les mandibules sont presque entièrement recouvertes; le corps est toujours ovale, avec les yeux peu saillans et le corselet beaucoup plus large que long. Le crochet qui termine les mâchoires est arqué dès sa base.

Ces insectes composent les genres *Dytiscus* et *Gyrinus* de Geoffroi. Ils passent le premier et le dernier état de leur vie dans les eaux douces et tranquilles des lacs, des marais, des étangs, etc. Ils nagent très-bien et se rendent de temps en temps à la surface pour respirer. Ils y remontent aisément en tenant leurs pieds en repos et se laissant flotter. Leur corps étant renversé, ils élèvent un peu leur derrière hors

---

(1) *Scarites rufus*; Ross. Faun. Etrusc. I, IV, 3; Oliv. Col. III, 36, II, 13. Herbst. Col. CLXXVII, 7.

de l'eau, soulèvent l'extrémité de leurs étuis ou inclinent le bout de leur abdomen, afin que l'air s'insinue dans les stigmates qu'ils recouvrent, et de là dans les trachées. Ils sont très-voraces et se nourrissent des petits animaux qui font, comme eux, leur séjour habituel dans cet élément. Ils ne s'en éloignent que pendant la nuit ou à son approche. La lumière les attire quelquefois dans l'intérieur des maisons.

Leurs larves ont le corps long et étroit, composé de douze anneaux, dont le premier plus grand, avec la tête forte et offrant deux mandibules puissantes, courbées en arc, percées près de leur pointe, de petites antennes, des palpes, et de chaque côté six yeux lisses rapprochés. Elles ont six pieds assez longs, souvent frangés de poils, et terminés par deux petits ongles. Elles sont agiles, carnassières, et respirent soit par l'anus, soit par des espèces de nageoires, imitant des branchies. Elles sortent de l'eau pour se métamorphoser en nymphes.

Cette tribu se compose de deux genres principaux.

LES DYTISQUES. (DYTISCUS. Geoff.)

Qui ont des antennes en filets, plus longues que

la tête, et dont les derniers pieds ont un tarse aplati, terminé en pointe. Ils nagent avec beaucoup de vitesse, à l'aide de leurs pieds garnis de franges de longs poils, et particulièrement des deux derniers. Ils s'élancent sur les autres insectes, les vers aquatiques, etc. Dans la plupart des mâles, les quatre tarses antérieurs ont leurs trois premiers articles élargis et spongieux en dessous; ceux de la première paire sont surtout très-remarquables dans les grandes espèces; ces trois articles y forment une grande pelotte, dont la surface inférieure est couverte de petits corps, les uns en papilles, les autres plus grands, en forme de godets ou de suçoirs, etc. Plusieurs femelles se distinguent des mâles par les étuis sillonnés. Les larves ont le corps composé de onze à douze anneaux, recouverts d'une plaque écailleuse, sont longues, ventrues au milieu, plus grêles aux deux extrémités, particulièrement en arrière, où les deux anneaux forment un cône allongé, garnis sur les côtés d'une frange de poils flottans, avec lesquels l'animal pousse l'eau et fait avancer son corps, qui est terminé ordinairement par deux filets côniques, barbus et mobiles. Dans l'entre-deux sont deux petits corps cylindriques, percés d'un trou à leur extrémité, et qui sont des conduits aériens, auxquels aboutissent les deux trachées. On distingue cependant sur les côtes de l'abdomen des stigmates. La tête est grande, ovale, attachée au corselet par un cou, avec des mandibules très-arquées, et sous l'extrémité desquelles de

Géer a aperçu une fente longitudinale; de sorte qu'à cet égard ces organes ressemblent aux mandibules des larves de *fourmis-lions*, et servent de suçoirs; la bouche offre néanmoins des mâchoires et une lèvre avec des palpes. Les trois premiers anneaux portent chacun une paire de pattes assez longue, dont la jambe et le tarse sont bordés de poils, qui sont encore utiles à la natation. Le premier anneau est plus grand ou plus long, et défendu en dessous, aussi-bien qu'en dessus, par une plaque écailleuse.

Ces larves se suspendent à la surface de l'eau au moyen des deux appendices latéraux du bout de leur queue, et qu'elles tiennent à sec. Lorsqu'elles veulent changer subitement de place, elles donnent à leur corps un mouvement prompt et vermiculaire, et battent l'eau avec leur queue. Elles se nourrissent plus particulièrement des larves de libellules, de celles des cousins, des tipules et des aselles. Lorsque le temps de leur transformation est venu, elles quittent l'eau, gagnent le rivage et s'enfoncent dans la terre; mais il faut qu'elle soit toujours mouillée ou très-humide. Elles s'y pratiquent une cavité ovale et s'y renferment.

Suivant Rœsel, les œufs du dytisque éclosent dix à douze jours après la ponte. Au bout de quatre à cinq, la larve a déjà quatre à cinq lignes de long, et mue pour la première fois. Le second changement de peau a lieu au bout d'un intervalle de même durée, et l'animal est une fois plus grand. La longueur de deux pouces est le terme de son accroissement. En été, on en a vu se changer en nymphe au bout de quinze jours, et en insecte parfait quinze ou vingt jours après. Outre le cloaque des insectes de cette famille, les dytisques ont un cœcum assez long, qui s'aperçoit dès l'état de larve.

Ce grand genre se subdivise comme il suit :

Les uns ont les antennes composées de onze articles distincts, les palpes extérieurs filiformes ou un peu plus gros vers leur extrémité, et la base de leurs pieds postérieurs, ainsi que celle des autres, découverte.

Tantôt l'épaisseur des antennes diminue graduellement depuis leur origine jusqu'à leur extrémité; le dernier article des palpes labiaux est simplement obtus à son extrémité, sans échancrure. Tels sont

LES DYTISQUES proprement dits. (DYTISCUS.)

Dont tous les tarses ont cinq articles très-distincts, et dont les deux antérieurs ont, dans les mâles, les trois premiers articles très-larges, et formant ensemble une palette, soit ovale et transverse, soit orbiculaire.

Le *D. très-large*. (*D. latissimus*. Lin.) Panz. Faun. Insect. Germ. LXXXVI, 1, long de près d'un pouce et demi, et très-distinct par la dilatation comprimée et tranchante de la marge extérieure des étuis, dont le rebord est jaunâtre; corselet bordé tout autour de la même couleur; étuis sillonnés et à côtes dans la femelle. Au nord de l'Europe et en Allemagne.

Le *D. bordé* (*D. marginalis*. Lin.) Panz. *ibid*. III, d'un quart environ plus petit, ayant aussi une bordure jaunâtre tout autour du corselet, et une ligne de la même couleur sur le bord extérieur et non dilaté des étuis; ceux de la femelle sillonnés depuis leur base jusqu'aux deux tiers environ de leur longueur.

Fabricius dit que, renversé sur le dos, il se rétablit, en sautant, dans sa position ordinaire.

Esper conservait depuis trois ans et demi, dans un grand bocal de verre, un dytisque bordé et toujours bien portant. Il lui donnait chaque semaine, et quelquefois plus souvent, gros comme une noisette de bœuf cru, sur lequel il se jetait avec avidité, et dont il suçait le sang de la manière la plus complète. Il peut jeûner au moins quatre semaines. Il tue l'hydrophile brun, quoiqu'une fois plus grand que lui, en le perçant entre la tête et le corselet, la seule partie du corps qui est sans défense. Suivant Esper, il est sensible aux changemens de l'atmosphère, et les indique par la hauteur à laquelle il se tient dans le bocal.

Le *D. de Rœsel* (*D. Rœselii.* Fab.) Rœs. Insect. II Aquat. class. I, II, plus étroit ou plus ovale, et plus déprimé que les précédens; bord extérieur du corselet et des étuis jaunâtre; ces étuis très-finement striés dans la femelle. Aux environs de Paris et en Allemagne.

Le *D. à antennes en scie* (*D. serricornis.* Payk.) Nov. Act. Acad. Scient. Stockh. XX, I, 3, très-singulier par la forme anomale des antennes du mâle, dont les quatre derniers articles forment une masse comprimée, et dentée en scie (1).

Les Colymbètes. (Colymbetes. Clairv.)

Dont tous les tarses ont aussi cinq articles très-distincts, mais dont les quatre antérieurs ont, dans les mâles, leurs trois premiers articles presque également dilatés, et ne

---

(1) Ajoutez *d. sulcatus,* Fab. Clairv. Entom. Helv. II, XX ;—*d. costalis*, Oliv. Col. III, 40, I, 7;—*d. punctatus,* ibid. I, 6, b, et I, e; —*d. aciculatus*, ibid. III, 30;—*d. lævigatus*, ibid. 23;—*d. tripunctatus*, ibid. 24;—*ruficollis,* ibid. II, 20;—*d. vittatus,* ibid. I, 5;—*d. griseus,* ibid. II, 12;—*d. sticticus,* ibid. II, 11;—*d. circumflexus*, F.

formant ensemble qu'une petite palette en carré long ; leurs antennes sont au moins de la longueur de la tête et du corselet. Le corps est parfaitement ovale, a plus de largeur que de hauteur ; les yeux ne sont point ou peu saillans (1).

LES HYGROBIES. (HYGROBIA. Lat. HYDRACHNA. Fab. Clairv. PÆLOBIUS. Schonh.)

Qui ont encore des tarses à cinq articles distincts, et dont les quatre antérieurs dilatés presque également, à leur base, dans les mâles, en une petite palette en carré long ; mais dont les antennes sont plus courtes que la tête et le corselet ; qui ont le corps ovoïde, très-épais dans son milieu, et les yeux saillans (2).

LES HYDROPORES. (HYDROPORUS. Clairv. HYPHYDRUS. Lat. Schonh.)

Dont les quatre tarses antérieurs, presque semblables et spongieux en dessous, dans les deux sexes, n'ont que quatre articles distincts, le quatrième étant nul ou très-

---

(1) *D. fuscus*, Panz. Faun. Insect. Germ. LXXXVI, v ;—*d. cinereus*, F. Panz. ibid. XXXI, II ;—*d. zonatus*, F. Panz. ibid. XXXVIII, 3 ;—*d. bi-punctatus*, F. Panz. ibid XCI, VI ;—*d. fenestratus*, F. Panz. ibid. XXXVIII, XVI ;—*d. chalconatus*, F. Panz. ibid. XVII ; —*d. ater*, F. Panz. ibid. XV ;—*d. guttatus*, Payk. Panz. ibid. XC, I ; —*d. fuliginosus*, F. Panz. ibid. XXXVIII, XIV ;—*d. bi-pustulatus*, F. Panz. ibid. CI, II ;—*d. stagnalis*, F. Panz. ibid. XCI, VII ;—*d. transversalis*, F. Panz. ibid. LXXXVI, VI ;—*d. abbreviatus*, F. Panz. ibid. XIV, I ;—*d. maculatus*, F. Panz. ibid. VIII ;—*d. agilis*, F. Panz. ibid. XC, II ;—*d. adspersus*, F. Panz. ibid. XXXVIII, XVIII ;—*d. minutus*, F. Panz. XXVI, III, V ;—*d. leander*, Oliv. ibid. III, 25 ;—*d. varius*, Oliv. ibid. II, 17 ;—*d. bimaculatus*, Oliv. ibid. 18. Voyez Clairville, Entom. Helv. tom. II, genre *colymbetes*.

(2) *Hydrachna Hermanni*, Fab. Lat. Gen. Crust. et Insect. I, VI, 5. Clairv. Entom. Helv. II, XXVII, A, a ;—*h. uliginosa*, Clairv. ibid. B. b.

petit et caché, ainsi qu'une partie du dernier, dans une fissure profonde du troisième.

Ils n'ont point d'écusson apparent (1).

On pourrait en détacher quelques espèces (2), dont le corps est très-bombé ou presque globuleux. (*Hyphydrus*. Lat.) Les autres ont le corps ovale et moins épais (3).

Tantôt les antennes sont un peu dilatées et plus larges vers le milieu de leur longueur; le dernier article des palpes labiaux a une échancrure, et paraît fourchu.

LES NOTÈRES. (NOTERUS. Clairv.)

L'écusson manque ; les tarses ont cinq articles distincts, et peu différens dans les deux sexes; la lame pectorale, qui porte les derniers pieds, a, de chaque côté, une rainure ou coulisse profonde (4).

Les autres n'ont que dix articles distincts aux antennes; leurs palpes extérieurs se terminent en alène ou par un article plus grêle et allant en pointe; la base de leurs pieds postérieurs est recouverte d'une grande lame pectorale et en forme de bouclier.

Leur corps est bombé en dessous et ovoïde, comme dans les hygrobies; mais ils n'ont point d'écusson, et tous leurs tarses sont filiformes, à cinq articles distincts et presque

---

(1) Les précédens, à l'exception de quelques petites espèces, en ont un très-sensible.

(2) Les *hydrachnes : gibba, ovalis, scripta*, de Fabricius ; *hyphydrus lyratus*, Schonh. Synon. Insect. II, IV, 1.

(3) Les Dytiscus : *inæqualis, reticulatus, confluens, picipes, pictus, geminus, lineatus, halensis, duodecim-pustulatus, dorsalis, sex-pustulatus, palustris, depressus, lituratus, planus, erythrocephalus, nigrita, granularis*, de Fabricius. Voyez Schonherr, Synon. Insect. tom. II, genre *hyphydrus* ; Panzer, index Entom. genre *hydroporus*; Clairv. Entom. Helv. tom. II, même genre.

(4) *Dytiscus crassicornis*, Fab. Clairv. Entom. Helv. II, XXXII.

cylindriques, et ont à peu près la même forme dans les deux sexes. Ce sont

LES HALIPLES. (HALIPLUS. Lat. HOPLITUS. Clairv. CNEMIDOTUS. Illig.) (1).

Le second genre ou celui

DES GYRINS. (GYRINUS. L.)

Comprend ceux dont les antennes sont en massue, plus courtes que la tête; les deux premiers pieds sont longs, avancés en forme de bras, et les quatre autres très-comprimés, larges et en nageoires. Les yeux sont au nombre de quatre.

Le corps est ovale et ordinairement très-luisant. Les antennes, insérées dans une cavité, au-devant des yeux, ont le second article prolongé extérieurement, en forme d'oreillette, et les articles suivans, au nombre de sept à neuf, très-courts, fort serrés, et se réunissent en une masse, presque en forme de fuseau et un peu courbe. La tête est enfoncée dans le corselet jusqu'aux yeux, qui sont grands, et partagés par un rebord, de manière qu'il en paraît deux en dessus et deux en dessous. Le labre est arrondi et très-cilié en devant. Les palpes très-petits, et l'intérieur des maxillaires manque ou avorte dans plusieurs espèces, notamment dans les plus grandes. Le corselet est court et transversal.

---

(1) Les dytisques : *fulvus, impressus, obliquus* de Fabricius. Voyez Latreille, Gener. Crust. et Insect. I, pag. 234. Clairv. Entom. Helv. tom. II, genre *hoplitus*, XXXI; Panz. Ind. Entom. genus id. Schonherr. Synon. Insect. II, genre *cnemidotus*.

Les élytres sont obtuses ou tronquées au bout postérieur, et laissent à découvert l'anus, qui se termine en pointe. Les deux pieds antérieurs sont grêles, longs, repliés en double et presque à angle droit avec le corps, dans la contraction, et terminés par un tarse fort court, très-comprimé, dont le dessous est garni d'une brosse fine et serrée dans les mâles. Les quatre autres sont larges, très-minces, comme membraneux, et les articles des tarses forment de petits feuillets, disposés en falbalas.

Les gyrins sont en général de taille petite ou moyenne. On les voit, depuis les premiers jours du printemps jusqu'à la fin de l'automne, à la surface des eaux dormantes, et même sur celle de la mer, souvent assemblés en troupes, y paraître, par l'effet de la lumière, comme des points brillans, nager ou courir avec une extrême agilité, y faire des tours et détours circulaires, obliques et dans toutes les directions, et de là le nom de *puce aquatique*, de *tourniquet*, que des auteurs leur ont donné. Quelquefois ils se reposent sans se donner le moindre mouvement; mais pour peu qu'on les approche, ils se sauvent aussitôt à la nage et s'enfoncent dans l'eau avec une grande célérité. Les quatre derniers pieds leur servent d'avirons, et ceux de devant à saisir leur proie. Placés à la surface de l'eau, le dessus de leur corps reste toujours à sec, et lorsqu'ils plongent, une petite bulle d'air, semblable à un globe argentin, reste attachée à leur derrière. Si on les saisit, ils font suinter de leur corps une liqueur laiteuse qui se répand sur lui, et qui produit peut-être cette odeur désagréable et pénétrante qu'ils exhalent alors, et qui se conserve long temps aux doigts. Ils s'accouplent sur la surface de l'eau. Quelquefois ils restent au fond, accrochés aux plantes: c'est là aussi probablement qu'ils se cachent pour passer l'hiver.

Le *G. nageur.* (*G. natator.* Lin.) Panz. Faun. Insect. Germ. III, v. De Géer, Insect. IV, XIII, 4, 19. Long de trois lignes, ovale, très-glabre, fort luisant, d'un noir bronzé en dessus, noir en dessous, avec les pattes fauves. Un écusson triangulaire très-pointu, un peu plus long que large; élytres arrondies au bout, avec des petits points enfoncés, formant des lignes régulières et longitudinales.

La femelle pond ses œufs sur les plantes aquatiques. Ils sont très-petits, en forme de petits cylindres, et d'un blanc un peu jaunâtre. La larve a le corps long, effilé, linéaire, composé de treize anneaux, dont les trois premiers portent chacun une paire de pieds. La tête grande, en ovale allongé et très-aplatie, offre les mêmes parties que celles des larves des dytisques; mais ici, le quatrième anneau et les sept suivans ont, de chaque côté, un filet conique, membraneux, flexible et barbu sur ses bords. Le douzième anneau en a quatre semblables, mais beaucoup plus longs, et plus dirigés en arrière. Deux trachées très-fines parcourent toute la longueur du corps, et reçoivent de chaque filet un vaisseau aérien. Le dernier anneau du corps est très-petit, et terminé par quatre crochets longs et parallèles. Cette larve vit dans l'eau, et en sort au commencement d'août pour passer à l'état de nymphe. Elle se forme avec une matière qu'elle tire de son corps, et semblable à du papier gris, une petite coque ovale, pointue aux deux bouts, qu'elle fixe aux feuilles de roseau, et où elle s'enferme.

Cette espèce est très-commune en Europe (1).

La seconde famille des Coléoptères pentamères,

Les Brachelytres, Cuv. (Microptera, Gravenhorst.)

N'ont qu'un palpe aux mâchoires, ou quatre en tout; les antennes, tantôt d'égale épaisseur, tantôt un peu plus grosses vers le bout, sont ordinairement composées d'articles en forme de grains ou lenticulaires; les étuis sont beaucoup plus courts que le corps, qui est étroit et allongé, avec les hanches des deux pieds antérieurs très-grandes, et deux vésicules près de l'anus, que l'animal fait sortir à son gré.

Ces coléoptères composent le genre Staphylin (Staphylinus) de Linneus.

On les a considérés comme fesant le passage des cloéoptères aux forficules ou *perce-oreilles*, premier genre de l'ordre suivant. Sous quelques rapports, ils avoisinent encore les insectes de la fa-

---

(1) Voyez, pour les autres espèces, Olivier, Col. III, n°. 41, et Schonherr, Synon. Insect. II, n°. 55. On trouve encore aux environs de Paris le gyrin *minutus* et le *bicolor* de Fabricius. Les especes les plus grandes et toutes exotiques, n'ont pas d'écusson sensible et leurs palpes ne sont qu'au nombre de quatre.

mille précédente, et sous plusieurs autres les boucliers, les nécrophores, genres de la quatrième famille : ils ont, le plus souvent, la tête grande et aplatie, de fortes mandibules, des antennes courtes, le corselet aussi large que l'abdomen, et les étuis tronqués à leur extrémité et recouvrant néanmoins les ailes qui conservent leur étendue ordinaire. Les demi-anneaux et nœuds du dessus de l'abdomen sont aussi écailleux que les inférieurs. Les vésicules de l'anus consistent en deux pointes coniques et velues que l'animal fait sortir et rentrer à volonté; le dernier segment de l'abdomen, celui où est l'anus, se prolonge et se termine aussi en pointe.

Ces coléoptères, lorsqu'on les touche ou qu'ils courent, relèvent cette espèce de queue et lui donnent toute sorte d'inflexions. Ils s'en servent aussi pour pousser leurs ailes sous les étuis et les y faire rentrer. Les deux pieds antérieurs ont les tarses larges et dilatés; leurs hanches, ainsi que celles des pieds intermédiaires, sont fort grandes. Ils vivent, pour la plupart, dans la terre, le fumier, les matières excrémentielles; d'autres se trouvent dans les champignons, la carie ou les plaies des arbres, sous les pierres; quelques-uns n'habitent que les lieux aquatiques. On en connaît encore, mais de très-petits, qui se tiennent sur les fleurs. Tous sont voraces, marchent d'une grande vitesse, et prennent vol très-promptement.

Leurs larves ressemblent beaucoup à l'insecte parfait; elles ont la forme d'un cône allongé, dont la base ou la partie la plus épaisse est occupée par la tête, qui est très-grande; le dernier anneau se prolonge en manière de tube, et est accompagné de deux appendices coniques et velus. Ces larves se nourrissent des mêmes matières que l'insecte dans son dernier état.

Le premier estomac des staphylins est petit et sans plis; le deuxième très-long et très-velu; l'intestin est très-court.

Ce genre est considérable. Nous le divisons en quatre sections. La première,

Celle des Fissilabres.

A la tête entièrement nue et séparée du corselet, qui est tantôt carré ou en demi-ovale, tantôt arrondi ou en cœur tronqué, par un cou ou un étranglement visible. Le labre est profondément divisé en deux lobes. Tels sont

Les Oxypores. (Oxyporus. Fab.)

Dont les palpes maxillaires sont filiformes, et les labiaux terminés par un article très-grand et en croissant.

Les antennes sont grosses, perfoliées et comprimées. Ils vivent dans les bolets et les agarics.

L'*O. roux* (*Staphylinus rufus*. Lin.) Panz. Faun. Insect. Germ. XVI, xix, long d'environ trois lignes, fauve, avec la tête, la poitrine, l'extrémité et le bord intérieur des étuis, ainsi que l'anus, noirs (1).

Les Astrapées. (Astrapæus. Gravenhorst.)

Où les quatre palpes sont terminés par un article plus grand et presque triangulaire (2).

---

(1) Ajoutez: *o. maxillosus*, Fab. Panz. ibid. xx. Les autres oxypores de Fabricius appartiennent à des sous-genres de notre quatrième section. Voyez Olivier, encycl. méth. genre *oxypore*, et M. Gravenhorst, *coleoptera microptera*.

(2) *Staphylinus ulmi*, Oliv. Ross. Faun. Etrusc. I, v, 6, Panz. ibid. LXXXVIII, iv. Latr. Gener. Crust. et Insect., I, 284.

LES STAPHYLINS propres. (STAPHYLINUS. Fab.)

Qui ont tous les palpes filiformes, et les antennes insérées au-dessus du labre et des mandibules, entre les yeux.

Le *S. bourdon* (*S. hirtus.* Lin.) Panz. Faun. Insect. Germ. IV, XIX, long de dix lignes, noir, très-velu, avec le dessus de la tête, du corselet, et les derniers anneaux de l'abdomen couverts de poils épais, d'un jaune doré et lustré; étuis d'un gris cendré, avec la base noire; dessus du corps d'un noir bleuâtre. — Nord de l'Europe, France et Allemagne.

Le *S. odorant* (*S. olens.* Fab.) Panz. ibid. XXVII, I, long d'un pouce, d'un noir mat, avec la tête plus large que le corselet, et les ailes roussâtres.

Très-commun aux environs de Paris, sous les pierres.

Le *S. à mâchoires* (*S. maxillosus.* Lin.) Panz. ibid. II, ayant près de huit lignes de longueur, noir, luisant; tête plus large que le corselet; grande partie de l'abdomen et des élytres d'un gris cendré, avec des points, et des taches noires. — Dans la terre et le fumier.

Le *S. gris-de-souris* (*S. murinus.* F.) Panz. ibid. LXVI, XVI, long de quatre à six lignes; tête, corselet et étuis d'un bronze foncé, luisant, avec des taches obscures; écusson jaunâtre, marqué de deux taches très-noires; abdomen noir; majeure partie des antennes roussâtres. — Avec les précédens.

Le *S. à élytres rouges* (*S. erythropterus.* Lin.) Panz. XXVIII, IV, long de six à dix lignes, noir, avec les étuis, la base des antennes et les pieds fauves (1).

---

(1) Voyez la Monographie de cette famille (*coleoptera microptera*) de M. Gravenhorst. Panz. Index Entom. pars I, pag. 208 et suiv. Latr. ibid. I, 285. Rapportez à ce genre les espèces suivantes d'Olivier: *aureus*, *æneus*, *hæmorrhoidalis*, *oculatus*, *erytrocephalus*, *similis*, *cyaneus*, *pubescens*, *cupreus*, *stercorarius*, *brunnipes*, *fulgidus*, *elegans*, *pilosus*, *politus*, *amœnus*, en outre des cinq dont nous donnons ici la description.

LES PINOPHILES. (PINOPHILUS. Grav.)

Qui ont aussi les palpes filiformes, mais dont les antennes sont insérées au-devant des yeux, en dehors du labre et près de la base extérieure des mandibules (1).

LES LATHROBIES. (LATHROBIUM. Grav.)

Dont les palpes sont terminés brusquement par un article beaucoup plus petit que le précédent, pointu, souvent peu distinct. Les maxillaires sont beaucoup plus longs que les labiaux, et l'insertion des antennes est la même que dans le genre précédent (2).

La seconde section, les LONGIPALPES.

Qui ont aussi la tête entièrement découverte, mais dont le labre est entier, et dont les palpes maxillaires sont presque aussi longs que la tête, avec leur quatrième article caché ou très-peu distinct.

Ces palpes paraissent être terminés en massue, le troisième article étant renflé. Ils vivent sur les bords des eaux.

LES PÉDÈRES. (PÆDERUS. Fabr.)

Où les antennes, insérées devant les yeux, grossissent insensiblement, et dont les mandibules sont dentées au côté intérieur, avec la pointe simple ou entière.

Le *P. des rivages* (*Staphylinus riparius.*) Panz. Faun. Insect. Germ. IX, XI, long d'environ trois lignes, très-

---

(1) *Pinophilus latipes,* Grav. Amér. Septent. Il est réuni au genre suivant dans son *mantissa.*

(2) Voyez Gravenhorst : *coleopt. microp.* et Latr. Gener. Crust. et Insect. I, 289. Le *s. elongatum* (*s. elongatus*, Fab.) a été figuré par Panzer, ibid. IX, XII ;—*Staphylinus linearis ?* Oliv. Col. III, 2, IV, 58.

étroit et fort allongé, fauve, avec la tête, la poitrine, l'extrémité supérieure de l'abdomen et les genoux noirs; élytres bleues. Très-commun dans le sable humide, sous les pierres, à la racine des arbres, etc. (1).

LES EVÆSTHÈTES. (EVÆSTHETUS. Grav.)

Dont les antennes, insérées devant les yeux, sont terminées par une massue de deux articles (2).

LES STÈNES. (STENUS. Latr.)

Où les antennes, insérées près du bord interne des yeux, sont terminées par une massue de trois articles. Ils ont l'extrémité des mandibules fourchue et de gros yeux.

Le *S. à deux points.* (*Staphylinus 2-guttatus.* Linn.) Panz. Faun. Insect. Germ. XI, XVII. Deux lignes de long, tout noir, avec un point roussâtre sur chaque étui (3).

La troisième section, celle des APPLATIS.

A, avec la tête entièrement découverte et le labre entier, les palpes maxillaires beaucoup plus courts que la tête, avec le quatrième article distinct.

LES OXYTÈLES. (OXYTELUS. Grav.)

Qui ont les antennes insérées devant les yeux, sous un

---

(1) Consultez les mêmes ouvrages. Panzer, Ind. Entom. 215; et Oliv. Col. III, n°. 44, à l'exception des espèces n°. 4 et 5, qui appartiennent au genre *stène.* Son staphylin rétréci, pl. 2, 18, est un pedère.

(2) *Evæsthetus scaber*, Grav.

(3) Ajoutez *staphylinus juno*, Payk. — *pæderus proboscideus*, Oliv. Col. III, 44, 1, 5; — *staphylinus clavicornis*, Panz. Faun. Insect. Germ. XXVII, 11. Voy. Gravenhorst, *coleopt. microp.* et Latr. Gener. Crust. et Insect. genre *stenus.*

rebord, plus grosses vers le bout, et les palpes terminés en alène.

Les tarses se replient sur le côté extérieur des jambes, qui sont plus étroites ou échancrées à leur extrémité.

Ce côté extérieur, du moins aux deux premières jambes, est toujours très-épineux.

Les mâles de quelques espèces (1) ont deux cornes sur la tête et une autre sous le corselet.

LES OMALIES. (OMALIUM. Grav.)

Dont les antennes sont encore insérées devant les yeux, sous un rebord, et vont aussi en grossissant vers leur extrémité; mais dont les palpes sont filiformes (2).

Quelques espèces ont aussi les jambes épineuses. On peut y rapporter les *Piestes* de M. Gravenhorst (3).

LES PROTEINES. (PROTEINUS. Lat.)

Dont les antennes, toujours insérées devant les yeux, sous un rebord, vont en grossissant, et dont les palpes sont terminés en alène.

Les maxillaires sont peu avancés, avec le dernier article presque aussi long que le précédent. Le corselet est beaucoup plus large que long (4).

LES LESTÈVES. (LESTEVA. Latr. — ANTHOPHAGUS. Grav.)

Où les antennes, insérées devant les yeux et sous un re-

---

(1) *Staphylinus tricornis*, Payk. Herbst. Archiv. XXX, VIII;—*oxytelus furcatus*, Oliv.;—*Siagonium quadricorne*, Kirb. et Spenc. Introd. entom. I, 1, 3. Voyez pour les autres espèces, Oliv. Encycl. méth. genre *oxytèle*, Grav. Latr. et Panzer, Ind. Entom.

(2) Voyez encore Oliv. ibid. genre *omalie*, et Grav. Panz. et Latr. ibid.

(3) *Piestus sulcatus*, Grav.;—*oxytelus bicornis*, Oliv. Encycl. méthodique.

(4) *Proteinus brachypterus*, Lat. gen. Crust. et Insect. I, 298.

bord, comme dans les précédens, sont presque de la même grosseur, avec la plupart des articles en cône renversé, et le dernier presque cylindrique. Palpes filiformes (1).

LES ALÉOCHARES. (ALEOCHARA, CALLICERA. Grav.)

Où les antennes sont insérées entre les yeux ou près de leur bord intérieur, et à nu, à leur naissance. Les trois premiers articles sensiblement plus longs que les suivans; ceux-ci perfoliés, le dernier allongé et conique. Palpes terminés en alène, les maxillaires avancés, avec l'avant-dernier article grand et le dernier très-petit. Corselet presque ovale, ou en carré arrondi aux angles (2).

La quatrième section, les MICROCÉPHALES.

Ont la tête enfoncée postérieurement jusque près des yeux, dans le corselet; elle n'en est point séparée par un cou, ni par un étranglement visible; le corselet a la forme d'un trapèze, et s'élargit de devant en arrière.

Ils ont le corps moins allongé que les précédens, et se rapprochant davantage de la forme elliptique; la tête beaucoup plus étroite, rétrécie et avancée en devant; les mandibules de grandeur moyenne, sans dentelures, et arquées simplement à la pointe. Les élytres, dans plusieurs, re-

---

(1) *Lesteva punctulata*, Latr. ibib. IX, 1; *carabus dimidiatus*, Panz. Faun. Insect. Germ. XXXVI, III;—*l. alpina*, Latr. ibid.;—*staphylinus alpinus*, Oliv. Col. III. 42, VI, 55;—*staphylinus caraboides*, ibid. II, 17. Voyez Grav. Col. Microp. genre *anthophagus*.

(2) *Staphylinus canaliculatus*, Fab. Panz. ibid. XXVII, XIII;—*staphylinus impressus*, Oliv. Col. ibid. V, 41;—*s. boleti*, Linn. Oliv. Col. ibid. III, 25;—*s. collaris*, ejusd. ibid. II, 15;—*s. minutus*, ejusd. ibid. VI, 53;—*s. socialis*, ejusd. ibid. III, 25; et généralement les trois premières familles du genre *aleochara* de Gravenhorst, *col. mic.* tom. II.

couvrent un peu plus de la moitié de la longueur du dessus de l'abdomen. Les uns vivent dans les champignons, sur les fleurs, et les autres dans les fientes. Fabricius en a réuni plusieurs espèces avec les oxypores.

LES LOMÉCHUSES. (LOMECHUSA et ALEOCHARA. Grav.)

Qui n'ont point d'épines aux jambes, et dont les antennes, depuis le quatrième article, forment une massue perfoliée ou en fuseau allongé. Palpes terminés en alène; antennes souvent plus courtes que la tête et le corselet (1).

LES TACHINES. (TACHINUS. Grav.)

Qui ont les jambes épineuses; dont les antennes sont composées d'articles en cône renversé ou en poire, et grossissant insensiblement, et dont les palpes sont filiformes (2).

LES TACHYPORES. (TACHYPORUS. Grav.)

Semblables aux *tachines* par les jambes et les antennes, mais ayant des palpes terminés en manière d'alène (3).

---

(1) Les unes ont le corselet uni et non relevé sur ses bords. Telles sont les aléochares . *bipunctata*, *lanuginosa*, *nitida* (*staphylinus bi-pustulatus*, Linn. Oliv. Col. III, 42, v, 44), *fumata nana*, de Gravenhorst, ou ses familles III—VI (col. micropt. tom. 2.). Les autres ont les bords du corselet relevés et forment son genre *lomechusa*; *l. paradoxa*; *staphylinus emarginatus*, Oliv. ibid. II, 12; — *l. dentata*, Grav. ; *staphylinus strumosus*, Payk. V.

(2) *Oxyporus subterraneus*, Fab. ;—*o. bi pustulatus*, ejusd. Panz. Faun. Insect. Germ. XVI, XXI ;—*o. marginellus*, Panz. ibid. IX, XIII ;—*staphylinus fuscipes*, ibid. XXVII, XII ;—*oxyporus suturalis*, ibid. XVIII, XX ;—*o. pygmæus*, ibid. XXVII, XIX ;—*o. lunulatus*, ibid. XXII, XV ;—*staphylinus atricapillus*, F. ;—*oxyporus merdarius*, Panz. ibid. XXVI, XVIII ;—*staphylinus striatus*, Oliv. ibid. V, 47 ;—*s. lunatus*, Linn.

(3) *Oxyporus rufipes*, Fab. Panz. ibid. XXVII, XX ;—*o. marginatus*, F. Panz. ibid. XVII ;—*o. chrysomelinus*, F. Panz. ibid. IX, XIV ;—*o. analis*, F. Panz. ibid. XXII, XVI ;—*o. abdominalis*, F.

La troisième famille des COLÉOPTÈRES PENTAMÈRES,

LES SERRICORNES.

Se distingue par le nombre des palpes qui est de quatre, et par les antennes en forme de fil ou de soie, comme dans la première famille, mais ordinairement dentées en scie, en peigne ou en panache, du moins dans les mâles. Elle nous offrira sept tribus.

La première, les BUPRESTIDES,

Dont le corps est toujours ferme, le plus souvent ovale ou elliptique, droit, avec la tête engagée verticalement jusqu'aux yeux, dans le corselet, a le sternum antérieur, ou la partie de la poitrine comprise entre la première paire de pieds, grand, distingué de chaque côté par une rainure où s'appliquent les antennes (toujours courtes), dilaté ou avancé en devant jusques sous la bouche; son extrémité opposée se prolonge en forme de stylet ou de corne, pointue ou mousse, mais toujours découverte; les mandibules se terminent en une pointe entière, ou sans échancrure ni dent. Le dernier article des palpes est presque cylindrique dans les uns, ovoïde ou globuleux dans les autres.

Ces insectes ne sautent point, ainsi que ceux de la seconde tribu, dont ils sont d'ailleurs très-voisins, et forment le genre

BUPRESTE (BUPRESTIS) de Linnæus.

La dénomination générique de *Richard* donnée par Geoffroi. à ces coléoptères nous annonce la beauté de leur parure. Plusieurs espèces indigènes et beaucoup d'exotiques, d'ailleurs remarquables par la grandeur de leur taille, ont l'éclat de l'or poli sur un fond d'émeraude; dans d'autres l'azur brille sur l'or, où sont réunies plusieurs autres couleurs métalliques. Leur corps, en général, est ovale, un peu plus large et obtus, ou tronqué, en devant, et rétréci en arrière depuis la base de l'abdomen, qui occupe la plus grande partie de sa longueur. Les antennes sont courtes et en scie. Les yeux sont ovales. Les palpes sont ordinairement filiformes et peu avancés. Le corselet est court, large, et ses angles postérieurs ne se prolongent point en arrière comme dans la tribu suivante. Les pieds sont courts, avec les quatre premiers articles des tarses larges, triangulaires ou en cœur, et le pénultième bilobé dans le plus grand nombre.

Ils marchent lentement, mais leur vol est très-agile, lorsque le temps est chaud et sec. Si on veut les saisir, ils se laissent tomber à terre. Les femelles ont à l'extrémité postérieure de l'abdomen, une partie coriace ou cornée, en forme de lame conique, composée de trois pièces, et qui est probablement une tarière avec laquelle elles déposent leurs œufs dans le bois sec, où vivent leurs larves. On rencontre plusieurs des petites espèces sur les fleurs et les feuilles; mais les autres se tiennent pour la plupart dans les forêts, les chantiers : ils éclosent quelquefois dans les maisons, y étánt transportés en état de larve ou de nymphe, avec le bois.

LES RICHARDS propres. (BUPRESTIS. Lin.)

Dont les palpes sont filiformes ou légèrement plus gros a leur extrémité, et terminés par un article presque cylindriqué, et dont les antennes sont simplement en scie.

Ils ont l'extrémité de leurs mâchoires divisée en deux pièces, le penultième article de leurs tarses profondément échancré, et le bout postérieur des étuis souvent dente.

Les uns n'ont point d'écusson.

Le *R. à faisceaux* (*B. fasciculata.* Lin.) Oliv. Col. II, 32, IV, 38, long d'environ un pouce, ovoïde, convexe, très-ponctué et ridé, d'un vert-doré ou cuivreux, quelquefois obscur, avec de petites touffes de poils jaunâtres ou rougeâtres; étuis entiers. — Au Cap de Bonne-Espérance, et quelquefois en si grande abondance sur le même arbuste, qu il semble tout chargé de fleurs.

Le *R. sternicorne* (*B. sternicornis.* Lin.) Oliv. Col. *ibid.* VI, 52 a. Un peu plus grand, même forme, d'un vert un peu doré, très-brillant; de gros points enfoncés, dont le fond est garni d'écailles blanchâtres, sur les étuis : trois dents à leur extrémité; sternum postérieur avancé en forme de corne. — Indes orientales.

Le *R. chrysis* (*B. chrysis.* Fab.) Oliv. *ibid.* II, 8, VI, 52, b, diffère du précédent par les étuis d'un brun-marron et sans taches blanchâtres.

Le *R. bande-dorée* (*B. vittata.* F.) Oliv. *ibid.* III, 17, long de près d'un pouce et demi, plus étroit et plus allongé que les précédens, déprimé, d'un vert-bleuâtre; quatre lignes élevées et une bande dorée et cuivreuse sur chaque étui, dont le bout a deux dents. — Des Indes orientales.

Le *R. ocellé* (*B. ocellata.* F.) Oliv. *ibid.* I, 3, presque semblable, pour la taille et la forme, a sur chaque étui une grande tache jaune et phosphorique, située entre deux autres de couleur d'or; le bout de chaque étui est terminé par trois dents.

Les autres ont un écusson.

Le *R. géant* (*B. gigas.* Lin.) Oliv. *ibid.* I, I, long de deux pouces; corselet cuivreux, mêlé de vert brillant, avec deux grandes taches lisses, couleur d'acier bruni; etuis terminés par deux pointes, cuivreuses dans leur milieu, d'un vert-bronzé sur leurs bords, avec des points enfoncés, des lignes élevées et des rides. — De Cayenne.

Nous citerons parmi les espèces de notre pays,

Le *R. à fossettes* (*B. affinis.* F.) *B. chrysostigma*, Oliv. *ibid.* VI, 54, bronze en dessus, cuivreux et brillant en dessous, dont les élytres, dentelées en scie à leur pointe, ont trois lignes longitudinales élevées, et deux impressions dorées sur chacune.

Le *R. vert* (*B. viridis.* Lin.) Oliv. *ibid.* XI, 127, long d'environ deux lignes et demie, à forme lineaire, d'un vert-bronzé, avec les étuis entiers et pointillés. — Sur les arbres.

Fabricius a détaché des richards propres ceux qui ont le corps court, plus large proportionnellement et presque triangulaire. Ce sont ses *trachys* (1). De ce nombre est

Le *R. nain* (*B. minuta.* Lin.) Oliv. *ibid.* II, 14,

(1) Voyez les autre espèces citées par Fabricius, System. Eleut, II, 218.

noir en dessous, d'un brun cuivreux en dessus, avec le milieu du front enfoncé, le corselet sinué à son bord postérieur, etdes raies blanchâtres, ondées, formées par des poils, et transverses sur les étuis. — Commun sur le coudrier, dont il ronge les feuilles.

Les APHANISTIQUES de Latreille ont les antennes terminées en massue. On en connaît deux ou trois espèces, toutes très-petites et à forme linéaire (1).

On doit rapprocher des richards quelques petits genres nouveaux tels que

LES MÉLASIS. (MELASIS. Oliv.)

Où les palpes finissent par un article beaucoup plus gros que le précédent, presque globuleux; dont les antennes sont en peigne dans les mâles, en scie dans les femelles; dont les mâchoires sont simples ou sans division intérieure, et qui ont tous les articles des tarses entiers. Le corps est cylindrique (2).

LES CÉROPHYTES. (CEROPHYTUM. Lat.)

Qui ressemblent aux précédens par les palpes, mais dont les antennes sont branchues d'un côté dans les mâles (3), en scie dans les femelles; qui ont deux lobes aux mâchoires, et le pénultième article des tarses bifide. Le corps est ovale (4).

---

(1) *Buprestis emarginata*, F. Oliv. ibid. x, 116. Consultez pour les autres espèces de Richards, Olivier, ibid.

(2) *Melasis buprestoides*, Oliv. II, 50, 1, 1;—*melasis elateroides*, Illig. différent suivant lui de l'*elater buprestoides* de Linnæus.

(3) La base interne de chaque article jetant un rameau allongé, élargi et arrondi au bout; dans les *melasis mâles*, leur côté interne se dilate en forme de dent allongée.

(4) Latr. Gen. Crust. et Insect. IV, 375. Le *melasis picea* de M. Palisot de Beauvois, Insect. d'Af. et d'Amérique VII, 1, analogue aux cérophytes, doit former un nouveau genre, d'après les organes

La seconde tribu, celle des ÉLATÉRIDES,

Ne diffère de la précédente qu'en ce que le stylet postérieur de l'avant-sternum s'enfonce à la volonté de l'animal, dans une cavité de la poitrine, située immédiatement au-dessus de la naissance de la seconde paire de pieds, et que les mandibules sont échancrées ou fendues à leur extrémité, et terminées par deux dents. Le dernier article des palpes est, le plus souvent, en forme de triangle ou de hache. Les pieds sont en partie contractiles. Elle ne comprend que le genre

TAUPIN (ELATER) de Linnæus.

Leur corps est généralement plus étroit et plus allongé que celui des buprestides. Les angles postérieurs du corselet se prolongent en pointe aiguë, en forme d'épine; les articles des tarses sont toujours entiers.

On les a nommés en français *scarabées à ressort*, et en latin *notopeda, elater*. Couchés sur le dos, et ne pouvant se relever, à raison de la briéveté de leurs pieds, ils sautent et s'élèvent perpendiculairement en l'air jusqu'à ce qu'ils retombent dans leur position naturelle ou sur leurs pieds. Pour exé-

de la manducation. Il est à comparer avec le *ptyocerus mystacinus* de Thunberg (*melasis mystacina* Fab.) Nov. Act. Holm. 1806, II, 1, 4. Voyez aussi son *ripidius pectinicornis*, ibid.

cuter ces mouvemens, ils les serrent contre le dessous du corps, baissent inférieurement la tête, et le corselet, qui est très-mobile de haut en bas, puis rapprochant cette dernière partie de l'arrière-poitrine, ils poussent avec force la pointe de l'avant-sternum contre le bord du trou situé en avant de l'arrière-poitrine, où elle s'enfonce ensuite brusquement et comme par ressort. Le corselet avec les pointes latérales, la tête, le dessus des élytres, heurtant avec force contre le plan de position, surtout s'il est ferme et uni, concourent, par leur élasticité, à faire élever le corps en l'air. Les côtés de l'avant-sternum sont distingués par une rainure où ces insectes logent, en partie, leurs antennes, qui sont en peigne ou à longues barbes, dans plusieurs mâles. Les femelles ont à l'anus une espèce de tarière allongée, avec deux pièces latérales et pointues au bout, entre lesquelles est l'oviducte proprement dit.

Les taupins se tiennent sur les fleurs, les plantes et même à terre ou sur le gazon ; ils baissent la tête en marchant, et quand on les approche, ils se laissent tomber à terre, en appliquant leurs pieds sous le dessous du corps.

De Géer a décrit la larve d'une espèce de ce genre (*undulatus*). Elle est longue, presque cylindrique, pourvue de petites antennes, de palpes, de six pieds, à douze anneaux couverts d'une peau écailleuse, dont celui de l'extrémité antérieure forme une plaque rebordée et anguleuse sur les bords avec deux pointes mousses et courbées en dedans, au-dessous est un gros mamelon charnu et rétractile, qui fait l'office de pied. Elle vit dans le terreau de bois pourri. On en trouve aussi dans la terre. Il paraît même que celle du *T. strié* de Fabricius ronge les racines du blé, et fait beaucoup de dégât, lorsqu'elle se multiplie.

L'estomac des taupins est long, ridé en travers, quelquefois gonflé à la partie postérieure; leur intestin est médiocre.

Le *T. cucujo* (*E. noctilucus.* Lin.) Oliv. Col. II, 31, 11, 14, a. Long d'un peu plus d'un pouce, d'un brun obscur, avec un duvet cendré; une tache jaune, ronde, convexe, luisante, de chaque côté du corselet, près de ses angles postérieurs; des lignes de petits points enfoncés sur les étuis. — De l'Amérique Méridionale.

Ses taches répandent pendant la nuit une lumière très-forte, et qui permet de lire l'écriture la plus fine, surtout si on réunit plusieurs de ces insectes dans le même vase. C'est à cette lueur que des femmes font leurs ouvrages; elles les placent aussi, comme ornement, dans leurs coiffures, pour leurs promenades du soir. Les Indiens les attachent à leur chaussure, afin de s'éclairer dans leurs voyages nocturnes. Brown prétend que toutes les parties intérieures de l'insecte sont lumineuses, et qu'il peut suspendre à volonté sa propriété phosphorique. Nos colons l'appellent *Mouche lumineuse*, et les Sauvages *Cucuyos, Coyouyou;* de là le nom espagnol *Cucujo.* Un individu de cette espèce, transporté à Paris, dans du bois, en état de larve ou de nymphe, s'y est métamorphosé, et a excité, par la lumière qu'il jetoit, la surprise de plusieurs habitans du faubourg Saint-Antoine, témoins de ce phénomène, inconnu pour eux.

Le *T. bronze* (*E. æneus.* Lin.) Oliv. Col. *ibid.* VIII, 83, long de six lignes, d'un vert-bronzé, luisant, avec les étuis striés et les pattes fauves. — En Allemagne et au nord de l'Europe.

Le *T. germanique* (*E. germanus*, Lin.) Oliv. *ibid.* II, 12, très-commun aux environs de Paris, n'en diffère que par la couleur des pieds, qui sont noirs.

Le *T. marron* (*E. castaneus.* Lin.) Oliv. *ibid.* III, 25; V, 51, noir; corselet couvert d'un duvet roussâtre; élytres jaunâtres, avec l'extrémité noire; antennes du mâle en peigne. — D'Europe.

Le *T. corselet fauve* (*E. ruficollis.* Lin.) Oliv. *ibid.* VI, 61, a. b, long de trois lignes, d'un noir luisant, avec la moitié postérieure du corselet rouge. Du nord de l'Europe.

Le *T. ferrugineux* (*E. ferrugineus.* Lin.) Oliv. *ibid.* III, 35, long de dix lignes, noir, avec le corselet, à l'exception de son bord postérieur, et les étuis, d'un rouge de sang foncé. Sur le saule. C'est la plus grande espèce d'Europe (1).

La troisième tribu, les CÉBRIONITES,

Ainsi nommée du genre *Cébrion* d'Olivier, auquel se rattachent les autres, a, de même que les suivantes, l'avant-sternum de grandeur et de forme ordinaires, et son extrémité antérieure ne se prolongeant pas au-dessous de la tête. Les mandibules se terminent en pointe simple ou entière, ainsi que dans la division

---

(1) Voyez pour les autres espèces, Oliv. ibid. Panz. Faun. Insect. Germ. et son Ind. Entom.; ainsi qu'Herbst. Col. et M. Palisot de Beauvois, insect. d'Af. et d'Amer. — Le *T. clavicorne* (*E. clavicornis.*) d'Olivier, qui a le port des insectes de ce genre, en forme un particulier (*throsque*), que je range dans la famille suivante

suivante; mais les palpes sont de la même grosseur, ou plus grêles à leur extrémité; le corps est arrondi et bombé dans les uns, ovale ou oblong, mais arqué en-dessus, et incliné par-devant dans les autres.

Il est le plus souvent mou et flexible, avec le corselet transversal, plus large à sa base, et dont les angles latéraux sont aigus ou même prolongés, dans plusieurs, en forme d'épine. Les antennes sont ordinairement plus longues que la tête et le corselet.

Leurs habitudes sont inconnues. Beaucoup se tiennent sur les plantes, dans les lieux aquatiques.

Les uns ont la tête entièrement saillante, et de la largeur du bord antérieur du corselet, avec les mandibules étroites, très-arquées et fort crochues, presque en forme de croissant.

Ils ont, le plus souvent, les antennes soit en panache ou en scie, soit un peu dentées; les angles postérieurs et latéraux du corselet prolongés en forme de pointe ou d'épine; le corps est ferme, en ovale oblong; les mandibules sont toujours saillantes. Tels sont

LES CÉBRIONS. (CEBRIO. Oliv.)

Qui n'ont point de pelottes aux tarses; dont les antennes sont en filets, de onze articles, dilatés en dent de scie à l'angle intérieur de leur extrémité.

La plupart des espèces (1) sont propres aux contrées

---

(1) *Cebrio longicornis*, Oliv. Col. II, 32 bis, I, 1, et *Taupin*, 1, 1; *c. gigas*, F.;—*c. bicolor*, F. Palis. de Beauv. Insect. d'Afr. et d'Amérique, VII, 2;—*c. fuscus*, F.;—ejusd. *ruficollis*.

les plus méridionales de l'Europe, volent le soir, et ordinairement après les pluies d'orage.

LES HAMMONIES. (HAMMONIA. Latr.)

Dont les tarses sont aussi sans pelote, et qui ont des antennes en massue, de dix articles et très-courtes. Ils sont aptères (1).

LES RHIPICÈRES. (RHIPICERA. Latr.)

Qui ont des pelotes membraneuses et formées de deux pièces sous les articles intermédiaires des tarses, et dont les antennes sont en panache (2).

Les autres ont la tête enfoncée, jusqu'aux yeux, dans le corselet, et les mandibules presque triangulaires et légèrement arquées à leur extrémité.

Les antennes sont presque toujours simples. Les angles postérieurs et latéraux du corselet ne se prolongent point ou presque point en arrière. Le corps est ordinairement mou ou flexible, ovale ou arrondi. Les mandibules sont rarement saillantes. Tels sont

LES DASCILLES. (DASCILLUS. Latr. — ATOPA. Payk. Fab.)

Où les mandibules sont entièrement découvertes; qui ont le dernier article des palpes tronqué ou très-obtus, et le corps ovale (3).

LES ELODES. (ELODES. Lat. — CYPHON. Payk. Fab.)

Qui ont les mandibules cachées en grande partie sous le

---

(1) *Cebrio brevicornis*, Oliv. ibid. I, 2; *tenebrio dubius*, Ross. Faun. Etrusc. I, 1, 2.

(2) *Hispa mystacina*, Fab.; Drur. Insect. III, XLVIII, 7. Nouv. Holl. et d'autres espèces inédites du Brésil.

(3) *Dascillus cervinus*, Lat. Gen. Crust. et Insect. I, VIII, 1;— *chrysomela cervina*, Linn.; *cistela cervina*, Oliv. Col. III, 54, II, 2.

labre; les palpes maxillaires pointus à leur extrémité, les labiaux fourchus; le corps presque rond, et les pieds postérieurs presque semblables aux autres, et non propres à sauter (1).

LES SCIRTES. (SCIRTES. Illig. — CYPHON. Payk. Fab.)

Qui ne diffèrent des élodes que par leurs pieds postérieurs, propres à sauter, ayant les cuisses très-grosses, et les jambes terminées par une longue épine (2).

La quatrième tribu, les LAMPYRIDES,

Semblable à la précédente quant à la manière dont se terminent le sternum antérieur et les mandibules, s'en distingue par les palpes dont les maxillaires au moins sont plus gros à leur extrémité et par leur corps droit et déprimé.

Ces coléoptères sont généralement très-mous, avec les élytres minces et très-flexibles, le corselet presque carré ou en demi-cercle, plat, avancé au-dessus de la tête qu'il recouvre ou qu'il reçoit en tout ou en partie. Le pénultième article des tarses est divisé dans tous en deux lobes. Lorsqu'on les saisit, ils re-

---

(1) La première division des *cyphons* de Fabricius ; voyez Schonherr, Synon. Insect. II, pag. 321 ; l'Ind. Entom. de Panzer, 131 ; et Latreille, Gener. Crust. et Insect. I, pag. 253.

(2) La seconde division des *cyphons* de Fab. ; consultez les mêmes auteurs.

plient leurs antennes et leurs pieds contre le corps, et ne font aucun mouvement, comme s'ils étaient morts. Plusieurs recourbent alors en dessous leur abdomen. Ils comprennent le genre *lampyris* et une partie de celui des *cantharis* de Linnæus.

Les uns ont les antennes très-rapprochées à leur base, et les palpes maxillaires beaucoup plus longs que les labiaux. Leur bouche est très-petite.

Ils se rapportent principalement au premier de ces genres, ou celui des LAMPYRES (LAMPYRIS).

LES LYCUS. (LYCUS. Fab.)

Caractérisés par leur tête rétrécie et prolongée en devant en forme de museau. Les antennes sont très-comprimées, et les étuis s'élargissent beaucoup vers leur extrémité postérieure, dans plusieurs espèces exotiques, et plus particulièrement dans les mâles. Le corps est étroit et allongé. Nous trouvons très-communément aux environs de Paris, sur les fleurs,

Le *L. sanguin* (*Lampyris sanguinea.* Lin.) Panz. Faun. Insect. Germ. XLI, IX, long d'environ trois lignes, noir, avec les côtés du corselet et les étuis d'un rouge de sang.

Sa larve se trouve sous les écorces du chêne; elle est très-noire, linéaire, très-aplatie, avec le dernier anneau rouge, en forme de plaque, et offrant à son extrémité deux espèces de cornes cylindriques, comme annelées ou articulées, et arquées en dedans. Elle a six petits pieds (1).

---

(1) Voyez pour les autres espèces Fabricius et Oliv. Col. II, 29.

Les Omalises. (Omalisus. Geoffr.)

Très-voisins des précédens, et particulièrement du *L. sanguin*, par la forme du corps, mais n'ayant pas de museau. Le dernier article de leurs palpes maxillaires est tronqué; la tête est en grande partie découverte, et les second et troisième articles de leurs antennes sont très-courts, ce qui distingue ces insectes des *lampyres*.

Les yeux sont écartés, et à peu près de la même grosseur dans les deux sexes. Les angles postérieurs du corselet sont prolongés et très-pointus. Les élytres sont plus fermes que dans les autres pentamères de cette tribu.

L'*O. sutural* (*O. suturalis*. Fab.) Oliv. Col. II, 24, 1, 2, long d'un peu plus de deux lignes, noir, avec les étuis, leur partie intérieure ou suturale exceptée, d'un rouge de sang. — Dans les bois des environs de Paris.

On trouve dans les Alpes une seconde espèce, entièrement noire.

Les Lampyres. (Lampyris. Lin.)

Qui ont le corselet en demi-cercle et cachant la tête, ou en carré transversal; la bouche tres-petite; les palpes maxillaires terminés par un article finissant en pointe; l'extrémité postérieure de l'abdomen phosphorique, et dont les yeux sont très-gros, dans les mâles surtout.

Ces insectes, dont quelques femelles sont connues sous le nom de *Vers luisans*, et que les voyageurs appellent *Mouches lumineuses*, *Mouches à feu*, ont le corps très-mou, particulièrement l'abdomen qui est comme plissé, et les antennes tantôt simples, tantôt pectinées, barbues ou plumeuses, ou même en éventail. Quelques-uns ont des étuis très-courts; les femelles de quelques autres en sont tout-à-fait dépourvues, ainsi que d'ailes; et telles sont les espèces du nord de l'Europe.

Toutes les espèces brillent pendant la nuit. La partie

lumineuse est placée au-dessous des deux ou trois derniers anneaux de l'abdomen, qui sont ordinairement d'une couleur plus pâle que les autres, et y forment une tache jaunâtre ou blanchâtre. La lumière qu'ils répandent est plus ou moins vive, d'un blanc verdâtre ou bleuâtre, comme celle des différens phosphores. Il paraît que ces insectes peuvent, à volonté, varier son action; ce qui a lieu surtout lorsqu'on les saisit ou qu'on les tient dans la main. Ils vivent très-long-temps dans le vide et dans différens gaz, excepté dans le gaz acide nitreux, muriatique et sulfureux, dans lequel ils meurent en peu de minutes. Leur séjour dans le gaz hydrogène le rend, du moins quelquefois, détonnant. Privés, par mutilation, de cette partie lumineuse du corps, ils continuent encore de vivre, et la même partie, ainsi détachée, conserve pendant quelque temps sa propriété lumineuse, soit qu'on la soumette à l'action de différens gaz, soit dans le vide ou à l'air libre. La phosphorescence dépend plutôt de l'état de mollesse de la matière, que de la vie de l'insecte. On peut la faire renaître en ramollissant cette matière dans l'eau. Les lampyres luisent, avec vivacité, dans de l'eau tiède, et s'éteignent dans l'eau froide, et il paraît que ce liquide est le seul agent dissolvant de la matière phosphorique. Ces insectes sont nocturnes; on voit souvent des mâles voler, ainsi que des phalènes, autour des lumières, d'où l'on peut conclure que l'éclat phosphorique que jettent principalement les femelles, a pour but d'attirer les individus de l'autre sexe. Les larves et les nymphes de l'espèce de notre pays sont cependant, suivant de Géer, lumineuses, ce qui affaiblit cette conjecture. On a dit que quelques mâles n'avaient pas la même propriété; mais ils en jouissent encore, quoique très-foiblement. Presque tous les lampyres des pays chauds, tant mâles que femelles, étant ailés, et s'y trouvant en grande quantité, offrent à leurs habitans, après le coucher du soleil, et pendant la nuit, un spectacle amusant, une illumination naturelle, par cette multitude de points lumineux, qui, comme des étincelles ou de petites étoiles, errent dans les airs. On peut s'éclairer en réunissant plusieurs de ces insectes.

L'estomac des lampyres est long et divisé comme un colon en plusieurs boursouflures; leur intestin est médiocre.

Le *L. luisant* (*L. noctiluca.* Lin.) Panz. Faun. Insect. Germ. XLI, VII. Mâle long de quatre lignes, noirâtre; antennes simples; corselet demi-circulaire, recevant entièrement la tête, avec deux taches transparentes, en croissant; ventre noir: derniers anneaux d'un jaunâtre pâle.

L. splendidule (*L. splendidula.* Lin.) Panz. *ibid.* VIII, très-voisin du précédent, un peu plus grand. Corselet jaunâtre, avec le disque noirâtre et deux taches transparentes en devant; élytres noirâtres; dessous du corps et pieds d'un jaunâtre livide; premiers anneaux du ventre tantôt de cette couleur, tantôt plus obscurs.

Femelle, privée d'élytres et d'ailes, noirâtre en dessus, avec le pourtour du corselet et le dernier anneau jaunâtres; angles latéraux du second et du troisième anneaux, couleur de chair; dessous du corps jaunâtre, avec les trois derniers anneaux couleur de soufre.

C'est particulièrement à ces individus qu'on a donné le nom de *vers luisans*. On les trouve partout, à la campagne, aux bords des chemins, dans les haies, les prairies, etc. aux mois de juin, de juillet et d'août. Ils pondent un grand nombre d'œufs, qui sont gros, sphériques et d'un jaune citrin, dans la terre ou sur les plantes; ils sont fixés au moyen d'une matière visqueuse qui les enduit.

La larve ressemble beaucoup à la femelle; mais elle est noire, avec une tache rougeâtre aux angles postérieurs des anneaux; les antennes et ses pieds sont plus courts. Elle marche fort lentement, peut allonger, raccourcir ou recourber en dessous son corps. Elle est probablement carnassière.

Le *L. d'Italie* (*L. italica.* Lin.) Oliv. Col. II, 28, II, 12, nommé par ses habitans *Lucciola ;* corselet ne recouvrant pas toute la tête, transversal, rougeâtre, ainsi que l'écusson, la poitrine, et une partie des pieds ; tête, étuis et abdomen noirs ; les deux derniers anneaux du corps jaunâtres. Les deux sexes sont ailés (1).

Les autres ont les antennes écartées entre elles à leur base, et les palpes maxillaires ne sont pas beaucoup plus longs que les labiaux. Ils embrassent une grande partie du genre *cantharis* de Linnæus, ou de celui des *cicindela* de Geoffroi.

LES TÉLÉPHORES. (TELEPHORUS. Schœff.—CANTHARIS. Lin.)

Où les palpes sont terminés par un article en forme de hache. Ils sont carnassiers, et courent sur les plantes. Leur estomac est long, ridé en travers ; leur intestin très-court.

Le *T. ardoisé* (*Cantharis fusca*. Linn.) Oliv. Col. II, 26, 1, 1, long de cinq à six lignes ; partie postérieure de la tête, étuis, poitrine et grande partie des pieds d'un noir ardoisé ; les autres parties d'un rouge jaunâtre ; une tache noire sur le corselet. Se trouve fréquemment, en Europe, au printemps. Sa larve est presque cylindrique, allongée, molle, d'un noir mat et velouté, avec les antennes, les palpes et les pieds d'un roux jaunâtre. La tête est écailleuse, avec de fortes mandibules. Sous le douzième et dernier anneau est un mamelon, dont elle fait usage en marchant. Elle vit dans la terre humide et se nourrit de proie.

On a vu, des années, pendant l'hiver, au milieu de la

---

(1) Voyez Fabricius et Olivier, Col. II, n°. 28. On pourrait en séparer, comme a fait M. le comte de Hoffmansegg, les espèces dont les antennes sont barbues ou plumeuses ; elles composent son genre *phengodes*.

neige, en Suède, et même dans des parties montagneuses de la France, une étendue considérable de terrain, recouverte d'une quantité infinie de ces larves, ainsi que de différentes autres espèces d'insectes vivans. On soupçonne, avec fondement, qu'ils avaient été enlevés et transportés par des coups de vents, à la suite de ces violentes tempêtes qui déracinent et abattent un très-grand nombre d'arbres, particulièrement de pins et de sapins. Telle est l'origine de ce qu'on a nommé *pluie d'insectes*. Les espèces que l'on trouve alors, et quelquefois même sur des lacs glacés, sont probablement du nombre de celles qui paraissent de bonne heure.

Le *T. livide* (*Cantharis livida.* Lin.) Oliv. ibid. II, 28. Grandeur et forme du précédent. Corselet roussâtre, sans tache; étuis d'un jaune d'ocre, et bout des cuisses postérieures noir. —Sur les fleurs (1).

Les Malthines. (Malthinus. Lat. Schonh. —Necydalis. Geoff.)

Dont les palpes sont terminés par un article ovoïde.

La tête est amincie en arrière; les étuis sont plus courts que l'abdomen, dans plusieurs.

Sur les plantes, et plus particulièrement sur les arbres (2).

La cinquième tribu, les Mélyrides,

Analogue à la précédente, quant à la forme de l'avant-sternum et celle du corps, s'en distingue par ses mandibules soit échancrées ou

(1) Consultez pour les autres espèces, Schonherr, Synon. insect. II, pag. 60, et Panzer, Ind. Entom. p. 91.

(2) Lat. Gen. Crust. et Insect. I, 261. Schonh. Synon. Insect. II, p. 73. Panz. Ind. Entom. p. 73. Les téléphores *biguttatus* et *minimus* d'Olivier sont de ce genre.

fendues à leur extrémité, soit munies d'une dentelure sous la pointe; leur tête s'enfonce postérieurement dans le corselet, et a une forme ovale; les palpes maxillaires sont terminés par un article rétréci vers son extrémité, et s'avancent au-delà de la bouche. Le corselet est presque carré, plat ou légèrement convexe en-dessus.

Le corps est presque toujours oblong, avec la bouche avancée, les mandibules étroites et allongées, les étuis flexibles et les tarses allongés.

Ils sont très-agiles et se trouvent sur les fleurs et sur les feuilles.

Cette tribu n'est qu'un démembrement des genres *cantharis* et *dermestes* de Linnæus.

Tantôt les palpes sont filiformes; les mâchoires ont une division intérieure; le pénultième article des tarses est en forme de cône; la tête se rétrécit et s'avance un peu en devant, sous la figure d'un petit museau; les antennes sont presque toujours en scie.

LES MÉLYRES. (MELYRIS. ZYGIA. Fab.)

Dont les tarses, surtout les deux antérieurs, ont le premier article plus court ou à peine aussi long que le suivant; qui n'ont qu'une petite dentelure sous les crochets du dernier; dont le corcelet est presque en trapèze, un peu plus étroit en devant; et dont les antennes sont seulement un peu plus longues que la tête.

Ils ont le corps proportionnellement plus court et plus

large que les suivans, avec le corselet plus élevé dans son milieu (1).

Les Dasytes. (Dasytes. Payk. Fab.—Dermestes. Lin.)

Dans lesquels le premier article des tarses est très-apparent et plus long que le suivant; qui ont sous les crochets du dernier un appendice membraneux, ou une dent très-comprimée; le corselet presque carré, et les antennes de la longueur de la tête et du corselet; elles sont très-écartées à leur base et insérées au-devant des yeux. On ne voit point de vésicules rétractiles sur les côtés inférieurs du corps.

Le *D. bleuâtre* (*D. cœruleus.* F.) Panz. Faun. Insect. Germ. XCVI, x, long de trois lignes, allongé, vert ou bleuâtre, luisant et velu. — Très-commun aux environs de Paris, sur les fleurs, dans les champs.

Le *D. très-noir* (*Dermestes hirtus.* Linn.) Oliv. Col. II, 21, 11, 28, un peu plus grand, moins oblong, tout noir et très-velu. Une épine à la base des tarses antérieurs, beaucoup plus forte et très-crochue dans l'un des sexes. — Sur les graminées (2).

Les Malachies. (Malachius. Fab. Oliv. — Cantharis. Linn.)

Ne diffèrent des dasytes que par leurs antennes moins écartées et plus intérieures, et par la présence de quatre corps vésiculaires, ordinairement rouges, à trois lobes, ré-

---

(1) Les *mélyres* de Fab. En outre son *zygia oblonga*, Latr. Gener. Crust. et Insect. I, VIII, 3; les mélyres *pubescens*, *ciliata*, d'Olivier. Ces insectes sont propres aux pays les plus méridionaux de l'Europe et à l'Afrique.

(2) Voyez, pour les autres espèces, Fabricius; les *mélyres* d'Olivier, n°. 6-17. Panz. Ind. Entom. p. 143. Latr. Gen. Crust. et Insect. I, p. 264.

tractiles, et que Geoffroi nomme *cocardes;* deux sont placés sous les angles antérieurs du corselet, et les deux autres à la base du ventre. On ignore leur usage, mais l'insecte les fait sortir chaque fois qu'il est effrayé.

L'un des sexes a, dans quelques espèces, un appendice, en forme de crochet, au bout de chaque étui, que l'individu de l'autre sexe saisit par derrière, avec ses mandibules, pour l'arrêter lorsqu'il fuit ou qu'il court trop vite.

Ces insectes ont des couleurs agréables.

Le *M. bronzé* (*Cantharis ænea.* Lin.) Panz. ibid. X, II, long de trois lignes, d'un vert luisant, avec les étuis rouges au bord, et le devant de la tête jaune.

Le *M. à deux pustules* (*Cantharis bipustulata.* L.) Panz. ibid. III, un peu plus petit, d'un vert luisant, avec le bout des étuis rouge (1).

Tantôt les palpes maxillaires vont en grossissant; les mâchoires n'ont point d'appendice intérieur; le pénultième article des tarses est en forme de cœur; et la tête se termine brusquement.

LES DRILES. (DRILUS. Oliv. — PTILINUS. Geoff. Fab.)

Leurs antennes sont plus longues que la tête et le corselet et pectinées au côté intérieur. Les palpes maxillaires sont avancés. Le corselet est transversal.

Le *D. jaunâtre* (La *Panache jaune.* Geoff. I, 1, 2.) Oliv. Col. II, 23, 1, 1, long de près de trois lignes, noir, un peu soyeux, avec les étuis jaunâtres.—Sur les plantes.

M. Waudouer m'a communiqué une autre espèce trouvée en Allemagne, dont le corps est tout noir, et dont les antennes sont moins pectinées.

La sixième tribu, celle des PTINIORES,

Où l'avant-sternum, comme dans les trois

(1) Voyez les mêmes ouvrages et Schonh. Syn. Insect. II, p. 76.

tribus précédentes, ne fait point de saillie sur la bouche; dont les mandibules sont échancrées à leur extrémité, ou offrent, au-dessous, une dentelure; dont la tête courte, arrondie ou presque globuleuse, est reçue en grande partie dans un corselet très-cintré en forme de capuchon, et qui ont des palpes très-courts et terminés par un article toujours plus gros, et qui s'élargit vers son extrémité.

Leur corps est ovoïde ou cylindrique, arrondi ou convexe en-dessus, et de consistance généralement solide, avec des couleurs sombres ou obscures.

Les mandibules sont courtes, épaisses, presque triangulaires.

Les articles intermédiaires des tarses sont courts, larges, et garnis en-dessous de pelottes dans plusieurs. Le dernier est souvent proportionnellement plus court que le même des tarses des autres coléoptères.

Ces insectes sont généralement très-petits, et ont été comptés par Linnæus dans son genre

PTINE. (PTINUS.)

La plupart habitent l'intérieur de nos maisons, surtout au printems, où on les voit courir sur les murs, les chassis des fenêtres, les lambris, etc. Lorsqu'on les touche, ils contrefont le mort, en baissant la tête, en inclinant leurs antennes et en contractant leurs pieds. Ils demeurent quelque temps dans cette léthargie apparente : leurs mouvemens sont, en général, assez lents. Les individus ailés prennent rarement le vol, pour s'échapper. Leurs larves nous sont très-nuisibles. Elles ont une grande ressemblance avec celle des scarabées. Leur corps, souvent courbé en arc, est mou, blanchâtre, avec la tête et les pieds bruns et écailleux. Leurs mandibules sont fortes. Elles se construisent, avec les fragmens des matières qu'elles ont rongées, une coque, où elles se changent en nymphes. D'autres espèces établissent leur domicile à la campagne, dans les bois, sur les pieux et sous les pierres; elles ont d'ailleurs les mêmes habitudes.

Les uns ont la tête et le corselet, ou la moitié antérieure du corps, plus étroite que l'abdomen, des antennes toujours terminées d'une manière uniforme, simples, ou très-peu en scie, et presque aussi longues au moins que le corps.

LES PTINES. (PTINUS. Lin. Fab. — BRUCHUS. Geoff.)

Ont les antennes insérées entre les yeux, qui sont saillans ou convexes. Leur corps est oblong.

Ils se tiennent, pour la plupart, dans l'intérieur des maisons, principalement dans les greniers et les parties inhabitées. Leurs larves rongent les herbiers et les dépouilles préparées et sèches d'animaux. Les antennes des mâles sont plus longues que celles des femelles, et dans plusieurs espèces, ces derniers individus sont dépourvus d'ailes.

Le *P. voleur.* (*P. fur.* Lin. Fab.; *P. latro*, *striatus*. F.) Oliv. Col. II, 17, 1, 1, 3; 11, 9, var. du mâle. Long d'une ligne et demie, d'un brun clair; antennes de la longueur du corps; corselet ayant de chaque côté une éminence pointue, et deux autres arrondies et couvertes d'un duvet jaunâtre, dans l'intervalle; deux bandes transverses, grisâtres, formées par des poils, sur les étuis.

Suivant de Geer, il se nourrit de mouches et autres insectes morts qu'il rencontre. Sa larve fait un grand dégât dans les herbiers et les collections d'histoire naturelle.

Le *P. impérial.* (*P. imperialis.* Fab.) Oliv. ibid. I, 4. Remarquable par deux taches des étuis représentant, par leur réunion, la figure grossière d'un aigle à deux têtes. Vit sur le vieux bois.

J'ai trouvé fréquemment sur des excrémens le *P. germain* (Latr. Gen. Crust. et Insect. I, pag. 279), qui a beaucoup de rapports avec le *P. voleur* (1).

LES GIBBIES. (GIBBIUM. Scop. — PTINUS. Fab. Oliv.)

Où les antennes sont insérées au-devant des yeux, qui sont aplatis et très-petits; où l'écusson manque ou n'est point distinct; et dont le corps est court, avec l'abdomen très-grand, renflé, presque globuleux et demi-transparent. Les antennes sont plus menues vers leur extrémité, et les étuis sont soudés. Ces insectes font aussi leur séjour dans les herbiers et les collections (2).

Les autres ont le corps soit ovale ou ovoïde, soit presque cylindrique; le corselet de la largeur de l'abdomen, du moins à sa base; les antennes tantôt uniformes, en scie ou pectinées, tantôt terminées par trois articles beaucoup plus grands que les précédens; elles sont plus courtes que le corps.

LES PTILINS. (PTILINUS. Geoff. Oliv. — PTINUS. Lin.)

Dont les antennes, depuis le troisième article, sont en scie, et quelquefois pectinées dans les mâles.

---

(1) Voyez pour la synonymie des espèces de ce genre Schonherr, Synon. Insect. II, p. 106.

(2) *Ptinus scotias*, Fab. Oliv. Col. ibid. 1, 2. Panz. Faun. insect. Germ. V, VIII; — *p. sulcatus*, Fab.

Ce genre étant peu nombreux en espèces, on peut lui associer les *xyletines* de Latreille (1), dont les antennes sont simplement en scie dans les deux sexes; les *sandalus* de Knoch (2), qui ont ces organes conformés de la même manière, mais plus courts que le corselet, et dont les mandibules sont fortes, avancées et très-crochues. Dans les ptilins proprément dits, ou ceux d'Olivier, les antennes des mâles ont leur côté intérieur très en peigne (3). Ces insectes vivent dans le bois sec, et le percent de petits trous. C'est là aussi qu'ils s'accouplent; l'un des sexes est en dehors et suspendu en l'air.

LES DORCATOMES. (DORCATOMA. Herbst. Fab.)

Où les antennes finissent brusquement par trois articles plus grands, et dont les deux avant-derniers en forme de dents de scie; elles ne sont composées que de neuf articles (4).

LES VRILLETTES. (ANOBIUM. Fab. Oliv. — PTINUS. Lin. — BYRRHUS. Geoff.)

Où les antennes sont également terminées par trois articles plus grands ou plus longs, mais dont les deux avant-derniers en cône renverse et allongé, et celui du bout ovale ou presque cylindrique; elles ont onze articles.

Plusieurs espèces de ce genre habitent l'intérieur de nos maisons, où elles nous font beaucoup de tort dans leur premier état, celui de larve, en rongeant les planches, les solives, les meubles en bois, les livres, qu'elles percent

---

(1) *Ptinus serricornis*, Fab.

(2) *Sandelus petrophya*, Knoch. N. Beyt. I, v, 5.

(3) *Ptilinus pectinicornis*, Fab. Oliv. Col. II, 17 bis, 1, 1; — *p. pectinatus*, Fab.; ejusd. *serratus*; *ptinus denticornis*, Var. Panz. ibid. VI, IX; XXXV, IX.

(4) *Dorcatoma dresdensis*, Herbst. Col. IV, XXXIX, 8.

de petits trous ronds, semblables à ceux que l'on feroit avec une vrille très-fine. Leurs excrémens forment ces petits tas pulvérulens de bois vermoulu que nous voyons souvent sur le plancher. D'autres larves de vrillettes attaquent la farine, les pains à cacheter que l'on garde dans les tiroirs, les collections d'oiseaux, d'insectes, etc.

Les deux sexes, pour s'appeler dans le temps de leurs amours et se rapprocher l'un de l'autre, frappent plusieurs fois de suite et rapidement, avec leurs mandibules, les boiseries où ils sont placés, et se répondent mutuellement. Telle est la cause de ce bruit, semblable à celui du battement accéléré d'une montre, que nous entendons souvent, et que la superstition a nommé l'*horloge de la mort.*

La *V. damier* (*A. tesselatum.* Fab.), Oliv. Col. II, 16, 1, 1, longue de trois lignes, d'un brun obscur et mat, avec des taches jaunâtres, formées par des poils; corselet uni; étuis sans stries.

La *V. opiniâtre*, (*Ptinus pertinax.* Lin. *A. striatum.* F.) Oliv. ibid. I, 4, noirâtre; corselet ayant, à chaque angle postérieur, une tache jaunâtre, et près du milieu de sa base une élévation comprimée, divisée en deux, en devant, par une dépression; étuis à stries ponctuées. — Au nord de l'Europe.

Elle préfère, d'après les observations de Degéer, se laisser brûler à petit feu, plutôt que de donner le moindre signe de vie, lorsqu'on la tient.

La *V. striée* d'Olivier, ou l'*Anobium pertinax* de Fabricius (Panz. ibid. LXVI, V), ressemble beaucoup à la précédente; mais elle est plus petite et n'a pas de taches jaunes aux angles postérieurs du corselet. Elle est très-commune dans les maisons.

La *V. de la farine* (*A. puniceum.* Fab. *A. minutum.* ejusd.) Oliv. ibid. II, 9, est très-petite, fauve, avec le corselet lisse, et les étuis triés. Elle ronge les substances farineuses, et ravage les collections d'insectes lorsqu'on la laisse s'y multiplier. Elle s'établit aussi dans le liége (1).

La septième tribu, les LIME-BOIS,

Se distingue des précédens à leur tête entièrement dégagée et séparée du corselet par un étranglement ou un col. Leur sternum antérieur ne fait point de saillie, non plus que dans les quatre tribus précédentes; leurs mandibules sont courtes, épaisses, échancrées ou terminées par deux dentelures, comme dans les ptines.

Leur corps a une forme linéaire.

LES CUPES. (CUPES. Fab.)

Qui ont les palpes égaux, terminés par un article tronqué, et les antennes cylindriques (2).

LES LYMEXYLONS. (LYMEXYLON. Fab. — CANTHARIS. MELOE. Lin.)

Où les palpes maxillaires sont beaucoup plus grands que les labiaux, pendans, très-divisés, et comme en peigne ou en forme de houpe dans les mâles; et dont les étuis recouvrent la plus grande partie du dessus de l'abdomen.

Leurs larves causent un grand dommage aux chênes et aux bois de construction de la marine. L'insecte parfait a la tête grosse, presque globuleuse.

---

(1) Consultez, pour les autres espèces, Schonherr, Syn. Insect. II, p. 101. Quelques-unes de Fabricius se rapportent à notre genre *cis*.

(2) *Cupes capitata*, Fab. Latr. Gen. Crust et Insect. I, VIII, 2. Coqueb. Illust. Icon. Insect. III, XXX, 1.

Les uns ont les antennes en scie, et forment le genre HYLECŒTE (HYLECŒTUS) de Latreille (1). Tel est le *L. dermestoïde* (*Meloë marci.* Lin. mâle; ejusd. *Cantharis dermestoïdes*, fem.) Oliv. Col. II, 25, I, 1, 2. *Femelle*, longue de six lignes, d'un fauve pâle, avec les yeux et la poitrine noirs. *Mâle*, noir; étuis tantôt noirâtres, tantôt roussâtres, avec l'extrémité noire. — En Allemagne, en Angleterre et au nord de l'Europe.

Les autres ont les antennes simples, un peu plus grêles au bout, ou légèrement en fuseau. Ce sont les *Lymexylons* proprement dits de Latreille (2).

Le *L. naval* (*L. flavipes.* Fab. mâle; ejusd. *L. navale*, fem.) Oliv. ibid. I, 4. De la longueur du précédent, mais plus étroit; d'un fauve pâle, avec la tête, le bord extérieur et l'extrémité des étuis noirs : cette dernière couleur dominant un peu plus dans le mâle.

Aux environs de Paris et dans les bois de l'Europe (3).

LES ATRACTOCÈRES. (ATRACTOCERUS. Pal. de Beauv. — NECYDALIS. Lin. — LYMEXYLON. Fab.)

Dont les palpes maxillaires sont aussi très-grands, mais dont les étuis sont très-courts, et qui ont les antennes simples, en forme de fuseau ou de râpe.

On n'en connaît qu'une espèce, qui se trouve en Guinée, l'*At. nécydaloïde* de M. Palisot de Beauvois. (*Magas. encycl.*; *Necydalis brevicornis.* Lin.; *Lymexylon abbreviatum.* Fab.)

---

(1) Latr. Gen. Crust. et Insect. I, pag. 266.

(2) Ibid. pag. 267.

(3) *Lymexylon barbatum*, Oliv. ibid. I, 3, mâle; *l. morio?* F. Le *L. proboscideum* d'Oliv. ibid. 5, appartient au genre *sitaris* de Latreille, section des *hétéromères*.

La quatrième famille des COLÉOPTÈRES PENTAMÈRES,

Celle des CLAVICORNES,

Ayant, de même que la précédente, quatre palpes, et des étuis recouvrant le dessus de l'abomen ou sa plus grande portion, s'en distingue par ses antennes plus grosses vers leur extrémité, souvent même en massue, perfoliée ou solide; elles sont plus longues que les palpes maxillaires, avec la base nue ou à peine recouverte.

Ils se nourrissent, au moins, dans leur premier état, de matières animales.

Nous diviserons cette famille en deux sections principales.

1°. Ceux dont les antennes grossissent insensiblement, ou sont terminées par une massue d'un à cinq articles, et dont deux ou trois au plus formant des dents de scie au côté intérieur.

Nous séparons d'abord le genre

DES CLAIRONS. (CLERUS. Geoff.)

Qui ont les palpes maxillaires très-avancés, aussi longs que la tête, ou les labiaux aussi longs ou plus saillans que les précédens, terminés par un article beaucoup plus grand que les inférieurs, en hache ou en cône très-allongé. La tête et le corselet sont plus étroits que l'abdomen.

Nous les diviserons comme il suit:

Les Mastiges. (Mastigus. Hoffm. Lat. — Ptinus. Fab. Oliv.)

Qui ont la tête séparée du corselet par un étranglement en forme de cou; l'abdomen ovale, embrassé par les étuis; les palpes maxillaires presque aussi longs que la tête, et les antennes coudées, à articles allongés.

On les trouve à terre, sous les pierres, ou sous les débris des végétaux; ils ont, ainsi que les insectes du sous-genre suivant, des rapports avec les aléochares et les psélaphes (1).

Les Scymènes. (Scydmænus. Lat. — Pselaphus. Illig. Payk. — Anthicus. Fab.)

Semblables aux précédens quant à la forme générale du corps et la longueur des palpes maxillaires, mais ayant des antennes droites et presque grenues (2).

Les Tilles. (Tillus. — Clerus. Oliv. Fab.)

Où la majeure partie des antennes est en forme de scie, et où les tarses, vus sur les deux faces, ont cinq articles très-apparens.

Leurs larves vivent dans les bois (3).

---

(1) *M. palpalis*, Latr. Gener. Crust. et Insect. I, VIII, 5;—*ptinus spinicornis*, Fab. Oliv. Col. II, 17, 1, 5;—*notoxus flavus*, Thunb.

(2) *Scydmænus Godarti*, Lat. ibid. VIII, 6;—*anthicus helwighii*, Fab. Herbst. Col. IV, XXXIX, 12;—*anthicus minutus*, Fab.

(3) *Tillus elongatus*, Oliv. Col. II, 22, 1, 1;—*clerus unifasciatus*, Fab. Oliv. ibid. IV, 76, II, 21;—*trichodes cyaneus*, Fab.

LES ENOPLIES. (ENOPLIUM. Latr. — TILLUS. Oliv. Fab.)

Où les trois derniers articles des antennes forment une massue en scie, et dont les tarses vus en dessous n'ont que quatre articles apparens (1).

LES CLAIRONS proprement dits. (CLERUS. Latr.)

Dont les trois derniers articles des antennes forment une massue presque triangulaire.

Les tarses, vus en dessus, ne paraissent avoir encore que quatre articles.

Les clairons, ainsi que les énoplies et les tilles, ont le corps presque cylindrique et velu. Leur tête est inclinée et s'enfonce postérieurement dans le corselet; les yeux sont souvent un peu échancrés; leurs palpes, ou du moins les labiaux, sont ordinairement terminés par un article plus grand. Les articles intermédiaires des tarses sont divisés en deux lobes. Ils ont, en général, des couleurs variées et disposées en bandes transverses sur les étuis, et des rapports avec les lime-bois.

On les trouve souvent sur les fleurs; mais leurs larves dévorent celles de quelques autres insectes ou rongent des matières animales.

Leur estomac est plus large en avant, sans rides; leur intestin court, avec deux renflemens en arrière.

Je réunis à ce genre les *notoxes*, les *trichodes* et les *corynètes* de Fabricius.

Le *C. des ruches*. (*Attelabus apiarius*. Lin.—*Trichodes apiarius*. Fab.) Oliv. Col. IV, 76, 1, 4. Bleu; étuis rouges, avec trois bandes transverses d'un bleu foncé, dont la dernière occupe l'extrémité. Sa larve dévore celle de l'abeille domestique, et nuit beaucoup aux ruches.

---

(1) *Tillus serraticornis*, Oliv. ibid. II, 22, 1, 2;—*t. Weberi*, F.;—*t. damicornis*, F.;—*dermestoides*, Schæff. Elem. Entom. 138;—*corynetes sanguinicollis*, Fab. voisin du précédent.

La larve d'un autre clairon (*C. alvearius.* F.), très-semblable au précédent, mais ayant une tache d'un noir bleuâtre à l'écusson, vit dans le nid des *Abeilles maçonnes* (*G. osmie*) de Réaumur, et se nourrit aux depens de leur postérité.

Le *C. des bois* (*C. mutillarius.* F.) Oliv. ibid. I, 12. Noir; étuis ayant leur base rouge et deux bandes blanches. —Très-commun sur les troncs des chênes. Sa larve mange, à ce que l'on croit, celles des vrillettes.

Le *C. violet.* (*Dermestes violaceus.* Lin. — *Corynetes violaceus.* Fab.) *Necrobia violacea.* Oliv. ibid, 76 bis. 1, 1. Petit, d'un bleu violet ou verdâtre, avec les pieds de la même couleur, et des points rangés en ligne sur les étuis. —Très-commun au printemps, dans les maisons. On le trouve aussi dans les charognes (1).

Viennent ensuite les CLAVICORNES dont les palpes maxillaires sont beaucoup plus courts que la tête, et notablement plus longs que les labiaux; les derniers ne sont point terminés par un article en hache ni en cône allongé. Le corselet est de la longueur de l'abdomen.

Les uns ont les antennes très-coudées, et les mandibules aussi longues ou plus longues que la tête.

Leur corps est plus ou moins carré, quelquefois presque globuleux, avec les mandibules avancées, la tête reçue dans une échan-

---

(1) Voyez Olivier, genres *clairon et nécrobie*, Schonherr, Synon. Insect. II, n°s. 58, 61, 62, 63, et Latr. Gener. Crust. et Insect. I. Genres *thanasime*, *opile*, *clairon* et *nécrobie*.

crure du corselet, les étuis tronqués, l'anus découvert, les pieds contractiles, et dont les jambes sont ordinairement larges et épineuses; les quatre derniers sont écartés entre eux à leur naissance. Les antennes sont terminées par une massue solide. L'avant-sternum est souvent dilaté en devant, et reçoit la bouche.

Ils composent le genre

DES ESCARBOTS. (HISTER. Lin.)

La plupart vivent de substances cadavéreuses ou stercoraires, dans les fumiers, les champignons, etc.; quelques-uns se tiennent sous les écorces des arbres, et sont presque tous aplatis.

M. Paykull a formé, avec ceux-ci, un genre sous le nom d'*Hololepte*. Leur bouche est toujours découverte, avec le menton corné, profondément échancré; les mâchoires terminées par un lobe long, presque linéaire, et les palpes à articles allongés et presque cylindriques.

L'*E. unicolor* (*H. unicolor*. Linn.) Payk. Monog. Hister. II, 7. Long de quatre lignes, entièrement noir, luisant; côté extérieur des deux premières jambes à trois dentelures; deux stries de chaque coté du corselet, et quatre sur la partie extérieure de chaque étui, de leur longueur, et dont la plus voisine du bord, interrompue.

Sa larve est allongée, molle, blanchâtre, avec la tête et le premier segment ecailleux; les mandibules fortes et avancées; la plaque du premier segment est cannelée; le dernier est terminé par deux appendices articulés (1).

---

(1) Voyez la Monographie de M. Paykull.

Les autres ont les antennes droites ou point coudées, et les mandibules plus courtes que la tête.

Tantôt les pieds sont toujours saillans, et dans la contraction ne s'appliquent pas sur les côtés de la poitrine. La bouche s'appuie rarement sur l'extrémité supérieure de l'avant-sternum.

Parmi eux le genre

Des Boucliers. (Silpha. Lin.)

Se compose de ceux dont les mandibules sont allongées, comprimées et arquées à leur extrémité.

On l'a divisé comme il suit :

Les Nécrophores ou Porte-morts. (Necrophorus. Fab.)

Qui ont l'extrémité des mandibules entière ou sans dentelure; les antennes un peu plus longues seulement que la tête, et terminées brusquement en une massue grosse, courte, en forme de bouton, et distinctement perfoliée. Les tarses antérieurs sont larges et très-garnis de houppes. Leurs étuis sont coupés droit à leur extrémité.

Ces insectes ont été nommés *enterreurs*, *porte-morts*, parce qu'ils ont l'instinct d'enfouir les cadavres de quelques petits quadrupèdes, notamment ceux des taupes et des souris. Ils se glissent dessous, creusent la terre, jusqu'à ce que la fosse soit assez profonde pour contenir le corps, et l'y font entrer peu à peu, en le tirant à eux. Ils y déposent leurs œufs, et les larves trouvent ainsi leur nourriture.

Ces insectes ont une forte odeur de musc, ainsi que beaucoup de ceux qui vivent dans les matières cadavéreuses. L'espèce de notre pays, la plus commune, est

Le *N. fossoyeur* ou *Point de Hongrie* (*Sylpha vespillo.* Lin.) Oliv. Col. II, 10, 1, 1. Long de sept à neuf lignes, noir, avec les trois derniers articles des antennes roux; deux bandes orangées, transverses et dentées sur les étuis, et les hanches des deux pieds postérieurs armées d'une dent forte et aiguë (1).

LES BOUCLIERS proprement dits. (SILPHA. Fab.)

Dont les mandibules se terminent aussi en pointe simple, mais dont la massue des antennes est allongée et formée presque insensiblement. Les mâchoires ont, au côté intérieur, une dent cornée et aiguë. Les palpes sont filiformes, terminés par un article presque cylindrique, et les étuis débordent le corps.

Leur corps est souvent ovale et a la forme d'un bouclier. La plupart vivent dans les charognes, et diminuent ainsi la quantité de miasmes qu'elles répandent.

Le bouclier à *quatre points* se tient sur les chênes et y dévore les chenilles. Quelques autres grimpent sur les plantes pour y chercher des *hélix* dont ils mangent l'animal. Les larves ressemblent beaucoup à l'insecte parfait, sont également agiles et vivent de la même manière. Quelques espèces se rapprochent un peu, par la forme du corps, des nécrophores.

Le *B. à quatre points* (*S. 4-punctata.* Lin.) Oliv. Col. II, 10, 1, 7. Long de six lignes, noir, avec les côtés du corselet et les étuis d'un tanné pâle; deux points noirs sur chaque étui, et les quatre formant un carré.

On trouve encore, très-communément, le *B. lisse*

(1) Voyez pour les autres espèces, Olivier, ibid.; Fab. Syst. Eleut. I, pag. 333, et Schonherr, Synon. Insect. II, pag. 117.

(*S. lævigata.* Fab.) Oliv. ibid. I, 1, 6, qui est tout noir, luisant, uni et pointillé.

Le *B. obscur* (*S. obscura.* Lin.) Oliv. ibid. II, 18. Tout noir, mais obscur en dessus; corselet tronqué en devant; trois lignes élevées et droites sur chaque étui; les intervalles très-ponctués et unis (1).

Les Agyrtes. (Agyrtes. Frol.)

Qui nous offrent les mandibules et les antennes des boucliers avec des palpes terminés par un article plus gros et ovoïde.

Leur corps est plus oblong, plus convexe et moins reborde (2).

Les Nitidules. (Nitidula. Fab.)

Où l'extrémité des mandibules est échancrée, ou munie d'une dent; qui ont les palpes filiformes ou un peu plus gros à leur extrémité; et les antennes terminées brusquement par une massue soit ovale ou ronde, soit presque conique, de trois articles, ou seulement d'un à deux dans quelques-uns.

Ce sont des insectes très-analogues aux précédens, mais généralement plus petits, et qui rongent aussi, pour la plupart, des substances animales, des champignons, etc. Plusieurs se tiennent sous les écorces des arbres.

Aux nitidules se rattachent, par des nuances délicates, plusieurs sous-genres etablis dans ces derniers temps.

Les uns ont les trois premiers articles des tarses courts, larges ou dilatés, garnis de brosses en dessous, et le quatrième très-petit. Cette division comprend les *nitidules* pro-

(1) Voy. Oliv. ibid. Schonherr, Synon. Insect. II, pag. 121, et Latr. Gen. Crust. et Insect. II, pag. 5.

(2) *Mycetophagus castaneus*, Fab. Panz. Faun. Insect. Germ. XXIV, xx; Latr. ibid. pag. 25.

prement dites (1), les *bytures* (2) et les *cerques* (3) de Latreille.

Les autres ont les quatre premiers articles des tarses presque cylindriques et peu différens en formes et proportions.

Il y en a, parmi ces derniers, qui se rapprochent beaucoup des précédens. Les côtés du corselet, et le plus souvent ceux des étuis sont déprimes, minces et débordent le corps. Ils composent les genres *thymale* (*peltis*. Fab.) (4), *colobique* (5) et *micropèple* (6) de Latreille. La massue des antennes des colobiques n'est que de deux articles; elle est formée d'un seul dans les micropèples.

Ceux dont le corps est plus épais et plus convexe, et dont les côtés du corselet et des élytres s'inclinent insensiblement, forment les genres *dacne* (*engis*. F.) (7), *ips* (*crytophagus*. Herbst.) (8) du même. (*Gener. Crust. et Insect.*) Les derniers ont la massue des antennes plus allongée et moins serrée que les précédens.

Le genre *sphérite* (9) de M. Duftchmid se rapproche beaucoup des *nitidules* par les antennes et les mandibules; ses tarses ne sont point dilatés.

---

(1) Schonh. Synon. Insect. II, pag. 134. Joignez-y les *ips* de Fabricius, à l'exception des n°s. 13, 14, et d'une ou deux autres espèces qui appartiennent au genre *ips* proprement dit de Latreille.

(2) Voyez le *g. cateretes*, Schonh. ibid. 148.

(3) Ibid. pag. 95.

(4) Ibid. p. 132.

(5) Ibid. p. 135, et Latr. Gen. Crust. et Insect. I, XVI, 2.

(6) *Staphylinus porcatus*, Payk;—*nitidula sulcata*, Herbst. V, LIV, 6.

(7) Voyez Fab. Syst. Eleut.

(8) Schonh. ibid. pag. 96.

(9) Faun. Aust. I, pag. 206; *hister glabratus*, Fab.; Sturm. D. fn. I, XX.

LES SCAPHIDIES. (SCAPHIDIUM. Oliv. Fab.)

Ont aussi les mandibules bifides au bout, avec les palpes filiformes, et la massue des antennes fort allongée, compoposée de cinq articles, distans les uns des autres, et en grande partie hémisphériques ou presque globuleux.

Leur corps est épais, retréci et pointu aux deux bouts, en forme de bateau; les étuis sont tronqués. Ils vivent dans les champignons (1).

LES CHOLÈVES. (CHOLEVA. Lat. Spenc. —CATOPS. Payk. Fab.)

Ayant encore des mandibules allongées, comprimées et échancrées au bout; mais dont les palpes se terminent brusquement en manière d'alène.

Les antennes grossissent insensiblement ou forment, peu à peu, une massue très-allongée et composée d'articles lenticulaires ou en forme de toupie. Leur corps est ovale, convexe ou arqué en dessus, avec la tête penchée.

On les trouve courant à terre, et particulièrement dans les lieux à ordures (2).

On peut y réunir le genre *mylœque* de Latreille (3).

Ceux qui suivent ont les mandibules courtes, épaisses et sans arqûre remarquable à leur extrémité.

Ils forment le genre

DES DERMESTES. (DERMESTES. Lin.)

Leurs mandibules sont dentelées sous leur extré-

---

(1) Oliv. Col. II, 20.

(2) Latr. Gen. Crust. et Insect. II, pag. 26; *Catops,* Payk. Fab. *Spence,* monog. gen. *chòleva,* Trans. Linn. Soc.

(3) Latr. ibid. pag. 30.

mité; les antennes un peu plus longues seulement que la tête, sont terminées par une grande massue, ovale, perfoliée de trois articles; le corps est ovalaire, épais, convexe et arrondi en dessus, avec la tête petite et inclinée; le corselet plus large et un peu sinué postérieurement, et les étuis inclinés sur les côtés et légèrement rebordés.

Ils se nourrissent, sous la forme de larves et dans leur dernier état, de matières animales.

Les deux espèces dont nous allons parler sont domestiques, et font un grand ravage dans les pelleteries, les cabinets d'histoire naturelle; de Géer les désigne sous le nom de *disséqueurs*. Le dermeste *du lard*, en effet, coupe et réduit en pièces les insectes des collections où il pénètre.

Le *D. du lard* (*D. lardarius.* Lin.) Oliv. Col. II, 9, I, 1, noir, avec la base des étuis cendrée et ponctuée de noir. Sa larve est allongée, diminuant insensiblement de grosseur de devant en arrière, d'un brun marron en dessus, blanche en dessous, garnie de longs poils avec deux espèces de cornes écailleuses sur le dernier anneau. Elles jettent des excrémens en forme de longs filets.

Le *D. des pelleteries* (*D. pellio.* Lin.) Oliv. *ibid.* II, 11, plus petit, n'ayant que deux lignes et demie de long, d'un beau noir, avec trois points blancs sur le corselet, et un, de la même couleur, sur chaque étui, formés par un duvet. Le mâle a le dernier article des antennes fort long. La larve est très-allongee, d'un brun roussâtre, luisante, garnie de poils roux et terminée par une queue formée de poils de la même couleur. Elle marche en glissant, et comme par secousses, ce que font aussi souvent les espèces de ce genre en état parfait (1).

Les *mégatomes* (2) d'Herbst diffèrent des dermestes par leur avant-sternum, dont l'extrémité supérieure est dilatée et supporte la bouche. Ils vivent sur les arbres.

Tantôt les pieds, lorsque l'animal les contracte, sont totalement, ou en grande partie, appliqués sur les côtés de la poitrine.

L'avant-sternum est presque toujours dilaté à son extrémité supérieure, et sert d'appui à la bouche.

Ils forment le genre BYRRHE (BYRRHUS) de Linnæus, que l'on subdivise comme il suit.

Il y en a dont les antennes sont composées de onze articles et plus longues que la tête. Tels sont

LES THROSQUES. (THROSCUS. Latr. — TRIXAGUS. Lug.)

Très-distincts par leurs antennes terminées en une forte massue, dentée en scie, de trois articles, et se logeant sous les angles postérieurs du corselet; par leurs palpes maxillaires, dont le dernier article est en hache; et par la forme elliptique de leur corps, semblable à celle des taupins, avec les angles portérieurs du corselet très-pointus.

Leur avant-sternum est dilaté; les tarses sont libres ou découverts dans la contraction des pieds (3).

---

(1) Voyez Oliv. ibid. Schonh. Synon. Insect. II, pag. 83.

(2) *Dermestes undatus*, Linn. Oliv. ibid. 1, 2;—*d. serra*, Fab. Herbst. Col. VII, CXV, 10;—*d. nigripes*, Fab. Panz. Faun. Insect. Germ. XXXV, VI?

(3) Latr. Gen. Crust. et Insect. I, VIII, 1, et II, p. 36.

LES ANTHRÈNES. (ANTHRENUS. Geoff.)

Les seuls de cette division où toutes les jambes se replient sur le côté postérieur des cuisses (1), et qui ayent des antennes en massue presque solide ou composée d articles très-serrés.

Leur corps est en ovoïde court, coloré par de petites écailles qui s'enlèvent aisément; la tête s'enfonce verticalement dans le corselet. Les jambes sont grêles, et les tarses ne se replient point sur elles dans la contraction. Ces coléoptères sont très-petits, vivent sur les fleurs en état parfait, et rongent les matières animales sèches, et particulièrement les insectes des collections, lorsqu'ils sont sous la forme de larves. Ces larves sont ovales et très-velues; les poils, dont plusieurs sont dentelés, y forment des aigrettes, et les derniers se prolongent en arrière, sous l'apparence d'une queue. Leur dernière dépouille sert de coque à la nymphe.

L'*A. à bandes* (*Byrrhus verbasci.* Lin.) Oliv. Col. II, 10, 1, 2, gris en dessous, d'un jaune roussâtre en dessus, avec les angles postérieurs du corselet, deux bandes transverses sur les étuis, et une tache près de leur extrémité, gris (2).

LES CHÉLONAIRES. (CHELONARIUM. Fab. Latr.)

Où la tête est tout-à-fait inférieure, et recouverte par un corselet demi-circulaire, en forme de bouclier; et dont les antennes, se logeant dans une rainure de la poitrine, ont le second et le troisième articles très-grands, et les suivans très-courts.

---

(1) Dans les autres, les deux jambes antérieures se replient du côté de la tête, et les quatre dernières en arrière.

(2) Voyez Oliv. ibid.; Latr. ibid. II, pag. 37; Fab. System. Eleut. I, p. 106. Les espèces qu'il nomme *serraticornis* et *denticornis* sont peut-être des *mégatomes*.

Leurs jambes sont larges et comprimées, ainsi que dans les deux genres suivans (1).

LES NOSODENDRES. (NOSODENDRON. Latr.)

Qui s'éloignent de tous les autres de cette subdivision, par la forme de l'avant-sternum, dont l'extrémité supérieure n'enclave point le dessous de la bouche; et par leur menton très-grand, en forme de bouclier. Les antennes se terminent brusquement en une massue courte, large, de trois articles, et se logent sous les côtés du corselet.

On les trouve dans les plaies des arbres, et particulièrement de l'orme (2).

LES BYRRHES proprement dits. (BYRRHUS. Latr.)

Dont les antennes grossisent peu à peu vers leur extrémité, ou se terminent en une massue allongée, de quatre à cinq articles, distinctement séparés les uns des autres.

Le corps est en ovoïde carré, bombé, avec la tête très-enfoncée et verticale, ou très-inclinée. Les pieds sont entièrement contractiles. On les trouve sur le sable, et le plus souvent dans les bois.

M. Waudouer a découvert la larve d'une variété de l'espèce commune de notre pays, sous la mousse. Elle est étroite, allongée, avec la tête grosse, et la plaque du premier segment fort grande. Les deux derniers anneaux ont aussi plus d'étendue que les précédens.

Le *B. pilule* (*B. pilula.* Lin.) Oliv. Col. II, 13, 1, 1, long de trois à quatre lignes, noir en dessous, d'un brun-noirâtre ou couleur de suie, et soyeux en dessus, avec

(1) Latr. Gen. Crust. et Insect. I, VIII, 7, et II, pag. 44.
(2) Latr. ibid. II, pag. 45.

de petites taches noires, entrecoupées par d'autres taches plus claires, disposées en lignes (1).

LES ELMIS. (ELMIS. Lat. — LIMNIUS. Illig.)

Où les antennes sont presque de la même grosseur dans toute leur étendue, et se terminent par un article à peine plus grand, et qui ont les jambes grêles, les tarses presque aussi longs qu'elles, avec leur dernier article et ses crochets allongés.

Ils se tiennent sous des pierres, dans les ruisseaux (2).

Les suivans ont les antennes composées seulement de six à sept articles distincts, dont le dernier plus grand, ovalaire ou presque globuleux, obscurément articulé; elles sont à peine de la longueur de la tête.

LES MACRONYQUES. (MACRONYCHUS. Müll.—PARNUS. Fab.)

Qui ont des tarses longs comme dans les *Elmis*, et à cinq articles; les antennes repliées sous les yeux, et dont le sixième et dernier article distinct forme une masse ovalaire. Le corps est oblong (3).

LES GÉORISSES. (GEORISSUS. Lat.)

Dont les tarses, de longueur moyenne, n'ont que quatre articles distincts; dont les antennes se replient en arrière, et qui ont le septième et dernier article distinct, en massue presque globuleuse. Leur corps est court et renflé, avec la tête très-inclinée (4).

2°. La seconde section se distingue par des

---

(1) Oliv. ibid. Fab. System. Eleut. I, pag. 102; Latr. Gener. Crust. et Insect. II, pag. 40; Schonh. Synon. Insect. I, pag. 110.

(2) Latr. ibid. II, p. 49; Schonh. ibid. II, pag. 117.

(3) *M. quadrituberculatus*, Müll. Illig. Magaz. V; Latr, Gener. Crust. et Insect. II, pag. 58; *parnus obscurus*, Fab.

(4) *Pimelia pigmæa*, Fab. Payk.

antennes qui, à partir du troisième article, forment une massue composée d'articles très-serrés, plus ou moins saillans, au côté interne, en dents de scie, et presque cylindrique ou en fuseau. Elles sont très-courtes, avec le premier ou le second article beaucoup plus grand. Le corps est ovale ou oblong.

Ces insectes vivent sur les bords des eaux, ou dans l'eau même, mais ne savent point nager, ainsi que ceux des trois genres précédens, qui ont des habitudes analogues. Ils nous conduisent à la famille suivante, et peuvent être compris dans un seul genre, celui

DES DRYOPS (DRYOPS) d'Olivier.

Que l'on peut subdiviser ainsi :

LES DRYOPS proprement dits. (DRYOPS. Oliv.)

Qui ont de longs tarses, à cinq articles distincts; des antennes semblables à celles des gyrins, se logeant dans une cavité sous les yeux, avec le second article très-grand, en palette, recouvrant tous les autres; l'avant-sternum est dilaté et reçoit la bouche (1).

LES HYDÈRES. (HYDERA. Lat.)

Qui ont aussi de longs tarses, et à cinq articles distincts; des antennes toujours libres ou saillantes, rejetées en ar-

---

(1) Latr. Gen. Crust. et Insect. II, 53; Schonh. Synon. Insect. II, p. 116.

rière, avec le premier article fort grand, presque cylindrique, et ne s'avançant point au-dessus des suivans.

L'avant-sternum n'est point dilaté (1).

LES HÉTÉROCÈRES. (HETEROCERUS. Bosc. Fab.)

Où les tarses sont courts, n'ont que quatre articles distincts, et se replient sur le côté extérieur des jambes, qui sont triangulaires, épineuses ou ciliées, surtout les deux premières, et propres à fouir.

Les antennes ressemblent à celles des hydères, mais sont plus petites. L'avant-sternum s'avance sur la bouche. Le corps est plus aplati que dans les précédens. Ces insectes se tiennent dans le sable ou dans la terre humide, près du bord des eaux, sortent de leurs trous, lorsqu'on les inquiète, en marchant sur le sol. C'est-là aussi que vit leur larve, que M. Miger a observée le premier (2).

La cinquième famille des COLÉOPTÈRES PENTAMÈRES,

Celle des PALPICORNES.

Ne diffère de la précédente que par la longueur des palpes maxillaires, qui égale presque ou surpasse encore souvent celle des antennes, et en ce que ces derniers organes sont insérés dans une fossette profonde, sous un avancement remarquable des bords de la tête.

Leur corps est ordinairement ovale ou rond et bombé, avec les antennes fort courtes, en

---

(1) *Parnus acuminatus*, Fab. Panz. Faun. Insect. Germ. VI, VIII. — *Dryops picipes*. Oliv. III, 41, 1, 2.

(2) Latr. ibid. II, p. 51; Schonh. ibid. 150.

massue perfoliée, et composées au plus de neuf articles, dont le premier allongé; le devant de la tête avancé au-delà des mandibules, en forme de chaperon; les yeux situés plus en dessous qu'en dessus, et le menton corné, fort grand et couronné par la lèvre. Les divisions terminales des mâchoires se dirigent vers elle ou obliquement, comme dans les bousiers et autres genres analogues.

Ils forment deux genres principaux : ceux dont les tarses sont, le plus souvent, ciliés, avec le premier article beaucoup plus court que le second, ou même peu sensible, de sorte qu'ils paroissent n'en avoir que quatre; dont les mâchoires sont entièrement cornées; qui vivent habituellement dans les eaux douces, et sont carnassiers dans le premier et dernier états, embrassent le genre

HYDROPHILE (HYDROPHILUS) de Geoffroi.

Les uns, plus éminemment nageurs, ou dont les pieds sont ordinairement en forme de rames, ont la massue des antennes distinctement perfoliée, les palpes filiformes (les maxillaires souvent très-longs), l'extrémité des mandibules dentée, le corps arrondi et convexe en dessus. Tels sont

LES HYDROPHILES proprement dits. (HYDROPHILUS. Fab.)

Qui ont neuf articles aux antennes, les jambes terminées

par deux fortes épines, et le chaperon entier. Leurs larves ressemblent à des espèces de vers, mous, à forme conique et allongée, pourvus de six pieds, ayant une tête assez grande, écailleuse, plus convexe en dessus qu'en dessous, et armée de mandibules fortes et crochues. Elles respirent par l'extrémité postérieure de leur corps. Elles sont très-voraces, et nuisent beaucoup aux étangs, en dévorant le frai. Leur intestin est de longueur médiocre, mais il s'allonge beaucoup dans l'insecte parfait.

L'*H. brun* (*H. piceus*. F.) Oliv. Col. III, 39, 1, 1; un des plus grands insectes d'Europe, long d'un pouce et demi, ovale, d'un brun noir et luisant, comme poli, avec la massue des antennes en grande partie roussâtre, et l'arrière-sternum prolongé, du côté du ventre, en une pointe très-aiguë; quelques stries peu marquées sur leurs étuis; leur extrémité postérieure arrondie, avec une dent à l'angle interne. Dernier article des tarses antérieurs dilaté en palette triangulaire, dans les mâles.

Il nage, plonge et vole très-bien; mais il marche mal. Sa pointe sternale peut quelquefois blesser, lorsqu'on le tient dans la main, et qu'on lui laisse assez de liberté pour se mouvoir.

L'anus de la femelle a deux filières, avec lesquelles elle forme une coque ovoïde, surmontée d'une pointe en forme de corne arquée, et de couleur brune. Son tissu extérieur est une pâte gommeuse, d'abord liquide, ensuite compacte et impénétrable à l'eau. Les œufs qu'elle enveloppe y sont disposés avec symétrie, et maintenus par une sorte de duvet très-blanc. Les coques flottent sur l'eau.

La larve est déprimée, noirâtre, ridée, avec la tête d'un brun-rougeâtre, lisse, ronde, et pouvant se renverser en arrière; cette faculté lui donne le moyen de saisir les petites coquilles qui nagent à la surface de l'eau. Son dos lui sert de point d'appui, et c'est sur cette sorte de table qu'elle les casse, et dévore l'animal qu'elles renferment. Le corps de ces larves devient flasque lorsqu'on les prend. Elles nagent avec facilité, et ont au-dessous de l'anus deux appendices charnus, qui servent à les maintenir à la surface de l'eau, la tête en bas, lorsqu'elles y viennent respirer. D'autres larves de ce genre, dépourvues de ces appendices, ne nagent point, et ne se suspendent pas comme les précédentes. Les femelles de ces espèces nagent difficilement, et portent leurs œufs sous l'abdomen, dans un tissu soyeux.

Voyez les observations de M. Miger. (Ann. du Mus. d'Hist. Nat. XIV, 441.) (1).

LES SPERCHÉS. (SPERCHEUS. Fab.)

Dont les antennes n'ont que six articles; qui n'ont point d'épines remarquables ou saillantes au bout des jambes, et dont le chaperon est échancré.

La division extérieure de leurs mâchoires a la forme d'un palpe (2).

Les autres, qui ne sont point ou très-peu nageurs, ont la massue des antennes formée d'articles très-serrés ou presque solide; le dernier des palpes, soit plus gros et ovale, soit plus menu et en alène; l'extrémité des mandibules simple ou sans dentelures; le corps oblong presque plat en dessous ou déprimé.

LES ELOPHORES. (ELOPHORUS. Fab. — SILPHA. Lin.)

Où les palpes sont terminés par un article plus gros et ovale, et dont la massue des antennes ne commence qu'au sixième article (3).

---

(1) Schonh. Synon. Insect. II, pag. 1; Latr. Gen. Crust. et Insect. II, p. 64.

(2) Schonh. ibid. pag. eâd.; Latr. ibid. p. 63, IX, 4.

(3) Schonh. ibid. p. 39; Latr. ibid. p. 67.

LES HYDRÆNES. (HYDRÆNA. Kug. — ELOPHORUS. Fab.)

Où les palpes se terminent en alène, et dont la massue des antennes commence au troisième article (1).

Le second genre,

Celui des SPHÉRIDIES. (SPHÆRIDIUM) de Fabricius.

Est composé d'insectes terrestres, qui ont cinq articles distincts à tous les tarses, dont le premier est aussi long au moins que le second. Les divisions de leurs mâchoires sont membraneuses.

Ils ont le corps hémisphérique, le second article des palpes maxillaires très-renflé, et les jambes épineuses. On les trouve plus particulièrement dans les bouses. Quelques mâles ont le dernier article des tarses antérieurs plus épais.

Le *S. à quatre taches.* (*Dermestes scarabæoïdes.* Lin.) Oliv. Col. II, 15; I, 1 et 3; II, 11; noir, luisant, lisse; écusson allongé; pieds très-épineux; une tache d'un rouge de sang à la base de chaque étui; leur extrémité rougeâtre. Ces taches diminuent ou s'oblitèrent dans plusieurs individus (2).

---

(1) Schonh. ibid. pag. 42; Latr. ibid. p. 69.

(2) Schonh. Synon. Insect. I, p. 100, et II, p. 139; Latr. Gen. Crust. et Insect. II, p. 70.

La sixième et dernière famille des Coléoptères Pentamères,

Les Lamellicornes.

Nous offre un caractère qui lui est exclusivement propre, celui d'avoir les antennes terminées en une massue, soit feuilletée, c'est-à-dire composée d'articles en forme de lames, disposées en éventail ou à la manière des feuillets d'un livre, s'ouvrant et se fermant de même, soit en peigne, et dont les feuillets sont perpendiculaires à l'axe.

Nous partagerons cette famille en deux tribus.

La première, celle des *Scarabéïdes*, où les antennes sont en massue feuilletée.

Elle est parfaitement naturelle et répond au genre

Des Scarabées. (Scarabæus. Lin.)

Plusieurs des insectes qu'elle comprend sont remarquables par leur taille, et les éminences en forme de cornes, de tubercules, que présentent, dans les mâles, la tête, le corselet ou ces deux parties simultanément. Leur corps est en général ovale ou ovoïde. Les antennes sont ordinairement composées de neuf à dix articles, et insérées dans une cavité, sous les bords de la tête; l'extrémité antérieure de cette partie s'avance en chaperon. Les yeux s'étendent plus en dessous qu'en dessus. La bouche varie; mais la lèvre est le plus souvent couverte par le menton, qui est grand et corné. Les deux premières jambes, et même souvent d'autres, sont dentées extérieurement, et propres à fouir. Les articles des tarses sont toujours entiers. Ils vivent de substances végétales; mais un grand nombre préfère celles qui ont été décomposées, telles que les fientes, le fumier, le tan, etc. Ceux qui se nourrissent de feuilles ou du miel des fleurs, sont ordinairement ornés de couleurs variées, agréables, ou même très-éclatantes, tandis que ceux qui vivent de l'autre manière sont uniformément d'une teinte noire ou brune. Tous ont des ailes et la démarche lourde.

Les larves ont le corps long, presque demi-cylindrique, mou, flexible, souvent ridé, blanchâtre, divisé en douze anneaux, avec la tête écailleuse, armée de fortes mandibules, et six pieds écailleux. Chaque côté du corps a neuf stigmates. Son extrémité postérieure est plus épaisse, arrondie, et presque toujours courbée en dessous, de façon que ces larves ayant le dos convexe ou arqué, ne peuvent s'étendre en ligne droite, marchent mal sur un plan uni, et tombent à chaque instant à la renverse ou sur le côté. Quelques-unes ne se changent en nymphes qu'au bout de trois à quatre ans. Elles se forment dans leur séjour, avec la terre ou les débris des matières qu'elles ont rongées, une coque ovoïde ou en forme de boule allongée, dont les parties sont liées avec une substance glutineuse qu'elles font sortir du corps. Elles ont pour alimens les bouses, le fumier, le terreau, les substances ligneuses altérées, les racines des végétaux, souvent même de ceux qui sont nécessaires à nos besoins, d'où résultent pour le cultivateur des pertes considérables.

Les larves de tout ce genre ont un estomac cylindrique entouré de trois rangées de petits cœcums; un intestin grêle très-court; un colon énormément gros, boursoufflé, et un rectum médiocre. Dans l'insecte parfait ces inégalités disparaissent, et il n'y a qu'un long intestin presque d'égale venue.

Les trachées de l'insecte parfait sont toutes vésiculaires.

On peut, d'après la considération des organes masticatoires, les antennes et les habitudes, diviser les scarabés de la manière suivante.

Les espèces des trois premières divisions vivent, dans leur premier et leur dernier état, de matières végétales corrompues. Leur abdomen est, en général, plus court que la poitrine, de sorte que les pieds postérieurs sont fort reculés des deux premiers, et peu éloignés de l'anus. Le chaperon est, le plus souvent, soit en demi-cercle, soit presque triangulaire, avec la pointe en devant.

1°. Ceux dont les palpes labiaux, terminés par un article plus petit ou plus menu que le précédent, vont en pointe, et qui ont la pièce du bout de leurs mâchoires membraneuse, large ou transversale.

Cette division répond à la troisième du genre scarabée d'Olivier.

Les antennes n'ont que huit à neuf articles dans les

deux sexes. Le labre, qui est toujours caché sous un chaperon en demi cercle, les mandibules et la pièce terminant les mâchoires, sont minces et membraneux. La plupart manquent d'écusson.

LES BOUSIERS. (COPRIS. Geoff.)

Ont les pieds de la seconde paire beaucoup plus écartés, entre eux, à leur naissance, que les autres; les palpes labiaux très-velus, avec le troisième et dernier article beaucoup plus petit que le précédent, ou même peu distinct. L'ecusson manque ou paraît à peine.

Les espèces ayant les deux ou les quatre jambes postérieures longues, grêles, peu ou point dilatées à leur extrémité; qui enferment leurs œufs dans des boules de fiente, ou même d'excrémens humains, semblables à de grandes pilules, et qu'elles font rouler avec leurs pieds de derrière, et souvent de compagnie, jusqu'aux trous préparés pour les recevoir, forment le genre *ateuchus* (*ateuchus*) de M. Weber et de Fabricius (1).

On en a séparé, sous le nom générique de *gymnopleure*, ceux dont les étuis ont au-dessous de l'angle extérieur de leur base, un sinus profond ou une échancrure. Quelques autres, n'ayant que huit articles aux antennes, et dont les deux pieds postérieurs sont beaucoup plus longs que les autres, ont formé le genre *sisyphe* (2).

Le *B. sacré* (*S. sacer.* Lin.) Oliv. Col. I, 3, VIII, 59, qui fesait partie du culte religieux des anciens Egyptiens, de leurs hiéroglyphes, et a été représenté sur plusieurs de leurs monumens et sur des pierres gravées, est une espèce d'ateuchus ou de pilulaire. Il est grand, noir, lisse, avec six dentelures au chaperon et deux tubercules sur la tête.

---

(1) Schonherr, Synon. Insect. I, pag. 57; Latr. Gen. Crust. et Insect. II, p. 76.

(2) Latr. ibid. p. 79.

On le trouve au midi de l'Europe et en Afrique.

D'autres bousiers, à jambes antérieures, longues, étroites et sans tarses, dans les mâles; dont le corselet est plus arrondi, composent le genre *onitis* de Fabricius (1).

Parmi les espèces qu'il laisse dans celui des bousiers proprement dits (2), nous citerons :

Le *B. lunaire* (*S. lunaris*. Lin.) Oliv. Col. ibid. v, 36, auquel il faut rapporter, comme la femelle, celui qu'on a nommé *échancré*, Oliv. ibid. VIII, 64, long de huit lignes, noir, très-luisant; tête échancrée en devant, portant une corne élevée, plus longue et pointue dans le mâle; courte, tronquée et échancrée dans la femelle. Corselet tronqué par devant, et ayant une corne de chaque côté; étuis profondement striés.

Plusieurs bousiers de Fabricius, qui ont le corps court et ovale, avec le second article des palpes labiaux plus grand que le premier, et le dernier très-petit ou presque nul, sont les *onthophages* de Latreille (3). Tels sont :

Le *B. taureau* (*S. taurus*. Lin.) Oliv. *ibid.* VIII, 63; petit, noir; deux cornes arquées en demi-cercle sur la tête du mâle; deux lignes élevées et transverses sur celle de la femelle. — Dans les bouses de vache.

Le *B. nuchicorne*. (*S. nuchicornis*. Lin.) Panz. Faun. Insect. Germ. I, I, et XLIX, VIII, noir; étuis de couleur grise, avec de petites taches noires; mâle ayant sur le derrière de la tête une élévation, comprimée à sa base, terminée en une pointe presque droite; deux lignes élevées et transverses sur celle de la femelle; un tubercule au-devant de son corselet. Avec le précédent.

---

(1) Schonh. Synon. Insect. I, p. 29; Oliv. Encycl. Méth. article *onitis*.

(2) Schonh. ibid. pag. 33; Latr. Gen. Crust. et Insect. II, p. 75.

(3) Latr. ibid. p. 83. Tous les *copris* figurés par Panzer, à l'exception du *lunaris*, Ind. Entom. p. 3.

Les Aphodies. (Aphodius. Illig. Fab.)

Où tous les pieds sont séparés entre eux, à leur naissance, par des intervalles égaux, et qui ont les palpes labiaux presque ras ou peu velus, et composés d'articles cylindriques et presque semblables. Ils ont tous un écusson distinct.

L'*A. du fumier* (*S. fimetarius*. Lin.) Panz. Faun. Insect. XXXI, 11, long de trois lignes, noir, avec les étuis et une tache de chaque côté du corselet, fauves; trois tubercules sur la tête; des stries ponctuées sur les étuis (1).

2°. Les scarabés dont les palpes labiaux sont terminés par un article de la grandeur au moins du précédent; qui ont onze articles aux antennes, les mandibules cornées, fortes, avancées et arquées autour du labre, qui est aussi saillant.

Les étuis, ainsi que dans les deux premiers sous-genres de la division suivante, sont voûtés, embrassent le pourtour de l'abdomen, et l'anus est peu découvert. Le chaperon est rhomboïdal.

Ces coléoptères vivent aussi de fientes, creusent des trous profonds dans la terre, volent plus spécialement le soir, après le coucher du soleil, et contrefont les morts, lorsqu'on les prend à la main.

Les Lethrus. (Lethrus. Scop.)

Où le neuvième article des antennes est en forme d'entonnoir et enveloppe les deux derniers. La tête se prolonge en arrière.

Les mâles ont les mandibules plus grandes, avec une branche ou une forte dent au côté extérieur. L'abdomen est fort court (2).

---

(1) Schonh. Synon. Insect. I, p. 66; Panz. Ind. Entom. p. 7.

(2) *L. cephalotes*, Fab. Oliv. Col. I, 2, 1, 1; le *l. æneus* de Fabricius est du genre *lamprima* de Latreille.

Les Géotrupes. (Geotrupes. Lat. Fab.)

Où la massue des antennes est formée d'articles libres et en feuillets, comme dans les autres de la famille.

Le *G. stercoraire* (*Scarabæus stercorarius.* Lin.) Oliv. Col. I, 3, v, 39, d'un noir luisant, ou d'un vert-foncé en dessus, violet, ou d'un vert-doré en dessous; un tubercule sur le vertex; étuis ayant des raies pointillées; les intervalles lisses; deux dentelures à la base des cuisses postérieures.

Le *G. printanier* (*S. vernalis.* Lin.) Oliv. ibid. IV, 23, plus court que le précédent, se rapprochant de la forme hémisphérique, d'un noir violet et lisse.

Le *G. phalangiste* (*S. typhœus.* Lin.) Oliv. ibid. VII, 52, noir; étuis striés; trois cornes avancées en forme de pointes, et dont celle du milieu plus courte, au-devant du corselet du mâle. Moins commun que le précédent; dans les lieux sabloneux et élevés (1).

3°. Ceux à palpes labiaux, terminés aussi par un article, qui est au moins de la grandeur du précédent; mais dont les antennes n'ont que neuf à dix articles; qui ont les mandibules cornées; la languette cachée par le menton, ou réunie avec lui par sa face postérieure, et les mâchoires très-coriaces et ciliées, ou cornées et très-dentées. Les mandibules sont découvertes extérieurement, ou ne sont point renfermées entre les mâchoires et la partie supérieure de la tête.

Ils rongent, du moins en état de larve, les racines des végétaux, ou vivent dans le tan et le bois carié.

Les uns ont les mâchoires terminées par une pièce simplement coriace et ciliée, ou très-velue.

---

(1) Schonh. Synon. Insect. I, p. 22; Latr. Gen. Crust. et Insect. II, p. 91.

Les Ægialies. (Ægialia. Lat. — Aphodius. Illig.)

Qui ont le corps en ovoïde court, très-bombé, avec l'abdomen débordé par les étuis; dont le labre est découvert; qui ont un crochet corné au côté interne des mâchoires, et les antennes de neuf articles (1).

Les Trox. (Trox. Fab.)

Analogues aux précédens par la forme du corps, la saillie du labre et les mâchoires, mais dont les antennes ont dix articles, avec le premier très-velu, et la tête cachée par les hanches des deux pieds antérieurs.

Ils vivent, ainsi que les *ægialies*, dans la terre,.les lieux sabloneux, et font entendre, lorsqu'on les saisit, un bruit aigu, produit par le frottement des parois intérieures du corselet contre le pédicule de la base de l'abdomen. La surface du corselet et des étuis est très-raboteuse (2).

Les Oryctes. (Oryctes. Illig.)

Qui ont le corps ovale, l'anus découvert, le labre caché sous le chaperon, et les mâchoires dépourvues d'onglet corné.

L'*O. nasicorne* (*S. nasicornis.* Lin.) Roes. Ins. II, VI, VII, long de quinze lignes, d'un brun marron, luisant, avec la pointe du chaperon tronquée; une corne conique, arquée en arrière, plus ou moins longue, suivant le sexe, sur la tête; devant du corselet coupé, avec trois dents ou tubercules à la partie élevée ou postérieure de la troncature; étuis lisses. — Dans les couches de tan, ainsi que la larve (3).

---

(1) Latr. Gen. Crust. et Insect. II, 96; *aphodius globosus*, Panz. Faun. Insect. Germ. XXXVII, II.

(2) Schonh. Synon. Insect. I, p. 117; Latr. ibid. p. 97.

(3) Ajoutez: *geotrupes boas*, *rhinoceros*, *stentor*, *silenus*, de F. etc.

Les autres ont les mâchoires entièrement cornées ou écailleuses, et plus ou moins dentées.

Tantôt le labre est entièrement caché, et les mâchoires sont droites. Tels sont

LES SCARABÉES proprement dits. (GEOTRUPES. Fab.)

Auxquels on peut réunir les *phileures* (1) de Latreille. Ils ne diffèrent des oryctes que par les mâchoires.

Les contrées équatoriales des deux mondes nous en fournissent des espèces très-remarquables.

Le *S. hercule* (*S. hercules.* Lin.) Oliv. Col. I, 3, 1; XXIII, 1, long de cinq pouces, noir, avec les étuis d'un gris verdâtre, mouchetés de noir; mâle ayant une corne recourbée, avec plusieurs dentelures sur la tête; et une autre longue, avancée, velue en dessous, avec une double dentelure sur le corselet. — Amérique méridionale. Quelques voyageurs l'ont désigné sous le nom de *mouche cornue*.

Le *S. branchu* (*S. dichotomus.*) Oliv. ibid XVII, 156, d'un brun marron; une grande corne, fourchue et à branches divisées en deux, sur la tête. Une autre plus petite, courbée et bifide à son extrémité, sur le corselet. *Mâle.* — Indes orientales.

Le *S. longs-bras* (*S. longimanus.* Lin.) Oliv. ibid. IV, 27, d'un brun fauve, sans cornes ni tubercules sur la tête et le corselet; les deux pieds antérieurs de moitié plus longs que le corps et arqués. — Indes orientales (2).

Tantôt le bord antérieur du labre est apparent, et les mâchoires sont arquées à leur extrémité.

Le corps est plus court et plus arrondi que celui des scarabées, et a des couleurs brillantes. L'écusson est grand, et

---

(1) Latr. Gen. Crust. et Insect. II, pag. 105.

(2) Schonh. Syn. Insect. I, pag. 1, moins les espèces citées plus haut, et qui se rapportent aux *oryctes*.

l'arrière-sternum est souvent avancé en forme de pointe ou de corne. Les mâchoires sont fortement dentées. La plupart des espèces sont propres à l'Amérique méridionale. Ces insectes lient le sous-genre précédent à ceux de la division suivante. Ici commencent les lamellicornes, qui, en état parfait, dévorent les feuilles des végétaux, et en dépouillent même souvent nos arbres.

LES HÉXODONS. (HEXODON. Oliv. Fabr.)

Distincts des suivans par leur corps presque circulaire, le bord extérieur des étuis dilaté et accompagné d'un canal, la massue des antennes petite et ovale; et par leurs pieds grêles, et dont les crochets sont petits (1).

LES RUTÈLES. (RUTELIA. Latr.)

Qui ont le corps ovoïde, sans canal ni dilatation au bord extérieur des étuis; dont la massue des antennes est oblongue, et dont les pieds sont robustes, avec de forts crochets au bout.

Tous de l'Amérique méridionale (2).

4°. Les lamellicornes de cette division ne s'éloignent des précédens, et particulièrement des *rutèles*, que par la position de leurs mandibules, qui sont plus intérieures, et tellement recouvertes par les mâchoires et la partie supérieure de la tête, qu'elles ne font point de saillie. Leur côté extérieur est seul apparent; tels sont

LES HANNETONS. (MELOLONTHA. Fab.)

Les antennes varient beaucoup selon le sexe; leur massue est plus allongée, et souvent même composée d'un plus grand nombre de feuillets, dans les mâles. Les crochets

---

(1) Oliv. Col. I, 7, 1; Latr. Gen. Crust. et Insect. I, p. 106.

(2) Latr. ibid. p. 103; la troisième division des *cétoines* d'Olivier. Il faut aussi y joindre quelques hannetons de Fabricius, dont le sternum postérieur est saillant, tels que : *punctata*, *viridis* et sa cétoine *gloriosa*.

des tarses ont aussi diverses formes, selon les espèces. En état parfait, ces insectes nuisent beaucoup aux végétaux, et surtout aux arbres, dont ils dévorent en peu de temps les feuilles. Leurs fortes mandibules, leurs mâchoires cornées, et ordinairement très-dentées, ont une action puissante et rapide. Les larves font aussi de grands dégâts, en rongeant les racines des plantes. Elles passent plusieurs années sous cet état.

Quelques espèces exotiques, dont l'extrémité antérieure du labre se dilate en forme de triangle renversé, comme dans le *hanneton ordinaire*, mais dont l'extrémité des mâchoires n'a pas de dents, forment le genre *anoplognathus* de M. Leach (1).

Plusieurs autres à corps aplati, recouvert de petites écailles, à jambes antérieures sans épines sensibles à leur extrémité, et dont les étuis sont dilatés à leur base extérieure, ont été séparées de ce genre par Illiger, et sont maintenant des *hoplies* (2).

Parmi les espèces européennes, la plus grande est :

Le *H. foulon* (*S. fullo.* Lin.) Oliv. Col. I, 5, 111, 28, long d'un pouce et demi, brun ou noirâtre, tacheté de blanc en dessus ; massue des antennes du mâle tres-grande, composée de sept longs feuillets ; six à celle de la femelle, dont l'inférieur plus court. — Sur les côtes maritimes, dans les dunes.

La larve du hanneton ordinaire (*S. melolontha.* L.) est nommée vulgairement *ver blanc.* On trouve en France quelques espèces analogues, et qui paraissent à différentes époques, telles que les suivantes, d'Olivier : *villosa, æstiva, solstitialis*, etc. (3).

---

(1) Zool. Miscell. LXXV.

(2) Lat. Gen. Crust. et Insect. II, p. 115 ; Panz. Ind. Entom. p. 156.

(3) Latr. Gen. Crust. et Insect. II, pag. 107 ; Oliv. Col. I, n°. 5, et Fabricius, Syst. Eleut.

5°. Ici se rangent les lamellicornes dont les palpes sont filiformes ou en massue, et qui ont des mandibules cornées, de même que ceux des trois divisions précédentes; mais leur languette, divisée en deux lobes, s'avance en avant du menton; les mâchoires sont terminées par une pièce membraneuse plus ou moins velue.

Les uns ont le chaperon étroit et très-avancé; les autres ont leurs étuis écartés ou béans à leur extrémité postérieure, du côté de la suture. Leur corps est ordinairement allongé, avec le corselet oblong ou arrondi. Les mandibules de plusieurs sont un peu membraneuses. Ces insectes vivent sur les fleurs, et avoisinent ceux de la division suivante. Ils sont propres aux pays méridionaux de l'Europe, à l'Afrique et à l'Asie.

Tels sont :

LES GLAPHYRES. (GLAPHYRUS. Lat.)

Où le labre est saillant, et qui ont les mandibules dentées (1).

LES AMPHICOMES. (AMPHICOMA. Lat.)

Dont le labre est encore à découvert, mais dont les mandibules ne sont point dentées (2).

LES ANISONYX. (ANISONYX. Lat.)

Ayant le labre recouvert par un chaperon étroit et

---

(1) *G. maurus*, Latr. Gen. Crust. et Insect. II, p. 117; *scarabæus maurus*, Linn.;—*g. serratulæ*, Latr. ibid. p. 118, et tom. I, tab. IX, 6.

(2) Latr. ibid. p. 118; les hannetons de Fabricius : *melis*, *cyanipennis*, *hirta*, *vulpes*, *bombylius*, *vittata*, *abdominalis*.

allongé, et les mandibules très-minces, en partie membraneuses (1).

6°. Ils ressemblent aux précédens par leurs palpes filiformes ou en massue, mais ils ont des mandibules très-minces, en forme d'écailles membraneuses.

Leur corps est ordinairement ovale, aplati, avec le corselet en trapèze ou arrondi. Le labre est membraneux et caché sous le chaperon. Les mâchoires se terminent souvent par un lobe en forme de pinceau. On les trouve sur les fleurs ou sur les arbres, et souvent aussi sur les parties suintantes des arbres. Leurs larves vivent dans le bois.

Les uns ont le corselet de figure presque ronde, et le bord extérieur des étuis droit, ou sans sinus brusque et remarquable près de leur base.

La pièce écailleuse ou axillaire qui recouvre chaque côté antérieur de leur arrière-poitrine, ne paraît en dessus que dans un petit nombre d'espèces.

LES GOLIATHS. (GOLIATH. Lam.)

Qui ont les mâchoires entièrement écailleuses, le menton fort large, transversal; et le chaperon très-avancé, et divisé en deux lobes, en forme de cornes.

Ce sont de très-grands insectes, et particuliers aux régions équatoriales de l'Afrique et de l'Amérique (2).

LES TRICHIES. (TRICHIUS. Fab.)

Où les mâchoires se terminent par une pièce presque membraneuse, linéaire, en forme de pinceau; qui ont le menton presque aussi long que large, et le chaperon entier.

Dans aucun d'eux, la pièce axillaire de l'arrière-poitrine

---

(1) Les hannetons d'Olivier : *crinita, cinerea, ursus, lynx, proboscidea*, etc.

(2) Lam. Syst. des anim. sans vertèbres; les cétoines : *goliata, cacicus, bifrons, polyphemus, ynca*, de Fabr.

ne se prolonge en dessus, ou entre les angles postérieurs du corselet et ceux de la base des étuis.

La *T. noble* (*Scarabœus nobilis.* Lin.) Oliv. Col. I, 6, III, 10, longue d'environ un demi-pouce, d'un vert-doré en dessus, cuivreux, avec des poils d'un gris-jaunâtre en dessous. — Sur les fleurs à ombelle.

La *T. rayée* (*S. fasciatus.* Lin.) Oliv. *ibid.* IX, 84, un peu plus petite, noire, avec des poils épais, jaunes; étuis de cette dernière couleur, avec trois bandes noires, interrompues à la suture.—Très-commune, au printemps, sur les fleurs.

La *T. ermite* (*S. eremita.* Lin.) Oliv. ibid. III, 17, grande, d'un noir-brun; bords de la tête relevés; trois sillons sur le corselet. — Sur les troncs des vieux arbres, dans l'intérieur desquels vit la larve (1).

La femelle de la *T. hémiptère* (*S. hemipterus.* Lin.) a une tarière cornée, en forme de pointe ou de dard, qui lui sert à introduire ses œufs.

Les autres ont le corselet soit en trapèze ou en triangle isocèle et tronqué à sa pointe, soit en carré transversal, et un sinus remarquable au bord extérieur des étuis, près de leur base.

Tous ont la pièce écailleuse des côtés antérieurs de l'arrière-poitrine prolongée en dessus, entre les angles postérieurs du corselet et ceux de la base des étuis. Le corps est ordinairement ovale et déprimé. L'arrière - sternum est souvent avancé en forme de corne.

LES CÉTOINES. (CETONIA. Fab.)

Qui ont le corps ovale, avec le corselet en trapèze, et

---

(1) Voyez, pour les autres espèces, Fab. Syst. Eleut.; la seconde division du genre *cétoine* d'Olivier, ibid. Latr. Gen. Crust. et Insect. II, 122; Panz. Ind. Entom. p. 153.

le menton presque carré, sans enfoncement dans son milieu.

La *C. dorée* (*Scarabœus auratus.* Lin.) Oliv. Col. I, 6, I, I, longue de neuf lignes, d'un vert-doré en dessus, d'un rouge cuivreux en dessous; des taches blanches sur les élytres. — Commune sur les fleurs, et souvent sur celles du rosier et du sureau.

La *C. fastueuse* (*C. fastuosa.* Fab.) Panz. Faun. Insect. Germ. XLI, XVI, un peu plus grande, d'un vert-doré, uniforme, sans taches, avec les tarses bleuâtres. — Midi de la France.

La *C. drap-mortuaire* (*S. sticticus.* Lin.) Panz. ibid. I, IV, longue de cinq lignes; noire, un peu velue, avec des points blancs; ceux du ventre disposés sur deux ou trois lignes, selon le sexe. — Très-commune sur les chardons (1).

LES CRÉMATOSCHEILES. (CREMATOSCHEILUS. Knoch.)

Qui diffèrent des cétoines par leur corps oblong, le corselet en carré transversal et ayant un tubercule aux quatre angles; leur menton est grand, excavé en devant, en forme de bassin (2).

La seconde tribu, les LUCANIDES,

Ont la massue des antennes composée d'articles disposés en manière de peigne, et comprennent le genre

---

(1) Consultez, pour les autres espèces, Fab. Syst. Eleut.; Olivier, ibid. divis. 1re des *cétoines*; Latr. Gen. Crust. et Insect. II, p. 126; Panz. Ind. Entom. p. 153.

(2) Latr. ibid. p. 121.

DES LUCANES (LUCANUS) de Linnæus.

Ils ont une grande affinité avec les scarabéïdes, et particulièrement avec ceux de la dernière division. Leurs larves vivent dans les troncs d'arbres, et c'est aussi sur eux, ou dans les bois, que l'on trouve l'insecte parfait. Il vole ordinairement le soir. Les mandibules des mâles sont très-souvent plus grandes que celles des femelles.

Les uns ont les antennes brisées, le labre soit caché ou nul, soit à peine extérieur, la languette située derrière le menton et l'écusson avancé entre les étuis.

Tantôt les mandibules ne sont point saillantes en avant de la tête, et ne diffèrent pas sensiblement dans les deux sexes. Le menton est petit, triangulaire, porte à son extrémité les palpes labiaux, la languette étant nulle ou intimement unie avec sa face postérieure.

LES SINODENDRES. (SINODENDRON. Fab.—SCARABÆUS. Lin.)

Ils ont le corps cylindrique, et ne diffèrent essentiellement des oryctes que par les antennes. Les mâles ont aussi une corne sur la tête et le corselet coupé en avant (1).

Tantôt les mandibules s'avancent au-devant de la tête, et diffèrent dans les deux sexes; le menton est grand, plus ou moins carré, transversal; la languette est distincte et porte les palpes. Le corps est ovoïde ou en carré long et déprimé.

LES ÆSALES. (ÆSALUS. Fab.)

Où le labre est apparent, dont la languette est entière et très-petite, et qui ont le corps court, très-convexe, avec la

---

(1) *Scarabœus cylindricus*, Linn. Oliv. Col. I, 3, IX, 80. C'est la seule espèce connue; tous les autres sinodendres de Fabricius appartiennent à des genres différens.

tête presque entièrement reçue dans l'échancrure du corselet (1).

LES LAMPRIMES. (LAMPRIMA. Lat.)

Qui n'ont point de labre apparent; dont la languette est divisée en deux pièces allongées et soyeuses; et dont les mâchoires sont découvertes, en dessous, jusqu'à leur base.

Les mandibules sont grandes et comprimées dans les mâles. Le corps est plus convexe ou moins aplati que dans les suivans. L'arrière-sternum est avancé en devant, et en forme de corne (2).

LES LUCANES proprement dits. (PLATYCERUS. Geoff.)

Qui n'ont point non plus de labre apparent, et dont la languette est également divisée en deux pièces allongées et soyeuses, mais dont le menton recouvre, par sa lar eur, la partie inférieure des mâchoires.

Les mâles ont ordinairement des mandibules très-longues, avancées, en forme de cornes, représentant celles des animaux à bois, qui ont fait appeler ces insectes *cerfs-volans*. Les femelles, où les mandibules sont beaucoup plus courtes, sont connues sous le nom de *biches*. Leurs mâchoires et les pièces de leur languette sont ordinairement très-avancées et en forme de pinceaux. Les larves vivent dans l'interieur des arbres, et demeurent, en cet état, quelques années. Il paraît que c'etaient les Cossus, sorte de vers que les Romains mangeaient avec plaisir.

Les uns ont les yeux coupes par les bords de la tête, et forment les *lucanes* propremen dits de Latreille. Têls sont

(1) *Æsalus scarabœoides*, Fab. Panz. Faun. Insect. Germ. XXVI, XV, XVI.

(2) Latr. Gen. Crust. et Insect. II, p. 132; *lethrus œneus*, Fab. Schr. Trans. Linn. soc. VI, XX, 1;—*sinodendron cornutum*, F.; —*lucanus parvus*, Donov. Illust. Entom. I, Col. I, 4.

Le *L. cerf-volant* (*L. cervus*. Lin.) Oliv. Col. I, I, I; Rœs. Ins. II, Scar. I, IV, V. Mâle long de deux pouces, plus grand que la femelle, noir, avec les elytres brunes; tête plus large que le corps; mandibules très-grandes, arquées, avec trois dents très-fortes, dont deux au bout, et l'autre au côté intérieur, qui en a aussi de plus petites. Tête plus étroite et mandibules plus courtes qu'elle dans la femelle.

Le *L. chevreuil* (*L. capreolus*. Fab.) n'en est probablement qu'une variété plus petite.

Les autres ont les yeux entièrement à nu, ou point coupés par les bords de la tête, et comprennent les *platycères* de Latreille.

Le *L. verd* (*L. caraboïdes*. Lin.) Oliv. Col. II, 2, long de cinq lignes, d'un bleu verdâtre, avec les mandibules en croissant (1).

D'autres LUCANIDES ont les antennes simplement arquées (souvent velues); le labre avancé entre les mandibules et très-distinct; la languette fixée au bord supérieur du menton, et l'écusson confondu avec le pédicule de l'abdomen; ce sont :

LES PASSALES. (PASSALUS. Fab.)

Ils sont propres aux pays chauds de l'Amérique, des Indes orientales et de la Nouvelle-Hollande. Leur corps est parallelipipède ou cylindrique, avec les mandibules fortes et dentées; le dessus de la tête très-inégal, et l'abdomen séparé du corselet par un retrécissement remarquable. Les étuis embrassent ses côtés. La plupart ont des mâchoires cornées et fortement dentées.

---

(1) Ajoutez: *l. rufipes, tenebrioides, piceus*, de Fabricius; les autres espèces de lucanes vont dans la premiere division. Voyez Olivier, ibid.

Mlle. de Merian dit avoir trouvé la larve de l'espèce qu'elle a représentée dans les racines de patates. Elle ressemble beaucoup à celles des autres coléoptères de cette famille. Il paraît que l'on trouve souvent, aux Antilles, l'insecte parfait, dans les sucreries (1).

La seconde section des Coléoptères,

Les Hétéromères,

A cinq articles aux quatre premiers tarses, et un de moins aux deux derniers.

Elle comprend quatre familles.

La première, les Mélasomes.

A la tête ovoïde, sans cou ou rétrécissement brusque par derrière, et une dent ou un crochet écailleux, au côté interne des mâchoires.

La plupart ont les étuis soudés et très-repliés en dessous; les antennes terminées en manière de chapelet, et insérées sous les bords de la tête, avec le troisième article allongé. Leur corps est ordinairement noir.

Ils vivent à terre, où ils se tiennent cachés, et fuient presque tous la lumière. Leurs

---

(1) Voyez Fabricius, Syst. Eleut. II, pag. 255; Weber, Observ. Entom.; Palis. de Beauv. Insect. d'Afr. et d'Amér.; Latr. gen. Crust. et Insect. II, p. 136.

Le *Synodendron digitatum* de Fabricius doit former un nouveau genre dans cette division.

mouvemens sont lents. Ils rongent des substances végétales ou des matières animales décomposées.

Cette famille forme dans la méthode de Linnæus,

Le genre TÉNÉBRION. (TENEBRIO.)

J'y ferai trois divisions :

1°. Ceux qui n'ont point d'ailes, dont les étuis sont soudés l'un avec l'autre, ou incapables de s'ouvrir, et dont les palpes maxillaires sont filiformes, ou à peine plus gros vers leur extrémité, et terminés par un article presque cylindrique. Ils sont propres aux pays chauds et sablonneux des parties occidentales de l'ancien continent. Plusieurs se tiennent exclusivement dans les terres salines ou abondantes en plantes du genre *Salsola*, et transpirent souvent une humeur blanchâtre, formant sur le corps une poussière de cette couleur, de même que certains aphodies.

Les uns ont le menton large, et recouvrant la base des mâchoires. Tels sont :

LES ERODIES. (ERODIUS. Fab.)

Qui ont le dixième article des antennes renflé, en forme de bouton, et recevant le dernier; et dont les deux premières jambes sont dentées au côté extérieur.

Leur corps est presque rond, ou en ovale court (1).

On avait confondu avec eux des insectes ayant la même forme, mais dont les antennes grossissent insensiblement, et dont le onzième ou dernier article est très-distinct, plus grand que le précédent et ovoïde. Leurs jambes antérieures

---

(1) Latr. Gen. Crust. et Insect. II, pag. 145; les erodies : *bilineatus*, *gibbus*, *lævigatus*, d'Olivier, Col. III, n°. 63.

n'ont point de dentelures. Ce sont les *zophoses* (*zophosis*) de Latreille (1).

LES PIMÉLIES. (PIMELIA. Fab.)

Dont les antennes sont presque de même épaisseur partout, ou sans renflement brusque à leur extrémité, et qui ont les jambes semblables, et sans dentelures extérieures.

Leur corps est oblong. Les formes et les proportions relatives du corselet, de l'abdomen et des antennes, ont servi de base à l'établissement de quelques sous-genres.

LES PIMÉLIES proprement dites. (PIMELIA. Lat.)

Ont le corselet court et transversal, avec l'abdomen fort grand (1).

La *P. à deux points* (*P. 2-punctata.* Fab.) Oliv. Col. III, 59, 1, 1. Deux gros points enfoncés sur le corselet, souvent réunis. Etuis ayant chacun quatre lignes élevées; les intervalles chagrinés.

Le *Ténébrion muricatus* de Linnæus est différent. (Schon. Synon. Insect. I, III, 9.)

Les autres ont les mâchoires découvertes en dessous jusqu'à leur base, ou point cachées sous le menton. Tels sont :

LES SCAURUS. (SCAURUS. Fab.)

Qui ont les trois à quatre avant-derniers articles des antennes presque globuleux, et celui du bout en cône

(1) Latr. ibid. p. 146; les erodies : *testudinarius*, *trilineatus*, *punctatus*, d'Olivier, ibid.; le dernier paraît être l'*e. minutus* de Fabricius. Le premier diffère de la *zophose tortue* représentée par Latreille, ibid. I, x, 6;—Schonh. Synon. Insect. I, II, 4.

(2) Les pimélies : *coronata*, *inflata*, *scabra*, *senegaliensis*, *sericea*, *angulosa*, *variolaris*, *rugosa*, *chrysomeloides*, *longipes*, *sulcata*, *aranipes*, *ovata*, *lineata*, *maculata*, *variabilis*, *minuta*, d'Olivier, ibid.

allongé, et le corselet presque carré. Les cuisses antérieures sont renflées dans les mâles (1).

LES TAGÉNIES. (TAGENIA. Lat. — STENOSIS. Herbst.)

Dont les antennes sont presque perfoliées, et qui ont le corselet étroit (2).

LES SÉPIDIES. (SEPIDIUM. Fab.)

Dont les antennes ont le troisième article beaucoup plus long que le suivant, le dixième presque en forme de toupie, et le dernier ovoïde. Leur corselet est dilaté vers le milieu de ses côtés.

Le dessus de leur corps est souvent très-inégal (3).

LES MOLURIS. (MOLURIS. Lat.)

Qui ont le corselet presque rond, l'abdomen ovale, et dont les antennes, un peu plus grosses vers leur extrémité, sont terminées par un article ovoïde (4).

LES TENTYRIES. (TENTYRIA. Lat.)

Dont la forme générale du corps est semblable; mais qui ont les antennes de la même grosseur, et finissant par deux ou trois articles presque globuleux (5).

LES HÉGÈTRES. (HEGETER. Lat.)

Dont le corps est ovale, avec le corselet parfaitement carré, plane, et sans rebords (6).

---

(1) Oliv. Col. III, n°. 62; Latr. Gen. Crust. et Insect. II, p. 159.

(2) Latr. ibid. p. 149. Voyez Herbst. Col. VIII, CXXVII, 1-3.

(3) Latr. ibid. p. 158; Oliv. ibid. n°. 61; Herbst. ibid. CXXVI; Schonh. Syn. Insect. I, II, 1.

(4) Les pimélies: *striata*, *gibbosa*, *brunnea*, *hispida*, *lævigata*, *hirtipes*, *globularis*, d'Olivier.

(5) Celles qu'il nomme *scabriuscula*, *glabra*, *striatula*. Voy z Latr. Gen. Crust. et Insect. II, p. 154.

(6) Latr. ibid. p. 157, et I, IX, 11;—*pimelia silphoides?* Oliv.

LES EURYCHORES. (EURYCHORA. Thunb.)

Ovales encore, mais avec le corselet en demi-cercle, et très-échancré en devant (1).

LES AKIS. (AKIS. Fab.)

Dont le corselet est presque en forme de cœur, tronqué postérieurement, et qui ont l'abdomen ovale, rétréci et arrondi aux angles extérieurs de la base des étuis (2).

2°. Ceux qui ayant aussi les étuis soudés, diffèrent des précedens par leurs palpes maxillaires, terminés par un article sensiblement plus grand, en forme de hache, ou triangulaire.

LES BLAPS. (BLAPS. Fab.)

Ils comprennent, comme autant de sous-genres,

LES ASIDES. (ASIDA. Lat.)

Dont le menton est large, recouvre la base des mâchoires, et qui ont les antennes terminées presque en un bouton, formé des deux derniers articles, dont l'extrême est plus petit.

Ils ont des rapports avec les opatres et les erodies. Leur corps est ovale, quelquefois même presque rond.

L'*A. grise* (*Opatrum griseum*. Fab. ejusd. *Platynotus variolosus*) Oliv. Col. III, 56, 1, 1; long de cinq lignes, noir, mais paraissant d'un gris terreux; corselet chagriné; trois à quatre rides longitudinales sur chaque étui. Dans les terres sablonneuses (3).

---

(1) Latr. ibid. p. 150; Schonh. Synon. Insect. I, II, 5.

(2) Les pimélies : *grossa*, *collaris*, *spinosa*, *acuminata*, *reflexa*, d'Olivier. Voyez Herbst. Col. VIII, CXXV; *akis*, 5-9, et CXXIII, 5.

(3) Ajoutez : *opatrum rugosum*, Oliv. Col. III; 56, 1, 4;—*o.*

LES BLAPS proprement dits. (BLAPS. Lat.)

Où les mâchoires sont découvertes jusqu'à leur base; qui ont le chaperon terminé par une ligne droite, avec le labre en avant et transversal; les antennes ont les articles inférieurs plus allongés que les derniers: ceux-ci sont presque globuleux.

Le corps est oblong, plus étroit en devant, avec le corselet presque carré. Les étuis se prolongent souvent en une pointe en forme de queue.

Le *B. porte-malheur* (*Tenebrio mortisaga.* Lin.) Oliv. ibid. 60, I, 2, *b*, long d'environ dix lignes, d'un noir peu luisant, uni; corselet carré; bout des étuis formant une pointe courte et obtuse. Dans les lieux sombres et malpropres, près des latrines, souvent même dans les maisons (1).

LES MISOLAMPES. (MISOLAMPUS. Lat.)

Semblables aux blaps proprement dits, à l'égard du chaperon et du labre, mais dont les antennes ont la plupart de leurs articles en forme de toupie, presque égaux, avec le dernier plus grand et ovale (2).

LES PÉDINES. (PEDINUS. Lat.)

Où le chaperon recoit dans une profonde échancrure de son bord antérieur, un labre très-petit.

---

sericeum, ibid. 3;—*o. villosum*, ibid. 2; *machla carinata*? Herbst. Col. VIII, CXXVI, 9;—*m. villosa*, ibid. 8;—*m. nodulosa*, ibid. 10; —les *platynotus* : *morbillosus*, *serratus*, *lævigatus*, *undatus*, *rugosus*, de F. Voyez Latr. Gen. Crust. et Insect. II, p. 153.

(1) Ajoutez: Herbst. Col. ibid. CXXVIII, 1-3-4,—ibid. CXX, 12,—ibid. CXXI, 1, —ibid. CXXIX, 2; Oliv. ibid. 59, IV, 4. Voyez Latr. gen. ibid. p. 161.

(2) Latr. Gen. Crust. et Insect. II, pag. 160, et I, X, 8; *pimelia gibbula*, Herbst. Col. VIII, CXX, 7;—*scaurus viennensis*, Sturm. Faun. Germ. II, XLI; *helops pimelia*, Fab.

Le corps est ovale, avec les antennes grenues et insensiblement plus grosses vers le bout. Les jambes antérieures sont souvent larges et triangulaires. Ils ne diffèrent des opatres que par l'absence des ailes et les étuis soudés. Ils vivent aussi dans les terres arides ou sablonneuses (1).

3°. Ceux dont les étuis peuvent s'ouvrir et recouvrent des ailes.

LES OPATRES. (OPATRUM. Fab. — SILPHA. Lin.)

Qui ont le corps ovale et le labre petit, reçu dans une profonde échancrure antérieure du milieu du chaperon.

Leurs antennes sont en forme de chapelet et grossissent insensiblement. Les jambes antérieures sont plus ou moins triangulaires. Ils se tiennent dans la terre ou dans le sable.

L'*O. du sable* (*Silpha sabulosa*. Lin.) Oliv. Col. III, 56, 1, 4; long de quatre lignes, noir, mais paraissant ordinairement d'un gris cendré; corselet un peu plus large que le corps; des lignes élevées, entremêlées de tubercules, qui se réunissent souvent avec elles sur les étuis.

Très-commun dans toute l'Europe (2).

LES CRYPTIQUES. (CRYPTICUS. Lat.)

Qui ont aussi une forme ovale, mais sans échancrure au chaperon, avec le labre en devant et transversal. Les palpes

---

(1) Latr. ibid. p. 164, div. II; les *blaps* d'Herbst. ibid. CXXVIII, 5, 6, 9, 10, 11; et CXXIX, 3, 4. Rapportez-y les platynotes: *reticulatus*, *excavatus*, *crenatus*, *dilatatus*, *dentipes*, de Fab.; ses blaps: *buprestoides*, *calcarata*, *punctata*, *emarginata*, *tristis*, *femoralis*, *tibialis*, *clathrata*; son *blaps dermestoides* est la fem. du *femoralis*;—*blaps exarata*, Schonh. Synon Insect. I, II, 7;—ejusd. *b. tibidens*, ibid. 8.

(2) Ajoutez les *opatres*, n°s. 7, 8, 10, d'Olivier, ibid.; sa *pimélie obscure*, ibid. 59, III, 34; voyez les *opatres* de Fab. à l'exception des espèces qu'il nomme *griseum*, *fuscum*, qui sont des *asides*; Schonh. Syn. Insect. I, p. 121, et l'article OPATRE d'Oliv. Encycl. méthodique.

maxillaires sont terminés par un article fortement en hache. Les antennes sont presque de la même grosseur, formées, en majeure partie, d'articles en cône renversé, avec le dernier ovoïde ou presque globuleux (1).

LES ORTHOCÈRES. (ORTHOCERUS. Lat. — SARROTRIUM. Illig.)

Où le corps est étroit et allongé, et où les six derniers articles des antennes forment une massue presque en fuseau, perfoliée, grosse et velue.

La seule espèce connue (2) se trouve dans les sablonnières.

LES CHIROSCÈLES. (CHIROSCELIS. Lam.)

Qui ont aussi le corps étroit et allongé ou parallélipipède; avec les antennes terminées par un article plus gros, en bouton, et les deux jambes antérieures dentées au côté extérieur (3).

LES TOXIQUES. (TOXICUM. Latr.)

Semblables aux précédens par la forme allongée de leur corps, et dont les quatre derniers articles composent une massue ovale et comprimée (4).

LES TÉNÉBRIONS proprement dits (TENEBRIO et UPIS. Fab.)

Ayant encore la même forme, mais dont les antennes grossissent insensiblement vers leur extrémité, avec les jambes grêles, et dont les deux premières un peu courbes ou arquées.

---

(1) *Pedinus glaber*, Latr. Gener. Crust. et Insect. II, pag. 164; *helops glaber*, Oliv. Col. ibid. 58, II, 12; *blaps glabra*, Fab.; plusieurs espèces inédites d'Espagne et du Cap de Bonne-Espérance.

(2) *Hispa mutica*, Linn. Panz. Faun. Insect. Germ. I, VIII.

(3) *Chiroscelis bifenestra*, Lam. Ann. du Mus. d'Hist. nat. n°. 16, XXII, 2; — *tenebrio digitatus*, Fab.

(4) *Toxicum richesianum*, Latr. Gen. Crust. et Insect. II, pag. 168, et I, IX, 9.

On trouve fréquemment, surtout le soir, dans les lieux peu fréquentés de nos maisons, dans les boulangeries, les moulins à farine, sur les vieux murs, etc.

Le *T. de la farine* (*Tenebrio molitor.* Lin.) Oliv. Col. III, 57, 1, 12, long de sept lignes, d'un brun presque noir en dessus, couleur de marron en dessous, luisant; corselet de la largeur des étuis, carré, avec deux impressions postérieures; étuis pointillés et striés.

Sa larve est longue, cylindrique, d'un jaune d'ocre, écailleuse et très-lisse. Elle vit dans le son et la farine. On la donne aux rossignols. Elle se transforme en nymphe dans la matière qui lui a servi de nourriture (1).

La seconde famille des Coléoptères Hétéromères,

Les Taxicornes.

Qui ont, comme les précédens, la tête ovoïde et sans étranglement brusque qui la sépare du corselet, s'en distinguent par leurs mâchoires sans onglet corné. Leurs antennes grossissent insensiblement ou se terminent en massue, et sont ordinairement perfoliées.

Presque tous sont pourvus d'ailes. Plusieurs d'eux vivent dans les champignons, et les autres sous les écorces des arbres ou à terre.

---

(1) Voyez pour les autres espèces : Oliv. ibid. n°s. 1, 2, 8, 9, 11, 12; celles que je ne cite point appartiennent à divers genres des deux familles suivantes ou sont douteuses. Ce genre et celui des *trogossites* de Fabricius sont très-confus et des sortes de magasins.

Ils se rattachent au genre

DES DIAPÈRES (DIAPERIS) de Geoffroi.

Les uns ont la tête cachée sous le corcelet ou reçue dans une échancrure profonde de son extrémité antérieure. Les côtés de ce corselet et ceux des étuis débordent le corps.

Il est souvent très-aplati, ovale et en forme de bouclier.

LES COSSYPHES. (COSSYPHUS. Oliv.)

Qui ont la tête entièrement recouverte par le corselet (1).

LES HÉLÉES. (HELEUS. Lat.)

Où la tête est découverte et reçue dans une échancrure de l'extrémité antérieure du corselet (2).

Les autres ont la tête saillante ou découverte; elle n'est ni cachée sous le corselet, ni reçue, en grande partie, dans une échancrure de son bord antérieur. Les côtés des étuis ne débordent point le corps.

Tantôt les antennes sont insérées sous les bords latéraux de la tête.

LES HYPOPHLÉES (HYPOPHLÆUS. Fab. — IPS. Oliv.)

Distingués de tous les autres par leur corps linéaire ou cylindrique, et leur corselet longitudinal, ou plus long que large (3).

LES DIAPÈRES. (DIAPERIS. Geoff.)

Dont le corps est tantôt ovale ou rond, tantôt allongé,

---

(1) Lat. Gen. Crust. et Insect. II, p. 184.

(2) Cinq espèces inédites de la Nouv. Hollande.

(3) *Hypophlœus castaneus*, Fab. Panz. Faun. Insect. Germ. XII, XIII;—*h. linearis*, F. Panz. ibid. VI, XVI;—*h. fasciatus*, F. Panz. ibid. VI, XVII;—*h. bicolor*, F. Panz. ibid. XII, XIV;—*h. pini*, ibid. LXVII, XIX.

mais point linéaire, avec le corselet toujours plus large que long, ou transversal; les antennes sont perfoliées, grossissent insensiblement, et sont plus longues que la tête.

Plusieurs mâles ont deux éminences, en forme de cornes, sur la tête. Les uns vivent dans les bolets; d'autres sous les écorces de vieux arbres, et on en connaît qui rongent les comestibles, et sont très-pernicieux; d'autres encore se trouvent dans le sable, près des bords de la mer.

Les *phaléries* de Latreille ne diffèrent des diapères qu'en ce que leurs palpes maxillaires sont plus gros à leur extrémité, et que leurs jambes antérieures sont plus larges et triangulaires.

La *D. de bolet* (*Chrysomela boleti.* Lin.) Oliv. Col. III, 55, 1, longue de trois lignes, ovale, convexe, d'un noir luisant, avec trois bandes d'un jaune fauve, transverses et dentées sur les étuis. — Dans les agarics (1).

Les Trachyscèles. (Trachyscelis. Lat.)

Très-voisins des diapères, et surtout des phaléries, par la forme de leurs jambes qui sont triangulaires, très-épineuses, ou propres à fouir, mais dont les antennes, guère plus longues que la tête, se terminent brusquement, en une massue perfoliée, ovale, de six articles.

Leur corps est court, arrondi et bombé. Ils s'enterrent dans le sable des bords de la mer (2).

Les Élédones. (Eledona. Lat. — Boletophagus. Illig. Fab.)

Qui ont les antennes arquées et terminées par quelques

(1) Voyez, pour les autres espèces, Oliv. Col. ibid. et Fabricius, genre *diaperis*; Latr. Gen. Crust. II, pag. 174. Rapportez au g. *phaleria*, les ténébrions: *cornutus*, *culinaris*, *pallens*, *cadaverinus*, *mauritanicus*, *chrysomelinus* de Fabricius; ses trogossites: *taurus*, *quadricornis*; *vacca*, *ferruginea*, *hypophlœus bicornis* ejusd., *maxillosa*.

(2) Latr. ibid. p. 379.

articles plus grands, presque triangulaires, formant une massue oblongue et comprimée (1).

LES CNODALONS. (CNODALON. Lat.)

S'éloignant des précédens à raison de leurs antennes, dont les six derniers articles plus grands que les précédens, sont comprimés, transversaux et un peu dilatés en scie, au côté intérieur. L'avant-sternum se prolonge en arrière en forme de pointe (2).

LES EPITRAGES. (EPITRAGUS. Lat.)

Qui sont les seuls de cette famille dont le menton recouvre, par sa largeur, la base des mâchoires. Leurs antennes, grossissant insensiblement, sont composées d'articles presque en forme de toupie (3).

Tantôt les antennes ont leur base ou leur insertion découverte; elle n'est point cachée par le bord latéral et avancé de la tête.

Ils vivent dans les agarics et les bolets des arbres.

LES LEIODES. (LEIODES. Lat. — ANISOTOMA. Illig. Fab.)

Où les articles des tarses sont entiers, et dont les antennes se terminent par une massue de cinq articles; le second, ou le huitième, à partir de la base, est très-petit. Le corps est presque hémisphérique, avec les jambes épineuses (4).

LES TÉTRATOMES. (TETRATOMA. Herbst. Fab.)

Ayant des tarses semblables, et les antennes terminées

---

(1) Latr. Gen. Crust. et Insect. II, pag. 178; Fab. Syst. Eleut. genre *boletophagus*; Schonh. Syn. Insect. I, p. 120. Olivier les a confondus avec les *opatres*. Son *diaperis horrida* est probablement du même genre.

(2) *Cnodalon viride*, Latr. Gen. Crust. et Insect. II, p. 182, et I, x, 7.

(3) *Epitragus fuscus*, Lat. ibid. II, p. 183, et I, x, 1.

(4) Latr. Gen. Crust. et Insect. II, p. 180; genre *anisotoma*, Illig. Col. Boruss.; Fab. Syst. Eleut. et Schonh. Synon. Insect.

en massue, composée de quatre articles; les précédens sont très-petits ; le corps est ovale, sans épines aux jambes (1).

LES EUSTROPHES. (EUSTROPHUS. Illig.)

Voisins des précédens quant aux tarses, mais dont les antennes vont en grossissant (2).

LES ORCHESIES. (ORCHESIA. Lat.)

Qui ont l'avant-dernier article des quatre tarses antérieurs divisé en deux lobes.

Les antennes sont terminées par une massue de trois articles. Le dernier article des palpes maxillaires est fortement en hache; les jambes postérieures ont deux longues épines à leur extrémité. La tête est très-inclinée, ainsi que dans le genre précédent (3).

La troisième famille des COLÉOPTÈRES HÉTÉROMÈRES,

Celle des STENÉLYTRES.

Nous présente encore des insectes à tête ovoïde, sans cou ou retrécissement brusque, à sa base, et dont les mâchoires n'ont point d'ongle corné; mais leurs antennes sont de

---

(1) Latr. ibid. II, pag. 180, et I, IX, 10; Fab. Syst Eleut. genre *tetratoma*.

(2) *Mycetophagus dermestoides*, Fab.

(3) Latr. Gen. Crust. et Insect. II, p. 195; *dircœa micans*, Fab. Voyez pour le genre *rhinosime* qui, à raison des tarses et des antennes, semble appartenir à cette division, la première famille de la section suivante, celle des *tétramères*.

grosseur à peu près égale, ou s'amincissent vers leur extrémité.

Ils ont des ailes et paroissent vivre en état de larve, dans le bois ou sous les écorces des arbres. C'est là aussi, ou sur les fleurs, qu'on les trouve, le plus souvent, lorsqu'ils se sont développés.

Les uns ont tous les articles des tarses, ou du moins ceux des postérieurs, entiers.

Ils se rapprochent du genre ténébrion de Linnæus, et pourraient être réunis à celui

des HÉLOPS (HELOPS) de Fabricius.

Tantôt les articles des tarses postérieurs sont entiers, et l'avant-dernier des quatre antérieurs est divisé en deux lobes, comme dans

LES SERROPALPES. (SERROPALPUS. Hell. Payk.)

Qui ont les antennes composées d'articles, pour la plupart cylindriques et allongés; les palpes maxillaires en scie, avec le dernier article en forme de hache allongée (1).

Tantôt les articles de tous les tarses sont entiers. Tels sont

LES HALLOMÈNES. (HALLOMENUS. Helw.)

Dont les mandibules sont échancrées à leur extrémité ou terminées par deux dents, et qui ont les palpes presque

(1) Latr. Gen. Crust. et Insect. II, p. 192, et I, IX, 12; *dircæa barbata*, F.

filiformes; le dernier article des maxillaires est presque cylindrique (1).

LES PYTHES. (PYTHO. Lat. Fab.)

Qui ont aussi les mandibules échancrées à leur pointe; mais dont les palpes maxillaires sont terminés par un article plus grand, en forme de hache ou de triangle renversé, et dont le corps est très-aplati (2).

LES HELOPS. (HELOPS et CNUDALON. Fab.)

Ayant encore les mandibules terminées par deux dents, le dernier article des maxillaires grand, en forme de hache ou de triangle renversé, mais où le corps est épais, convexe ou arqué et oblong (3).

Nous y réunissons les *Dryops* de M. Paykull (4).

LES NILIONS. (NILIO. Latr. — COCCINELLA. ÆGITHUS. Fab.)

Semblables aux helops quant aux mandibules et aux palpes maxillaires, mais ayant le corps hémisphérique, avec les antennes presque grenues.

Ils sont tous de l'Amérique méridionale (5).

LES CISTÈLES. (CISTELA. ALLECULA. Fab.)

Très-voisins des helops, mais sans échancrure à l'extrémité des mandibules.

On les trouve sur les fleurs.

La *C. ceramboïde* (*Chrysomela ceramboides*. Lin.) Oliv.

---

(1) Latr. ibid. II, p. 193, et I, x, 11; *dircæa humeralis*, F.

(2) Latr. ibid. II, p. 195, et Fab. Syst. Eleut.

(3) Latr. ibid. II, p. 185; Oliv. Col. III, 58; et Schonh. Synon. Insect. genre *helops* et *cnudalon*.

(4) *Dryops ænæa*, Fab. Payk.;—*œdemera ænea*, Oliv. Col. III, n°. 50, 1, 3.

(5) Latr. ibid. II, p. 198, et I, x, 2; Schonh. Syn. Insect. 2, pag. 209.

Col. III, 54, I, 4, longue de cinq lignes, ovale, noire, avec les étuis d'un jaune roussâtre, striés, et les antennes en scie. Sa larve vit dans le tan des vieux chênes et y subit ses transformations.

La *C. jaune-citron* (*Chrysomela sulphurea.* Lin.) Oliv. ibid. 1, 6, longue de quatre lignes, allongée, d'un jaune citron; yeux noirs; antennes simples; étuis striés (1).

Les autres ont le pénultième article de tous leurs tarses bilobé ou profondément échancré.

Ces hétéromères ont souvent les étuis mous ou flexibles, et se rapprochent des *cantharis* et des *meloe* de Linnæus. Ils ont tous les mandibules terminées par deux dentelures, et les palpes plus gros à leur extrémité. Le dernier article des maxillaires est ordinairement en forme de hache ou triangulaire.

On peut les rapporter à un genre principal, celui

DES LAGRIES (LAGRIA) de Fabricius.

Tantôt les yeux sont allongés, avec une échancrure remarquable au milieu du côté interne, et près de laquelle les antennes sont insérées.

LES MELANDRYES. (MELANDRYA. Fab.)

Qui ont la lèvre entière ou à peine échancrée, les palpes maxillaires terminés par un article très-grand, en forme de

(1) Latr. ibid. II, p. 225; Oliv. Col. ibid.; Schonh. Syn. Insect. II, genres *cistela*, *allecula*.

hache allongée, et le corps ovale ou elliptique, avec la tête inclinée et le corselet en trapèze (1).

LES LAGRIES. (LAGRIA. Fab.)

Ayant aussi la lèvre entière ou presque entière, comme les précédens, mais dont les palpes maxillaires sont terminés par un article en triangle renversé, et dont la tête et le corselet sont plus étroits que l'abdomen.

Les antennes sont souvent presque grenues, quelquefois un peu plus grosses vers le bout, et varient un peu selon les sexes. Les étuis sont ordinairement flexibles.

La *L. hérissée* (*Chrysomela hirta.* Lin.) Oliv. Col. III, 49, 1, 2, longue de quatre lignes, noire, velue, avec les étuis jaunâtres. Dernier article des antennes fort allongé dans les mâles. — Les bois (2).

LES CALOPES. (CALOPUS. Fab.)

Qui ont la lèvre profondément échancrée, le devant de la tête un peu avancé en museau, comme dans les genres suivans de cette famille, et les antennes en scie.

Leur corps est fort allongé, avec la tête et le corselet plus étroits que l'abdomen (3).

LES NOTHUS. (NOTHUS. Zieg. Oliv.)

Où la lèvre est encore profondément échancrée, et dont les antennes sont simples.

Le corps est allongé, étroit, presque cylindrique. Le dernier article des palpes maxillaires est fortement en hache.

---

(1) Les *serropalpes* d'Olivier, Col. III, n°. 57, bis; les *mélandryes* de Fabricius et ses *dircées*, n°s. 2-9.

(2) Voyez, pour les autres especes, Oliv. Col. ibid.; Fab. Syst. Eleut.; Latr. Gen. Crust. et Insect. II, p. 197.

(3) Latr. ibid. II, p. 209; *cerambyx serraticornis*, Linn. Deg.

Les cuisses postérieures sont renflées dans l'un des sexes (1). Ces insectes font le passage aux suivans.

Tantôt les yeux sont globuleux, très-entiers ou à peine échancrés, et les antennes sont insérées au-devant d'eux.

La tête s'avance en forme de museau, et même, dans plusieurs, en forme de trompe. Les étuis sont souvent fort retrécis vers leur extrémité. Les cuisses postérieures sont renflées dans plusieurs mâles.

On trouve ces insectes sur les fleurs.

Les Œdemères. (Œdemera. Oliv.)

Dont le corps est étroit et allongé, avec les étuis flexibles, les antennes composées d'articles longs, cylindriques, insérées très-près des yeux. Le museau est court, et les palpes maxillaires sont terminés par un article en forme de hache allongée.

L'*Œ. bleue* (*Necydalis cœrulea.* Lin.) Oliv. Col. III, 50, 11, 16, longue de quatre lignes, bleue, ou d'un vert-doré brillant; étuis fortement rétrécis en pointe; cuisses postérieures très-renflées et arquées, dans le mâle (2).

Les Stenostomes. (Stenostoma. Lat.)

Semblables aux œdemères par la forme du corps, la consistance des étuis et la composition des antennes, mais ayant un museau aussi long que le reste de la tête, et portant les antennes. Le dernier article des palpes maxillaires est presque cylindrique (3).

---

(1) Oliv. Encycl. méthod. article *nothus*.

(2) Voyez pour les autres espèces Oliv. ibid. et Encycl. méthod. article *œdemère*; Latr. Gen. Crust. et Insect. II, p. 227; Fab. Syst. Eleut. Genre *dryops* et *necydalis*.

(3) Latr. Consid. gén. pag. 217; *œdemera rostrata*, ejusd. Gen. Crust. et Insect. II, p. 229.

LES RHINOMACERS. (RHYNOMACER. Fab. — MYCTERUS. Clairv. Oliv.)

Dont le corps est ovale, avec le corselet en trapèze; qui ont les étuis fermes, et les antennes composées d'articles courts, en cône renversé, ou un peu en scie.

Ils ont une grande affinité avec les bruches et les charansons, surtout par le rétrécissement en forme de trompe de l'extrémité antérieure de leur tête (1).

La quatrième famille des COLÉOPTÈRES HÉTÉROMÈRES,

Celle des TRACHÉLIDES.

Comprend ceux qui ont la tête triangulaire ou en cœur, et séparée du corselet par un rétrécissement brusque, en forme de cou.

Ils ont presque toujours des ailes, des étuis minces et flexibles, les antennes d'égale grosseur ou insensiblement plus grêles vers leur extrémité, et les mâchoires dépourvues de dent cornée.

La plupart vivent, en état parfait, sur différens végétaux, et mangent leurs feuilles ou sucent le miel de leurs fleurs. Beaucoup courbent leur tête et replient leurs pieds,

---

(1) Latr. Gen. Crust. et Insect. II, p. 230. Voy. Oliv. Encycl. méthod. et Coléopt. genre *mycterus*.

comme s'ils étaient morts, lorsqu'on les saisit. Les autres sont très-agiles.

Je diviserai cette famille de la manière suivante.

1°. Ceux qui ont les crochets des tarses simples, sans division ni appendice; le corps long, droit, déprimé, avec le corselet rond ou conique, les étuis de la longueur de l'abdomen, de la même largeur, ou plus larges et arrondis au bout.

Les yeux sont toujours échancrés. Les antennes sont souvent en peigne ou en panache dans les mâles.

Ils forment le genre PYROCHRE ou CARDINALE (PYROCHROA) de Geoffroi.

Les uns ont le pénultième article de tous les tarses bilobé, et les antennes en peigne ou en panache dans les mâles.

LES DENDROÏDES. (DENDROIDES. Lat. — POGONOCERUS. Fisch.)

Dont le corps est linéaire, avec le corselet conique et les pattes longues (1).

LES PYROCHRES proprement dites. (PYROCHROA. Geoff. De G. Fab.)

Où le corps s'élargit et s'arrondit postérieurement, et dont le corselet est presque rond.

---

(1) Latr. Consid. génér. pag. 212, espèce du Canada; Fisch. Mém. des Nat. de Moscou.

La *P. rouge* (*P. rubens.* Fab.) Oliv. Col. III, 53, 1, 2, longue de cinq lignes, d'un rouge écarlate en dessus, avec les antennes et le dessous du corps noirs; antennes simplement pectinées dans les mâles. — Dans les bois. La larve vit sous les écorces des arbres (1).

Les autres ont tous les articles des tarses entiers et les antennes simples dans les deux sexes.

LES APALES. (APALUS. Fab.)

La seule espèce connue (2) se trouve en Suède.

2°. Ceux dont les crochets des tarses sont encore simples; qui ont le corps élevé ou arqué, avec la tête basse, le corselet en trapèze ou en demi-cercle, l'abdomen conique, et les étuis soit très-courts, soit terminés en pointe.

Leur corps est comprimé latéralement. Les antennes sont souvent tantôt en scie ou en peigne, tantôt en panache. Ils vivent sur les fleurs, sont très-vifs et fort agiles.

Ils forment le genre MORDELLE (MORDELLA) de Linnæus.

On l'a divisé en quatre.

LES RIPIPHORES. (RIPIPHORUS. Bosc. Fab.

Qui ont tous les articles des tarses entiers, les palpes

---

(1) Voyez pour les autres espèces Fabricius et Olivier, ibid.

(2) *Meloe bimaculatus*, Linn. Deg. Mém. Ins. V, 1, 18, 19; l'*apalus quadri-maculatus* de Fabr. n'est pas de ce genre. Olivier réunit aux *apales* les *zonitis* de Fabricius.

presque filiformes, et les antennes en peigne ou en panache dans les mâles, plus simples dans les femelles.

Le corselet se prolonge souvent au-dessus de l'écusson. Ceux où il ne le cache pas forment le genre *pelecome* de M. Fischer. (*Mém. des Nat. de Mosc.*) On en avait encore distingué, sous le nom générique de *dorthesia*, ceux qui ont les étuis très-courts. La larve du *R. paradoxal* vit, à ce qu'il paraît, dans les nids des guêpes (1).

LES MORDELLES proprement dites. (MORDELLA. Lat.)

Qui ont aussi tous les articles des tarses entiers, mais dont les palpes maxillaires sont terminés par un article beaucoup plus grand que les précédens, en forme de hache, et qui ont les antennes simples ou seulement en scie, même dans les mâles.

Les derniers anneaux de l'abdomen se prolongent et forment une queue pointue, dans les femelles, qui s'en servent pour enfoncer leurs œufs dans l'intérieur des cavités du vieux bois.

La *M. à tarière* (*M. aculeata.* Lin.) Oliv. Col. III, 64, 1, 2, longue de deux lignes, noire luisante, sans taches, avec un duvet soyeux; antennes en scie; tarière de la longueur du corselet (2).

LES ANASPES. (ANASPIS. Geoff.)

Qui ont le pénultième article des quatre tarses antérieurs bilobé.

Les palpes sont semblables à ceux des mordelles. Les antennes sont simples et grossissent un peu vers le bout.

---

(1) Oliv. Col. III, n°. 65; Latr. Gen. Crust. et Insect. II, p. 206; Fab. Syst. Eleut. II, p. 118, Panz. Ind. Entom. p. 149.

(2) Ajoutez les espèces suiv. d'Olivier : *fasciata*; *duodecim-punctata*, *octo-punctata*, *abdominalis*.

L'écusson est souvent nul ou peu distinct. Leurs habitudes sont d'ailleurs les mêmes que dans le genre précédent (1).

LES SCRAPTIES. (SCRAPTIA. Lat.)

Où le pénultième article des tarses est bilobé; qui ont le corselet en demi-cercle, les antennes insérées dans une petite échancrure des yeux et composés d'articles cylindriques (2).

3o. Ceux qui, semblables aux précédens par la forme des crochets des tarses, ont le corselet en forme de cœur, rétréci postérieurement, ou formé d'un à deux nœuds.

Leur corps est oblong, avec la tête grande, les antennes simples ou légèrement en scie, et le pénultième article des tarses bilobé. Le dernier des palpes maxillaires est en hache. On les trouve à terre ou sur les plantes, et courant très-vite. Je soupçonne que leurs larves sont carnassières et parasites.

Ils forment le genre

CUCULLE (NOTOXUS) de Geoffroi,

et embrassent aussi une partie de celui des CANTHARIDES du même auteur.

LES NOTOXES. (NOTOXUS. Geoff. Oliv. — ANTHICUS. Payk. Fab.)

Dont les antennes se terminent d'une manière uniforme.

---

(1) Les mordelles : *frontalis*, *humeralis*, *lateralis*, *ruficollis*, *thoracica* d'Olivier.

(2) Latr. Gen. Crust. et Insect. II, p. 199.

Les uns ont l'extrémité antérieure et dorsale du corselet avancée en forme de corne. Ce sont les CUCULLES propres.

De *N. unicorne* (*Meloe monoceros.* Lin.) Oliv. Col. III, 51, 1, 2, long de deux lignes, d'un fauve clair, avec deux points à la base de chaque étui, et une bande repliée vers la suture, noirs; corne du corselet dentée.

Les autres ont le corselet simple; il y en a d'aptères (1).

LES STÉROPES. (STEROPES. Stev.)

Où les antennes se terminent par trois articles beaucoup plus longs que les autres (2).

4°. Ceux dont les crochets des tarses sont dentelés en dessous, et accompagnés d'un appendice en forme de soie; le corselet est carré.

Ils ont le corps épais, avec la tête basse ou penchée, les antennes courtes et simples, les yeux allongés, les mandibules fortes, les palpes filiformes et la poitrine grande. Tous les articles des tarses sont entiers. La tête ou les pieds postérieurs sont plus forts dans les mâles.

Il paraît qu'ils vivent dans les bois. Ils sont tous exotiques et forment

Le genre HORIE. (HORIA. Fab. Oliv.) (3).

---

(1) Voyez Schonherr, Synon. Insect. II, p. 54, gen. *anthicus*; Oliv. Col. et Encycl. méthod.; l'*odacantha tri-pustulata* de Fabr. est de ce genre.

(2) Schonh. ibid. p. eâd.

(3) Oliv. Col. III, 53 bis; Latr. Gen. Crust. et Insect. II, p. 211.

5°. Ceux dont les crochets des tarses sont profondément divisés ou doubles, et dans dentelures en dessous.

Ils ont le corps oblong, la tête grosse, inclinée, les yeux ordinairement allongés ou échancrés, les palpes filiformes ou légèrement plus gros à leur extrémité, le corselet court, carré ou arrondi, les étuis flexibles, l'abdomen mou et les articles des tarses presque toujours simples. Les uns rongent les feuilles des végétaux, et les autres vivent sur les fleurs. Ils contrefont les morts quand on les touche.

Des espèces des genres *cantharide*, *mylabre* et *meloë*, sont employées à l'extérieur, comme vésicatoires, et à l'intérieur, comme un puissant stimulant; mais cet usage est très-dangereux.

Cette division est formée du genre

MELOE (MELOE) de Linnæus.

Les uns ont le pénultième article des tarses divisé en deux lobes, comme

LES TÉTRAONYX. (TETRAONYX. Latr.)

Leurs antennes grossissent un peu vers leur extrémité. Leur corselet est en carré transversal (1).

---

(1) Lat. Zool. et Anat. de M. de Humb. pl. XVI, 7;—*apalus quadrimaculatus*, Fab. Tous de l'Amér. méridionale.

Les autres ont tous les articles des tarses entiers.

Tantôt les antennes sont plus grosses vers le bout, ou même en massue dans plusieurs. Tels sont :

LES MYLABRES. (MYLABRIS.)

Dont les antennes régulières, dans les deux sexes, sont de onze articles, et se terminent en une massue arquée et pointue formée par les derniers.

Ils sont propres aux contrées chaudes de l'ancien continent. Ils tenoient lieu autrefois de notre cantharide, et on s'en sert encore aujourd'hui, dans diverses parties de l'Italie et à la Chine. L'espèce la plus connue et la plus usitée, et que j'ai trouvée quelquefois, aux environs de Paris, est le *M. de la chicorée* (*Meloe chicorii* Lin.) Oliv. Col. III, 47, 1, a-e, long de six à sept lignes, noir, velu, avec trois bandes jaunes et dentées, dont la première divisée en deux taches, sur les étuis. — Sur la chicorée, les chardons et autres plantes.

Les Chinois employent le *M. pustulé* (ibid. 1, 1, f, et 11, 10, b.) (1).

LES HYCLÉES. (HYCLEUS. Lat.)

Qui ont aussi les antennes régulières dans les deux sexes, mais de neuf articles, dont le dernier très-grand, en forme de bouton ovoïde (2).

LES CEROCOMES. (CEROCOMA. Geoff. Fab.)

Dont les antennes sont irrégulières dans les mâles, de

---

(1) Consultez, pour les autres espèces, Oliv. ibid. et l'article *mylabre* de l'Encycl. méthod.

(2) *Mylabris impunctata*, Oliv. Encycl. méthod.; — *m. argentata*, Fab.

neuf articles, et terminées aussi par un bouton, comme dans le genre précédent.

Les palpes diffèrent encore selon les sexes.

La *C. de Schæffer.* (*Meloe Schæfferi*, Lin.) Oliv. Col. III, 48, 1, 1, verte, avec les antennes et les pieds jaunes (1).

Tantôt les antennes sont de la même grosseur ou amincies vers le bout.

LES ŒNAS. (ŒNAS. Lat.—LYTTA. Fab.)

Dont les antennes sont grainées, coudées, guères plus longues que la tête, et terminées par une tige en fuseau, ou cylindrique, composée des neuf derniers articles (2).

LES MELOES. (MELOE. Lin. et Fab.)

Qui ont aussi des antennes grainées, mais droites et sans coude remarquable, de la longueur au moins de la tête et du corselet (irrégulières dans plusieurs mâles). Ils n'ont point d'ailes. Les étuis ne recouvrent qu'une partie de l'abdomen, sont ovales ou triangulaires, et se croisent dans une partie de leur bord interne.

Ils se traînent à terre ou sur les plantes peu élevées, dont ils mangent les feuilles. Ils font sortir par quelques jointures de leurs pieds une liqueur oléagineuse, jaunâtre ou roussâtre. Les femelles ont l'abdomen très-volumineux. Dans quelques parties de l'Espagne, on se sert de ces insectes à la place de la cantharide, ou on les mêle ensemble. On les regardoit autrefois comme un spécifique contre la rage. Les maréchaux en font aussi usage. M. Latreille présume que nos meloes sont les *buprestes* des anciens, insectes

(1) Voyez pour les autres espèces Olivier, ibid. Fab. et Latr. Gen. Crust. et Insect. II, pag. 212.

(2) *Ænas afer*, Latr. Gen. Crust. et Insect. II, p. 219, et I, x, 10;—*meloe afer*, Linn.;—*lytta crassicornis*, Fab.

auxquels ils attribuoient des effets très-pernicieux, et qui, suivant eux, fesoient périr les bœufs, lorsqu'ils les mangeoient avec l'herbe.

M. proscarabée (*M. proscarabœus.* Lin.) Leach. Lin. Soc. Trans. XI, VI, 6, 7, long d'environ un pouce, noir, luisant, très-ponctué, avec les côtés de la tête, du corselet, les antennes et les pieds tirant sur le violet; milieu des antennes du mâle dilaté et courbe; étuis finement ridés.

Suivant De Géer, la femelle pond, dans la terre, un très-grand nombre d'œufs, ramassés en une masse, et les larves qui ont six pieds, deux filets à l'extrémité postérieure du corps, s'attachent à des mouches et les sucent.

M. mélangé (*M. majalis.* Oliv. Panz.) Leach. ibid. I, 2, antennes courtes, régulières et presque semblables dans les deux sexes. Corps mélangé de bronzé et de rouge cuivreux; tête et corselet fortement ponctués; étuis raboteux; des bandes cuivreuses sur l'abdomen. On l'avait pris pour le *M. majalis* de Linnæus qui est une espèce d'Espagne (1).

LES CANTHARIDES. (CANTHARIS. Geoff.—MELOE. Lin. LYTTA. Fab.)

Distinguées des méloes par la présence des ailes et leurs étuis aussi longs que l'abdomen, et des œnas par leurs antennes droites, en forme de fils, de la longueur au moins de la tête et du corselet.

Les espèces dont les étuis ne sont point fortement rétrécis en pointe à leur extrémité, dont les antennes sont notablement plus courtes que le corps, avec le second article court et les palpes maxillaires plus gros à leur extrémité, forment le genre *cantharide* proprement dit. Telle est

(1) Voyez pour les autres espèces la Monographie de ce genre de M. Leach. ibid.; celle de Meyer; Fabricius, Olivier et Latreille : le *m. marginata* de Fabricius est une *galéruque*.

La *C. des boutiques* (*Meloe vesicatorius*. Lin.) Oliv. Col. III, 46, 1, 1, a, b, c, nommée aussi *mouche d'Espagne*, longue de six à dix lignes, d'un vert doré, luisant, avec les antennes noires. Elle paraît sous le climat de Paris, vers le solstice d'été, et se trouve plus abondamment sur le frêne et le lilas. Elle est bien connue par sa propriété vésicante. Sa larve vit dans la terre (1).

Celles qui ayant encore des étuis presque de la même largeur, ont les antennes aussi longues que le corps, menues, en forme de soie, avec le second article aussi long au moins que la moitié du suivant, et les palpes maxillaires filiformes, composent le genre *zonitis* de Fabricius, ou celui d'*apalus* d'Olivier (2).

Les mâchoires de quelques mâles sont très-prolongées, filiformes, et se courbent en dessous. Illiger a séparé ces espèces sous la dénomination générique de *nemognathe* (3).

Les cantharides dont les étuis sont fortement rétrécis en pointe vers leur extrémité, sont les *sitaris* de Latreille (4).

Il paraît que leurs larves, ainsi que celles de quelques zonitis, vivent dans les nids de différentes espèces d'abeilles maçonnes de Réaumur.

---

(1) Voyez Olivier, ibid. et Fabricius, genre *lytta*.

(2) Les *zonitis* de Fabricius, à l'exception des espèces qui appartiennent au genre suivant; Schonh. Syn. Insect. II, p. 339.

(3) Les zonitis : *chrysomelina*, *rostrata* et *vittata*. Voyez Latr. Gen. Crust. et Insect. II, p. 222.

(4) Latr. ibid. p. 221 ; Schonh. ibid. pag. 341 ; le *lymexylon proboscideum* d'Olivier est une espèce très-voisine du *sitaris apicalis*.

La troisième section des COLÉOPTÈRES,

Celle des TÉTRAMÈRES,

Renferme exclusivement ceux qui ont quatre articles à tous les tarses.

Ces insectes se nourrissent tous de substances végétales. Leurs larves ont ordinairement les pieds courts, et ils manquent même ou sont remplacés par des mamelons dans un grand nombre. L'insecte parfait se tient sur les fleurs ou sur les feuilles des plantes.

Je diviserai cette section en sept familles. Les larves des quatre à cinq premières vivent, le plus souvent, cachées dans l'intérieur des végétaux, et sont généralement privées de pattes, ou n'en présentent que de très-petites. Beaucoup d'elles en rongent les parties dures ou ligneuses. Ces coléoptères sont les plus grands de la section.

La première famille,

Celle des PORTE-BEC ou RHINCHOPHORES,

Se distingue au prolongement antérieur de la tête qui forme une sorte de museau ou de trompe.

La plupart ont l'abdomen gros et les antennes coudées, souvent en massue. Le pénultième article de leurs tarses est presque toujours bilobé.

Les cuisses postérieures sont dentées dans plusieurs.

Les larves ont le corps oblong, semblable à un petit ver très-mou, blanc, avec une tête écailleuse, et sont dépourvues de pieds, ou n'ont à leur place que de petits mamelons. Elles rongent différentes parties des végétaux. Plusieurs vivent uniquement dans l'intérieur de leurs fruits ou de leurs graines, et nous causent souvent de grands dommages. Leurs nymphes sont renfermées dans une coque. Beaucoup de rinchophores nous nuisent même, dans leur dernier état, lorsqu'ils sont nombreux dans des lieux circonscrits. Ils piquent les bourgeons ou les feuilles de plusieurs végétaux cultivés, utiles ou nécessaires, et se nourrissent de leur parenchyme.

Les uns ont un labre apparent, le prolongement antérieur de leur tête court, large, déprimé, en forme de museau, des palpes très-visibles, filiformes, ou plus gros à leur extrémité. Ils composent le genre

DES BRUCHES (BRUCHUS) de Linnæus,

qui se subdivise comme il suit.

Les espèces dont les antennes sont en massue ou très-sensiblement plus grosses vers leur extrémité ; dont les yeux n'ont point d'echancrure, et qui paraissent avoir cinq articles aux quatre tarses antérieurs, forment le sous-genre.

Des Rhinosimes (Rhinosimus) de Latreille et d'Olivier (1).

Celles qui avec des antennes et des yeux semblables, n'ont que quatre articles à tous les tarses, dont le pénultième bilobé, rentrent dans celui

D'Anthribe (Anthribus) de Geoffroi et de Fabricius (2), auquel on peut joindre les *rhinomacers* d'Olivier (3).

Ces insectes se tiennent, en général, dans le vieux bois. Quelques autres vivent sur les fleurs.

Les Bruches proprement dites. (Bruchus. Fab. Oliv.)

Ou les *mylabres* de Geoffroi, ont leurs antennes en forme de fil, souvent en scie ou en peigne, et les yeux échancrés.

L'anus est découvert et les pieds postérieurs sont ordinairement très-grands.

Les femelles déposent un œuf dans le germe, encore tendre et fort petit, de plusieurs plantes légumineuses ou céréales, des palmiers, du caféyer, et la larve s'y nourrit et s'y métamorphose. L'insecte parfait détache, pour sortir, une portion de l'épiderme, sous la forme d'une petite calotte. C'est ce qui produit ces ouvertures circulaires que l'on n'observe que trop souvent aux graines des lentilles,

---

(1) Latr. Gen. Crust. et Insect. II, pag. 231 ; Oliv. Col. V, 86 ; les anthribes : *roboris, planirostris*, de Fabricius.

(2) Les *macrocéphales* d'Oliv. Col. IV, 80 ; les *anthribes* n°s. 1—3 de Geoffroi, (les anthribes : *latirostris* , *varius* , *scabrosus* , de Fab)

(3) Oliv. Col. V, 87 ; les *rhinomacer* : *leptaroides*, *attaleboides*, de Fab.

des pois, à celles des dattiers, etc. L'insecte parfait se trouve sur les fleurs.

La *B. du pois* (*B. pisi.* Lin.) Oliv. Col. IV, 79, 1, 6, a-d, longue de deux lignes, noire, avec la base des antennes et une partie des pieds fauves; des points gris sur les étuis; une tache blanchâtre et en forme de croix sur l'anus.

Cette espèce est très-nuisible et a fait, de certaines années, de grands ravages dans l'Amérique septentrionale (1).

Les autres n'ont point de labre apparent; les palpes sont très-petits, peu perceptibles à la vue simple, de forme conique; le prolongement antérieur de leur tête représente un bec ou une trompe.

Tantôt les antennes sont à la fois droites, insérées sur la trompe, composées de onze articles, dont les trois derniers réunis en une massue perfoliée. Ils forment le genre

DES ATTELABES (ATTELABUS) de Linnæus, et plus particulièrement de Fabricius, ou celui des *Becmares* de Geoffroi.

Ils rongent les feuilles ou les parties les plus tendres des végétaux. Les femelles, pour la plupart, roulent ces feuilles, en forme de tuyau ou de cornet, y font leur ponte, et préparent ainsi à leurs petits une retraite qui leur fournit en même temps leur nourriture.

Les proportions de la trompe, la manière dont elle se

---

(1) Voyez pour les autres espèces Fabricius et Olivier, ibid.

termine, ainsi que les jambes et la forme de l'abdomen, ont donné lieu à l'établissement des quatre sous-genres suivans : APODÈRE (1), RHYNCHITE (2), ATTELABE (3) et APION (4). Le premier est le plus distinct. La tête des apodères est rétrécie en arrière, ou présente une espèce de cou, et s'unit avec le corselet par une espèce de rotule.

L'*Attelabe bacchus* (*Rynchites bacchus.* Herbst.) Oliv. Col. V, 81, II, 27, est d'un rouge cuivreux, pubescent, avec les antennes et le bout de la trompe noirs.

Les larves de cette espèce vivent dans les feuilles roulées de la vigne, et l'en dépouillent quelquefois entièrement, dans les années où des circonstances ont favorisé leur multiplication. On la désigne, en quelques endroits de France, sous les noms de *lisette*, *bêche*, etc.

Tantôt les antennes sont filiformes dans les uns, en massue dans les autres, mais ne sont point simultanément droites, insérées sur la trompe, de onze articles, avec les trois derniers en massue.

Ils embrassent le genre

DES CHARANSONS (CURCULIO) de Linnæus.

On le divise aujourd'hui en un grand nombre de sous-genres.

Les uns ont toujours des antennes en massue perfoliée, composées de trois articles.

Il y en a, parmi eux, dont les pieds sont uniquement propres à la course; les postérieurs, ainsi que les autres,

---

(1) Voyez Latr. Gen. Crust. et Insect.; Herbst. et Olivier.

(2) Les mêmes ouvrages.

(3) Les mêmes.

(4) Les mêmes et la Monographie des *apions* d'Angleterre de M. Kirby (Linn. Soc. Trans.).

ne servent point à sauter. Tels sont les CHARANSONS proprement dits (1), les LIXES (2), les LIPARES (3), les RHYNCHÈNES (4), les CRYPTORHYNQUES (5) et les CIONES (6).

Les CHARANSONS ont la trompe courte, et les antennes sont insérées près de son extrémité.

De l'Amérique méridionale nous viennent les espèces les plus grandes et les plus belles, ou les plus riches en couleurs, comme :

Le *C. impérial* (*C. imperialis.* Fab.) Oliv. Col. V, 83, 1, 1, d'un vert doré brillant, avec des lignes élevées, entremêlées de points enfoncés de cette couleur, et disposés aussi en stries, sur les étuis.

Le *C. royal* (*C. regalis.* Lin.) Oliv. ibid. 1, 8, d'un vert bleu, avec des bandes cuivreuses ou dorées, très-éclatantes.

Les dénominations de *fastueux*, *somptueux*, *noble*, *chrysis*, qu'on a données à d'autres espèces, annoncent le luxe de leur ornement. Parmi les nôtres, il y en a dont les couleurs sont assez brillantes, comme les charansons : *tamarisci*, *micans*, *gemmatus*, *viridis*, *argentatus*, etc.

Les antennes des LIXES se terminent en une massue en forme de fuseau, et leur corps est généralement étroit et allongé. Tel est surtout celui du *L. paraplectique*, dont la larve vit dans les tiges du *phallandrium*, et cause aux chevaux, suivant Linnæus, la maladie dite *paraplégie*, lorsqu'ils la mangent avec cette plante.

Une autre espèce, qui vit dans les fleurs des chardons est réputée odontalgique. (*L. odontalgicus.* Oliv.)

---

(1) Voyez Oliv. Col. V, 83.

(2) Ibid.

(3) Ibid.

(4) Ibid.

(5) Les *rynchènes* dont la trompe est recue dans une cavité de la poitrine.

(6) Ibid.

Les Rynchènes. (Rynchænus. Fab.)

Auxquels on peut réunir les *cryptorhynques* et les *lipares*, se font remarquer par la longueur de leur trompe et vers le milieu de laquelle sont insérées les antennes. Telle est surtout l'espèce (*R. nucum*), dont la larve se nourrit de l'amande de la noisette.

Les Ciones. (Cionus. Clairv.)

Ont le corps très-court, presque globuleux, avec les antennes de dix articles, dont les quatre derniers en massue. Ils vivent, ainsi que leurs larves, sur les scrophulaires et les verbascum.

Ceux dont les pieds postérieurs ont de grosses cuisses, et qui sont propres à sauter, forment les genres Orchestes (1) et Ramphus (2). Dans le premier, les antennes sont insérées sur le milieu de la trompe et brisées; elles naissent de l'entre-deux des yeux, et sont droites dans le second.

Les autres charansons ont les antennes soit filiformes, soit en massue, mais solide et composée d'un seul article distinct et terminal : le huitième dans les uns, le neuvième ou le dixième dans les autres.

Ils rongent, en général, les parties les plus solides des végétaux. Plusieurs même vivent exclusivement dans les bois, et nous conduisent naturellement à la famille suivante.

Les Brachycères. (Brachycerus.) (3).

Ont tous les articles des tarses entiers, les antennes de neuf articles, dont le dernier, en forme de cône renversé, compose la massue. Leur corps est souvent, en tout ou en partie, très-raboteux ou très-inégal. Ils se tiennent dans le sable, et sont propres aux pays méridionaux de l'Europe et à l'Afrique.

---

(1) Oliv. Col. V, 82.

(2) Oliv. ibid. 84.

(3) Oliv. ibid. 82.

Dans tous les sous-genres suivans, le pénultième article des tarses est bilobé.

LES BRENTES. (BRENTUS. Fab.) (1).

Ont leurs antennes droites et filiformes, ou grossissant à peine vers leur extrémité. Toutes les parties de leur corps sont très-allongées, ce qui leur donne une forme linéaire. Leur trompe est toujours avancée en avant. On les trouve sous les écorces des arbres des pays chauds.

LES CYLAS. (CYLAS. Lat.) (2).

Ont aussi les antennes droites; mais leur dernier article, et qui est le dixième, forme une massue ovale et cylindrique. Leur corps est proportionnellement plus court que celui des brentes, avec l'abdomen ovale.

LES RHINES. (RHINA. Lat.) (3).

Se distinguent à leurs antennes coudées, dont le huitième et dernier article forme une massue en fuseau ou cylindrique, et dont le premier, ou le radical, est inséré vers le milieu de la trompe.

LES CALANDRES. (CALANDRA. Clairv. Fab. Oliv.)

Ayant aussi les antennes coudées, et dont le huitième et dernier article forme la massue; mais cet article est presque globuleux ou triangulaire, et le premier est inséré à la base de la trompe.

Nous ne connoissons que trop la *C. du blé* (*Curculio granarius.* Lin.) Oliv. Col. V, 83, XVI, 196, allongée, brune; corselet ponctué, aussi long que les élytres. Sa larve, connue sous le nom du genre, fait de grands dégâts dans les magasins à blé.

---

(1) Latr. Gen. Crust. et Insect. II, p. 244; Oliv. ibid. 84, bis.

(2) Oliv. ibid. 83.

(3) Lat. ibid. pag. 268. Oliv. ibid, 83,

Une autre espèce, celle *du riz* (*Curculio oryzæ*. Lin.) Oliv. ibid. VII, 81, semblable à la précédente, mais ayant deux taches fauves sur chaque étui, attaque le riz.

Une troisième, la *C. palmiste* (*Curculio palmarum*. Lin.) Oliv. ibid. II, 16, qui a un pouce et demi de long, qui est toute noire, avec des poils soyeux à l'extrémité de la trompe, vit de la moelle des palmiers de l'Amérique méridionale. Les habitans mangent sa larve, nommée *ver-palmiste*, comme un mets délicieux (1).

Le dernier sous-genre, celui des COSSON (2), nous offre encore des antennes coudées, mais dont le neuvième et dernier article forme une massue ovoïde ou en cône renversé. Le corps est presque cylindrique. Ces insectes vivent dans les bois, et ont, de même que les calandres, les jambes terminées par un fort onglet.

La seconde famille des COLÉOPTÈRES TÉTRAMÈRES,

Celle des XYLOPHAGES.

Nous offre une tête terminée à l'ordinaire ou sans museau ni trompe; des tarses à articles entiers ou dont le pénultième seul est quelquefois élargi et en forme de cœur; des antennes plus grosses vers leur extrémité, ou perfoliées dès leur base.

Ils vivent presque tous dans le bois; leurs

---

(1) Voyez, pour les autres espèces, Olivier, ibid.

(2) Clairville (Entom. Helvet.), Latr. Gen. Crust. et Insect., et Olivier, ibid.

larves le percent ou y creusent des sillons en divers sens; et lorsqu'elless ont très-abondantes dans une forêt, particulièrement dans celles de pins et de sapins, elles font périr, en peu d'années, une grande quantité d'arbres, ou les mettent hors d'état d'être employés utilement dans les arts. Quelques-unes mêmes font beaucoup de tort à l'olivier.

On peut couper cette famille en deux sections. La première comprend ceux dont les antennes n'ont que dix articles distincts, et se compose de trois genres.

Celui des SCOLYTES (SCOLYTUS) de Geoffroi, d'Olivier (1), ou des *ips* de De Géer, et que Linnæus ne distinguait point de celui des *Dermestes*.

Les palpes sont coniques et très-petits; les antennes sont composées de huit à neuf articles distincts, dont les derniers forment une massue solide ou à trois feuillets. Le corps est cylindrique.

Ceux dont les antennes, plus courtes que la tête ou guère plus longues, se terminent par une massue solide, souvent arrondie, et qui commence avant le neuvième article, forment le genre *bostriche* (2) de Fabricius, et comprennent ceux d'*hylurgus*, *tomicus* et *platypus* de Latreille (3).

Ceux dont les antennes, ordinairement plus longues que

---

(1) Oliv. Col. IV, n°. 78.

(2) Syst. Eleut.

(3) Latr. Gen. Crust. et Insect. II, p. 274-278.

la tête, et qui sont encore terminées par une massue solide, mais ne commençant qu'au neuvième article, et dont la forme est ovoïde, sont des *hylesinus* (1) pour Fabricius et Latreille, et embrassent en outre celui de *scolytus* du dernier.

Deux ou trois petites espèces, dont la massue des antennes est composée de trois feuillets, forment le genre *phloïotribe* de celui-ci (2).

Le second genre, celui

DES PAUSSES (PAUSSUS) de Linnæus,

Présente, ainsi que le précédent, des palpes coniques, ou qui s'amincissent de la base à la pointe, mais assez allongés.

Leurs antennes n'ont tantôt que deux articles, et dont le dernier très-grand, comme dans les PAUSSUS propres (3), et tantôt de dix et perfoliés dès la base, ainsi que dans les CÉRAPTÈRES (CERAPTERUS. Swed.) (4). Leur corps est en carré long et déprimé.

Ces insectes sont rares dans les collections, et se trouvent plus particulièrement aux Indes orientales.

Le troisième genre, celui

DES BOSTRICHES (BOSTRICHUS), de Geoffroi,

Diffère des deux précédens par les palpes filiformes ou plus gros vers leur extrémité. Leurs antennes sont terminées en massue, tantôt perfoliée ou en

---

(1) Syst. Eleut.

(2) Latr. Gen. Crust. et Insect. II, p. 278-280.

(3) Latr. ibid. III, p. 1.

(4) Latr. ibid. p. 4.

scie, tantôt solide et globuleuse et formée par le dernier article.

Les uns ont le corps étroit et allongé, soit cylindrique, soit linéaire. Tels sont :

LES BOSTRICHES propres, ou les *Apates* et une partie des *Sinodendrons* de Fabricius.

Leurs antennes sont en massue perfoliée ou en scie, plus longues que la tête. Le corps est cylindrique, avec le corselet globuleux ou cubique.

On trouve souvent sur les vieux bois, dans les chantiers,

Le *B. capucin* (*Dermestes capucinus*. Lin.) Oliv. Col. IV, 77, 1, 1, long de cinq lignes, avec les étuis et l'abdomen rouges (1).

LES PSOA (PSOA) de Fabricius.

Ne s'éloignent que par la forme déprimée de leur corps (2).

LES NÉMOSOMES (NEMOSOMA) de Latreille.

Ont aussi des antennes en massue perfoliée, mais guères plus longues que la tête; cette dernière partie du corps est presque aussi allongée que le corselet. Ils sont linéaires (3).

LES CÉRYLONS (CERYLON) du même.

Ont leurs antennes terminées en une massue solide, presque globuleuse (4).

Les autres ont une forme ovale ou arrondie, et toujours déprimée. Ils se distinguent encore des précédens par leurs

---

(1) Voyez pour les autres espèces Olivier, ibid.

(2) Syst. Eleut.

(3) Latr. Gen. Crust. et Insect. III, p. 12, et I, XI, 4.

(4) Latr. ibid. III, p. 13.

palpes maxillaires, qui sont beaucoup plus grands que les labiaux, et plus gros à leur extrémité. Tels sont

LES CIS (CIS) de Latreille.

Qui vivent dans les agarics ou les bolets desséchés des arbres. La massue des antennes est perfoliée. Les mâles ont souvent deux petites éminences sur la tête, comme ceux de plusieurs hétéromères, qui se nourrissent des mêmes substances (1).

On peut encore placer ici le genre CLYPÉASTRE (CLYPEASTER), dont le corps est orbiculaire, très-plat, avec la tête cachée sous un corselet en demi-cercle. Il a la forme d'un petit bouclier (2).

La seconde section de la famille des XYLOPHAGES nous offre onze articles distincts aux antennes, et peut se réduire à trois genres, dont le premier est celui

DE MYCÉTOPHAGE. (MYCETOPHAGUS. Fab. Oliv. — TRITOMA. Geoffr.)

Qui ont le corps ovale, avec les antennes insensiblement plus grosses et perfoliées, dans le plus grand nombre (terminées en massue de trois à quatre articles dans quelques autres). Ils vivent dans les champignons et sous les écorces des arbres (3).

---

(1) Latr. ibid. III, pag. 111; ajoutez *anobium reticulatum* de Fab.

(2) Latr. ibid. p. 67.

(3) Latr. Gen. Crust. et Insect. III, pag. 9; Fab. et Oliv. (Encycl. méthodique.)

Le second genre, celui

des AGATHIDIES. (AGATHIDIUM. Illig.)

Bien distinct par la figure presque globuleuse et contractile de son corps.

Il paraît, nonobstant la conformité des tarses, devoir se rapporter, sous d'autres considérations, à la dernière famille des tétramères (1).

Le troisième genre, celui

des TROGOSITES (TROGOSITA) d'Olivier et de Fabricius.

Dont le corps est étroit et allongé, avec l'extrémité seule des antennes en massue. On peut y rapporter les sous-genres suivans :

Les uns ont la massue des antennes composée seulement de deux articles. Tels sont :

LES LYCTES. (LYCTUS.)

Où les antennes sont de la longueur de la tête et du corselet, et qui ont des mandibules saillartes (2).

LES DITOMES. (DITOMA. Herbst).

Où les antennes sont beaucoup plus courtes, et dont les mandibules sont cachées ou peu découvertes (3).

Les autres ont la massue des antennes formée de trois à quatre articles, un peu en scie.

---

(1) Sturm. Faun. Germ. II, XXVI-XXIX.

(2) Latr. Gen. Crust. et Insect. III, pag. 16; *lyctus canaliculatus*, Fab.

(3) Latr. ibid. p. 15; *lyctus crenatus*, Fab.

Tantôt les antennes ne sont guères plus longues que la tête, comme dans

LES COLYDIES (COLYDIUM) de Fabricius (1).

Tantôt elles sont notablement plus longues, comme dans

LES TROGOSITES propres d'Olivier, qui ont des mandibules fortes et avancees.

Le *T. mauritanique* (*Tenebrio mauritanicus.* Lin.) Oliv. Col. II, 19, 1, 2, long de près de quatre lignes, noirâtre en dessus, d'un brun plus clair en dessous, avec les étuis striés. — On le trouve sous les écorces des arbres, dans les noix, le pain. Sa larve, connue en Provence sous le nom de *cadelle*, attaque les grains (2).

LES MÉRYX (MERYX) de Latreille.

Dont les mandibules sont petites; qui ont les palpes maxillàires saillans (3).

LES LATRIDIES (LATRIDIUS) d'Herbst.

Où les mandibules sont encore petites; mais dont les palpes sont très-courts; le second article de leurs antennes est plus grand que le troisième; celui-ci et les suivans, jusqu à la massue, sont beaucoup plus menus et presque cylindriques; la tête et le corselet sont plus étroits que l'abdomen (4).

LES SILVAINS (SILVANUS) de Latreille.

Ayant aussi de petites mandibules et des palpes fort

---

(1) Latr. ibid. p. 21; Fab. Syst. Eleut. à l'exception du *c. frumentarium.* Voyez Latr. ibid. pag. 20.

(2) Voyez pour les autres espèces Olivier, ibid.

(3) Latr. ibid. p. 17, et I, XI, 1.

(4) Latr. Gen. Crust. et Insect. III, pag. 18.

courts; mais dont les antennes ont leur second article et les suivans jusqu'à la massue, presque égaux, et en forme de cône; la largeur du corps est égale (1).

La troisième famille des TÉTRAMÈRES,

Celle des PLATYSOMES.

Se rapproche de la précédente quant aux tarses, dont les articles sont tous entiers, et quant aux habitudes; mais leurs antennes sont de la même grosseur ou plus grêles vers leur extrémité.

Ils sont déprimés, allongés, se tiennent sous les écorces des arbres, et peuvent être réduits à un seul genre, celui

des CUCUJES (CUCUJUS) de Fabricius.

On y distingue :

LES CUCUJES propres.

Qui ont le labre avancé entre les mandibules, les tarses fort courts, les antennes presque en forme de chapelet, et plus courtes que le corps (1).

LES ULEÏOTES (ULEIOTA) de Latreille.

Semblables aux cucujes par la saillie du labre et la brié-

---

(1) Latr. ibid. pag. 19. A l'exception des trogosites propres, tous ces genres, ainsi que ceux d'*hypophlée* et de *dacné*, sont des *ips* pour Olivier.

(2) Les cucujes : *clavipes*, *depressus*, *rufus*, *bimaculatus*, *piceus*, *testaceus*, *ater* d'Olivier, Col. IV, n°. 74 bis.

veté des tarses, mais dont les antennes sont longues, et à articles cylindriques (1).

LES PARANDRES (PARANDRA) de Latreille.

Où le labre est très-petit, et dont les tarses sont allongés. Leur corps est moins aplati que celui des précédens; leurs mandibules sont fortes et dentées (2).

La quatrième famille des TÉTRAMÈRES,

LES LONGICORNES.

Ont le dessous des trois premiers articles des tarses spongieux ou garni de brosses, avec le pénultième divisé profondément en deux lobes; les antennes filiformes ou le plus souvent amincies vers leur extrémité et longues; le corps et les pieds allongés; la division extérieure des mâchoires plus grande, ou du moins aussi grande que l'interne, et ne ressemblant point à un palpe; la languette grande, comparativement au menton, en forme de cœur, évasée, échancrée ou bifide à son extrémité supérieure; les yeux sont allongés, en forme de rein, et embrassent la base des antennes, dans les uns; le corselet est en forme de trapèze, ou rétréci en devant, dans

(1) Latr. Gen. Crust et Insect. III, pag. 25; les *brontes* de Fab.

(2) Latr. ibid. p. 28, et I, IX, 7; *tenebrio brunneus*, Fab.

ceux où les yeux sont arrondis, entiers ou légèrement échancrés.

Leurs larves vivent presque toutes dans l'intérieur des arbres ou sous leurs écorces, sont privées de pieds, ou n'en ont que de très-petits; ont le corps mou, blanchâtre, plus gros en avant, avec la tête écailleuse, pourvue de mandibules fortes et sans autres parties saillantes. Elles font beaucoup de tort aux arbres, surtout les grandes, les perçant souvent très-profondément, ou les criblant de trous. Quelques-unes rongent les racines des plantes. Les femelles ont l'abdomen terminé par un oviducte tubulaire et corné. Ces insectes produisent un petit son aigu par le frottement du pédicule de la base de leur abdomen contre la paroi intérieure du corselet, lorsqu'ils l'y font entrer et qu'ils le retirent alternativement.

Les uns ont les yeux allongés, en forme de rein, et environnant la base des antennes; les étuis de la longueur de l'abdomen, recouvrant toute son étendue supérieure, et les ailes pliées. Ils composent, en majeure partie, le genre

DES CAPRICORNES (CERAMBYX) de Linnæus.

On l'a divisé en plusieurs sous-genres :

Tantôt le labre est nul ou très-petit, comme dans

Les Spondyles. (Spondylis. Fab.—Attelabus. Lin.)

Qui ont les antennes grenues ou courtes; le corps convexe, cylindrique, avec le corselet arrondi, sans épines ni rebord.

La larve du *S. buprestoïde* (*Attelabus buprestoïdes.* Lin.) Oliv. Col. IV, 71, 1, 1, qui est tout noir, et la seule espèce connue, vit dans le tronc des pins, du nord de l'Europe, et des landes de Bordeaux.

Les Priones. (Prionus. Geoffr.)

Où les antennes, toujours plus longues que le corselet, sont en scie ou en peigne dans les uns, simples, mais épineuses dans les autres; qui ont le corps déprimé, avec les bords du corselet tranchans, dentés ou inégaux.

Ils ne volent que le soir ou dans la nuit, et se tiennent toujours sur les arbres. Quelques espèces étrangères sont remarquables par leur grande taille, et celle de leurs mandibules. On mange la larve du p. cervicorne, qui vit dans le bois du fromager. On trouve en France

Le *P. corroyeur* (*Cerambyx coriarius.* Lin.) Oliv. ibid. n°. 66, 1, 1, long de quinze lignes, d'un brun-noirâtre, avec les antennes en scie, et trois dents aux bords latéraux du corselet. Sa larve vit dans les troncs pourris du chêne et du bouleau, et se creuse un trou dans la terre, pour s'y métamorphoser.

Le *P. rouillé* (*Prionus scabricornis.* Fab.) Oliv. ibid. XI, 42, long d'un pouce et demi, d'un brun-canelle foncé, avec les antennes plus grêles vers le bout, hérissées simplement de petites épines, et une seule dent de chaque côté du corselet, formée par ses angles postérieurs (1).

---

(1) Voyez pour les autres espèces Fabricius, Syst. Eleut. et Oliv. ibid.; mais il faut retrancher de sa nomenclature les trois premières espèces ou sa première division, qui forment le genre *macropus* de Thunberg.

Tantôt le labre est très-apparent, et s'avance entre les mandibules ; comme dans

LES LAMIES. (LAMIA, SAPERDA. Fab.)

Qui ont la tête verticale, les palpes filiformes et terminés par un article ovalaire, ou presque cylindrique.

1°. Les espèces qui ont, de chaque côté du corselet, une épine mobile, forment le genre *macropus* de Thunberg. Tel est le *capricorne à longs bras* (*longimanus*) de Linnæus, Oliv. Col. IV, 66, III, IV, 12, dont les antennes et les deux pieds antérieurs sont très-longs, et qui a le dessus du corps varié de gris, de rouge et de noir. On l'appelle vulgairement l'*arlequin de Cayenne* (1).

2°. Celles dont les côtés du corselet ont des épines fixes, et qui ont cette partie courte, sont

LES LAMIES proprement dites de Fabricius.

On met dans cette coupe :

La *L. tisserand* (*Cerambyx textor.* Lin.) Oliv. ibid. 67, VI, 39, longue d'un pouce, noire, avec les antennes courtes et les étuis chagrinés.

Certaines espèces, dont les antennes sont généralement plus courtes, et dont l'abdomen est ovale, vivent à terre. Leurs larves rongent probablement les racines des plantes. Telles sont :

La *L. cendree* (*Cerambyx fuliginator.* Lin.) Oliv. ibid. X, 21, longue de six lignes, noire, avec les étuis cendrés ou quelquefois bruns, rayés de blanc (2).

3°. Les espèces où le corselet, armé pareillement d'épines

---

(1) Div. I, des *priones* d'Olivier.

(2) Aj. les *lamies* de Fabricius, et quelques espèces, indiquées plus bas, qu'il a mises avec les capricornes. Olivier les réunit aux derniers, en les séparant néanmoins dans une coupe particulière.

immobiles, est allongé, et dont les palpes sont plus effilés à leur pointe, sont désignées par Fabricius sous le nom générique de *gnoma* (1). Elles sont toutes exotiques.

4°. Ses *saperdes* ne diffèrent sensiblement des autres lamies, que par le défaut d'épines ou de pointes au corselet. Il est parfaitement cylindrique. Telle est :

La *S. chagrinée* (*Cerambyx carcharias*. Lin.) Oliv. Col. IV, 68, II, 22, longue d'un pouce, couverte d'un duvet cendré-jaunâtre, ponctuée de noir, avec les antennes annelées de noir et de gris.

Sa larve vit dans le tronc des peupliers, et en détruit quelquefois les jeunes plantations.

La *S. effilée* (*Cerambyx linearis*. Lin.) Oliv. ibid. II, 13, qui est longue, cylindrique, noire, avec les pieds jaunes, vit dans le bois du coudrier (2).

LES CALLICHROMES. (CALLICHROMA. Lat.)

Ont la tête penchée en avant; les palpes terminés par un article plus grand, en forme de cône renversé, allongé et comprimé; les maxillaires sont plus courts que les labiaux, et ne dépassent pas l'extrémité des mâchoires.

Ils sont ornés de couleurs métalliques ou brillantes, et répandent une odeur agréable. Leur corselet est épineux. Tels sont :

Le *C. Rosalie* (*Cerambyx Alpinus*. Lin.) Oliv. ibid. 67, IX, 58, qui est d'un bleu-cendré, avec des taches et des bandes noires; les articles des antennes sont noirs et velus à leur extrémité. — Dans les montagnes, et se trouve quelquefois dans les chantiers de Paris. Il sent le musc.

Le *C. musqué* (*Cerambyx moschatus*. Lin.) Oliv. Col. IV,

---

(1) Voyez Fab. Syst. Eleut.; — *cerambyx giraffa*, Schreib. Linn. Soc. Trans. VI, XXI, 2.

(2) Voyez Fab. et Oliv. ibid.

67, 11, 7, d'un vert-doré, changeant en bleu et brillant. Il répand une odeur de rose, et se trouve sur les saules (1).

LES CAPRICORNES proprement dits. Lat. (CERAMBYX et STENOCORUS. Fab.)

Analogues aux callichromes par la direction de la tête et la forme du dernier article des palpes, mais ayant les palpes maxillaires plus longs que les labiaux. Le corselet est presque toujours épineux ou tuberculé sur ses côtés, et tantôt presque carré, tantôt presque cylindrique.

Le *C. héros* (*Cerambyx heros*. Fab.) Oliv. ibid. 1, 1, long d'un pouce et demi à deux pouces; noir, avec le bout des étuis brun; antennes longues; corselet très-ridé, épineux. — Dans les pays tempérés et chauds de l'Europe. Sa larve fait des trous très-grands dans le bois du chêne. C'est peut-être aussi le *cossus* des anciens (2).

LES CALLIDIES. Lat. (CALLIDIUM, CLYTUS. Fab. — CERAMBYX, LEPTURA. Lin.)

Ayant aussi la tête penchée en avant et le dernier article des palpes plus grand, mais proportionnellement moins

---

(1) Ajoutez les capricornes : *virens*, *albitarsus*, *nitens*, *micans*, *ater*, *festivus*, *vittatus*, *velutinus*, *sericeus*, *elegans*, *suturalis*, *latipes*, *regius*, *albicornis*, *longipes*, *cyanicornis*, de Fab.

(2) Ses autres *cerambyx*, à l'exception des suivans : *longimanus*, *nebulosus*, *griseus*, *costatus*, *fasciculatus*, *hispidus*, *pilosus*, *quadripunctatus*, et de quelques autres qui sont du genre des lamies ; ajoutez aux capricornes ses sténocores : *cyaneus*, *garganicus*, *festivus*, *marylandicus*, *spinicornis*, *bidens*, *semipunctatus*, *irroratus*, *obscurus*, *glabratus*, *sexmaculatus*, *quinquemaculatus*, *quadrimaculatus*, *maculatus*, *geminatus*, *cylindricollis* etc. Quelques autres espèces, comme : *farinosus*, *annulatus*, sont des *saperdes*. Le *s. strepens* appartient à notre genre *stencore*, et paraît intermédiaire entre les *rhagies* et les *leptures*. Voy. Latr. Gen. Crust. et Insect. III, p. 38 et suiv.

allongé et plus large, presque en forme de triangle renversé ou de hache.

Le devant de la tête est obtus ou arrondi. Le corselet est globuleux ou circulaire dans les uns, en ovoïde tronqué aux deux bouts dans les autres, et presque toujours sans épines ni tubercules.

Ceux qui ont le corselet déprimé et presque circulaire, forment le genre *callidie* de Fabricius. Tel est

Le *C. sanguin* (*Cerambyx sanguineus.* Lin.) Oliv. ibid. 70, 1, 1, long de cinq lignes, noir, avec le corselet et les étuis veloutés, d'un rouge de sang. — Très-commun, au printemps, dans les chantiers et même dans les maisons (1).

Ceux qui ont le corselet élevé, presque globuleux, comprennent le genre des *clytes*, comme

Le *C. arqué* (*Leptura arcuata.* Lin.) Oliv. ibid. IV, 70, 11, 16, long d'environ un demi-pouce, très-noir, avec deux bandes sur le corselet, trois raies arquées sur les étuis, quelques points à leur base et leur extrémité, d'un jaune-doré. — Dans les bois (2).

D'autres tétramères longicornes qui ont aussi les yeux en forme de rein et entourant la base des antennes, sont distingués des précédens par leurs étuis, ou beaucoup plus courts que l'abdomen, ou resserrés brusquement en arrière, et par leurs ailes étendues dans leur longueur, ou simplement plissées à leur extrémité.

---

(1) Voyez Fab. Syst. Eleut. genre *callidium.*

(2) Voyez Fab. Syst. Eleut. genre *clytus*, et pour les deux divisions, Olivier, ibid. genre *callidie.*

Ils se rapportent au genre

DES NÉCYDALES (NECYDALIS) de Linnæus.

Leur tête est penchée en avant; le dernier article des palpes, est plus gros, presque cylindrique, ou presque ovoïde et tronqué.

Fabricius comprend dans son genre *molorchus*, toutes celles dont les élytres sont très-courtes, comme, par exemple,

La *grande Nécydale* (*Necydalis major*) de Linnæus et de Geoffroi. Oliv. ibid. 74, 1, 1 (1).

Celles dont les étuis se prolongent jusqu'au bout de l'abdomen, mais qui se resserrent et se terminent en manière d'alène, ont été associées, mal-à-propos aux *œdemères* par Fabricius. Telle est

La *N. fauve* (*N. rufa.* Lin.), la *Lepture à étuis étranglés* de Geoffroi. Oliv. ibid. 1, 6 (2).

Tous les autres tétramères longicornes, ont les yeux arrondis, entiers ou légèrement échancrés, et n'entourant point la base des antennes. Leur corselet se rétrécit de sa base à son extrémité antérieure, et a la forme d'un trapèze ou d'un cône tronqué. Le corps est souvent arqué et plus étroit vers son extrémité postérieure.

---

(1) Voyez Fab. ibid.

(2) Ajoutez *n. atra*, *præusta* de Fabricius. Voyez Oliv. genre *nécydale*.

Ils forment le genre

STENOCORE (STENOCORUS) de Geoffroi.

Les uns ont le corselet épineux, et les antennes courtes ou de longueur moyenne. Ce sont

LES RHAGIES (RHAGIUM) de Fabricius, et les *Stenocores* d'Olivier. Linnæus les réunit aux capricornes.

Tels sont le *Stenocore noir, velouté de jaune*, de Geoffroi, (*Rhagium inquisitor.* F.) son *S. rouge, à étuis violets* (*R. salicis.* F.), etc. (1).

Les autres ont le corselet uni et les antennes longues.

Ils composent le genre LEPTURE (LEPTURA) de Fabricius, d'Olivier, et comprennent plusieurs de celles de Linnæus. Telle est

La *L. noire* (*L. nigra.* Lin.) Oliv. Col. IV, 73, III, 36, qui est noire, luisante, avec l'abdomen rouge (2).

La cinquième famille des TÉTRAMÈRES,

LES EUPODES.

Voisins des longicornes par la conformité des tarses, des antennes, de l'allongement du corps et de la division extérieure des mâchoires, commencent déjà à s'en éloigner sous le rapport de la figure de la languette, qui, dans les derniers de cette famille, est presque carrée ou arrondie, et non évasée en forme

---

(1) Voyez Olivier, ibid. n°. 69, *genre stenocore*.

(2) Ibid. n°. 73.

de cœur, se rapprochent des derniers longicornes en ce que les yeux n'entourent pas les antennes, et s'en distinguent par la forme cylindrique et étroite du corselet; leurs tarses sont aussi proportionnellement plus courts.

Les cuisses postérieures sont très-grandes dans un grand nombre. Les espèces indigènes dont nous connaissons mieux les habitudes, se tiennent fixées et tranquilles sur différentes plantes, et ont aussi les lobes du pénultième article de leurs tarses allongés, de même que les hispes et les cassides, premiers genres de la famille suivante. Nous verrons aussi que les larves des cassides et celles des criocères ont un caractère commun, celui de se couvrir de leurs excrémens et de s'en former une espèce de fourreau. Enfin nous verrons encore que les gribouris, les clythres, genres qui viennent immédiatement après celui des cassides, vivent aussi, sous cette première forme, dans des fourreaux.

On pourrait réunir les tétramères de cette cinquième famille dans un seul genre, celui

DES CRIOCÈRES (CRIOCERIS) de Geoffroi.

Les uns ont la languette profondément échancrée, et la pointe des mandibules entière ou sans échancrure.

LES MÉGALOPES. (MEGALOPUS. Fab. Oliv.)

Où les antennes sont courtes, presque en scie, et où le dernier article des palpes finit en pointe. Ils sont propres à l'Amérique méridionale (1).

LES ORSODACNES. (ORSODACNE. Lat. Oliv. — CRIOCERIS. Fab.)

Qui ont les antennes simples, allongées, presque entièrement composées d'articles en forme de cône renversé, avec le dernier article des palpes maxillaires plus grand, presque cylindrique, et les cuisses à peu près de la même grandeur (2).

LES SAGRES. (SAGRA. Fab.)

Dont les antennes sont encore simples et allongées, mais à articles inégaux, et qui ont les palpes filiformes, avec le dernier article ovoïde et pointu. Les cuisses postérieures sont très-grandes.

Ces coléoptères, désignés primitivement sous le nom générique d'*alurne*, ont des teintes uniformes, mais éclatantes, et ne se trouvent qu'en Afrique et en Asie. Ils sont très-voisins des suivans (3).

Les autres ont la languette entière ou peu échancrée, et l'extrémité des mandibules bifide, ou terminée par deux dents. Tels sont

LES DONACIES. (DONACIA. Fab. — LEPTURA. Lin.)

Qui ont encore les cuisses postérieures beaucoup plus grandes que les autres; dont les antennes sont formées

---

(1) Voyez Latr. Gen. Crust. et Insect. III, pag. 45, et I, XI, 5; Fab. Syst. Eleut. et Oliv. Col. V, 96 bis.

(2) Voyez Latr. Gen. Crust. et Insect. III, p. 44, et Oliv. Col. V, 94 bis.

(3) Voyez Fab. Syst. Eleut. et Oliv. ibid. V, 90.

d'articles allongés et presque cylindriques, et dont les yeux ne sont point échancrés.

Ils ressemblent, en petit, aux sagres, et ont souvent, comme eux, des couleurs brillantes, bronzées ou dorées. Ils se trouvent sur les plantes aquatiques, particulièrement sur les glayeuls, la sagittaire, le nymphæa, etc. Leurs larves vivent probablement dans l'intérieur de ces plantes (1).

Les Criocères proprement dits. (Crioceris. Geoffr. Oliv. —Chrysomela. Lin. — Lema. Fab.)

Ils ont les cuisses presque égales, les antennes en majeure partie grenues, et les yeux échancrés. Ils produisent un petit bruit, à la manière des coléoptères de la famille précédente. Leurs larves vivent sur des liliacées, les asperges, etc., auxquelles elles se tiennent cramponnées par le moyen de leurs six pattes écailleuses. Elles ont le corps mou, court et renflé, et se garantissent de l'action du soleil et de l'intempérie de l'air, en se couvrant le dos de leurs excrémens. Leur anus est, à cet effet, situé en dessus. Elles entrent en terre pour se changer en nymphes.

Le *C. du lis* (*Chrysomela merdigera.* Lin.) Oliv. Col. V, 94, 1, 8, long de trois lignes, noir, avec le corselet et les étuis d'un beau rouge; étuis striés. — Dans toute l'Europe, sur le lis blanc.

Celui de l'*asperge* (*C. asparagi.* Lin.) Oliv. ibid. 11, 28, a sur les étuis une croix d'un noir bleuâtre sur un fond jaunâtre ou blanc (2).

---

(1) Voyez Fab. Oliv. ibid. IV, 75, et la monographie de Hoppe, dans son Cat. des Insectes d'Erlang.

(2) Voyez Olivier, ibid. et Fab. Syst. Eleut. genre *lema*, à l'exception des espèces sauteuses.

La sixième famille des TÉTRAMÈRES,

Celle des CYCLIQUES.

Ayant encore les trois premiers articles des tarses spongieux, ou garnis de pelottes en dessous, avec le pénultième partagé en deux lobes, et les antennes filiformes ou un peu plus grosses vers le bout, nous présente un corps ordinairement arrondi, et dont la base du corselet est de la largeur des élytres, dans ceux, en petit nombre, où le corps est oblong; des mâchoires, dont la division extérieure, par sa forme étroite, presque cylindrique et d'une couleur plus foncée, a l'apparence d'un palpe; la division intérieure est plus large et sans onglet écailleux. La languette est presque carrée ou ovale, entière ou légèrement échancrée.

Toutes les larves, qui nous sont connues, sont pourvues de six pieds, ont le corps mou, et se nourrissent, ainsi que l'insecte parfait, des feuilles de végétaux, où elles se fixent ordinairement avec une humeur visqueuse ou gluante. C'est là aussi que beaucoup d'elles se changent en nymphe, à l'extrémité postérieure de laquelle est engagée et pliée en peloton, la dernière dépouille de la larve. Ces nymphes ont souvent des couleurs variées. D'autres larves entrent en terre.

Ces insectes sont généralement de petite taille, souvent ornés de couleurs métalliques et brillantes, et ont le corps ras ou sans poils. Ils sont, pour la plupart, lents, timides, se laissent tomber à terre, lorsqu'on veut les saisir, ou replient leurs antennes et leurs pieds contre le corps. Plusieurs espèces sautent très-bien. Les femelles sont très-fécondes.

Les uns ont les antennes très-éloignées de la bouche, insérées à la partie supérieure de la tête, très-rapprochées à leur base, avancées, droites, et souvent presque cylindriques.

Tantôt le corps est ovale-oblong, avec la tête entièrement dégagée. Le corselet est toujours presque carré ou en trapèze. Ils forment le genre

DES HISPES (HISPA) de Linnæus,

Auquel on peut réunir celui des *alurnes* (*alurnus*) de Fabricius.

L'Amérique nous fournit un grand nombre d'espèces de ce genre. Quelques-unes ont le dessus du corps et même une partie des antennes très-épineux, et telle est l'espèce suivante de nos environs.

L'*H. très-noire*, (*H. atra*, Lin.) Oliv. Col. V, 95, 1, 9; bien nommée par Geoffroi, la chataigne noire. Elle est entièrement de cette couleur, très-épineuse et longue d'une ligne et demie. Sur les graminées (1).

Tantôt le corps est presque circulaire ou carré, avec la tête cachée sous le corselet, ou reçue dans une échancrure de son extrémité antérieure; il est ordinairement en demi-cercle. Ce sont

Les Cassides. (Cassida de Linnæus.)

Les *imatidies* (*imatidium* de Fabricius) ne diffèrent de ses cassides que par leur tête découverte et engagée dans l'échancrure du corselet. Les cassides ont le corps déprimé, presque rond, en forme de bouclier ou de petite tortue, souvent un peu élevé en pyramide, au milieu du dos, et débordé, tout autour, par les côtés du corselet et des étuis. Son dessous est plat, de sorte que ces insectes sont comme collés sur les objets où ils se sont fixés.

La *C. equestre* (*C. equestris*, Fab.) Oliv. Col. V, 97, 1, 3, très-voisine de la suivante, mais un peu plus grande et ne se trouvant que dans les lieux aquatiques, sur la menthe. Verte en dessus, noire en dessous, avec les bords de l'abdomen et les pieds jaunâtres.

La *C. verte* (*C. viridis*, Lin.) Oliv. ibid. II, 29, longue d'une ligne et demie, ne différant de la précédente que par les points des étuis, qui forment des lignes régulières vers la suture; les cuisses sont ordinairement noires. Sa larve vit sur les chardons, et plus communément sur l'artichaux. Son corps est très-plat, garni d'épines tout autour de ses

---

(1) Voyez pour les autres espèces Olivier, ibid. et Fab. Syst. Eleut. genres *hispa* et *alurnus*.

bords, et se recouvre de ses propres excrémens qu'elle tient suspendus en masse sur une espèce de fourchette, attachée près de l'ouverture de l'anus. La nymphe est aussi très-aplatie, avec des appendices minces en forme de dentelures en scie sur ses côtés; son corselet est large, arrondi en devant et cache la tête.

Dans la larve d'une espèce de St.-Domingue (*C. ampulla* d'Oliv.) les excrémens forment de petits filets nombreux et articulés, et imitent une sorte de perruque.

Le *C. noble* (*C. nobilis*, Lin.) Oliv. ibid. II, 24, est d'un gris jaunâtre, avec une raie d'un bleu doré près de la suture, mais qui disparaît à la mort de l'insecte (1).

Les autres ont les antennes rapprochées ou peu éloignées de la bouche, insérées devant les yeux ou dans l'espace qui les sépare.

Elles sont ordinairement plus longues et plus grêles que dans les précédens. Le corps est plus bombé. Cette subdivision comprend le genre

Des Chrysomèles (Chrysomela) de Linnæus.

Tantôt les antennes sont insérées au-devant des yeux et distantes l'une de l'autre.

Les Clythres. (Clythra. Laich. Fab.)

Dont le corps est en forme de cylindre court avec la tête entièrement enfoncée dans le corselet, verticale, et les antennes courtes et en scie.

L'un des sexes a souvent les deux pieds antérieurs allongés.

La *C. quadrille* (*chrysomela quadripunctata*, Lin.) Oliv. Col. V, 96, 1, 1, longue de quatre à cinq lignes, noire,

---

(1) Voyez pour les autres espèces Olivier, ibid.; Fab. Syst. Eleut. Schonh. Syn. Insect. II, p. 134 et 209.

étuis rouges, avec deux points noirs sur chacun, dont le postérieur plus grand.

Sa larve vit dans un tuyau, formé d'une matière coriace, qu'elle traîne avec elle. M. Waudouer, de Nantes, m'a communiqué cette observation.

Les *chlamys* de M. Knoch, très-voisins des clythres, en diffèrent par leurs palpes labiaux qui sont fourchus, et par leurs antennes, se logeant dans des rainures, le long de la poitrine (1).

LES GRIBOURIS. (CRYPTOCEPHALUS, Geoff. Fab.)

Dont la forme du corps est encore cylindrique, avec la tête enfoncée verticalement dans le corselet, mais qui ont les antennes simples et presque de la longueur du corps.

Le *G. soyeux* (*Chrysomela sericea*, Lin.) Oliv. Col. V, 96, 1, 5, long de trois lignes, d'un vert doré; antennes noires, avec la base verte. Très-commun sur les fleurs semi-flosculeuses (2).

LES EUMOLPES. (EUMOLPUS, Kug. Fab.)

Qui ont le corps ovoïde ou en ovale allongé (souvent rétréci en avant); les mandibules resserrées brusquement et arquées à leur extrémité, avec la pointe très-forte; la tête presque verticale; les quatre à cinq derniers articles des antennes allongés, comprimés, en forme de cône ou de triangle renversé, et le dernier des palpes plus grand et ovoïde (3).

---

(1) Knoch. Nev. Beyt. Insect. p. 122; Latr. gen. Crust. et Insect. III, p. 53; Oliv. Col. V, 96; Schonh. ibid. tom. II, p. 343.

(2) Voyez pour les autres espèces Oliv. ibid.; Fab. Syst. Eleut.; Schonh. Syn. Insect. tom. II, p. 353.

(3) Oliv. ibid.; Fab. ibid.; Schonh. ibid. II, p. 234.

Les Colaspes. (Colaspis. Fab. Oliv.)

Presque entièrement semblables aux eumolpes, et n'en différant que par leurs palpes filiformes, et dont le dernier article est conique (1).

Les Chrysomèles proprement dites. (Chrysomela. Lin.)

Où le corps est encore plus ou moins ovale, mais dont les mandibules ont leur extrémité soit obtuse ou tronquée, soit terminée en une pointe très-courte; qui ont la tête saillante et simplement penchée; les derniers articles des antennes presque globuleux ou en forme de toupie.

Les antennes sont plus courtes et plus grenues que dans les genres précédens.

Les chrysomèles dont le corps est hémisphérique ou en ovale court, avec le corselet transversal et le dernier article des palpes maxillaires presque en hache, forment le genre *paropside* (*paròpsis*) d'Olivier (2).

Celles dont la forme est analogue, mais dont le dernier article des palpes maxillaires est beaucoup plus court que le précédent, transversal, et dont l'arrière-sternum s'avance en forme de corne, composent le genre *doryphore* (*doryphora*) d'Illiger et d'Olivier (3).

Les espèces qui, semblables encore aux précédentes, par la forme du corps, ont les deux derniers articles des palpes maxillaires presque de la même longueur, avec le terminal en ovoïde tronqué, ou presque cylindrique, conservent seules le nom générique de *chrysomèle*.

---

(1) Oliv. ibid. et Fab. ibid. à l'exception des espèces sauteuses, que je range avec les altises; Schonh. ibid. II, p. 394.

(2) Oliv. Col. V, 92. M. Marsham a publié une monographie de ce même sous-genre, dans les actes de la Soc. Linnéenne, tom. IX, sous le nom de *notoclea*.

(3) Oliv. ibid. 91.

Le quatrième et dernier sous-genre, formé aux dépens des chrysomèles, celui d'*hélode* (*helodes*) de Paykull, de Fabricius et d'Olivier, ou de *prasocuris* de Latreille, renferme celles qui ont le corps oblong, le corselet à diamètres presque égaux et les quatre derniers articles des antennes presque en massue (1).

Parmi les espèces de notre pays qui se rapportent au troisième sous-genre ou aux *chrysomèles* propres, l'on distingue

La *C. Ténébrion* (*tenebrio lævigatus*. Lin.) Oliv. Col. V, 91, 1, 11, longue de quatre à huit lignes, noire, sans ailes; corselet et élytres lisses; antennes et pieds violets.

Très-commune en France, dans les bois, les haies, etc. Sa larve est violette, très-renflée, avec l'extrémité fauve, et vit sur le caille-lait jaune. Elle se métamorphose dans la terre.

La *C. céréale* (*C. cerealis*. Lin.) Oliv. ibid. VII, 104, longue de trois lignes et demie; d'un rouge cuivreux en dessus, avec des raies longitudinales bleues; trois sur le corselet et sept sur les étuis.—Commune en France sur le genet.

La *C. sanguinolente* (*C. sanguinolenta*. Lin.) Oliv. ibid. 1, 8, de la grandeur de la précédente; noire; élytres très-ponctuées, bordées de rouge. A terre, dans les champs, sur les bords des chemins.

La *C. du peuplier* (*C. populi*. Lin.) Oliv. ibid. VII, 110, longue de cinq à six lignes, ovale-oblongue, bleue; étuis fauves ou rouges, avec un point noir à l'angle interne de leur extrémité.

---

(1) Latr. Gen. Crust. et Insect. III, p. 59; Oliv. ibid. 91 bis; Schonh. Synon. Insect. tom. II, p. 277.

Sur le saule et le peuplier, où sa larve vit aussi, et souvent en société (1).

Tantôt les antennes sont insérées entre les yeux et très-rapprochées à leur base.

LES GALÉRUQUES. (GALERUCA. Geoff. Fab. — *Crioceris*, Fab.)

Qui n'ont point de pattes propres à sauter. Quelques espèces exotiques, ayant le pénultième article des palpes maxillaires dilaté, et le dernier beaucoup plus court et tronqué, forment le genre *adorie* (*adorium*) de Fabricius, ou celui d'*oïdes* de Weber (2).

Celles dont les deux derniers articles des palpes maxillaires diffèrent peu en grandeur, et dont les antennes composées d'articles cylindriques, sont au moins de la longueur du corps, ont été distinguées sous le nom générique de *lupères* (*luperus*) (3).

Les autres, qui avec des palpes terminées de même, ont les antennes plus courtes, et composées d'articles en cône renversé, sont les *galéruques* propres. Telle est

La *G. de l'orme* (*Chrysomela calmariensis*. Lin.) Oliv. Col. V, 93, III, 37, longue de trois lignes; jaunâtre ou verdâtre en dessus; trois taches noires sur le corselet; une autre, avec une raie de la même couleur, sur chaque étui. — Sur l'orme, ainsi que sa larve. Cette espèce, dans les années où elle est abondante, en détruit toutes les feuilles, et fait autant de tort que certaines chenilles.

La *G. de la tanaisie* (*Chrysomela tanaceti*. Lin.) Oliv.

---

(1) Oliv. ibid.; Schonh. Synon. Insect. II, p. 297.

(2) Web. Observ. Entom.; Latr. Gen. Crust. et Insect. III, p. 60, et I, XI, 9; Oliv. Col. V, 92 bis; Schonh. ibid. II, p. 230; Fab. Syst. Eleut.

(3) Oliv. Col. IV, 75 bis; Schonh. ibid. p. 292, 294.

ibid. I, I, ovale-oblongue, très-noire, peu luisante; étuis fortement ponctués, sans stries. — Sur la tanaisie (1).

LES ALTISES. (ALTICA. Geoff. Oliv.)

Qui ont les cuisses postérieures renflées et propres à sauter, d'où vient le nom de *puces des jardins* qu'on a donné aux espèces qu'on y trouve communément, et qui font beaucoup de tort, ainsi que leurs larves, aux plantes potagères.

Fabricius les a dispersées dans les genres *chrysomela*, *galeruca*, *crioceris* et *lema*.

Ces coléoptères sont très-petits, mais ornés de couleurs très-variées ou brillantes, sautent avec une extrême promptitude et à une grande hauteur, et dévastent les feuilles des végétaux qui sont propres à leur nourriture. Leurs larves vivent aussi sur les mêmes plantes, et s'y métamorphosent.

L'*A. potagère* (*Chrysomela oleracea.* Lin.) Oliv. Col. V, 93 *bis*, IV, 66, longue de deux lignes, en ovale allongé, verte ou bleuâtre, avec une impression transverse sur le corselet; étuis finement pointillés. — Sur les plantes potagères. C'est la plus grande des espèces indigènes.

L'*A. rubis* (*Chrysomela nitidula.* Lin.) Oliv. ibid. v, 80, est verte, avec la tête et le corselet dorés et les pieds fauves. — Sur le saule (2).

La septième et dernière famille des TÉTRAMÈRES,

LES CLAVIPALPES.

Se distinguent de tous ceux de la même

---

(1) Voyez Olivier, ibid.

(2) Olivier, ibid. et la monographie de ce genre donnée par Illiger dans son Magasin Entomologique.

section, ayant comme eux le dessous des trois premiers articles des tarses garnis de brosses, et le pénultième bifide, par leurs antennes terminées en une massue très distincte et perfoliée, et même de tous les tétramères par leurs mâchoires armées, au côté interne, d'un ongle ou d'une dent cornée.

Leur corps est le plus souvent de forme arrondie, souvent même très-bombé et hémisphérique, avec les antennes plus courtes que le corps, les mandibules échancrées ou dentées à leur extrémité, les palpes terminées par un article plus gros, et dont le dernier des maxillaires très-grand, transversal, comprimé, presque en croissant. La forme des organes de la manducation nous indique que ce sont des insectes rongeurs. Nous trouvons, en effet, les espèces indigènes dans les bolets qui naissent sur les troncs d'arbres, sous les écorces, etc.

On peut les réunir dans un genre unique, celui

Des Érotyles (Erotylus) de Fabricius.

Les uns ont le dernier article des palpes maxillaires transvers l, presqu'en forme de croissant ou en hache.

Les Erotyles proprement dits (Erotylus. Fab.),

et dont les *ægithes* de Fabricius ne nous paraissent pas essentiellement distincts.

Ont les articles intermédiaires de leurs antennes presque cylindriques. et la massue, formée par les derniers, oblongue; la division intérieure et cornée de leurs mâchoires, est terminée par deux dents.

Ils sont propres à l'Amérique méridionale (1).

LES TRIPLAX. (TRIPLAX, TRITOMA. Fab.)

Diffèrent des érotyles par leurs antennes presque grenues, et terminées en une massue plus courte, ovoïde, et par leurs mâchoires, dont la division intérieure est membraneuse, avec une seule et petite dent au bout.

Ceux qui ont une forme presque hémisphérique, ou qui sont presque ronds, forment le genre *tritome* de Fabricius. Tel est

Le *T. à deux pustules* (*Tritoma bipustulatum.* Oliv. Col. 89 *bis*, 1, 5, noir, avec une grande tache rouge à la base de chaque étui. Dans les bolets et les champignons (2).

Ceux dont le corps est ovale ou oblong, composent le genre des *triplax*, du même (3).

Les autres ont le dernier article des palpes maxillaires allongé, et plus ou moins ovalaire.

LES LANGURIES. (LANGURIA. Lat. Oliv. — TROGOSITA. Fab.)

Qui ont le corps linéaire et la massue des antennes de cinq articles.

---

(1) Voyez Olivier, Col. V, 89; Schonh. Syn. Insect. II, genres *ægithus*, *erotylus*.

(2) Fab. Syst. Eleut.

(3) Fab. ibid. Voyez Oliv. Col. V, 89 bis, genre *triplax*. Les *tritomes* de Geoffroi sont des *mycétophages*.

Ils sont tous étrangers à l'Europe (1).

LES PHALACRES. (PHALACRUS. Payk. — ANISOTOMA. Illig. Fab. — ANTHRIBUS. Geoff. Oliv.)

Où le corps est presque hémisphérique, et dont la massue des antennes n'est que de trois articles (2). — Sur les fleurs et sous les écorces des arbres.

Les *agathidies*, que nous avons placés dans la seconde famille de cette section, à raison des tarses, sont très-voisins, par d'autres rapports, des *phalacres*.

La quatrième section des COLÉOPTÈRES, Celle des TRIMÈRES,

N'a que trois articles à tous les tarses. Les insectes dont elle est composée ont de grands rapports avec ceux qui terminent la section précédente. Tous ont les antennes en massue ou plus grosses à leur extrémité, et le corps hémisphérique ou ovale.

Les Trimères forment deux familles.

La première, les APHIDIPHAGES,

Dont les antennes sont plus courtes que le corselet (terminées par une massue comprimée, en triangle renversé); qui ont le der-

---

(1) Latr. Gen. Crust. et Insect. III, p. 65, I, XI, 11; Oliv. Col. V, 88. Ajoutez aux espèces indiquées : *trogosita, elongata* et *filiformis*, de Fab.

(1) Voyez Payk. Faun. Suec. et Sturm. Faun. Germ. II, XXX-XXXII.

nier article des palpes maxillaires très-grand, en forme de hache; le corps hémisphérique ou en ovale court, avec le corselet très-court, fort large et en forme d'arc.

Cette famille se réduit au genre

DES COCCINELLES. (COCCINELLA. Lin. Fab. Geoff.)

Plusieurs espèces de ce genre sont très-répandues sur les arbres et sur les plantes, dans nos jardins, viennent même dans les maisons, et sont désignées sous les noms de *scarabées hémisphériques* ou *tortues*, de *bête à Dieu*, *vache à Dieu*, etc. La figure souvent hémisphérique de ces insectes, le nombre et la disposition des taches de leurs étuis, qui forment sur un fond tantôt fauve ou jaune, tantôt noir, une espèce de marqueterie ou de damier, la vivacité de leurs mouvemens, les font aisément distinguer. Ils sont des premiers à reparaître au printemps. Lorsqu'on les saisit, ils replient leurs pieds contre le corps, et font sortir, par les jointures des cuisses avec les jambes, de même que les chrysomèles, les galéruques, etc., une humeur mucilagineuse et jaune, d'une odeur forte et désagréable. Ils se nourrissent de pucerons, ainsi que leurs larves, dont la forme et les métamorphoses ressemblent beaucoup à celles des larves des chrysomèles.

On trouve quelquefois des individus très-différens par leurs couleurs accouplés; mais on n'a pas suivi les résultats de ce mélange.

La *C. à sept points* (*Coccinella 7-punctata.* Lin.) Oliv. Col. 98, I, I, longue d'environ trois lignes, noire; étuis rouges, avec trois points noirs sur chacun, et un septième commun aux deux, au-dessous de l'écusson; c'est la plus commune de notre pays.

La *C. à deux points* (*C. 2-punctata.* Lin.) Oliv. ibid. I, 2, noire; étuis rouges, avec un point noir sur chaque.

La *C. à deux pustules.* (*C. pustulata.* Lin.) Oliv. ibid. VII, 104, toute noire, avec une bande rouge, transverse et courte sur les étuis (1).

La seconde famille des TRIMÈRES,

LES FUNGICOLES.

Sont distincts des aphidiphages, par leurs antennes plus longues que la tête et le corselet; à raison de leurs palpes maxillaires, soit filiformes, soit simplement un peu plus gros à leur extrémité; et de la forme plus oblongue de leur corps, dont le corselet est trapézoïde.

Ils ont aussi des habitudes différentes. Nos espèces indigènes vivent, pour la plupart, dans les champignons; quelques-unes se tiennent sous les écorces des arbres.

---

(1) Voyez pour les autres espèces Olivier ibid.; Schonh. Synon. Insect. II, p. 151.

On peut encore réduire cette famille à un genre principal, celui

Des Eumorphes. (Eumorphus.)

Les uns ont le pénultième article des tarses bilobé; le neuvième et dixième articles des antennes en forme de cône ou de triangle renversé, et composant, avec le dernier, une massue, et la tête plus étroite que le corselet.

Les Eumorphes propres. (Eumorphus. Web. Fab.)

Qui ont les palpes maxillaires filiformes avec le dernier article presque cylindrique; le troisième des antennes beaucoup plus long que le suivant.

La massue est très-comprimée.

Ils sont tous exotiques (1).

Les Endomyques (Endomychus. Payk. Fab.), auxquels nous réunissons les *lycoperdines* de Latreille.

Ont les palpes maxillaires plus gros vers leur extrémité, et le troisième article des antennes de la longueur du suivant, ou simplement un peu plus long.

Ils vivent dans les lycoperdons, ou sous les écorces du bouleau et de quelques autres arbres (2).

Les autres ont les articles des tarses entiers; les derniers articles des antennes globuleux et velus, et la tête plus large que le corselet.

Le chaperon recouvre la bouche. Le corselet est étroit et les élytres embrassent l'abdomen. Ils vivent dans les bolets, ou sous les feuilles tombées à terre.

---

(1) Latr. Gen. Crust. et Insect. III, p. 171, et I, XI, 12; Oliv. Col. V, 99; Fab. Syst. Eleut. et Schonh. Syn. Insect. II, p. 329.

(2) Latr. ibid. III, pag. 72 et 73; Oliv. ibid. 100; Schonh. ibid. genres *endomychus, lycoperdina*.

LES DASYCÈRES. (DASYCERUS. Brong.) (1).

La cinquième section des COLÉOPTÈRES,

Celle des DIMÈRES,

Comprend ceux dont les tarses n'ont que deux articles. Ce sont de très-petits insectes, à élytres courtes, et qui ont une grande affinité avec les *aléochares*, genre de la famille des *brachélytres*. Ils vivent aussi à terre, sous les pierres et les detritus des végétaux.

Ils ne forment qu'une famille, à laquelle nous donnerons le nom de la section, celui

De DIMÈRES. (DIMERA.)

Elle se compose de deux genres, dont le premier, celui

DES PSELAPHES. (PSELAPHUS. Herbst. — ANTHICUS. Fab.)

Nous offre des antennes à onze articles, des mandibules, et quatre palpes distincts, avec une lèvre.

Les uns ont les quatre palpes très-petits, et deux crochets au bout des tarses; ce sont les CHENNIES (CHENNIUM) de Latreille (2).

---

(1) Bull. de la Soc. Philom.

(2) Latr. Gen. Crust. et Insect. III, p. 76.

Les autres ont les palpes maxillaires longs et avancés, et un seul crochet au bout des tarses. Ils forment le genre PSELAPHE (PSELAPHUS) proprement dit (1).

Le second genre, celui des

CLAVIGÈRES. (CLAVIGER. Panz.)

N'a que six articles aux antennes, et sa bouche n'offre ni mandibules ni lèvre discernables.

Il n'a aussi qu'un seul crochet au bout des tarses (2).

Suivant un habile observateur, M. Leclerck de Laval, le *dermeste armadille* de Degéer n'aurait qu'un seul article aux tarses, et formerait une nouvelle section, celle des MONOMÈRES.

LE SIXIÈME ORDRE DES INSECTES.

LES ORTHOPTÈRES. (ULONATA. Fab.)

Confondus en grande partie, par Linnæus, avec les hémiptères, réunis par Geoffroi aux coléoptères, mais y formant une division spéciale, nous présentent un corps généralement moins dur que les derniers; des étuis mous, demi-membraneux, chargés de nervures, et ne se joignant point, dans le plus grand nombre, à la suture, par une ligne

---

(1) Latr. ibid. III, p. 77; Herbst. Col. IV, XXXIX, 9, 10, 11.
(2) Latr. ibid. III, p. 78; Panz. Faun. Insect. Germ. LIX, III.

droite ; des ailes pliées dans leur longueur, et le plus souvent en manière d'éventail, divisées, dans le même sens, par des nervures membraneuses; des mâchoires toujours terminées en une pièce cornée, dentelée et recouverte d'une galète; enfin une sorte de langue ou d'épiglotte.

Les orthoptères sont des insectes à *demi-métamorphose*, dont toutes les mutations se réduisent à la croissance et au développement des étuis et des ailes, qui commencent à se montrer, sous une forme rudimentaire ou comme des moignons, dans la nymphe. Cette nymphe et la larve ressemblant d'ailleurs à l'insecte parfait, marchent et se nourrissent de la même manière.

La bouche des orthoptères se compose d'un labre, de deux mandibules, d'autant de mâchoires, d'une lèvre, et de quatre palpes; ceux des mâchoires ont toujours cinq articles; les labiaux, ainsi que dans les coléoptères, n'en offrent que trois. Les mandibules sont toujours très-fortes et cornées, et la languette est constamment divisée en deux ou quatre lanières. La forme des antennes varie moins que dans les coléoptères; mais elles sont généralement composées d'un plus grand nombre d'articles. Plusieurs ont, outre les yeux à réseau, deux ou trois petits yeux lisses. Le dessous des premiers articles des tarses est souvent charnu ou membraneux. Beaucoup de femelles ont une véritable tarière, formée de deux lames, pour placer leurs œufs, que recouvre souvent une enveloppe commune. L'extrémité postérieure du corps offre, dans la plupart, des appendices.

Tous les orthoptères ont un premier estomac membraneux ou jabot, suivi d'un gésier musculeux, armé à l'intérieur d'écailles ou de dents cornées, selon les espèces; autour du pylore sont, excepté dans les forficules, deux ou plusieurs intestins aveugles, munis à leur fond de plusieurs petits vaisseaux biliaires. D'autres vaisseaux de même genre, très-nombreux, s'insèrent vers le milieu de l'intestin.

Les intestins des larves sont les mêmes que ceux des insectes parfaits.

Tous les orthoptères connus, sans exception, sont terrestres, même dans leurs deux premiers états. Quelques-uns sont carnivores ou omnivores; mais le plus grand nombre se nourrit de plantes vivantes. Les espèces de nos climats ne font qu'une ponte par année, qui a lieu vers la fin de l'été. C'est aussi l'époque de leur dernière transformation.

Nous diviserons les orthoptères en deux familles.

Les uns ont tous les pieds semblables, et uniquement propres à la course : ce sont les orthoptères *coureurs*; les autres ont les cuisses de la paire postérieure beaucoup plus grandes que celles des autres, ce qui leur donne la faculté de sauter. Les mâles, en outre, produisent un bruit aigu ou une espèce de stridulation; ce sont des orthoptères *sauteurs*, et en quelque sorte *musiciens*.

La première famille des Orthoptères,

Les Coureurs. (Cursoria.)

Ont les pieds postérieurs uniquement propres, ainsi que les autres, à la course.

Ils ont presque tous les étuis et les ailes couchés horisontalement sur le corps ; les femelles sont dépourvues de tarière cornée.

Ils forment trois genres : le premier, celui

Des Perce-oreilles. (Forficula. Lin.)

A trois articles aux tarses; des ailes plissées en éventail et se repliant en travers, sous des étuis crustacés, très-courts et à suture droite; le corps linéaire, avec deux grandes pièces écailleuses, mobiles, qui forment une pince à son extrémité postérieure.

La tête est découverte.

Les antennes sont filiformes, insérées au-devant des yeux, et composées de douze à trente articles, suivant les espèces. La galète est grêle, allongée et presque cylindrique. La languette est fourchue. Le corselet est en forme de plaque.

Ces insectes sont très-communs dans les lieux frais et humides, se rassemblent souvent en troupe sous les pierres, les écorces des arbres, font beaucoup de tort aux fruits de nos jardins, dévorent même les cadavres de leur propre espèce, se défendent avec leur pince, dont la forme varie un peu selon le sexe. On a cru qu'ils s'insinuaient dans les oreilles, et de là l'origine de leur dénomination. Seuls parmi les orthoptères, les perce-oreilles manquent de cœcums au pylore.

Le *grand Perce-oreille* (*Forficula auricularia.* Lin.) De G. Mém. Insect. III, xxv, 16—25, long d'un demi-pouce, brun, avec la tête rousse, les bords du corselet grisâtres et les pieds d'un jaune d'ocre; antennes de quatorze articles.

Les deux sexes sont unis bout à bout dans l'accouplement. La femelle veille à la conservation de ses œufs, et même, pendant quelque temps à celle de ses petits.

Le *petit Perce-oreille* (*Forficula minor.* Lin.) De G. ibid. pl. xxv, 26, 27, de deux tiers plus petit, brun, à tête et corselet noirs, à pattes jaunes; antennes de onze articles. Il se trouve plus fréquemment autour des fumiers (1).

Les Blattes. (Blatta. Lin.)

Qui ont cinq articles à tous les tarses, les ailes pliées seulement dans leur longueur, la tête cachée sous la plaque du corselet, et le corps ovale ou orbiculaire, aplati.

Les antennes sont en forme de soie, insérées dans une échancrure interne des yeux, longues et composées d'une grande quantité d'articles. Les palpes sont longs. Le corselet a la forme d'un bouclier. Les étuis sont ordinairement de la longueur de l'abdomen, coriaces ou demi-membraneux et se croisent un peu à la suture. L'extrémité postérieure de l'abdomen offre deux appendices coniques et articulés. Les jambes sont garnies de petites épines. Leur jabot est longitudinal; leur gésier a en dedans de fortes dents crochues; on leur compte huit à dix cœcums autour du pylore.

Les blattes sont des insectes nocturnes très-agiles, dont les uns vivent dans l'intérieur des maisons, particulièrement dans les cuisines, les boulangeries et les moulins à farine, et dont les autres habitent la campagne. Ils sont très-voraces, consommant toutes sortes de provisions de bouche. Les espèces propres à nos colonies y sont désignées sous le nom

---

(1) Ajoutez *f. bipunctata*, Fab. Panz. Faun. Insect. Germ. LXXXVII, 1;—*f. gigantea*, Fab. Herbst. archiv. insect. XLIX, 1; et Palis. de Beauv. Insect. d'Afr. et d'Amér.

de *kakerlacs* ou *kakkerlaques*, et importunent beaucoup leurs habitans, par les dégats qu'elles y font. Non-seulement elles attaquent les comestibles, mais rongent encore les étoffes de laine et de soie, et jusqu'aux souliers. Elles mangent aussi des insectes. Des espèces de *sphex* leur font la guerre.

La *B. orientale* (*B. orientalis.* Lin.) De G. Mém. Insect. III, XXV, 1—7, longue de dix lignes, d'un brun marron roussâtre; des ailes plus courtes que l'abdomen, dans le mâle; de simples rudimens de ces organes dans la femelle. Ses œufs, au nombre de seize, sont renfermés symétriquement dans une coque ovale, comprimée, d'abord blanche, ensuite brune, solide, dentelée en scie sur un des côtes. La femelle la porte quelque temps à l'anus, où elle fait une saillie, et la fixe ensuite, à l'aide d'une matière gommeuse, à divers corps. Cette espèce est un fléau pour les habitans de la Russie et de la Finlande. On la dit originaire de l'Asie. Quelques auteurs la font venir de l'Amérique méridionale.

La *B. de Laponie* (*B. Lapponica.* Lin.) De G. ibid. 8, 9, 10, d'un brun noirâtre; bords du corselet d'un gris clair; étuis de la même couleur. Elle ronge le poisson sec, dont les Lapons font des provisions pour leur tenir lieu de pain. Chez nous, elle habite les bois.

La *B. kakerlac* (*B. Americana.*) de G. ibid. XLIV, 1, 2, 3, rousse; corselet jaunâtre avec deux taches et une bordure brunes; abdomen roux; antennes très-longues. —En Amérique (1).

---

(1) Voyez pour les autres espèces De Géer, ibid.; Fab.; Oliv. Encycl. Méthod.; *blatta acervorum*, Panz. Faun. Insect. Germ. LXVIII, XXIV; Fuesl. arch. Insect. tab. XLIX, 2-11; et Coqueb. Illust. Icon. Insect. III, XXI, 1; *b. pacifica*, L.

Les Mantes. (Mantis. Lin.)

Où l'on trouve encore cinq articles à tous les tarses, et des ailes simplement pliées dans leur longueur; mais dont la tête est découverte, et dont le corps est étroit et allongé.

Elles diffèrent encore des blattes par leurs palpes courts, finissant en pointe; et par leur languette quadrifide.

Ces insectes ne se trouvent que dans les contrées tempérées et méridionales, se tiennent sur les plantes ou sur les arbres, ressemblent même souvent à leurs feuilles ou à leurs branches, par la forme et la couleur du corps, et recherchent la lumière du jour. Les uns vivent de rapine et les autres sont herbivores. Leurs œufs sont ordinairement renfermés dans une capsule de matière gommeuse, se durcissant à l'air, divisée intérieurement en plusieurs loges, tantôt sous la forme d'une coque ovale, tantôt sous celle d'une graine, avec des arêtes ou des angles, hérissée même de petites épines. La femelle la colle sur des plantes ou sur d'autres corps élevés à la surface de la terre. Leurs estomacs ressemblent à ceux des blattes, mais leurs intestins sont plus courts à proportion.

Les unes, désignées par Stoll sous les noms de *feuilles ambulantes*, ont les deux pieds antérieurs plus grands que les autres, avec les hanches longues, les cuisses fortes, comprimées et armées d'épines en dessous, et les jambes terminées par un fort crochet; elles ont trois yeux lisses, distincts, rapprochés en triangle; le premier segment du tronc fort grand, les quatre lobes de la languette presque de la même longueur; les antennes insérées entre les yeux, et la tête triangulaire et verticale.

Ces espèces sont carnassières, saisissent leur proie avec leurs pieds antérieurs, qu'elles relèvent ou portent en avant, et dont elles replient avec promptitude la jambe contre le dessous de la cuisse. Leurs œufs, très-nombreux, sont renfermés dans autant de petites cellules, disposées par séries régulières et réunies en une masse ovoïde.

Ces orthoptères forment le genre spécial

DES MANTES. (MANTIS.)

Celles dont le front se prolonge en forme de corne, et dont les mâles ont des antennes pectinées, sont des *ampuses* (*ampusa*) pour Illiger. Elles ont au bout des cuisses un appendice arrondi et membraneux, en forme de manchette. L'abdomen est festonné sur ses bords dans plusieurs (1).

Celles qui n'ont point de corne sur la tête, et dont les antennes sont simples dans les deux sexes, composent seules le genre des *mantes* du même naturaliste. Tantôt les ailes sont horizontales, comme dans la suivante.

La *M. prie-dieu* (*M. religiosa*. Lin.) Rœs. Insect. II, Gryll. I, II, ainsi nommée de ce qu'elle relève et rapproche ses deux bras à la manière d'une personne suppliante. Les Turcs ont même pour cet insecte un respect religieux, et une autre espèce de ce genre est encore plus vénérée chez les Hottentots.

La *M. prie-dieu*, très-commune dans les provinces méridionales de la France et en Italie, est longue de deux pouces, d'un vert clair, quelquefois brune, sans taches

(1) Stoll, Mant. VIII, 30; IX, 34; ibid. 35; X, 40; XI, 44; XII, 47; ibid. 48; ibid. 50; XVI, 58, 59; XVII, 61; XX, 74; XXI, 79. La fig. 94 de la pl. XXIV est une larve, très-semblable à celle du *mantis pauperata* de Fab.

On remarque seulement au côté interne des hanches antérieures une tache jaune, bordée de noir, caractère qui la distingue d'une mante du Cap de Bonne-Espérance, presque semblable (1).

Tantôt les ailes sont en toit, comme dans les *mantispes* de Latreille (2).

Les autres ont les pieds antérieurs semblables aux suivans, les yeux lisses, très-peu distincts ou nuls; le premier segment du tronc plus court ou de longueur au plus du suivant, les divisions intérieures de la languette plus courtes que les latérales, les antennes insérées devant les yeux, et la tête presque ovoïde et avancée, avec des mandibules épaisses et les palpes comprimés.

Ces insectes ont des formes très-singulières, et ressemblent soit à une petite branche d'arbre, soit à des feuilles. Ils paraissent ne se nourrir que de végétaux, et ont, de même que plusieurs sauterelles, la couleur de ceux où ils vivent habituellement. Les deux sexes diffèrent souvent beaucoup.

Ils forment le genre

DES SPECTRES (SPECTRUM) de Stoll.

On l'a partagé en deux autres.

Les espèces dont le corps est filiforme ou linéaire, semblable à un bâton, sont

LES PHASMES (PHASMA) de Fabricius.

Plusieurs sont tout-à-fait privées d'ailes ou ont des étuis fort courts.

---

(1) Voyez pour les autres espèces Stoll, genre des *mantes* ou des *feuilles ambulantes*, à l'exception de celles qui se rapportent au genre des *phyllies* (voyez plus bas). Voyez encore la Monographie des *mantes* de Lichtenstein (Lin. Soc. Trans. tom. VI); Pal. de Beauv. Insect. d'Afr. et d'Amér. et Herbst. Arch. des Insectes.

(2) Lat. Gen. Crust. et Insect., III, p. 93.

On en trouve de très-grandes aux Moluques et dans l'Amérique méridionale. Le midi de la France nous offre

Le *P. de rossi* (*P. rossia.* Fab.) Faun. Etrusc. II, VIII, 1, sans ailes dans les deux sexes, vert, jaunâtre ou d'un brun cendré; antennes très-courtes, grenues et coniques; pieds ayant des arêtes; une dent près de l'extrémité des cuisses (1).

Les espèces dont le corps est très-aplati et membraneux, ainsi que les pieds, composent le genre

DES PHYLLIES (PHYLLIUM) d'Illiger.

Telle est la *P. feuille sèche* (*Mantis siccifolia.* Lin. Fab.) Stoll, Spect. VII, 24—26, très-aplatie, d'un vert pâle ou jaunâtre; corselet court, dentelé sur les bords; des feuillets dentelés aux cuisses. La femelle a des antennes très-courtes, et des étuis de la longueur de l'abdomen; les ailes manquent. Le mâle est plus étroit et plus allongé, avec des antennes longues et en soie; des étuis courts et des ailes aussi longues que l'abdomen.

Des habitans des îles Séchelles élèvent cette espèce, comme objet de commerce d'histoire naturelle.

Stoll a représenté le mâle d'une autre espèce. *Mantes*, pl. XXIII, 89.

La seconde famille des ORTHOPTÈRES, celle

DES SAUTEURS. (SALTATORIA.)

Dont les deux pieds postérieurs, remarquables par la grandeur de leurs cuisses, et

(1) Voyez pour les autres espèces les figures de Stoll, genre des *spectres*; Lichtenstein, Monog. des *mantes*; genre *phasma*, Lin. Soc. Trans. VI; et Palis. de Beauv. Insect. d'Afr. et d'Amér.

leurs jambes très-épineuses, sont propres pour le saut.

Les mâles appellent leurs femelles en faisant entendre un son bruyant, auquel le vulgaire donne le nom de chant. Tantôt ils le produisent en frottant intérieurement et avec rapidité l'un contre l'autre, une portion intérieure, plus membraneuse, en forme de talc ou de miroir de chaque étui; tantôt ils l'excitent par une action semblable et alternative des cuisses postérieures sur les élytres et sur les ailes, ces cuisses fesant l'effet d'un archet de violon.

La plupart des femelles déposent leurs œufs dans la terre.

Cette famille est composée du genre

DES SAUTERELLES (GRYLLUS) de Linnæus,

Que nous diviserons ainsi :

Les uns, dont les mâles ont pour le chant une portion intérieure de leurs étuis en forme de miroir ou de peau de tambour, et dont les femelles ont très-souvent une tarière très-saillante, en forme de stylet ou de sabre, nous offrent des antennes, soit beaucoup plus grêles et plus menues à leur extrémité, soit de la même grosseur dans toute leur étendue, mais très-courtes, et presque en forme de chapelet. Les étuis et les ailes sont couchés horizontalement sur le corps dans ceux, en petit nombre, qui ont moins de quatre articles à tous les tarses.

La languette a toujours quatre divisions, dont les deux mitoyennes très-petites. Le labre est entier.

Tantôt les étuis et les ailes sont horizontaux; les ailes forment, dans le repos, des espèces de lanières ou de filets qui se prolongent au-delà des étuis; et les tarses n'ont que trois articles, comme dans le genre

DES GRILLONS (GRYLLUS. Geoff. Oliv.) ou les *Achètes* (*Gryllus acheta.* Lin.) de Fabricius.

Ils se cachent dans des trous, et se nourrissent ordinairement d'insectes. Plusieurs sont nocturnes. Leur jabot forme souvent une poche latérale. Ils n'ont au pylore que deux gros cœcums. Leurs vaisseaux biliaires s'insèrent dans l'intestin par un canal commun.

Ils forment trois sous-genres :

1°. LES COURTILIÈRES. (GRYLLO-TALPA. Lat.)

Dont les jambes et les tarses des deux pieds antérieurs sont larges, plats et dentés, en forme de mains, ou propres à fouir; qui ont les autres tarses de figure ordinaire, terminés par deux crochets, et les antennes plus grêles au bout, allongées, et composées d'un grand nombre d'articles.

La *C. commune* (*Gryllus gryllo-talpa.* Lin.) Rœs. Insect. II, *Gryll.* XIV, XV, longue d'un pouce et demi, brune en dessus, d'un jaune-roussâtre en dessous; quatre dents aux jambes antérieures; ailes une fois plus longues que les étuis. Espèce trop connue par les dégâts qu'elle fait dans nos jardins et les champs cultivés, vivant dans la terre, où ses deux pieds antérieurs, qui agissent comme une scie et comme une pelle, et à la manière de ceux des taupes, lui fraient un chemin. Elle coupe ou détache les racines des plantes, mais moins pour s'en nourrir que pour se faire un passage, car elle vit, à ce qu'il paraît, d'insectes ou de vers. Le chant du mâle, qu'on n'entend que le soir ou pendant la nuit, est doux et assez agréable.

La femelle se creuse, en juin ou en juillet, à la profondeur d'environ un demi-pied, une cavité souterraine arrondie, et lisse à l'intérieur, où elle dépose deux à quatre centaines d'œufs ; ce nid, avec la galerie qui y conduit, ressemble à une bouteille dont le cou est courbé. Ses petits vivent quelque temps en société. Voyez pour d'autres détails les observations de M. le Feburier. (*Nouv. Cours d'Agric.*) (1).

2°. LES TRIDACTYLES. (TRIDACTYLUS. Oliv. — XYA. Illig.)

Fouissant aussi la terre, mais avec les jambes antérieures seulement, et qui ont à la place des tarses postérieurs, des appendices mobiles, étroits, crochus, et en forme de doigts. Les antennes sont de la même grosseur, très-courtes, et de dix articles arrondis.

On trouve dans le midi de la France, sur les bords des rivières,

Le *T. mélangé.* (*Xya variegata.* Illig.)

Cette espèce est petite, noire, avec un grand nombre de taches ou de points d'un blanc-jaunâtre, et saute très-fort (2).

3°. LES GRILLONS proprement dits. (GRYLLUS.)

Qui n'ont point de pieds propres à fouir la terre, et dont les femelles portent, à l'extrémité postérieure de leur corps, une tarière saillante.

Leurs antennes sont toujours allongées, plus menues

---

(1) Latr. Gen. Crust. et Insect. III, p. 95.

(2) Latr. ibid. p. 96 ; *t. paradoxus*, Coqueb. Illust. Icon. Insect. III, XXI, 3.

vers le bout, et finissant en pointe. Les yeux lisses sont moins distincts que dans les tridactyles et les courtilières.

Le *G. des champs* (*G. campestris*. Lin.) Rœs. Ins. II. *Gryll.* XIII, noir, avec la base des étuis jaunâtre; tête grosse; cuisses postérieures rouges en dessous. Il se creuse sur les bords des chemins, dans les terreins secs et exposés au soleil, des trous assez profonds, où il se tient à l'affût des insectes, dont il fait sa proie. La femelle y fait sa ponte, composée d'environ trois cents œufs. Il donne la chasse au suivant :

Le *G. domestique* (*G. domesticus*. Lin.) Rœsel. Insect. II. *Gryll.* XII, d'un jaunâtre-pâle, mélangé de brun. Il fréquente les parties intérieures des maisons, où l'on a fait plus habituellement du feu, et qui lui fournissent des retraites et des vivres, comme derrière les cheminées, les fours, etc. C'est là aussi qu'il se multiplie. Le mâle produit un bruit aigu et désagréable.

On trouve en Espagne, en Barbarie, un grillon très-singulier. (*Gryllus umbraculatus*. Lin.) Le mâle a sur le front un prolongement membraneux, qui tombe en forme de voile.

Dans le *G. monstrueux*, les ailes se roulent en plusieurs tours de spires à leur extrémité (1).

Tantôt les étuis et les ailes sont en toit, et les tarses ont quatre articles.

Les antennes sont toujours fort longues, et en forme de soie. Les mandibules sont moins dentées, et la galète est plus large que dans les grillons. Les femelles ont constam-

---

(1) Ajoutez *gryllus pellucens*, Panz. Faun. Insect. Germ. XXII, XVIII, mâle de l'*acheta italica* de Fab.; il vit sur les fleurs;—*acheta sylvestris*, Fab. Coqueb. Illust. Icon. I, 1, 2;—*a. umbraculata*, F. Coq. ibid. III, XXI, 2; et d'autres espèces figurées par De Géer, Drury, Herbst. etc. Voy. Fabricius.

ment une tarière avancée, comprimée, en forme de sabre ou de coutelas.

Il n'y a que deux cœcums, comme dans les précédens, mais les vaisseaux biliaires entourent le milieu de l'intestin, et s'y insèrent directement.

Ces orthoptères sont herbivores, et forment le genre

DES LOCUSTES ou SAUTERELLES proprement dites. (LOCUSTA. Geoff. Fab.—GRYLLUS TETTIGONIA. Lin.)

La *grande Sauterelle* (*L. viridissima.* Fab.) Rœs. Insect. II, *Gryll.* X, XI, longue de deux pouces, verte, sans taches; tarière de la femelle droite.

La *Sauterelle tachetée* (*L. verrucivora.* Fab.) Rœs. ibid. VIII, longue d'un pouce et demi, verte, avec des taches brunes ou noirâtres sur les étuis; tarière de la femelle recourbée. Elle mord fortement, et l'on dit que les paysans de la Suède se font mordre par cet insecte les verrues des mains, et que la liqueur noire et bilieuse qu'il dégorge dans la plaie, fait sécher et disparaître ces excroissances cutanées.

Plusieurs espèces de ce genre n'ont point d'ailes, ou n'offrent que des étuis très-courts, comme

La *S. porte-selle* (*L. ephippiger.* Fab.) de notre pays. Ross. Faun. Etrusc. II, VIII, 3, 4 (1).

Les autres, dont les mâles ne produisent leur stridulation que par le frottement des cuisses contre les étuis ou les ailes, dont les femelles n'ont point de tarière saillante, se distinguent encore des précédens par leurs antennes, tantôt filiformes et cylindriques, tantôt en forme d'épée ou

(1) Ajoutez *locusta varia*, Fab. Panz. ibid. XXXIII, 1;—*l. fusca*, ibid. II;—*l. clypeata*, ibid. IV;—*l. denticulata*, ibid. V. Son *gryllus proboscideus*, ibid. XXII, XVIII, est le *panorpa hiemalis*. Voyez aussi De Géer, Herbst, Donovan et Stoll, *sauter. à sabre*, pl. I-XII; Latr. Gen. Crust. et Insect. III, p. 100.

terminées en massue, et toujours aussi longues au moins que la tête et le corselet; ils ont tous les étuis et les ailes en toit ou inclinés, et trois articles aux tarses. Leurs cœcums sont au nombre de cinq ou six, et leurs vaisseaux biliaires s'insèrent, comme dans la généralité de l'ordre, immédiatement à l'intestin.

La languette du plus grand nombre n'a que deux divisions. Tous ont trois yeux lisses distincts, le labre échancré, les mandibules très-dentelées, l'abdomen conique et comprimé latéralement. Ils sautent mieux que les précédens, ont un vol plus soutenu et plus élevé, et se nourrissent de végétaux, dont ils sont très-voraces. On peut les comprendre dans un même genre, celui

DES CRIQUETS. (ACRYDIUM. Geoffr.)

Et que l'on peut sous-diviser de la manière suivante :

Les uns ont la bouche découverte, la languette bifide, et une pelote membraneuse entre les crochets du bout des tarses. Tels sont

1°. LES PNEUMORES. (PNEUMORA. Thunb. partie des GRYLLUS *bulla* de Lin.)

Distincts des suivans par leurs pieds postérieurs, plus courts que le corps, moins propres à sauter, et par leur abdomen vésiculeux, du moins dans l'un des sexes.

Leurs antennes sont filiformes.

On ne les trouve que dans la partie la plus méridionale de l'Afrique (1).

2°. LES TRUXALES. (TRUXALIS. Fab. — GRYLLUS *acrida*. Lin.)

Qui, par leurs antennes comprimées, prismatiques et

(1) *Pneumora sexguttata*, Thunb. Act. Suec. 1775, VII, 3; *gryllus inanis*, Fab.; — *p. immaculata*, Thunb. ibid. VII, 1; *g. papillosus*, F.; — *p. maculata*, Thunb. ibid. VII, 2; *g. variolosus*, F.

en forme d'épée, et leur tête élevée en pyramide, s'éloignent de tous les autres orthoptères (1).

Quelques espèces du genre suivant, telles que le *gryllus carinatus* de Linnæus, le *G. gallinaceus* de Fabricius, sont, par les antennes, intermédiaires entre les deux, et pourraient faire un genre propre.

3°. Les Criquets proprement dits. (Gryllus. Fab. — Gryllus *locusta*. Lin., et quelques *G. bulla.*)

Qui diffèrent des pneumores par leurs pieds postérieurs, plus longs que le corps, leur abdomen solide et non vesiculeux; et des truxales, à raison de leur tête ovoïde, et des antennes filiformes ou terminées en bouton.

Ils volent assez haut et par tirades.

Les ailes sont souvent agréablement colorées, et particulièrement de rouge et de bleu, comme on le voit dans plusieurs espèces de notre pays. Parmi celles des pays étrangers, le corselet présente souvent des crêtes, de grosses verrues, en un mot, des formes très-bizarres.

Certaines espèces, nommées par les voyageurs *Sauterelles de passage*, se réunissent quelquefois par bandes, dont le nombre des individus est au-dessus de tout calcul, émigrent, paraissent dans les airs comme un nuage épais, tel que celui qui porte la grêle ou la foudre, et convertissent bientôt en un désert les lieux où elles se sont arrêtées. Souvent même leur mort est un nouveau fléau, l'air étant corrompu par la quantité effroyable de leurs cadavres restés sur le sol.

On mange ces insectes dans diverses contrées de l'Afrique. Leurs habitans en font des provisions pour leur propre usage et le commerce. Ils ôtent les élytres et les ailes de

---

(1) *Gryllus nasutus*, Linn.; Roes. Insect. II, Gryll. IV, 1, 2. Les antennes sont fausses; Herbst. ibid. LII, 7, le mâle; 6, la fem.; Stoll, VIII, b, 27;—Drur. Insect. II, XL, 1.

ces orthoptères, et les conservent ensuite dans de la saumure.

Une grande partie de l'Europe est souvent ravagée par

Le *C. de passage* (*Gryllus migratorius.* Lin.) Rœs. Insect. II, *Gryll.* XXIV, long de deux pouces et demi, ordinairement vert, avec des taches obscures, les mandibules noires, les étuis d'un brun-clair, tachetés de noir, une crête peu élevée sur le corselet. Les œufs sont enveloppés d'une matière écumeuse et glutineuse, couleur de chair, et formant une coque, que l'insecte colle, dit-on, sur les plantes. — Commun en Pologne.

Le midi de l'Europe, la Barbarie, l'Egypte, etc., éprouvent les mêmes pertes de quelques autres espèces, un peu plus grandes (*G. Ægyptius*, *Tataricus*, Lin.), et qui diffèrent peu du *gryllus lineola* de Fabricius, que l'on trouve au midi de la France. (Herbst. Archiv. Ins. LIV, 2.)

Le *C. à ailes rouges* (*Gryllus stridulus.* Lin.) Rœs. ibid. XXI, 1, 2, 3, d'un brun-foncé ou noirâtre; corselet élevé en carène; ailes rouges, avec l'extrémité noire.

Le *C. à ailes bleues* (*G. cærulescens.* Lin.) Rœs. ibid. XXI, 4, dont les ailes sont d'un bleu un peu verdâtre, avec une bande noire.

Quelques espèces ont les antennes terminées en bouton. Telle est

Le *C. de Sibérie* (*G. Sibiricus.* F.) Panz. Faun. Insect. Germ. XXIII, XX, dont le mâle a les jambes antérieures très-renflées, en forme de massue. On le trouve en Sibérie et au mont Saint-Gothard (1).

---

(1) Ajoutez *g. biguttulus*, Panz. ibid. XXXIII, VI;—*g. grossus*, ibid. VII;—*g. pedestris*, ibid. VIII;—*g. lineatus*, ibid. IX; et voyez aussi De Géer, Stoll (*sauterelles de passage*, pl. I-XII, à l'exception des figures citées au genre *truxale*); Olivier (article *criquet* de l'Enc.

Dans la seconde division du genre des criquets, l'avant-sternum reçoit dans une cavité une partie du dessous de la tête; la languette est quadrifide; les tarses n'ont point de pelotte entre leurs crochets.

Les antennes n'ont que treize à quatorze articles. Le corselet se prolonge en arrière, en forme de grand écusson, quelquefois plus long que le corps, et les étuis sont très-petits. Ces orthoptères forment le genre

DES TÉTRIX (TÉTRIX. Lat. — ACRYDIUM. Fab. — Partie des GRYLLUS *bulla* de Lin.) de Latreille.

Il n'est composé que de très-petites espèces (1).

LE SEPTIÈME ORDRE DES INSECTES.

LES HÉMIPTÈRES. (RYNGOTA. Fab.)

Terminent, dans notre méthode, la division nombreuse des insectes à étuis, et sont les seuls, parmi eux, qui n'ont ni mandibules, ni mâchoires proprement dites. Une pièce tubulaire, articulée, cylindrique ou conique, courbée inférieurement ou se dirigeant le long de la poitrine, ayant l'apparence d'une espèce de bec (*rostrum*), présentant tout le

---

méthod.) et les autres auteurs cités par Fabricius, au genre *gryllus*, comme Schæffer, Herbst, Drury, Roes. etc. Voyez aussi Latr. Gen. Crust. et Insect. III, p. 104.

(1) *Acrydium subulatum*, F. De Géer; Schæff. Icon. Insect. CLIV, 9, 10; CLXI, 2, 3;—*a. bipunctatum*, Panz. ibid. V, XVIII, var.;—*a. scutellatum*, De Géer, M. Insect. III, XXIII, 15. Voyez aussi Herbst. Archiv. Ins. LII, 1-5.

long de sa face supérieure, lorsque cette pièce est relevée, une gouttière ou un canal, d'où l'on peut faire sortir trois soies écailleuses, roides, très-fines et pointues, recouvertes à leur base par une languette. Voilà les parties qui composent uniquement leur bouche. Les trois soies forment, par leur réunion, un suçoir semblable à un aiguillon, ayant pour gaîne, la pièce tubulaire que je viens de décrire, et dans lequel il est maintenu, au moyen de la languette supérieure située à son origine. La soie inférieure est composée de deux filets qui se réunissent en un, un peu au-delà de leur point de départ; ainsi le nombre des pièces du suçoir est réellement de quatre. M. Savigny en a conclu que les deux soies supérieures, ou celles qui sont simples, représentent les mandibules des insectes broyeurs, et que les deux filets de la soie inférieure répondent à leurs mâchoires; dès-lors la lèvre est remplacée par la gaîne du suçoir, et la pièce triangulaire de la base devient un labre. Les palpes sont les seules parties qui aient totalement disparu; on en aperçoit cependant des vestiges dans les thrips.

La bouche des hémiptères n'est donc propre qu'à extraire, par la succion, des matières fluides; les stylets déliés, dont est formé le suçoir, percent les vaisseaux des plantes et des animaux, et la liqueur nutritive, successivement comprimée, est forcée de suivre le canal intérieur et arrive à l'œsophage. Le fourreau du suçoir est souvent alors plié en genou ou fait un angle avec lui.

Dans la plupart des insectes de cet ordre, les étuis sont coriaces ou crustacés, avec l'extrémité postérieure membraneuse et leur formant une sorte d'appendice; ils se croisent presque toujours; ceux des autres hémiptères sont simplement plus épais et plus grands que les ailes, demi-membraneux, ainsi que les étuis des orthoptères, et tantôt opaques et colorés, tantôt transparens et veinés. Les ailes ont quelques plis longitudinaux.

La composition du tronc commence à éprouver des modifications qui le rapprochent de celui des insectes des ordres suivans. Son premier segment, désigné jusqu'ici sous le nom de corselet, a, dans plusieurs, bien moins d'étendue, et s'incorpore avec le second, qui est également découvert.

Les hémiptères nous offrent, dans leurs trois états, les mêmes formes et les mêmes habitudes. Le seul changement qu'ils subissent, consiste dans le développement des ailes et l'accroissement du volume du corps. Ils ont, en général, un estomac à parois assez solides et musculeuses, un intestin grêle de longueur médiocre, suivi d'un gros instestin divisé en divers renflemens, des vaisseaux biliaires peu nombreux et insérés assez loin du pylore.

Je divise cet ordre en deux sections.

Dans la première, celle

DES HÉTÉROPTÈRES. (HETEROPTERA. Lat.)

Le bec naît du front; les étuis sont membraneux à leur extrémité, et le premier segment du tronc, beaucoup plus grand que les autres, forme à lui seul le corselet.

Les élytres et les ailes sont toujours horizontales, ou légèrement inclinées.

Cette section se compose de deux familles.

La première, celle

DES GÉOCORISES OU PUNAISES TERRESTRES,

A les antennes découvertes, plus longues que la tête, et insérées entre les yeux, près de leur bord interne.

Elle forme le genre

DES PUNAISES (CIMEX) de Linnæus.

Les unes ont la gaîne du suçoir de quatre articles distincts et découverts, le labre très-prolongé au-delà de la tête, en forme d'alène, et strié en dessus.

Les tarses ont toujours trois articles distincts, dont le premier presque égal au second ou plus long que lui.

Ces espèces répandent souvent une odeur desagréable et sucent divers insectes.

Tantôt leurs antennes, toujours filiformes, sont composées de cinq articles; le corps est ordinairement court, ovale ou arrondi.

LES SCUTELLÈRES. (SCUTELLERA. Lam. — TETYRA, Fab.)

Où l'écusson couvre tout l'abdomen.

La *S. rayée* (*Cimex lineatus.* Lin.) Wolff. *Cimic.* I, II, I, longue de quatre lignes, rouge, avec le dessus rayé de noir, dans toute sa longueur; des points noirs, disposés en lignes, sur le ventre. Aux environs de Paris, et dans le midi de l'Europe, sur les fleurs, les ombellifères particulièrement (1).

LES PENTATOMES. (PENTATOMA. Oliv.—EDESSA, ÆLIA, CIMEX, HALYS, CYDNUS. Fab.)

Le *P. des crucifères* (*Cimex ornatus.* Lin.) Wolf. ibid. II, 15, long de quatre lignes et demie, ovoïde-arrondi, rouge, avec un grand nombre de taches, la tête et les ailes noires. Sur le chou et d'autres crucifères.

Le *P. du choux* (*Cimex oleraceus.* Lin.) Wolff. ibid. II, 16, long de trois lignes, ovoïde, d'un vert bleuâtre, avec

---

(1) Consultez Fabricius pour les autres espèces, genre *tetyra.* (Syst. Ryngot.)

une ligne sur le corselet, un point sur l'écusson, un autre sur chaque étui, blancs ou rouges.

Le *P. hémorrhoïdal* (*C. hæmorrhoidalis.* Lin.) Wolf. ibid. I, 10, long de sept lignes, ovoïde, vert en dessus, jaunâtre en dessous, avec les angles postérieurs du corselet prolongés en pointe mousse, une grande tache brune sur les étuis, et le dessus de l'abdomen rouge, tacheté de noir. Une arête terminée en pointe sur le sternum.

La femelle du *P. gris* (*C. griseus.* Lin.) garde et conduit ses petits, comme une poule conduit ses poussins (1).

Tantôt les antennes n'ont que quatre articles, et le corps est oblong.

Les espèces dont les antennes sont filiformes ou plus grosses à leur extrémité peuvent être réunies dans un seul sous-genre,

Celui des LYGÉES. (LYGÆUS.)

Qui a été subdivisé comme il suit :

LES CORÉES (COREUS de Fabricius.)

Ont le corps ovale, et le dernier article des antennes de la même forme, beaucoup plus court que le précédent et le plus souvent renflé.

Le *C. bordé* (*Cimex marginatus.* Lin.) Wolff. *Cimic.* I, III, 20, long de six lignes, d'un brun canelle, avec une saillie arrondie, de chaque côté de l'extrémité postérieure du corselet, le milieu des antennes rougeâtre, et le dessus de l'abdomen rouge. Sur les plantes et répandant une forte odeur de pomme (2).

LES LYGÉES proprement dits (LYGÆUS) du même.

Dont le corps est encore ovale ou seulement un peu

---

(1) Voy. Fab. genres indiqués ci-dessus.

(2) Voyez Fabricius, Syst. Ryngotorum; Latr. Gen. Crust. et Insect. III, p. 117.

plus oblong, mais qui ont des antennes terminées par un article allongé, presque cylindrique et de la grosseur du précédent.

Le *L. croix de chevalier* (*Cimex equestris.* Lin.) Wolff. ibid. III, 24, long de cinq lignes, rouge, à taches noires, avec la portion membraneuse des étuis brune, tachetée de blanc.

Le *L. demi-ailé* (*C. apterus.* Lin.) Stoll. *Cimic.* II, xv, 103, long de quatre lignes, sans ailes, rouge; la tête, une tache au milieu du corselet et un gros point sur chaque étui, noirs; extrémité de ses étuis tronquée, ou sans appendices membraneux. Très-commun dans nos jardins. On le trouve, mais très-rarement, avec des ailes (1).

LES ALYDES (ALYDUS) de Fabricius.

Ne diffèrent des lygées que par la forme étroite et allongée du corps (2).

Presque tous ses GERRIS (GERRIS) ne sont même que des alydes, ou plutôt des lygées encore plus allongés, avec les pieds très-longs (3).

SES BÉRYTES. (BERYTUS—NEIDES. Lat.)

Où la forme du corps est la même, mais dont les antennes sont coudées et renflées à leur extrémité (4).

LES MYODOQUES (MYODOCHA) de Latreille.

Se distinguent, dans cette division, par leur tête rétrécie en arrière, en forme de cou, comme dans les reduves (5).

---

(1) Fab. ibid.; Latr. ibid. p. 121.

(2) Fab. ibid.; Latr. ibid. p. 119.

(3) Fab. ibid.; Latr. ibid. p. 120.

(4) Fab. ibid.

(5) Latr. Gen. Crust. et Insect. III, p. 126; Oliv. Encycl. méth.

Les espèces où les antennes sont plus grêles à leur extrémité, ou en forme de soie, comprendront un autre sous-genre, celui

Des MIRIS (MIRIS).

Fabricius ne désigne ainsi que les espèces dont les antennes vont insensiblement en pointe, et dont le corps est ordinairement assez étroit et allongé (1).

Celles où les deux derniers articles des antennes sont beaucoup plus menus que le précédent, et dont le corps est proportionnellement plus court et plus large, ovoïde ou arrondi, forment son genre CAPSE (CAPSUS) (2).

Les autres hémiptères de cette famille n'ont que deux ou trois articles apparens à la gaîne du suçoir; le labre est court, sans stries.

Le premier article des tarses, et souvent même le second, est très-court, dans le plus grand nombre.

Tantôt les pieds sont insérés au milieu de la poitrine, terminés par deux crochets distincts, et prennent naissance du milieu de l'extrémité du tarse; ils ne servent point à ramer ni à courir sur l'eau.

Nous séparons ensuite les espèces dont le bec est toujours droit, engaîné à sa base ou dans sa longueur; dont les yeux n'ont point de grandeur extraordinaire; et dont la tête n'offre point, à sa jonction avec le corselet, de cou ni d'étranglement brusque.

Leur corps est ordinairement ou tout ou en partie membraneux et le plus souvent très-aplati. Elles composent la majeure partie du genre primitif

---

(1) Fab. Syst. Ryng.; Lat. ibid. p. 124.

(2) Fab. ibid.; Latr. ibid. p. 123.

Des Acanthies (Acanthia de Fabricius).

Dont cet auteur a ensuite démembré les suivans :

Les Syrtis. (Syrtis. Fab.—Macrocephalus. Swed. Lat.—Phymata. Lat.)

Où les pieds antérieurs sont en forme de serre monodactyle de crustacés, et leur servent aussi à saisir leur proie (1).

Les Tingis. (Tingis. Fab.)

Qui ont le corps très-plat et les antennes terminées en bouton, avec le troisième article beaucoup plus long que les autres.

La plupart vivent sur les plantes, en piquent les feuilles ou les fleurs, et y produisent quelquefois des fausses galles. Les feuilles du poirier sont souvent criblées par une espèce de ce genre (*T. pyri.* F.) (2).

Les Arades. (Aradus. Fab.)

Qui ressemblent aux tingis par la forme du corps, mais dont les antennes sont cylindriques, avec le second article presque aussi grand que le troisième ou même plus long.

Ils se tiennent sous les écorces des arbres, dans les fentes du vieux bois, etc. (3).

Les Punaises proprement dites. (Cimex. Lat.—Acanthia. Fab.)

Ayant aussi le corps très-plat, mais dont les antennes se terminent brusquement en forme de soie.

---

(1) Fab. Syst. Ryngotorum; Latr. Gen. Crust. et Insect. III, p. 137, 138.

(2) Fab. ibid.; Latr. ibid.

(3) Fab. ibid.; Latr. ibid.

On ne connaît que trop

La *Punaise des lits* (*Cimex lectularius.* Lin.) Wolf. Cimic. IV, XIII, 121. On prétend qu'elle n'existait pas en Angleterre avant l'incendie de Londres, en 1666, et qu'elle y fut transportée avec des bois d'Amérique. Quant au continent de l'Europe, Dioscoride en fait déjà mention. On a encore avancé que cette espèce acquérait quelquefois des ailes. Elle tourmente aussi les jeunes pigeons, des petits d'hirondelles, etc.; mais celle qui vit sur ces derniers oiseaux me paraît former une espèce particulière.

On a proposé bien des moyens pour détruire ces insectes; la plus grande propreté et une extrême vigilance sont les meilleurs (1).

Les autres géocorises de cette subdivision ont le bec découvert, arqué, ou quelquefois droit, mais avec le labre saillant; la tête étranglée brusquement ou rétrécie en forme de cou par derrière. Quelques espèces ont des yeux d'une grosseur très-remarquable.

Celles qui ne présentent pas ce caractère, et dont la tête est portée sur un cou, forment le genre primitif

Des Reduves (Reduvius) de Fabricius.

Ils ont le bec court, mais très-aigu et piquant fortement. On se ressent même long-temps de la douleur. Leurs antennes sont très-déliées vers le bout ou en forme de soie. Plusieurs espèces produisent un bruit pareil à celui que font les criocères, les capricornes, etc., mais dont les tons se succèdent avec plus de rapidité.

Ce genre a été divisé ainsi :

Les Reduves proprement dits. (Reduvius. Fab.)

Qui ont le corps ovale, oblong, avec les pieds de longueur moyenne.

---

(1) Fab. ibid.; Latr. ibid.

On peut leur associer les *Nabis* de Latreille, et les *Petalocheires* de Palisot de Beauvois ; ces derniers ont les jambes antérieures en forme de rondache.

Le *Reduve masqué* (*Cimex personatus.* Lin.), la *Punaise mouche* de Geoffroi, I, IX, 3, long de huit lignes, d'un brun noirâtre sans tache. Il habite l'intérieur des maisons, où il vit de mouches et de divers autres insectes, dont il s'approche à petits pas, et sur lesquels il s'élance ensuite. Ses piqûres les font périr sur-le-champ. Dans l'état de larve et de nymphe, il ressemble à une araignée toute couverte d'ordure ou de poussière de balayures (1).

Les Zelus. (Zelus. Fab.)

Dont le corps est linéaire, avec les pattes très-longues, fort grêles et toutes semblables entre elles (2).

Les Ploières. (Ploiaria. Scop.—Emesa. Fab.)

Analogues aux précédens par la forme linéaire du corps, la longueur et la ténuité des pieds, mais dont les deux pieds antérieurs ont les hanches allongées, et sont propres, comme dans les mantes, à saisir leur proie (3).

Viennent maintenant les géocorises, remarquables par la grosseur de leurs yeux, qui n'ont point de cou apparent, mais dont la tête transverse est séparée du corselet par un étranglement. Elles vivent sur le bord des eaux, où elles courent très-vite et font souvent de petits sauts. Fabricius, qui les avait d'abord réunies aux acanthies, les distingue maintenant sous le nom générique

---

(1) Fab. Syst. Ryng. ; Latr. Gen. Crust. et Insect. III, p. 128.

(2) Fab. Syst. Ryngot. ; Latr. Gen. Crust. et Insect. III, p. 129.

(3) Fab. ibid. ; Latr. ibid.

De SALDES. (SALDA.)

Les uns ont le bec court et arqué, et les antennes en forme de soie. Ce sont

LES LEPTOPES (LEPTOPUS) de Latreille (1).

Les autres ont le bec long, droit, avec le labre saillant hors de sa gaîne, et les antennes filiformes ou un peu plus grosses vers le bout. Ce sont

LES SALDES proprement dites. (SALDA. Fab.)

Latreille les divise en deux. Ses ACANTHIES (ou les SALDES propres de Fabricius) (2), ont les antennes de la longueur au moins de la moitié de celle du corps et saillantes. Leur forme est ovale. Dans ses PELOGONES (PELOGONUS) (3), ces organes sont beaucoup plus courts et repliés sous les yeux. Le corps est plus court et plus arrondi, avec un écusson assez grand. Ces hémiptères se rapprochent des *Naucores*, et paraissent y conduire, avec les suivans.

Tantôt les quatre pieds postérieurs, très-grêles et fort longs, sont insérés sur les côtés de la poitrine, et très-écartés entre eux, à leur naissance; les crochets des tarses sont très-petits, peu distincts, et situés dans une fissure de l'extrémité latérale du tarse. Ces pieds servent à ramer ou à marcher sur l'eau. Ils sont propres au genre

DES HYDROMÈTRES (HYDROMETRA) de Fabricius (4).

Que Latreille divise en trois sous-genres.

LES HYDROMÈTRES proprement dites. (HYDROMETRA. Lat.)

Qui ont les antennes en forme de soie, et la tête prolon-

---

(1) Latr. Consid. sur l'Ord. nat. des Crust. et des Insect. p. 259.

(2) Fab. ibid. Les saldes : *zosteræ*, *striata*, *littoralis*; Latr. ibid. genres *lygée* et *acanthie*.

(3) Lat. ibid. p. 142.

(4) Fab. ibid.

gée en un long museau, recevant le bec dans une gouttière inférieure (1).

Les Gerris. (Gerris. Latr.)

Dont les antennes sont filiformes; qui ont la gaîne du suçoir de trois articles, et les pieds de la seconde paire très-éloignés des deux premiers, et une fois au moins plus longs que le corps (2).

Les deux pieds antérieurs, ainsi que dans le sous-genre suivant, font l'office de pinces.

Les Vélies. (Velia. Lat.)

Où les antennes sont encore filiformes, mais dont la gaîne du suçoir n'a que deux articles apparens, et dont les pieds, beaucoup plus courts, sont à des distances presque égales les uns des autres (3).

La seconde famille des Hémiptères,

Celle des Hydrocorises ou Punaises d'eau.

A les antennes insérées et cachées sous les yeux, plus courtes que la tête ou à peine de sa longueur.

Ces hémiptères sont tous aquatiques, carnassiers, et saisissent d'autres insectes avec leurs pieds antérieurs, qui se replient sur eux-mêmes, et servent de pince. Ils piquent fortement.

Leurs tarses n'offrent qu'un à deux articles.

---

(1) Latr. Gen. Crust. et Insect. III, p. 131.

(2) Latr. ibid.

(5) Latr. ibid.

Leurs yeux sont ordinairement d'une grandeur remarquable.

Les unes ont les deux pieds antérieurs en forme de serres ou de tenailles, composés d'une cuisse, soit très-grosse, soit très-longue, ayant en-dessous un canal pour recevoir le bord inférieur de la jambe, et d'un tarse très court ou se confondant même avec la jambe et formant avec elle un grand crochet.

Le corps est ovale et très-déprimé dans les unes, de forme linéaire dans les autres. Ces espèces forment le genre

DES NÈPES (NEPA) de Linnæus, ou DES SCORPIONS AQUATIQUES,

Qu'on partage ainsi :

LES GALGULES. (GALGULUS. Lat.)

Dont tous les tarses sont semblables, cylindriques, à deux articles très-distincts, avec deux crochets au bout du dernier. Leurs antennes ne paraissent avoir que trois articles, dont le dernier plus grand et ovoïde.

Celles des genres suivans sont composées de quatre pièces (1).

LES BELOSTOMES. (BELOSTOMA. Lat.)

Où les deux tarses antérieurs forment un grand onglet; qui ont le labre étroit et allongé, et reçu dans la gaîne du suçoir; les quatre tarses postérieurs à deux articles distincts et les antennes en peigne (2).

---

(1) Latr. Gen. Crust. et Insect. III, p. 144; *naucoris oculata*, Fab.

(2) Lat. ibid. p. 144; les nèpes : *grandis, annulata, rustica* de Fabricius.

LES NÈPES proprement dites. (NEPA. Lat.)

Ayant les tarses antérieurs et le labre comme dans le genre précédent, mais dont les quatre tarses postérieurs n'ont qu'un seul article bien distinct, et dont les antennes paraissent fourchues; leur bec est courbé en dessous; leurs deux pieds antérieurs ont les hanches courtes et les cuisses beaucoup plus larges que les autres parties.

Leur corps est plus étroit et plus allongé que dans les genres précédens, presque elliptique. Leur abdomen est terminé par deux soies qui leur servent à respirer, dans les lieux aquatiques et vaseux, au fond desquels elles se tiennent. Leurs œufs ressemblent à une graine de plante, de figure ovale, couronnée d'une aigrette formée de sept poils.

La *N. cendrée* (*N. cinerea.* Lin.) Rœs. Insect. III, Cim. aquat. XXII, longue d'environ huit lignes, cendrée, avec le dessus de l'abdomen rouge, et la queue un peu plus courte que le corps (1).

LES RANATRES. (RANATRA. Fab.)

Qui ne diffèrent des Nèpes que par la forme linéaire de leur corps, leur bec dirigé en avant, et les deux pieds antérieurs, dont les hanches et les cuisses sont allongées et grêles.

La *N. linéaire* (*Nepa linearis.* Lin.) Rœs. ibid. XXIII, longue d'un pouce, d'un cendré clair, un peu jaunâtre, avec la queue de la longueur du corps.

L'aigrette de ses œufs n'est composée que de deux soies (2).

LES NAUCORES. (NAUCORIS. Geoff. Fab.)

Dont les deux pieds antérieurs se terminent aussi en onglet, mais qui ont le labre grand, triangulaire, recouvrant la base du bec.

---

(1) Ajoutez : *n. fusca, grossa, rubra, nigra, maculata*, de Fab.

(2) Voyez pour les autres espèces Fabricius, Syst. Ryng.

Leur corps est plus court et plus large que dans les précédens, avec la tête arrondie, et les yeux très-plats, et ne s'élevant point au-dessus de la tête. Les quatre derniers pieds sont très-ciliés, et leurs tarses ont deux articles. Leurs antennes sont simples, sans saillie en forme de dent.

La *N. punaise* (*Nepa cimicoides.* Lin.) Rœs. ibid. XXVIII, longue de cinq à six lignes, d'un brun verdâtre, avec la tête et le corselet d'une couleur plus claire; bords de l'abdomen dentés en scie, débordant les étuis (1).

Les autres ont les deux pieds antérieurs simplement courbés en dessous, avec les cuisses de grandeur ordinaire, et le tarse allant en pointe et très-cilié, ou semblable aux autres. Leur corps est presque cylindrique ou ovoïde et assez épais, ou moins déprimé que dans les précédens. Leurs pieds postérieurs sont très-ciliés, en forme de rames, et terminés par deux crochets très-petits, peu distincts. Ils nagent ou rament avec une grande vitesse, et souvent sur le dos. Ils composent le genre

Des NOTONECTES (NOTONECTA) de Linnæus.

Que l'on a divisé comme il suit :

LES CORISES. (CORIXA. Geoff. — SIGARA. Fab.)

Manquant d'écusson; ayant le bec très-court, triangulaire, avec des stries transversales; les étuis horisontaux; les pieds antérieurs très courts, avec les tarses d'un seul article, comprimé et cilié; les autres pieds allongés, et les deux du milieu termines par deux crochets fort longs.

---

(1) Fab. ibid.; Latr. Gen. Crust. et Insect. III, p. 146.

La *C. striée* (*Notonecta striata.* Lin.) Rœs. Insect. III, Cim. aquat. XXIX. Les plus grands individus, longs de cinq lignes. Dessus d'un brun foncé, avec un grand nombre de points ou de petites raies jaunâtres; tête, dessous du corps et pieds de cette dernière couleur (1).

Les Notonectes. (Notonecta. Geoff. Fab.)

Qui ont un écusson très-distinct, un bec en cône allongé et articulé, les étuis en toit, et tous les tarses à deux articles; les quatre pieds antérieurs sont coudés, avec des tarses cylindriques, simples, et terminés par deux crochets.

La *N. glauque* (*Notonecta glauca.* Lin.) Rœs. ibid. XXVII, longue de six lignes; dessus jaunâtre, avec une teinte roussâtre sur les étuis; leur bord intérieur tacheté de noirâtre; écusson noir.

Elle nâge sur le dos, afin de mieux saisir sa proie, et pique vivement (2).

La seconde section des Hémiptères,

Celle des Homoptères. (Homoptera. Lat.)

Se distingue de la précédente aux caractères suivans : le bec naît de la partie la plus inférieure de la tête, près de la poitrine, ou même de l'entre-deux des deux pieds antérieurs; les étuis (presque toujours en toit) sont partout de la même consistance et demi-membraneux, quelquefois même presque semblables aux ailes. Le premier segment du tronc,

---

(1) Voyez pour les autres espèces Fab. Syst. Ryng.

(2) Fab. ibid.; Latr. Gen. Crust. et Insect. III, p. 150.

tout au plus aussi grand que le second, et ordinairement plus court, s'unit avec lui, pour former le corselet.

Tous les hémiptères de cette section ne se nourrissent que du suc des végétaux. Les femelles ont une tarière écailleuse, ordinairement composée de trois lames dentelées, et logée dans une coulisse à deux valves. Elles s'en servent comme d'une scie pour faire des entailles dans ces végétaux et y placer leurs œufs.

Je la diviserai en trois familles.

La première, celle

des Cicadaires ou des Cigales en général.

Comprend ceux qui ont trois articles aux tarses et des antennes ordinairement très-petites, coniques ou en forme d'alène, de trois à six pièces, avec une soie très-fine au bout du dernier.

Les unes ont les antennes de six articles et trois yeux lisses. Elles embrassent la division des *cigales porte-manne* de Linnæus, le genre des *tettigonies* de Fabricius et forment pour nous celui

Des Cigales proprement dites. (Cicada. Oliv.)

Ces insectes, dont les étuis sont presque toujours transparens et veinés, diffèrent des suivans, non-seulement par la composition de leurs antennes et le nombre des yeux lisses, mais encore, en ce qu'ils ne sautent point, et que les mâles font entendre, dans les fortes chaleurs des jours d'été, époque de leur apparition, une espèce de musique monotone et très-bruyante. Aussi des auteurs ont-ils désigné ces cigales par l'épithète de chanteuses. Les organes du chant sont situés à chaque côté de la base de l'abdomen, intérieurs et recouverts chacun par une plaque cartilagineuse, en forme de volet. La cavité qui renferme ces instrumens est divisée en deux loges par une cloison écailleuse et triangulaire. Vue du côté du ventre, chaque cellule offre antérieurement une membrane blanche et plissée, et plus bas, dans le fond, une lame tendue, mince, transparente, que Réaumur nomme le *miroir*. Si on ouvre, en dessus, cette partie du corps, on voit, de chaque côté, une autre membrane plissée, qui se meut par un muscle très-puissant, composé d'un grand nombre de fibres droites et parallèles, et partant de la cloison écailleuse; cette membrane est la *timbale*. Les muscles en se contractant et se relâchant avec promptitude, agissent sur les timbales, les étendent ou les remettent dans leur état naturel; telle est l'origine des sons qu'elles produisent même après la mort de l'animal, si elles éprouvent alors des tiraillemens semblables.

Les cigales se tiennent sur les arbres ou sur des arbustes, dont elles sucent la sève. La femelle perce avec une tarière logée dans un fourreau de deux lames en demi-tube, composée de trois pièces écailleuses, étroites, allongées, et dont deux terminées en forme de lime, les petites branches de bois mort, jusqu'à la moelle, afin d'y déposer ses œufs. Le nombre en étant considérable, elle y fait successivement plusieurs trous, dont la place est indiquée à l'extérieur par autant d'élévations. Les jeunes larves quittent cependant leur berceau pour s'enfoncer dans la terre, où elles croissent et se métamorphosent en nymphes. Leurs pieds antérieurs sont courts et ont des cuisses très-fortes, armées de dents, et propres à creuser la terre. Les Grecs mangeaient les nymphes, qu'ils nommoient *tettigomètres*, et même l'insecte, dans son dernier état. Avant l'accouplement, on préférait les mâles, et lorsqu'il avait eu lieu, on recherchait davantage les femelles, parce que leur ventre était alors rempli d'œufs. La cigale de l'*orne*, en piquant cet arbre, fait écouler ce suc mielleux et purgatif, qu'on appelle manne.

La *C: de l'orne* (*C. orni.* Lin.) Rœs. Insect. II, *Locust.* XXV, I, 2; XXVI, 3, 5, longue d'environ un pouce, jaunâtre, pâle en dessous, mélangé de cette couleur et de noir en dessus, avec les bords des articles de l'abdomen roussâtres; deux rangées de points noirâtres sur les élytres, dont les plus voisins de leur bord interne plus petits. — Midi de la France, Italie, etc.

La *C. commune* (*C. plebeia.* Lin.) Rœs.. ibid. XXV, 4;

xxvi, 4, 6, 7, 8, la plus grande de nos espèces; noire, avec plusieurs taches sur le premier segment du tronc; son bord postérieur, les parties relevées et arquées de l'écusson, et plusieurs veines des élytres, roussâtres (1).

Les autres Cicadaires n'ont que trois articles distincts aux antennes et deux petits yeux lisses. Leurs pieds sont, en général, propres pour le saut. Aucun des sexes n'est pourvu d'organes sonores.

Les étuis sont souvent coriaces et opaques. Plusieurs femelles enveloppent leurs œufs d'une matière blanche et cotonneuse.

Tantôt les antennes sont insérées immédiatement sous les yeux, et le front est souvent prolongé en forme de museau, de figure variable selon les espèces. C'est ce qui distingue le genre

Des Fulgores. (Fulgora. Lin. Oliv.)

Les espèces dont le front est avancé sont les *fulgores* proprement dites, de Fabricius. Telle est

La *F. porte-lanterne* (*F. laternaria.* Lin.) Rœs. Insect. II, Locust. xxviii, xxix, très-grande espèce, agréablement variée de jaune et de roux, avec une grande tache, en forme d'œil, sur chaque aile; museau très-dilaté, vésiculeux, large et arrondi en devant. Plusieurs voyageurs assurent qu'il répand une forte lumière dans l'obscurité.

---

(1) Voyez Latr. Gen. Crust. et Insect. III, p. 154; Fab. Syst. Ryng. genre *tettigonia*, et Olivier, Encycl. Méth., article *cigale*, où toutes les figures de Stoll relatives aux espèces de ce genre sont rapportées.

Le midi de l'Europe nous offre une petite espèce du même genre.

La *F. européenne* (*F. europæa.* Lin.) Panz. Faun. Insect. Germ. XX, XVI, verte, avec le front conique, les élytres et les ailes transparentes (1).

Celles dont la tête n'a point d'avancement remarquable, composent dans Fabricius divers genres.

Ses FLATES. (FLATA.)

Ont les élytres et les ailes très-larges, et ressemblent à de petites phalènes, et mieux encore à des pyrales (2).

Ses ISSES. (ISSUS.)

Ont le corps court, les élytres dilatées et arquées à la base, et rétrécies ensuite (3).

Des espèces dont le corps est plus allongé, et qui ressemblent, au premier coup-d'œil, à de petites cigales proprement dites, sont comprises dans son genre LYSTRE (LYSTRA.) (4).

Ses DERBES. (DERBA.)

Me sont inconnues. Suivant lui, la lèvre, ou plutôt la partie relevée, comprise inférieurement entre les yeux, et d'où part le bec, est grande, et présente trois carènes (5).

Latreille a séparé, sous le nom générique de TETTIGOMÈTRES (TETTIGOMETRA), des insectes analogues aux précédens, mais dont les antennes sont logées entre les angles postérieurs et latéraux de la tête, et ceux de l'ex-

---

(1) Voyez pour les autres espèces Fab. ibid. et Oliv. Encycl. Méth. article *fulgore*.

(2) Fab. Syst. Ryng.; Latr. Gen. Crust. et Insect. III, p. 165.

(3) Fab. ibid.; Latr. ibid.

(4) Fab. ibid.

(5) Fab. ibid.

trémité antérieure du corselet. Les yeux ne sont point saillans (1).

Enfin, les DELPHAX (DELPHAX) de Fabricius.

Que Latreille avait distingués par la dénomination d'*asiraques* (*asiraca*), ont les antennes insérées dans une échancrure inférieure des yeux, et de la longueur de la tête, ou même beaucoup plus longues (2).

Tantôt les antennes sont insérées entre les yeux comme dans

LES CICADELLES (CICADELLA), ou les *Cigales ranatres* de Linnæus,

Que l'on peut subdiviser ainsi :

Le corselet des unes n'est point transversal; son extrémité postérieure est plus ou moins prolongée en arrière.

LES ÆTALIONS (ÆTALIONS) de Latreille (3).

Ont les antennes inférieures, tandis qu'elles sont frontales dans les sous-genres suivans.

LES LÈDRES. (LEDRA. Fab.)

Où les deux premiers articles des antennes sont presque de longueur égale, et dont le corselet est dilaté uniquement sur les côtés. Telle est la *Cigale* nommée par Geoffroi le *grand Diable* (*Cicada aurita*. Lin.) (4).

---

(1) Lat. ibid. p. 163.

(2) Fab. ibid.; Latr. ibid. p. 167 et 168, genres : *asiraca, delphax*. Olivier a suivi Linnæus.

(3) Latr. Consid. sur l'Ord. des Crust. et des Insect. et Zool. de MM. de Humbold et Bonpland.

(4) Fab. Syst. Ryngot.; Latr. Gen. Crust. et Insect. III, p. 157.

LES MEMBRACES (MEMBRACIS) de Fabricius.

Dont ses *centrotes*, ainsi que ses *darnis*, ne me paraissent pas différer, ont aussi les deux premiers articles des antennes de longueur identique, mais le corselet se prolonge toujours en arrière, et se dilate même aussi quelquefois dans d'autres sens.

On en trouve souvent dans nos bois deux espèces :

Le *petit Diable* (*Cicada cornuta.* Lin.) Panz. Faun. Insect. Germ. L, XIX, long de quatre lignes; corselet ayant une corne de chaque côté, et prolongé postérieurement en une pointe de la longueur de l'abdomen.

Le *Demi-Diable* (*Centrotus genistæ.* Fab.) Panz. ibid. XX, de moitié plus petit, et dont le corselet est simplement prolongé en arrière. — Sur le genêt.

Dans quelques espèces exotiques, le corselet s'avance en avant en forme d'épée. Dans d'autres pareillement étrangères, il s'élève dans le sens de la hauteur, et est très-comprimé par les côtés, arrondi et arqué en-dessus; il a l'apparence d'une feuille (1).

LES CERCOPES. (CERCOPIS. Fab.)

Dont le second article des antennes est une fois au moins plus long que le premier, et dont le corselet n'est sensiblement dilaté dans aucun sens.

La *C. ensanglantée* (*Cercopis sanguinolenta.* Fab.) la *Cigale à taches rouges*, Geoff. Insect. II, VIII, 5, longue de quatre lignes, noire, avec six taches rouges sur les étuis. — Dans les bois.

La *C. écumeuse* (*Cicada spumaria.*) Lin. Rœs. Ins. II, Locust. XXIII, brune, avec deux taches blanches sur les

---

(1) Latr. Gen. Crust. et Insect. III, p. 158; Fab. Syst. Ryng. genres indiqués plus haut.

étuis, près de leur bord extérieur. Sa larve vit sur les feuilles, dans une liqueur écumeuse et blanche, que des auteurs ont nommée : *écume printanière, crachat de grenouille* (1).

Les autres cicadelles ont le corselet transversal, avec le bord postérieur droit. Olivier les réunit aux cercopes dans son genre

DES TETTIGONES (TETTIGONIA); ce sont les *Cigales* (*Cicada*), et les *Iasses* (*Iassus*) de Fabricius.

Il y en a beaucoup d'espèces, et dont les couleurs sont très-jolies. Elles sont généralement très-petites (2).

La seconde famille des HÉMIPTÈRES HOMOPTÈRES, ou la quatrième de l'ordre,

LES APHIDIENS (APHIDII), autrement les PUCERONS.

Se distingue de la précédente par les tarses qui n'ont que deux articles et par les antennes filiformes, ou en forme de soie, plus longues que la tête, de six à onze articles.

Les individus ailés ont toujours deux élytres et deux ailes.

Ce sont de très-petits insectes, dont le corps est ordinairement mou, et dont les étuis sont presque semblables aux ailes, ou

---

(1) Fab. ibid.

(2) Fab. ibid.; Latr. ibid.

n'en diffèrent que par ce qu'ils sont plus grands et un peu plus épais. Ils pullulent prodigieusement.

Les uns ont dix à onze articles aux antennes, dont le dernier est terminé par deux soies.

Ils sautent et composent le genre

DES PSYLLES (PSYLLA) de Geoffroi, ou celui DES CHERMES de Linnæus.

Ces hémiptères, désignés aussi sous le nom de *faux-pucerons*, vivent sur les arbres et sur les plantes, dont ils tirent leur nourriture; les deux sexes ont des ailes. Leurs larves ont, ordinairement, le corps très-plat, la tête large, et l'abdomen arrondi par derrière. Leurs pieds sont terminés par une petite vessie membraneuse, accompagnée, en dessous, de deux crochets. Quatre pièces larges et plates, qui sont les fourreaux des étuis et des ailes, distinguent les nymphes. Plusieurs, dans cet état, de même que dans le premier, sont couverts d'une matière cotonneuse et blanche, disposée par flocons. Leurs excrémens forment des filets ou des masses d'une nature gommeuse et sucrée.

Quelques espèces, en piquant les végétaux pour en sucer le suc, occasionnent dans quelques-unes de leurs parties, particulièrement leurs feuilles ou leurs boutons, des monstruosités ou des apparences de galles.

De ce nombre est

La *Psylle du buis* (*Chermes buxi*. Lin.) Réaum. Mém. Insect. III, XIX, I, 14, verte, avec les ailes d'un jaunâtre-brun.

L'aune, le figuier, l'ortie, etc., en nourrissent aussi d'autres espèces (1).

Latreille a formé, avec celle qui vit dans les fleurs du jonc, un genre sous le nom de LIVIE (*Livia*). Les antennes sont beaucoup plus grosses intérieurement qu'à leur extrémité (2).

Les autres aphidiens n'ont que six à huit articles aux antennes; le dernier n'est point terminé par deux soies.

Tantôt les étuis et les ailes sont linéaires, frangés de poils, et couchés horizontalement sur le corps, qui a une forme presque cylindrique; le bec est très-petit ou peu distinct. Les tarses sont terminés par un article vésiculeux, sans crochets; les antennes ont huit articles en forme de grains. Tels sont

LES THRIPS. (THRIPS. Lin.)

Ils sont d'une extrême agilité et semblent sauter plutôt que voler. Lorsqu'on les inquiète trop, ils élèvent et recourbent en arc l'extrémité postérieure de leur corps, à la manière des staphylins. Ils vivent sur les fleurs, les plantes, sous les écorces des arbres. Les espèces les plus grandes n'ont guère plus d'une ligne de long (3).

Tantôt les étuis et les ailes, ovales ou trian-

---

(1) Voyez Fab. Geoff. De Géer.

(2) Latr. Gen. Crust. et Insect. III, p. 170.

(3) Voyez Latr. ibid. p. eâd. et les auteurs cités plus haut.

gulaires, et sans frange de poils, sont inclinés, en forme de toit; le bec est très-distinct; les tarses sont terminés par deux crochets; les antennes n'ont que six à sept articles. Tels sont

Les Pucerons. (Aphis. Lin.)

Que l'on peut diviser comme il suit :

Les Pucerons proprement dits. (Aphis.)

Dont les antennes sont plus longues que le corselet, de sept articles, dont le troisième allongé; qui ont les yeux entiers, et deux cornes ou deux mamelons à l'extrémité postérieure de l'abdomen.

Ils vivent presque tous en société, sur les arbres et sur les plantes, qu'ils sucent avec leur trompe. Ils ne sautent point, et marchent lentement. Les deux cornes que l'on observe à l'extrémité postérieure de l'abdomen, dans un grand nombre d'espèces, sont des tuyaux creux, et d'où s'échappent souvent de petites gouttes d'une liqueur transparente, mielleuse, dont les fourmis sont très-friandes. Chaque société offre, au printemps et en été, des pucerons toujours aptères, et des demi-nymphes, dont les ailes doivent se développer; tous ces individus sont des femelles, qui mettent au jour des petits vivans, sortant à reculons du ventre de leurs mères, et sans accouplement préalable. Les mâles, parmi lesquels on en trouve d'ailés et d'aptères, ne paraissent qu'à la fin de la belle saison, ou en automne. Ils fécondent la dernière génération produite par les individus précédens, et consistant en des femelles non ailées, qui ont besoin d'accouplement. Après avoir eu commerce avec des mâles, elles pondent des œufs sur les branches des arbres, qui y restent tout l'hiver, et d'où sortent, au printemps suivant, de petits pucerons, devant bientôt se multiplier sans le concours des mâles.

L'influence d'une première fécondation s'étend ainsi sur plusieurs générations successives. Bonnet, auquel on doit le plus de faits sur cet objet, a obtenu, par l'isolement des femelles, jusqu'à neuf générations dans l'espace de trois mois.

Les piqûres que font les pucerons aux feuilles ou aux jeunes tiges des végétaux, font prendre à ces parties différentes formes, comme on peut le voir aux nouvelles pousses des tilleuls, aux feuilles de groseillers, de pommiers, et plus particulièrement à celles de l'orme, du peuplier et du pistachier, où elles produisent des espèces de vessies ou d'excroissances, renfermant dans leur intérieur des familles de pucerons, et souvent une liqueur sucrée, assez abondante. La plupart de ces insectes sont couverts d'une matière farineuse, ou de filets cotonneux, disposés quelquefois en faisceaux. Les larves des hémérobes, celles de plusieurs diptères, des coccinelles, détruisent un grand nombre de pucerons.

Celui *du Chêne* (*A. quercus.* Lin.) Réaum. Insect. III, XXVIII, 5, 10, brun, et remarquable par son bec, trois fois au moins plus long que le corps.

Le *P. du hêtre* (*A. fagi.* Lin.) Réaum. ibid. XXVI, 1, tout couvert d'un duvet cotonneux et blanc.

LES ALEYRODES. (ALEYRODES. Lat. — TINEA. Lin.)

Qui ont des antennes courtes de six articles, et des yeux échancrés.

L'*A. de l'éclaire* (*Tinea proletella.* Lin.) Réaum. ibid. II, XXV, 1, 7, semblable à une très-petite phalène, blanche, avec une tache et un point noirâtres sur chaque étui. — Sous les feuilles de la grande chélidoine, sur le chou, le chêne, etc.

La larve est ovale, très-aplatie, en forme de petite écaille, et ressemble à celle des psylles. La nymphe est fixée et renfermée sous une enveloppe, de sorte que cet insecte subit une métamorphose complète.

La dernière famille,

LES GALLINSECTES, dont de Géer forme un ordre particulier,

N'ont qu'un article aux tarses, avec un seul crochet au bout. Le mâle est dépourvu de bec, n'a que deux ailes, qui se recouvrent horizontalement sur le corps; son abdomen est terminé par deux soies. La femelle est sans ailes et munie d'un bec. Les antennes sont en forme de fil ou de soie, le plus souvent de onze articles.

Ils comprennent le genre

DES COCHENILLES (COCCUS) de Linnæus.

L'écorce de plusieurs de nos arbres paraît souvent comme galeuse, à raison d'une multitude de petits corps ovales ou arrondis, en forme de bouclier ou d'écaille, qui y sont fixés et auxquels on ne découvre pas d'abord d'organes extérieurs, indiquant un insecte. Ce sont néanmoins des animaux de cette classe et du genre des cochenilles. Les uns sont des individus femelles; les autres des mâles dans leur premier âge, et dont la forme est presque la même. Mais il arrive une époque où tous ces individus éprouvent de singuliers changemens. Ils se fixent alors; les larves des mâles pour un tems déterminé, celui qui est nécessaire à leurs dernières transformations, et les femelles pour toujours. Si on observe celles-ci au printems, l'on voit que leur corps acquiert peu à peu un grand volume et qu'il finit par ressembler à une galle, tantôt sphérique, tantôt en forme de rein, de bateau, etc. La peau des unes est unie et très-lisse; celle des autres offre des incisions ou des vestiges des segmens. C'est dans cet état que les femelles s'acccouplent et qu'elles pondent bientôt après leurs œufs, dont le nombre est très-considérable. Elles les font passer entre la peau du ventre et un duvet cotonneux qui revêt intérieurement la place qu'elles occupent. Leur corps se dessèche ensuite et devient une coque solide qui couvre ces œufs. D'autres femelles les enveloppent d'une matière cotonneuse et très-abondante, qui les garantit. Celles qui sont sphériques leur forment, de leur corps, une sorte de boîte. Les jeunes gallinsectes ont le corps ovale, très-aplati et pourvu des mêmes organes que celui de la mère. Ils se répandent sur les feuilles, et gagnent, vers la fin de l'automne, les branches, pour s'y fixer et passer l'hiver. Les uns, comme les femelles, se préparent, au retour de la belle saison, à devenir mères, et les autres, comme les larves des mâles, se transforment en nymphes et sous leur propre peau. Ces nymphes ont les deux pieds antérieurs dirigés en avant, et non en sens contraire, comme le sont leurs autres pieds, et tous les six dans les autres nymphes. Ayant acquis des ailes, ces mâles sortent à reculons, de l'extrémité postérieure de leur coque, vont ensuite trouver leurs femelles. Ils sont bien plus petits qu'elles. Leur partie sexuelle forme entre les deux soies du bout de leur abdomen, une queue recourbée. Réaumur a vu deux petits grains, semblables à des yeux lisses, à la partie de la tête qui correspond à la bouche. J'ai distingué à la tête du mâle de la cochenille de l'orme, dix petits corps semblables et deux espèces de balanciers au corselet. Geoffroi dit que les femelles ont à l'extrémité postérieure du corps quatre filets blancs, mais qui ne sortent qu'en le pressant un peu.

Dorthez a observé sur l'euphorbe *characias* un gallinsecte qui paraît différer par quelques caractères de formes et d'habitudes des autres espèces. C'est ce qui a déterminé son ami M. Bosc à faire de cette espèce un genre propre : *dorthesia*. La femelle n'a que huit articles aux antennes et continue de vivre et de courir après la ponte. Le mâle a l'extrémité postérieure de l'abdomen garni d'une houpe de filets blancs. Cet insecte est ainsi plus voisin des pucerons que des cochenilles.

Les gallinsectes paraissent nuire aux arbres, en occasionnant par leur piqûre une transpiration trop abondante. Aussi excitent-ils la vigilance de ceux qui cultivent particulièrement les pêchers, les orangers, les figuiers et les oliviers. Des espèces s'attachent aux racines des plantes. Quelques-unes sont précieuses par la belle couleur rouge qu'elles fournissent à la teinture. D'autres recherches sur ces insectes pourraient peut être nous en faire découvrir qui nous seraient utiles sous le même rapport.

Geoffroi divise les *Galle-insectes*, ou par contraction *Gal-*

linsectes, en deux genres, ceux du *Kermès* (*Chermes*) et de la *Cochenille* (*Coccus*). Réaumur designe celui-ci sous le nom de *Progall-insecte.*

La *C. des serres.* (*C. adonidum.* Lin.) Corps d'une couleur presque rose, couvert d'une poussière farineuse blanche; ailes et soies de la queue du mâle de cette dernière couleur; femelle ayant sur les côtés des appendices, dont les deux derniers plus longs et formant une sorte de queue. Elle enveloppe ses œufs d'une matière cotonneuse et blanche, qui leur sert de nid. Naturalisée dans nos serres, où elle est très-nuisible.

La *C. du nopal* (*C. cacti.* Lin.) Thier. de Menonv. de la cult. du nop. et de la cochen. Femelle d'un brun foncé, couverte d'une poussière blanche, plate en dessous, convexe en dessus, bordée, avec les anneaux assez distincts, mais s'oblitérant au temps de la ponte. Mâle d'un rouge foncé, avec les ailes blanches. Cultivée au Mexique sur une espèce de nopal ou d'opuntia, et distinguée sous les noms de *mestèque, cochenille fine*, d'une autre très-analogue, moins grosse et plus cotonneuse, la *sylvestre.* Elle est célèbre par la teinture cramoisie qu'elle fournit et qui donne l'écarlate en mélangeant sa décoction avec la solution d'étain par l'acide nitro-muriatique. C'est aussi de la cochenille que l'on tire le carmin. Cette production est l'une des principales richesses du Mexique. (Voyez les *Voy. de M. de Humboldt.*)

La *C. de Pologne* (*Polonicus.* Lin.) Breyn. E. IV, C, 1731; Frisch. Ins. 5, p. 6, t. II. Femelle d'un brun rougeâtre, en forme de grain, s'attachant aux racines du *scleranthus perennis*, et de quelques autres plantes. Elle était pour la Pologne, avant l'introduction de la cochenille, un objet important de commerce. La couleur qu'elle donne est presque aussi belle et de la même teinte que celle de la précédente. On en fait encore usage en Allemage et en Russie.

La *C. du chêne vert* ou *le Kermès* (*C. ilicis.* Lin.) Réaum. Insect. IV, v. La femelle prend la forme et la grosseur d'un pois. Elle est couleur de prune ou d'un noir violet, avec une poussière blanche. Sur une espèce de chêne vert de la Provence, du Languedoc et des parties méridionales de l'Europe. Elle sert à teindre en cramoisi, surtout dans le Levant et en Barbarie, et on en tirait aussi de l'écarlate avant que la cochenille du Mexique fût d'un usage général. On l'emploie encore dans la médecine (1).

Une espèce des Indes orientales forme la gomme *laque*. Une autre entre dans la composition d'une bougie particulière employée à la Chine.

LE HUITIÈME ORDRE DES INSECTES.

Celui des NEVROPTÈRES (ODONATA, et majeure partie des SYNISTATA de Fab.)

Se distingue des trois ordres précédens par ses deux ailes supérieures, qui sont membraneuses, ordinairement nues, transparentes, et semblables aux deux inférieures quant à leur consistance et à leurs propriétés; du dixième et de l'onzième par le nombre de ces organes, ainsi que par leur bouche, propre à la mastication, ou pourvue de mandibules, et de mâchoires véritables, c'est-à-dire conformées à l'ordinaire; caractère qui éloigne en-

(1) Voyez pour les autres espèces, Réaumur, Linnæus, Geoffroi, De Géer, Latreille, Olivier, art. *cochenille.* (Encycl. Méthod.)

core cet ordre du neuvième ou de celui des lépidoptères, dont les quatre ailes sont d'ailleurs farineuses. Dans les névroptères, ces ailes ont leur surface garnie d'un réseau très-fin; les inférieures sont, le plus souvent, de la grandeur des supérieures, ou tantôt plus larges, tantôt plus étroites mais plus longues. Leurs mâchoires et la pièce inférieure de leur lèvre, ou le menton, n'ont jamais une forme tubulaire. L'abdomen est presque toujours dépourvu d'aiguillon et de tarière ayant une figure analogue.

Ils ont, pour la plupart, des antennes en forme de soie, et composées d'un grand nombre d'articles; deux ou trois yeux lisses; le tronc formé de trois segmens intimement unis en un seul corps, distinct de l'abdomen, et portant les six pieds; le premier de ces segmens est ordinairement très-court, en forme de collier. Le nombre des articles des tarses est encore variable. Le corps est généralement allongé, avec des tégumens assez mous, ou faiblement écailleux; l'abdomen est toujours sessile.. Beaucoup de ces insectes sont carnassiers dans leur premier et leur dernier état.

Les uns ne subissent qu'une demi-métamorphose; les autres en éprouvent une complète; mais les larves ont constamment six pieds à crochet, dont elles font ordinairement usage pour chercher leur nourriture.

Je diviserai cet ordre en trois familles, qui dans leur marche progressive nous présenteront les rapports naturels suivans: 1°. Insectes carnassiers; demi-métamorphose; larves aquatiques. 2°. Insectes carnassiers; métamorphose complète; larves terrestres ou aquatiques. 3°. Insectes carnassiers ou omnivores, terrestres; demi-métamorphose. 4°. Insectes herbivores; métamorphose complète; larves aquatiques, se construisant des domiciles portatifs. Nous finirons par ceux dont les ailes sont le moins en réseau, et qui ressemblent à des phalènes ou à des teignes.

La première famille, celle

Des Subulicornes. (Subulicornes. Lat.)

Se compose de l'ordre des *odonates* de Fabricius, et du genre *éphémère*. Les antennes sont en forme d'alène, guère plus longues que la tête, de sept articles au plus, dont le dernier sous la figure d'une soie.

Les mandibules et les mâchoires sont entièrement couvertes par le labre et la lèvre, ou par l'extrémité antérieure et avancée de la tête.

Les ailes sont toujours très-réticulées, écartées, tantôt horizontales, et tantôt élevées perpendiculairement; les inférieures sont de la grandeur des supérieures ou quelquefois très-petites, et même nulles. Ils ont tous les yeux ordinaires, gros ou très-saillans, et deux à trois yeux lisses situés entre les précédens. Ils passent les deux premiers âges de leur vie au sein des eaux, où ils se nourrissent de proie vivante.

Les larves et les nymphes, dont la forme se rapproche de celle de l'insecte parfait, respirent par le moyen d'organes particuliers, situés sur les côtés de l'abdomen ou à son extrémité. Elles sortent de l'eau pour subir leur dernière métamorphose.

Les uns ont des mandibules et des mâchoires cornées, très-fortes, et recouvertes par les deux lèvres; trois articles aux tarses; les ailes égales, et l'extrémité postérieure de l'abdomen terminée simplement par des crochets ou des appendices en lames ou en feuillets. Ils forment l'ordre des *odonates* de Fabricius, ou le genre

DES DEMOISELLES OU LIBELLULES. (LIBELLULA. Lin. Geoff.)

Leur forme svelte, les couleurs agréables et variées qui les parent, leurs ailes grandes et semblables à une gaze éclatante, la rapidité du vol avec laquelle elles poursuivent les mouches ou les autres insectes qui leur servent de nourriture, fixent notre attention et font distinguer aisément ces névroptères. Ils ont la tête grosse, arrondie, ou en forme de triangle large; deux grands yeux latéraux (1), trois yeux lisses, situés sur le vertex; deux antennes insérées sur le front, derrière une élévation vésiculeuse, dans le plus grand nombre de cinq à sept articles, ou du moins de trois, dont le dernier composé, et s'amincissant en forme de stylet; le labre demi-circulaire, voûté; deux mandibules écailleuses, très-fortes et très-dentées; des mâchoires terminées par une pièce de la même consistance, dentée, épineuse et ciliée au côté intérieur, avec un palpe d'un seul article, appliqué sur le dos, et imitant la galète des orthoptères; une lèvre grande, voûtée, à trois feuillets ou divisions, sans palpes; une sorte d'épiglotte ou de langue vésiculeuse et longitudinale dans l'intérieur de leur bouche; le corselet gros, arrondi; l'abdomen très-allongé, tantôt en forme d'épée, tantôt en forme de baguette; enfin des pieds courts et courbés en avant.

(1) Voyez pour leur composition, Cuvier, Mém. de la Soc. d'Hist. Nat. de Paris, in-4°. p. 41.

Le dessous du second anneau de l'abdomen renferme, dans les mâles, leurs organes sexuels, et, comme ceux de la femelle, sont situés au dernier anneau, l'accouplement de ces insectes s'opère différemment que dans les autres. Le mâle, planant d'abord au-dessus de sa femelle la saisit par le col, au moyen des crochets de l'extrémité postérieure de son ventre, et s'envole ainsi avec elle. Au bout d'un temps, plus ou moins long, celle-ci se prêtant à ses désirs, courbe en dessous son abdomen et en applique l'extrémité sur les parties du mâle, dont le corps est alors courbé en forme de boucle. La copulation a souvent lieu dans les airs, et quelquefois encore sur les corps où ces insectes sont posés. La femelle, pour pondre ses œufs, se met sur des plantes aquatiques, peu élevées au-dessus de la surface de l'eau, et y plonge l'extrémité postérieure de son ventre.

Les larves et les nymphes vivent dans l'eau jusqu'à l'époque de leur dernière transformation, et sont assez semblables à l'insecte parfait, aux ailes près. Mais leur tête, sur laquelle on ne découvre pas encore les yeux lisses, est remarquable par la forme singulière de la pièce qui remplace la lèvre inférieure. C'est une espèce de masque, recouvrant les mandibules, les mâchoires et presque tout le dessous de la tête. Il est composé 1°: d'une pièce principale, triangulaire, tantôt voûtée, tantôt plate, que Réaumur nomme *mentonnière*, s'articulant, par une charnière, avec un pédicule ou sorte de manche annexé à la tête; 2°. de deux autres pièces insérées aux angles latéraux et supérieurs de la précédente, mobiles à leur base, transversales, soit en forme de lames assez larges et dentelées, semblables par leur jeu et la manière dont elles ferment la bouche, à des volets, soit sous la figure de crochets ou de petites serres. Réaumur donne à cette partie du masque où la mentonnière s'articule avec son support, ou le genou, et qui paraît la terminer inférieurement, lorsque le masque est replié sur lui-même, le nom de *menton*. L'insecte le déploie ou l'étend d'une manière très-preste, et saisit sa proie avec les tenailles de son extrémité supérieure. L'extrémité postérieure de l'abdomen présente tantôt cinq appendices en forme de feuillets de grandeur inégale, pouvant s'écarter ou se rapprocher, et composant alors une sorte de queue pyramidale; tantôt trois lames allongées et velues, ou des espèces de nageoires. On voit ces insectes les épanouir à chaque instant, ouvrir leur rectum, le remplir d'eau, puis le fermer, éjaculer bientôt après avec force, en manière de fusée, cette eau mêlée de grosses bulles d'air, jeu qui paraît favoriser leurs mouvemens. L'intérieur du rectum (1) présente à l'œil nu douze rangées longitudinales de petites taches noires, rapprochées par paire, semblables aux feuilles ailées des botanistes. Vues au microscope, chacune de ces taches est un composé de petits tubes coniques, ayant la structure des tra-

(1) Cuv. Mém. de la Soc. d'Hist. Nat. in-4°. pag. 48.

chées, et d'où partent de petits rameaux qui vont se rendre dans six grands troncs de trachées principales, parcourant toute la longueur du corps.

Arrivées à l'époque de leur dernier changement, les nymphes sortent de l'eau, grimpent sur les tiges des plantes, s'y fixent et se défont de leur peau.

Fabricius, devancé à cet égard par Réaumur, divise les libellules en trois genres.

LES LIBELLULES proprement dites. (LIBELLULA. Fab.)

Qui ont les aîles étendues horizontalement dans le repos, la tête presque globuleuse, avec les yeux tres-grands, contigus ou très-rapprochés, la division mitoyenne de la lèvre beaucoup plus petite que les latérales, qui se joignent en dessus, par une suture longitudinale, en fermant exactement la bouche. Leur abdomen est ordinairement en forme d'épée et aplati.

Les larves et les nymphes ont cinq appendices à l'extrémité postérieure du corps, réunis en une queue pointue; le corps court; la mentonnière voûtée, en forme de casque, avec les deux serres en forme de volets.

La *L. aplatie* (*L. depressa.* Lin.) Rœs. Insect. aquat. VI, VII, 3, d'un brun un peu jaunâtre; base des ailes noirâtre; deux lignes jaunes au corselet; abdomen en forme de lame d'épée, tantôt brun, tantôt couleur d'ardoise, avec les côtés jaunâtres (1).

LES ÆSHNES. (ÆSHNA. Fab.)

Semblables aux libellules propres par la manière dont elles portent les ailes et la forme de la tête, mais qui ont le lobe intermédiaire de la lèvre plus grand, et les deux

(1) Voyez pour les autres espèces Fabricius (Entom. System.), et Latreille, Hist. Gén. des Crust. et Insect. XIII, p. 10 et suiv.

autres écartés, armés d'une dent très-forte et d'un appendice en forme d'épine; l'abdomen est toujours étroit et allongé, à la manière d'une baguette.

Le corps des larves et des nymphes est aussi plus allongé que celui des libellules, dans les mêmes états. Le masque est plat, et les deux serres sont étroites, avec un onglet mobile au bout. L'abdomen est d'ailleurs terminé par cinq appendices, mais dont l'un est tronqué à sa pointe.

L'*Æs. grande* (*Libellula grandis.* Lin.) Rœs. ibid. IV, une des plus grandes de cette famille, et qui a près de deux pouces et demi de long; d'un brun fauve, avec deux lignes jaunes de chaque côté du corselet, l'abdomen tacheté de vert ou de jaunâtre, et les ailes irisées. Elle vole avec une extrême rapidité dans les prairies et sur les bords des eaux, poursuit les mouches, à la manière des hirondelles (1).

Les Agrions. (Agrion. Fab.)

Dont les ailes s'élèvent perpendiculairement dans le repos, et qui ont la tête transversale, avec les yeux écartés.

La forme de leur lèvre est analogue à celle des æshnes; mais le lobe du milieu est divisé en deux jusqu'à sa base, et l'appendice mobile des latéraux n'est point terminé en pointe cornée. L'abdomen est très-menu ou même filiforme, et quelquefois très-long. Celui des femelles a des lames en scie à son extrémité postérieure.

Leur corps, dans le premier et le second états, est pareillement menu et allongé; l'abdomen est terminé par trois lames en nageoire. Le masque est plat, avec l'extrémité supérieure de la mentonnière s'élevant en pointe dans les uns, fourchue ou évidée dans les autres; les serres sont étroites, mais terminées par plusieurs dentelures et en forme de mains.

---

(1) Voyez les mêmes ouvrages.

L'*A. vierge* (*Libellula virgo.* Lin.) Rœs. ibid. IX, d'un vert doré ou d'un bleu vert, avec les ailes supérieures tantôt bleues, soit entièrement, soit dans leur milieu, tantôt d'un brun jaunâtre. La mentonnière des larves et des nymphes est évidée au bout, en forme de losange, et terminée par deux pointes.

L'*A. jouvencelle* (*Libellula puella.* Lin.) Rœs. ibid. X et XI, variant beaucoup pour les couleurs, mais ayant le plus souvent l'abdomen annelé de noir et les ailes sans couleurs.

L'extrémité supérieure de la mentonnière des larves et des nymphes forme un angle saillant (1).

Les autres NÉUROPTÈRES SUBULICORNES ont la bouche entièrement membraneuse ou très-molle, et composée de parties peu distinctes; quatre articles aux tarses; les ailes inférieures beaucoup plus petites que les supérieures ou même nulles; et l'abdomen terminé par deux ou trois soies. Ils forment le genre

DES ÉPHÉMÈRES. (EPHEMERA. Lin.)

Ainsi nommées de la courte durée de leur vie, dans leur état parfait. Leur corps est très-mou, long, effilé, et se termine postérieurement par deux ou trois soies longues et articulées. Les antennes sont très-petites et composées de trois articles, dont le dernier très-long, en forme de filet conique. Le devant de leur tête s'avance, en manière de chaperon, souvent caréné et échancré, et recouvre la

(1) Voyez pour les autres espèces Fabricius (Entom. Syst.); Latr. Hist. Gen. des Crust. et des Insect. XIII, p. 15; et Olivier, Encycl. Méthod. article *libellule*.

bouche, dont on ne peut distinguer les organes, à raison de leur mollesse et de leur exiguité. Ces insectes portent presque toujours les ailes élevées perpendiculairement, ou un peu inclinées en arrière, de même que les agrions. Les pieds sont très-grêles, avec les jambes très-courtes, se confondant avec le tarse, ou paraissant en former le premier article; et c'est probablement, à raison de cela, que des auteurs ont dit que leurs tarses avaient cinq articles; les deux pieds antérieurs sont beaucoup plus longs que les autres, presque insérés sous la tête et dirigés en avant.

Les éphémères paraissent ordinairement au coucher du soleil, dans les beaux jours d'été ou d'automne, le long des rivières, des lacs, etc., et quelfois en si grande abondance, que le sol, après leur mort, en est tout couvert, et que dans certains cantons, on les amasse, par charretées, pour fumer les terres.

La chûte d'une espèce remarquable par la blancheur de ses ailes (*albipennis*), renouvelle à nos yeux le spectacle de ces jours d'hiver, où l'on voit tomber la neige par gros flocons.

Ces insectes s'attroupent dans les airs, y voltigent et s'y balancent, à la manière des diptères, connus sous le nom de *tipules*, en tenant écartés les filets de leur queue. C'est là aussi que les deux sexes se réunissent. Les mâles sont distingués des femelles par deux crochets articulés, qu'ils ont au bout de l'abdomen, et avec lesquels ils les saisissent. Il paraît qu'ils ont encore les pieds antérieurs et les filets de la queue plus longs, et les yeux plus gros; quelques-uns même ont quatre yeux à réseau, dont deux beaucoup plus grands, élevés, et qu'on a nommés, à raison de leurs formes, des yeux en *turban* ou en *colonne*. Les couples s'étant formés, se posent sur des arbres ou sur des plantes, pour achever leur accouplement qui ne dure qu'un instant. La femelle, bientôt après, répand dans l'eau tous ses œufs à la fois, rassemblés en un paquet. La propagation de leur race est la seule fonction que ces insectes aient à remplir; car ils ne prennent pas de nourriture et meurent souvent le même jour qu'ils se sont métamorphosés, ou ne vivent même que quelques heures. Ceux qui tombent dans l'eau sont un régal pour les poissons, et les pêcheurs leur ont donné le nom de *manne*.

Mais si on remonte à l'époque où ils ont paru sous la forme de larves, leur carrière est beaucoup plus longue, et de deux à trois ans. Dans cet état et celui de demi-nymphe, ils vivent dans l'eau, souvent cachés, du moins pendant le jour, dans la vase ou sous les pierres, quelquefois encore dans des trous horizontaux, divisés intérieurement en deux canaux réunis, et ayant chacun leur ouverture propre. Ces habitations sont toujours pratiquées dans de la terre glaise baignée par l'eau qui en occupe les cavités; on croit même que ces larves se nourrissent de cette terre. Quoiqu'elles aient des rapports avec l'insecte parfait, lorsqu'il a subi sa dernière transformation, elles s'en éloignent cependant à quelques égards; les antennes sont plus longues; les yeux lisses manquent; la bouche offre deux saillies en forme de cornes, qu'on regarde comme des mandibules; l'abdomen a, de chaque côté, une rangée de lames ou feuillets, ordinairement réunis par paires, à leur base, qui sont des espèces de fausses branchies, sur lesquelles les trachées s'étendent et se ramifient, et qui leur servent, non-seulement à la respiration, mais encore pour nager ou se mouvoir avec facilité; les tarses n'ont qu'un crochet à leur extrémité. L'extrémité postérieure du corps se termine par des soies, et en même nombre que dans l'insecte parfait. La demi-nymphe ne diffère de la larve que par la présence des fourreaux renfermant les ailes. Au moment où elles doivent s'y développer, elle sort de l'eau, et se montre, après avoir changé de peau, sous une nouvelle forme; mais par une exception singulière, ces insectes doivent encore muer une autre fois, avant que de devenir propres à la génération. On trouve souvent leur dernière dépouille accrochée aux arbres et sur les murs; souvent même l'animal la laisse sur les vêtemens des personnes qui se promènent autour des lieux qu'il habitait.

De Géer avait formé un ordre particulier avec ce genre et celui des friganes, d'après l'absence ou l'extrême petitesse des mandibules. Dans notre Tableau élémentaire de l'histoire naturelle des Animaux, ils composent aussi une famille spéciale, celle des *agnates*, mais faisant toujours partie de l'ordre des névroptères.

Le nombre des ailes et celui des filets de la queue donnent le moyen de diviser le genre des éphémères.

L'*E. de Swammerdam* (*E. Swammerdiana.* Latr. *E. longicauda.* Oliv.) Swamm. Bib. nat. II, XIII, 6, 8, la plus grande de toutes les espèces connues; quatre ailes; queue de deux filets, deux ou trois fois plus longs que le corps; d'un jaune roussâtre, avec les yeux noirs. En Hollande et en Allemagne, dans les grandes rivieres.

L'*E. commune* (*E. vulgata.* Lin.) De G. Insect. II, XV, 9—15; quatre ailes; trois filets au bout de l'abdomen; brune, avec l'abdomen d'un jaune foncé, ayant des taches triangulaires noires; ailes tachetées de brun.

L'*E. diptera* de Linnæus n'a que deux ailes; le mâle a quatre yeux à réseau, dont deux plus grands, placés perpendiculairement comme deux espèces de colonnes (1).

La seconde famille,

Celle des Planipennes,

Qui compose, avec la suivante, la plus grande partie de l'ordre des *synistates* de Fabricius, comprend les névroptères dont les antennes, toujours composées d'un grand nombre d'articles, sont notablement plus longues que la tête, sans avoir la forme d'une alène ou d'un stylet; qui ont des mandibules

(1) Voyez pour les autres espèces, Olivier, Encycl. Méth.; Fabricius et Latreille, Hist. gén. des Crust. et des Insect. tom. XIII, p. 93; et Gen. Crust. et Insect. III, p. 183.

très-distinctes, et les ailes inférieures presque égales aux supérieures, étendues ou repliées simplement, en dessous, à leur bord intérieur.

Ils ont presque toujours les ailes très-réticulées et nues, avec les palpes maxillaires ordinairement filiformes, ou un peu plus gros à leur extrémité, plus courts que la tête, et composés de quatre à cinq articles.

Je partagerai cette famille en six sections, composant, à raison des habitudes, autant de petites sous-familles particulières.

1°. Les *panorpates* de Latreille, qui ont cinq articles à tous les tarses, et l'extrémité antérieure de leur tête prolongée et rétrécie en forme de bec ou de trompe.

Ils constituent le genre

DES PANORPES (PANORPA. Lin. Fab.) ou MOUCHE-SCORPIONS.

Elles ont les antennes sétacées et insérées entre les yeux; le chaperon prolongé en une lame cornée, conique, voûtée en dessous, pour recouvrir la bouche; les mandibules, les mâchoires et la lèvre presque linéaires; quatre à six palpes courts, filiformes, et dont les maxillaires ne m'ont offert distinctement que quatre articles.

Leur corps est allongé, avec la tête verticale; le

premier segment du tronc ordinairement très-petit, en forme de collier, et l'abdomen conique ou presque cylindrique.

Les deux sexes diffèrent beaucoup l'un de l'autre, dans plusieurs espèces. On n'a pas encore observé leurs métamorphoses.

Les unes, et c'est le plus grand nombre, ont la partie nue ou découverte du corselet formée de deux segmens, dont le premier plus petit; les deux sexes sont ailés, et les ailes sont plus longues que l'abdomen, propres au vol, ovales ou linéaires, mais point rétrécies à leur extrémité, en manière d'alène. Tels sont

LES NÉMOPTÈRES. (NEMOPTERA. Lat. Oliv.)

Qui ont les ailes supérieures écartées, presque ovales, très-finement reticulées; les inférieures très-longues et linéaires, et qui manquent d'yeux lisses.

Leur abdomen a presque la même forme dans les deux sexes; ils paraissent avoir six palpes, et n'ont été observés jusqu'ici que dans les parties les plus méridionales de l'Europe, en Afrique et dans les contrées adjacentes de l'Asie (1).

LES BITTAQUES. (BITTACES. Lat.)

Où les quatre ailes sont égales et couchées horizontalement sur le corps; qui ont des yeux lisses, l'abdomen presque semblable dans les deux sexes, et les pieds très-longs, avec les tarses terminés par un seul crochet et sans pelotte (2).

---

(1) Latr. Gen. Crust. et Insect. III, p. 186; Olivier, Encycl. Méth. article *némoptère*.

(2) Latr. ibid.

Les Panorpes propres. (Panorpa. Lat.)

Ayant les ailes et les yeux lisses, comme dans le genre précédent; mais où l'abdomen des mâles se termine par une queue articulée, presque à la manière de celui des scorpions, avec une pince au bout; où celui des femelles finit en pointe; et dont les deux sexes ont les pieds de longueur moyenne, avec deux crochets et une pelotte au bout des tarses.

La *P. commune* (*Panorpa communis.* Lin.) De G. Insect. II, XXIV, 34, longue de sept à huit lignes; noire, avec le museau et l'extrémité de l'abdomen roussâtres, et les ailes tachetées de noir. — Sur les haies et dans les bois (1).

Les autres ont le premier segment du tronc grand, en forme de corselet, et les deux suivans couverts par les ailes dans les mâles; les ailes sont en forme d'alène, recourbées au bout, plus courtes que l'abdomen et manquent aux femelles, où cette partie du corps est terminée par une tarière en sabre.

Les Borées. (Boreus. Lat.)

La seule espèce connue (*Panorpa hiemalis.* Lin. *Gryllus proboscideus.* Panz. Faun. Insect. Germ. XXII, XVIII) se trouve en hiver, sous la mousse, au nord de l'Europe et dans les Alpes (2).

2°. Les *fourmilions*, ayant aussi cinq articles aux tarses, mais dont la tête ne se prolonge pas en forme de bec ou de museau,

(1) Voy. pour les autres espèces, Latr. ibid.; Oliv. ibid. art. *panorpe.*

(2) Oliv. ibid. art. id,

et où les antennes vont en grossissant ou se terminent par un bouton.

Ils ont la tête transverse, verticale, n'offrant que les yeux ordinaires, qui sont ronds et saillans; six palpes, dont les labiaux ordinairement plus longs que les autres et renflés au bout; le palais de la bouche élevé, en forme d'épiglotte; le premier segment du tronc petit; les ailes égales, allongées, disposées en toit; l'abdomen le plus souvent long et cylindrique, avec deux appendices saillans, à son extrémité, dans les mâles. Les pieds sont courts. Ils fréquentent les endroits chauds des contrées méridionales des deux continens, s'accrochent aux plantes où ils se tiennent tranquilles pendant le jour, et volent très-bien pour la plupart. Leurs nymphes sont inactives.

Ces insectes forment le genre

DES FOURMILIONS. (MYRMELEON. Lin.)

Que l'on a divisé en deux.

LES FOURMILIONS proprement dits. (MYRMELEON. Fab.)

Dont les antennes grossissent insensiblement, presque sous la forme d'un fuseau, sont crochues au bout et beaucoup plus courtes que le corps; et qui ont l'abdomen très-long et linéaire.

La destruction que la larve de l'espèce la plus commune en Europe, fait particulièrement des fourmis, lui a valu la dénomination de *formica-leo* ou *fourmilion.* Son abdomen est très-volumineux, proportionnellement au reste du corps. Sa tête est très-petite, aplatie, et armée de deux longues mandibules, en forme de cornes, dentelées au côté intérieur, pointues au bout, et qui lui servent à la fois de pinces et de suçoirs. Son corps est grisâtre ou de la couleur du sable où elle vit. Quoique pourvue de six pattes, elle marche lentement, et presque toujours à reculons. Ne pouvant ainsi saisir sa proie à la course, elle lui tend un piége, en forme d'entonnoir, qu'elle creuse dans le sable le plus fin, au pied des arbres, des vieux murs dégradés, au bas des terrains coupes et exposés au midi. Elle arrive au lieu où elle veut s'établir, en pratiquant un fossé, et trace l'enceinte de l'entonnoir, dont la grandeur est relative à sa croissance. Puis, allant toujours à reculons, décrivant par sa marche des tours de spire, dont le diamètre diminue progressivement, chargeant sa tête de sable avec une de ses pattes antérieures, le jetant ensuite au loin, elle vient à bout, quelquefois dans l'espace d'une demi-heure, d'enlever un cône de sable renversé, dont la base a un diamètre égal à celui de l'enceinte, et dont la hauteur égale à peu près les trois quarts de ce diamètre. Cachée et tranquille au fond de sa retraite, ne laissant paraître que ses mandibules, elle attend patiemment qu'un insecte tombe dans le précipice; s'il cherche à s'échapper, ou s'il est à une distance qui ne lui permet pas de s'en saisir, elle fait pleuvoir sur lui, avec sa tête et ses mandibules, une si grande quantité de grains de sable, qu'elle l'étourdit et le fait rouler au fond du trou. Elle l'entraîne ensuite, le suce et rejette loin d'elle son cadavre.

La matière nutritive qu'elle en retire ne se convertit point en excrémens sensibles, d'autant mieux que cette larve, ainsi que plusieurs autres, n'a point d'ouverture analogue à l'anus. Elle peut supporter de longs jeûnes sans paraître en souffrir.

Elle se file, lorsqu'elle veut passer à l'état de nymphe, une coque parfaitement ronde, d'une matière soyeuse, d'un blanc satiné, qu'elle recouvre extérieurement de grains de sable. Ses filières sont situées à l'extrémité postérieure du corps. L'insecte parfait sort au bout de quinze à vingt jours, et laisse sa dépouille de nymphe à l'ouverture qu'il a faite à la coque.

Le *Fourmilion ordinaire* (*Myrmeleo formicarius*. Lin.) Rœs. Insect. III, XVII—XX, long d'environ un pouce, noirâtre tacheté de jaunâtre; ailes transparentes, avec les nervures noires, entrecoupées de blanc, des taches obscures, et une autre blanchâtre, vers l'extrémité du bord antérieur (1).

LES ASCALAPHES. (ASCALAPHUS. Fab.)

Qui ont les antennes longues et terminées brusquement en bouton, avec l'abdomen ovale-oblong et guère plus long que le corselet.

Les ailes sont proportionnellement plus larges et moins longues que celles des fourmilions.

Bonnet a observé, aux environs de Genève, une larve semblable à celles du sous-genre précédent, mais qui ne marche pas à reculons et ne fait pas d'entonnoir. L'extrémité postérieure de son ventre offre une plaque bifide et tronquée au bout. Cette larve est peut-être celle de l'*ascalaphe italique*, propre au midi de l'Europe, et que l'on commence à trouver, en France, aux environs de Fontainebleau (2).

3°. Les *hémérobins* de Latreille, semblables aux précédens par la forme générale du corps et les ailes, mais dont les antennes sont en filets, et qui n'ont que quatre palpes.

---

(1) Voyez pour les autres espèces, Latr. Gen. Crust. et Insect. III, p. 190; Oliv. Encycl. Méth. article *Myrmeleon*.

(2) Les mêmes ouvrages. Voyez aussi, pour quelques espèces de la Nouvelle-Hollande, Leach. Mélanges de Zoologie.

Ils forment le genre

DES HÉMÉROBES. (HEMEROBIUS. Lin. Fab.)

Les uns ont le premier segment du tronc fort petit, les ailes en toit, le dernier article des palpes plus épais, ovoïde et pointu. Ils forment le genre

DES HÉMÉROBES proprement dits. (HEMEROBIUS. Lat.)

Qu'on a aussi nommés *demoiselles terrestres*. Leur corps est mou, avec les yeux globuleux et ornés souvent de couleurs métalliques; les ailes grandes, très-inclinées, et dont le limbe extérieur est élargi. Ils volent lourdement, et plusieurs répandent une odeur forte d'excrémens, dont les doigts demeurent long-temps imprégnés, lorsqu'on les touche.

Les femelles pondent sur les feuilles, au nombre de dix à douze, des œufs ovales, blancs, qui y sont fixés par le moyen d'un pédicule fort long et capillaire. Quelques auteurs les ont pris pour des espèces de champignons. Les larves ressemblent beaucoup à celles de la division précédente; elles sont plus allongées et vagabondes. Réaumur les nomme *lions des pucerons*, parce qu'elles se nourrissent de ces insectes. Elles les saisissent avec leurs mandibules, en forme de cornes, et les sucent en très-peu de temps. Quelques-unes se forment avec leurs dépouilles un fourreau assez épais, ce qui leur donne une apparence bizarre. La nymphe est renfermée dans une coque de soie d'un tissu très-serré, dont le volume est très-petit, comparativement à celui de l'insecte. Les filières de la larve sont situées à l'extrémité postérieure du ventre, comme celles des larves de fourmilions.

L'*H. perle* (*Hemerobius perla*. Lin.) Rœs. Insect. III,

suppl. XXI, 4, 5, d'un jaune vert; yeux dorés; ailes transparentes, avec les nervures entièrement vertes (1).

L'*H. tacheté* de Fabricius a trois petits yeux lisses, tandis que les autres en sont dépourvus. Latreille en a formé son genre *osmyle* (2).

Les autres ont le premier segment du tronc grand, en forme de corselet, les ailes couchées horizontalement sur le corps, et les palpes filiformes, avec le dernier article conique ou presque cylindrique.

Fabricius les réunit aux espèces du genre *perle* de Geoffroi, mais qui s'en éloignent par le nombre des articles des tarses, sous le nom générique

De SEMBLIDES. (SEMBLIS.)

Ce genre se compose de ceux de *corydale*, de *chauliode* et de *sialis* de Latreille. Le premier se distingue par les mandibules qui sont très-grandes et en forme de cornes, dans les mâles (3); le second par les antennes pectinées (4), et le troisième en ce que ses mandibules sont de grandeur moyenne comme dans celui-ci, et que les antennes sont simples, ainsi que dans celui-là. A ce dernier sous-genre appartient

La *Semblide de la boue*. (*Hemerobius lutarius*. Lin.) Rœs. Insect. II, class. 2, insect. aquat. XIII, d'un noir

(1) Ajoutez les hémérobes : *filosus*, *albus*, *capitatus*, *phalænoides*, *nitidulus*, *hirtus*, *fuscatus*, *humuli*, *variegatus*, *nervosus*, de Fabricius. Voy. Latr. Gen. Crust. et Insect. III, pag. 196.

(2) Latr. ibid.

(3) Latr. Gen. Crust. et Insect. III, p. 199.

(4) Ibid. p. 198.

mat, avec les ailes d'un brun clair, chargées de nervures noires. La femelle dépose une quantité prodigieuse d'œufs, qui se terminent brusquement par une petite pointe, sur les feuilles des plantes ou des corps situés près des eaux. Ils y sont implantés perpendiculairement comme des quilles, avec symétrie, contigus, et y forment de grandes plaques brunes. La larve vit dans l'eau, où elle court et nage très-vite. Elle a, ainsi que celles des éphémères, des fausses branchies sur les côtés de l'abdomen, et son dernier anneau s'allonge en forme de queue; mais elle se change en une nymphe immobile.

4°. Les *termitines*, où les tarses ont au plus quatre articles; qui ont les mandibules toujours cornées, fortes; et les ailes inférieures de la grandeur des supérieures ou plus petites, sans plis au côté intérieur.

Ce sont des insectes à demi-métamorphose, terrestres, actifs, carnassiers ou rongeurs, dans tous les états.

Les uns ont le premier segment du tronc grand, en forme de corselet, quatre palpes distincts, les ailes égales, et quatre articles aux tarses. Tels sont

LES RAPHIDIES. (RAPHIDIA. Lin. Fab.)

Dont les ailes sont en toit; qui ont la tête allongée, retrécie en arrière, et le corselet long, étroit, presque cylindrique.

La *R. commune.* (*R. ophiopsis.* Lin.) De G. Insect. II, XXV, 4—8, longue d'un demi-pouce, noire, avec des raies jaunâtres sur l'abdomen; ailes transparentes, avec une tache noire vers le bout. Dans les bois.

La femelle a une longue tarière, composée de deux lames. La larve se tient dans les fissures des écorces d'arbres, et a la forme d'un petit serpent. Elle est très-vive (1).

Les Termites. (Termes, Hemerobius. Lin.)

Qui ont les ailes couchées horizontalement sur le corps, très-longues; la tête arrondie, et le corselet presque carré ou en demi-cercle

Leur corps est déprimé, avec les antennes courtes et en forme de chapelet; la bouche presque semblable à celle des orthoptères, la lèvre quadrifide; trois yeux lisses, dont un, peu distinct, sur le front, et les deux autres situés un de chaque côté, près du bord interne des yeux ordinaires; les ailes d'ordinaire légèrement transparentes, colorées, à nervures très-fines et très-serrées, ne formant pas de réseau bien distinct; deux petites pointes coniques et à deux articles au bout de l'abdomen, et les pieds courts.

Les termites, propres aux contrées situées entre les tropiques ou à celles qui les avoisinent, sont connus sous le nom de *fourmis blanches, poux de bois, caria*, etc. et y font d'horribles dégats, sous la forme de larves, plus particulièrement. Ces larves ou les termites *ouvriers, travailleurs*, ressemblent beau-

---

(1) Voyez Latr. Gen. Crust. et Insect. III, p. 203; Fab. Entom. Syst. et Illiger, édition du Fauna Etrusca de Rossi.

coup à l'insecte parfait; mais elles ont le corps plus mou, sans ailes, et leur tête, qui paraît proportionnellement plus grande, est ordinairement privée d'yeux, ou n'en a que de très-petits. Elles sont réunies en sociétés, dont la population surpasse tout calcul, vivent à couvert, dans l'intérieur de la terre, des arbres, et de toutes les matières ligneuses, comme meubles, planches, solives, etc., qui font partie des habitations. Elles y creusent des galeries, qui forment autant de routes conduisant au point central de leur domicile, et ces corps ainsi minés, ne conservant que leur écorce, tombent bientôt en poussière. Si des obstacles les forcent d'en sortir, elles construisent en dehors, avec les matières qu'elles rongent, des tuyaux ou des chemins qui les dérobent toujours à la vue. Les habitations ou les nids de plusieurs espèces sont extérieurs, mais sans issue apparente. Tantôt elles s'élèvent audessus du sol, en forme de pyramides, de tourelles, quelquefois surmontées d'un chapiteau ou d'un toit très-solide, et qui par leur hauteur et leur nombre, ont l'apparence d'un petit village; tantôt elles forment, sur les branches des arbres, une grosse masse globuleuse. Une autre sorte d'individus, des *neutres*, nommés aussi *soldats*, et que Fabricius prend faussement pour des *nymphes*, défendent l'habitation. On les distingue à leur tête beaucoup plus forte et plus allongée, et dont les mandibules sont aussi plus longues, étroites et très-croisées l'une sur l'autre. Ils sont beaucoup moins nombreux, se tiennent près de la surface extérieure de l'habitation, se présentent les premiers, dès qu'on y fait une brêche, et pincent avec force. On dit aussi qu'ils forcent les ouvriers au travail. Les *demi-nymphes* ont des rudimens d'ailes, et ressemblent d'ailleurs aux larves.

Devenus insectes parfaits, les termites quittent leur retraite primitive, s'envolent, le soir ou la nuit, en quantité prodigieuse, perdent, au lever du soleil, leurs ailes qui se sont desséchées, tombent, et sont, en majeure partie, dévorés par les oiseaux, les lézards et leurs autres ennemis. Au rapport de Smeathmann, les larves recueillent les couples qu'elles rencontrent, enferment chacun d'eux dans une grande cellule, une sorte de prison nuptiale, où elles nourrissent les époux; mais j'ai lieu de présumer que l'accouplement a lieu, comme celui des fourmis, dans l'air ou hors de l'habitation, et que les femelles occupent seules l'attention des larves, dans le but de former une nouvelle colonie. L'abdomen des femelles acquiert, à raison de la quantité innombrable des œufs dont il est rempli, un volume d'une grandeur étonnante. La chambre nuptiale occupe le centre de l'habitation, et autour d'elle sont distribuées avec ordre celles qui contiennent les œufs et les provisions.

Quelques larves de termites, dits *voyageurs*, ont des yeux et paraissent avoir des habitudes un peu différentes, et se rapprocher davantage, sous ce rapport, de nos fourmis.

Les Nègres, les Hottentots, sont très-friands de ces insectes. On les détruit avec de la chaux vive, et mieux encore avec de l'arsenic que l'on introduit dans leur domicile. Les deux espèces suivantes, que l'on trouve dans nos départemens méridionaux, vivent dans l'intérieur des arbres ou dans les bois.

Le *T. lucifuge* (*T. lucifugum*. Ross. Faun. Etrusc. Mant. II, v, k.) noir, luisant; ailes brunâtres, un peu transparentes, avec la côte plus obscure; extrémités supérieures des antennes, jambes et tarses d'un roussâtre pâle. Il s'est tellement multiplié à Rochefort, dans les ateliers et les magasins de la marine, qu'on ne peut réussir à le détruire, et qu'il y fait de grands ravages.

Le *T. à corselet jaune* (*T. flavicolle*. Fab.) n'en diffère que par la couleur du corselet. Il nuit beaucoup aux oliviers, surtout en Espagne.

Linnæus a placé les larves dans son genre *termes* de l'ordre des *aptères*, et les individus ailés avec les *hémérobes*.

On n'a caractérisé que très-imparfaitement les espèces exotiques. Linnæus en confond plusieurs sous le nom de *termes fatale* (1).

Les autres *termitines* ont le premier segment du tronc très-petit, les palpes labiaux peu distincts, les ailes inférieures plus petites que les supérieures, et deux ou trois articles aux tarses.

Ils forment le genre

DES PSOQUES. (PSOCUS. Lat. Fab. — TERMES, HEMEROBIUS. Lin.)

Ce sont de très-petits insectes, dont le corps est

(1) Voyez Latr. Gen. Crust. et Insect. III, p. 203, et nouv. Dict. d'Hist. nat. art. *termès*.

court, très-mou, souvent renflé ou comme bossu, avec la tête grande, les antennes sétacées, les palpes maxillaires saillans, et les ailes en toit, peu réticulées ou simplement veinées. Ils sont très-agiles, vivent sur les écorces des arbres, dans le bois, le vieux chaume, etc. On les trouve communément dans les livres, les collections d'insectes ou de plantes.

Le *P. pulsateur*, vulgairement *pou du bois* (*Termes pulsatorium.* Lin.) Schæff. Elem. Entom. CXXVI, 1, 2, est, le plus souvent sans ailes, d'un blanc jaunâtre, avec les yeux et de petites taches sur l'abdomen, de couleur rousse. On avait cru qu'il produisait ce petit bruit, pareil au battement d'une montre, que l'on entend souvent dans nos maisons, et dont nous avons parlé au genre *vrillette*. Telle est l'origine de son nom spécifique (1).

5°. Les *perlides*, qui ont trois articles aux tarses, les mandibules presque toujours en partie membraneuses et petites, avec les ailes inférieures plus larges que les supérieures, et doublées sur elles-mêmes au côté interne.

Elles comprennent le genre

PERLE. (PERLA, de Geoffroi.)

Leur corps est allongé, étroit, aplati, avec la tête assez grande, les antennes sétacées, les palpes maxillaires très-saillans, le premier segment du tronc presque carré, les ailes couchées et croisées

(1) Voyez Latr. Gen. Crust. et Insect. III, p. 207; Fab. Supp. Entom. Syst. et la Monographie de ce genre, dans la première décade des Illust. Icon. des Insect. de Coquebert.

horizontalement sur le corps, et l'abdomen terminé ordinairement par deux soies articulées. Leurs larves sont aquatiques et vivent dans des fourreaux, qu'elles se construisent à la manière de celles de la famille suivante, et où elles passent à l'état de nymphe. Elles subissent leur dernière transformation aux premiers jours du printems.

Les *nemoures*, de Latreille, diffèrent des *perles* proprement dites par leur labre très-apparent, leurs mandibules cornées, les articles presque également longs de leurs tarses, et en ce que leur abdomen n'a presque pas de soies au bout (1).

La *P. à longue queue* (*Phryganea bicaudata*. Lin.) Geoff. Insect. II, XIII, 2, longue de huit lignes, d'un brun obscur, avec une ligne jaune le long du milieu de la tête et du corselet; nervures des ailes brunes; soies de la queue presque aussi longues que les antennes. Commune au printems sur les bords des rivières (2).

La troisième famille des Névroptères,

Les Plicipennes.

N'ont point de mandibules, et leurs ailes inférieures, plus larges que les supérieures, sont plissées dans leur longueur. Elle se compose du genre

---

(1) Voyez Latr. Gen. Crust. et Insect. III, p. 210; Oliv. Encycl. Méth. article *némoure*; *phryganea nebulosa*, Linn. etc.

(2) Voyez Geoffroi et Latr. ibid.

Des Friganes. (Phryganea. L. et Fab.)

Ces névroptères ont l'air, au premier coup-d'œil, de petites phalènes, ce qui les a fait nommer par Réaumur, *mouches papilionacées.* De Géer même, observe que l'organisation intérieure de leurs larves a les plus grands rapports avec celle des chenilles. La tête de ces névroptères est petite, et offre deux antennes sétacées, ordinairement fort longues et avancées; des yeux arrondis et saillans; deux yeux lisses situés sur le front; un labre conique ou courbé; quatre palpes, dont les maxillaires le plus souvent très-longs, filiformes ou presque sétacés, de cinq articles, et les labiaux de trois, avec le dernier un peu plus gros; des mâchoires et une lèvre membraneuse réunies. Le corps est le plus souvent hérissé de poils, et forme, avec les ailes, un triangle allongé, comme plusieurs noctuelles ou pyrales. Le premier segment du tronc est petit. Les ailes sont simplement veinées, ordinairement colorées ou presque opaques, soyeuses ou velues, dans plusieurs, et toujours en toit très-incliné. Les pieds sont allongés, garnis de petites épines, avec cinq articles à tous les tarses. Ces insectes volent principalement le soir et dans la nuit, pénètrent souvent dans les maisons, attirés par la lumière, sont d'une vivacité extrême dans tous leurs mouvemens, ont une mauvaise odeur, sont placés bout à bout dans l'accouplement, et restent long-temps dans cet état. Les petites espèces voltigent par troupes, au-dessus des étangs et des rivières. J'ai vu plusieurs femelles portant leurs œufs, rassemblés en un paquet verdâtre, à l'extrémité postérieure de leur abdomen. De Géer a vu de ces œufs qui étaient renfermés dans une matière glaireuse, semblable à du frai de grenouille, et placée sur des plantes ou d'autres corps, au bord des eaux.

Leurs larves, que d'anciens naturalistes ont nommées *ligniperdes*, et d'autres *charrées*, vivent toujours comme les teignes dans des fourreaux, ordinairement cylindriques, recouverts de différentes matières qu'elles trouvent dans l'eau, comme des morceaux de gramen, de jonc, de feuilles, de bois, de racines, de graines, de sable, même de petites coquilles, et souvent arrangés avec symétrie. Elles lient ces différens corps avec des fils de soie, contenus dans des réservoirs intérieurs, semblables à ceux des chenilles, et dont les fils sortent également par des filières de la lèvre. L'intérieur de l'habitation forme un tube qui est ouvert aux deux bouts pour l'entrée de l'eau. La larve traîne toujours son fourreau avec elle, fait sortir l'extrémité antérieure de son corps, lorsqu'elle marche, ne quitte jamais sa maison, et y rentre volontairement lorsqu'on l'en retire de force et qu'on la laisse à sa portée.

Les larves sont allongées, presque cylindriques, ont la tête écailleuse, pourvue de fortes mandibules et d'un petit œil de chaque côté; six pieds, dont les deux antérieurs plus courts et ordinairement plus gros, et les autres allongés. Leur corps est composé de douze anneaux, dont le quatrième a, de chaque côté, dans le plus grand nombre, un mamelon conique; le dernier se termine par deux crochets mobiles. On voit aussi, dans la plupart, deux rangées de filets blancs, membraneux et très-flexibles, qui paraissent être des organes respiratoires. Lorsque ces larves veulent se transformer en nymphes, elles fixent à différens corps, mais toujours dans l'eau, leurs tuyaux, en ferment les deux ouvertures avec une porte grillée, dont la forme, de même que celle du tuyau, varie selon les especes.

Elles ont soin d'arrêter leur demeure portative de manière que l'ouverture, située au point d'appui, ne soit point bouchée.

La nymphe a, en devant, deux crochets qui se croisent, et forment l'apparence d'un nez ou d'un bec. Elle s'en sert pour percer une des deux cloisons grillées, et en sortir lorsque le moment de sa dernière transformation est arrivé.

Immobile jusqu'alors, elle marche ou nage maintenant avec agilité, au moyen de ses quatre pieds antérieurs qui sont libres et pourvus de franges de poils serrés. Les nymphes des grandes espèces sortent tout-à-fait de l'eau et grimpent sur différens corps, où s'opère leur dernière mue; les petites se rendent simplement à sa surface et s'y transforment en insectes ailés, à la manière des cousins et de plusieurs tipulaires; leur ancienne dépouille leur sert de bateau.

La *F. grande* (*P. grandis.*) Rœs. Insect. II, Ins. aq. cl. 2, XVII, la plus grande de notre pays. Antennes de la longueur du corps; ailes supérieures d'un brun grisâtre, avec des taches cendrées, une raie longitudinale noire et deux ou trois points blancs à leur extrémité.

Le tuyau de sa larve est revêtu de petits fragmens d'écorces ou de matières ligneuses, disposés horizontalement.

La *F. fauve.* (*P. striata.* Lin.) Geoff. Insect. II, XIII, 5, longue de près d'un pouce, fauve, avec les yeux noirs et les nervures des ailes un peu plus foncées que le reste

La *F. à rhombe* (*P. rhombica.*) Rœs. ibid. XVI, longue de sept lignes; d'un jaune brun; une grande tache blanche, en forme de rhombe et latérale, aux ailes supérieures. Le tuyau de la larve est garni de petites pierres et de débris de coquilles.

Quelques espèces, telles que les suivantes, *filosa, quadrifasciata, longicornis, hirta, nigra*, ont des antennes excessivement longues (1).

LE NEUVIÈME ORDRE DES INSECTES.

Celui des HYMÉNOPTÈRES. (Piezata. Fab.)

Nous offre encore quatre ailes membraneuses et nues; une bouche composée de mandibules, de mâchoires, avec deux lèvres; mais les ailes, dont les supérieures, toujours plus grandes, ont moins de nervures que celles des névroptères; elles ne sont que vei-

---

(1) Voyez pour les autres espèces Fabricius, De Géer et Rœsel.

nées; les femelles ont l'abdomen terminé par une tarière ou un aiguillon.

Ils ont tous, outre les yeux composés, trois petits yeux lisses; des antennes variables, non-seulement selon les genres, mais encore dans les sexes de la même espèce, néanmoins filiformes ou sétacées dans la plupart; des mâchoires et une lèvre généralement étroites, allongées, attachées dans une cavité profonde de la tête par de longs muscles, en demi-tube à leur partie inférieure, souvent repliées à leur extrémité, plus propres à conduire les sucs nutritifs qu'à la mastication, et réunies, en forme de trompe, dans plusieurs; la languette membraneuse, soit évasée à son extrémité, soit longue et filiforme; quatre palpes, dont deux maxillaires et deux labiaux; le corselet de trois segmens réunis en une masse, dont l'antérieur très-court, et les deux autres confondus en un; les ailes croisées horizontalement sur le corps; l'abdomen suspendu le plus souvent à l'extrémité postérieure du corselet par un petit filet ou un pédicule; enfin des tarses à cinq articles, et dont aucun n'est divisé. La tarière ou l'oviducte et l'aiguillon sont composés dans la plupart de trois pièces longues et grêles, dont deux servent de fourreau à la troisième, dans ceux qui ont une tarière, et dont une seule, la supérieure, a une coulisse en dessous pour emboîter les deux autres, dans ceux où cette tarière est transformée en aiguillon. Cette arme offensive et l'oviducte sont dentelés en scie à leur extrémité.

M. Jurine a trouvé dans la réticulation des ailes (*Nouv. méth. de class. les Hymen. et les Dipt.*) de bons caractères auxiliaires pour la distinction des genres, mais dont l'exposition ne convient point à la nature de notre ouvrage, et ne dispenserait pas de recourir au sien. Nous nous bornerons à dire qu'il fait principalement usage de la présence ou de l'absence, du nombre, de la forme et de la connexion de deux sortes de cellules, situées près du bord externe des ailes supérieures, et qu'il nomme *radiales* et *cubitales*. Le milieu de ce bord offre le plus souvent une petite callosité désignée sous le nom de *poignet* ou de *carpe*. Il en sort une nervure qui se dirigeant vers le bout de l'aile, forme avec ce bord la cellule *radiale*, quelquefois divisée en deux. Près de ce point naît encore une seconde nervure, qui va aussi vers le bord postérieur et qui laisse entre elle et la précédente un espace, celui des cellules *cubitales*, dont le nombre varie d'un à quatre.

Les hyménoptères subissent une métamorphose complète. La plupart de leurs larves ressemblent à un ver, et sont dépourvues de pattes; telles sont celles des hyménoptères de la seconde famille et des suivantes. Celles de la première en ont six à crochet, et souvent, en outre, douze à seize autres simplement membraneuses. Ces sortes de larves ont été nommées *fausses-chenilles*. Les unes et les autres ont la tête écailleuse, avec des mandibules, des mâchoires, et une lèvre, à l'extrémité de laquelle est une filière pour le passage de la matière soyeuse, qui doit être employée pour la construction de la coque de la nymphe.

Les unes vivent de substances végétales; d'autres, toujours sans pattes, se nourrissent de cadavres d'insectes, de leurs larves, de leurs nymphes, et même de leurs œufs. Pour suppléer à l'impuissance où elles sont d'agir, la mère les approvisionne, tantôt en portant leurs alimens dans les nids qu'elle leur a préparés, et souvent construits avec un art qui excite notre surprise; tantôt en placant ses œufs dans le corps des larves et des nymphes d'insectes, dont ses petits doivent se nourrir. D'autres larves d'hyménoptères, également sans pattes, ont besoin de matières alimentaires, tant végétales qu'animales, plus élaborées et souvent renouvelées. Celles-ci sont élevées en commun par des individus sans sexes, réunis en sociétés, chargés exclusivement de tous les travaux, et dont les ouvrages et le régime de vie sont pour nous le sujet d'une continuelle admiration.

Les hyménoptères, dans leur état parfait, vivent presque tous sur les fleurs, et sont, en général, plus abondans dans les contrées méridionales. La durée de leur vie, depuis leur naissance jusqu'à leur dernière métamorphose, est bornée au cercle d'une année.

Je diviserai cet ordre en deux sections.

La première, celle des Térébrans (Terebrantia), a pour caractères d'avoir une tarière dans les femelles.

Je la partage en deux grandes familles.

La première,

Celle des Porte-scie. (Securifera.)

Se distingue des suivantes par l'abdomen sessile, ou dont la base s'unit au corselet dans toute son épaisseur, et semble en être une continuation et ne pas avoir de mouvement propre.

Les femelles ont une tarière, le plus soufent en forme de scie, et qui leur sert non-seulement à déposer les œufs, mais encore à préparer la place qui doit les recevoir. Les larves ont toujours six pieds écailleux, et souvent d'autres, mais qui sont membraneux.

Cette famille se compose de deux tribus.

La première,

Celle des TENTHRÉDINES, ou vulgairement MOUCHES-A-SCIE. (TENTHREDINETÆ. Lat.)

A des mandibules allongées et comprimées; la languette divisée en trois, et comme digitée; la tarière composée de deux lames, dentelées en scie, pointues, réunies, et logées dans une coulissse sous l'anus. Cette tribu compose le genre

DES TENTHRÈDES (TENTHREDO) de Linnæus.

Leur abdomen cylindrique, arrondi postérieurement, composé de neuf anneaux, tellement uni au corselet qu'il semble n'en être qu'une continuité, leurs ailes qui paraissent comme chiffonnées, les deux petits corps arrondis, ordinairement colorés, en forme de grains, que l'on observe derrière l'écusson, leur port lourd, les font aisément reconnaître. La forme et la composition des antennes varient. Leurs mandibules sont fortes et dentées. Les extrémités de leurs mâchoires sont presque membraneuses, ou moins coriaces que leur tige; leurs palpes sont filiformes ou presque sétacés, de six articles. La languette est droite, arrondie, divisée en trois parties, doublées, et dont l'intermédiaire plus étroite; sa gaîne est ordinairement courte; ses palpes plus courts que les maxillaires, ont quatre articles, dont le dernier presque ovalaire. L'abdomen de la femelle offre à son extrémité inférieure une double tarière mobile, écailleuse, dentelée en scie, pointue, logée entre deux autres lames concaves et qui lui servent d'étui. C'est avec le jeu alternatif des dents de la tarière qu'elle fait successivement dans les branches ou diverses autres parties des végétaux de petits trous, dans chacun desquels elle dépose un œuf et ensuite une liqueur mousseuse, dont l'usage est, à ce que l'on présume, d'empêcher l'ouverture de se fermer. Les plaies, faites par les entailles de la scie, deviennent de plus en plus convexes, par l'augmentation du volume de l'œuf. Quelquefois même ces parties prennent la forme d'une galle, tantôt ligneuse, tantôt molle et pulpeuse, semblable à un petit fruit, selon la nature des parties végétales offensées. Ces tumeurs forment alors le domicile des larves qui y vivent soit solitaires, soit en compagnie. Elles y subissent leurs métamorphoses, et l'insecte y pratique avec ses dents, une ouverture circulaire, pour sa sortie.

Mais, en général, ces larves se tiennent à découvert, sur les feuilles des arbres et des plantes, dont elles se nourrissent. Par la forme générale de leurs corps, leurs couleurs, la disposition extérieure de leur derme, le nombre considérable de leurs pattes, ces larves ressemblent beaucoup aux chenilles, et ont aussi été nommées *fausses-chenilles;* mais elles ont dix-huit à vingt-deux pieds ou n'en offrent que six, ce qui les distingue des chenilles, où le nombre de ces organes est de dix à seize. Plusieurs de ces fausses-chenilles se roulent en spirale; d'autres ont le derrière de leur corps élevé en arc. Pour se transformer en nymphes, elles filent, soit dans la terre, soit en dehors, sur les végétaux où elles ont vécu, une coque; mais elles y restent souvent, plusieurs mois de suite, l'hiver même, dans leur premier état, et ne passent à celui de nymphe, que peu de jours avant de devenir mouches-à-scie.

Les unes ont le labre saillant et très-apparent; leur tête vue en dessus, paraît plus large que longue ou transverse.

Les Cimbex. (Cimbex. Oliv. Fab.—Crabro. Geoff.)

Dont les antennes, de cinq à sept articles, sont terminées en bouton, ou en une massue épaisse et presque ovoïde. Les fausses-chenilles ont en tout vingt-deux pattes. Quelques-unes, étant tourmentées, seringuent par les côtés du corps, et jusqu'à un pied de distance, des jets d'une liqueur verdâtre.

Le *C. jaune.* (*Tenthredo lutea.* Lin.) De G. Insect. II, XXXIII, 8—16, long de près d'un pouce, brun; antennes et abdomen jaunes; des bandes d'un noir violet sur cette dernière partie. Sa fausse-chenille est d'un jaune foncé, avec une raie bleue, bordée de noir, le long du dos. Sur le saule, le bouleau, etc.

Le *C. à grosses cuisses*. (*Tenthredo femorata.* Lin.) De G. Ins. II, XXXIV, 1—6, grand, noir; antennes et tarses d'un jaune brun; des taches d'un brun noirâtre au bord postérieur des ailes supérieures; cuisses postérieures très-grandes, du moins dans l'un des sexes. Sa fausse chenille vit aussi sur le saule; elle est verte, avec trois raies sur le dos, dont celle du milieu bleuâtre, et les latérales jaunâtres (1).

LES HYLOTOMES. (HYLOTOMA. Lat. — CRYPTUS. Jur.)

N'ayant que trois articles aux antennes, et dont le dernier, beaucoup plus long, forme, dans les mâles, une massue grêle, prismatique, et quelquefois une fourche. Les fausses chenilles ont dix-huit à vingt pattes.

L'H. du rosier (*Tenthredo rosæ.* Lin.) Rœs. Ins. II, Vesp. II, long de quatre lignes; tête, dessus du corselet et bord extérieur des ailes supérieures noirs; le reste du corps d'un jaune safran, avec les tarses annelés de rose. Sa larve est jaune, pointillée de noir, et ronge les feuilles de rosier (2).

LES TENTHRÈDES. (TENTHREDO. Lat. Fab.)

Qui ont les antennes tantôt légèrement plus grosses vers le bout ou filiformes, tantôt sétacées, simples, dans les deux sexes, de neuf articles dans le plus grand nombre, et de onze dans les autres.

Leurs larves ont de dix-huit à vingt-deux pattes.

---

(1) Voyez, pour les autres espèces, Oliv. (Encycl. méth. article *cimbex*) (Fab.) Latr. Gen. Crust. et Insect. III, p. 227, Jurine, genre *tenthredo*, et Panz. *hymen.*

(2) Latr. et Jur. ibidem, et la division ** des *hylotomes* de Fabricius.

Le nombre des dentelures des mandibules varie, dans l'insecte parfait, de deux à quatre. Ses ailes supérieures présentent aussi des différences dans celui de leurs cellules radiales et cubitales. Ces caractères ont servi de fondement à plusieurs autres sous-genres que nous réunissons à celui-ci. Il se compose des *allantes*, des *dolères*, des *némates*, et des seconde et troisième familles des *ptérones* de M. Jurine, ou des *pristiphores* de Latreille. Il est encore formé de la troisième division des *hylotomes* de Fabricius, et de ses *tenthrèdes*.

La *T. de la scrophulaire*. (*T. scrophulariæ*. Lin.) Panz. Faun. Insect. Germ. C, x, le mâle. Longue de cinq lignes, noire, avec les antennes un peu plus grosses vers leur extrémité et fauves; anneaux de l'abdomen, le second et le troisième exceptés, bordés postérieurement de jaune; jambes et tarses fauves. Elle ressemble à une guêpe. Larve à vingt-deux pattes, blanche, avec la tête et des points noirs. Elle mange les feuilles de la scrophulaire.

La *T. verte*. (*T. viridis*. Lin.) Panz. ibid. LXIV, II, même grandeur; antennes sétacées; corps vert, avec des taches sur le corselet et une bande le long du milieu du dos de l'abdomen, noires. Sur le bouleau (1).

Les Lophyres. (Lophyrus. Lat.)

Dont les antennes sont en peigne ou en panache dans les mâles, et en scie dans les femelles.

Je rapporte à ce sous-genre la première famille des *ptérones* de M. Jurine, ainsi que la première division des *hylotomes* de Fabricius. Les antennes sont composées de neuf ou de vingt-quatre articles dans les mâles; de neuf ou de seize, dans les femelles. Les fausses chenilles ont vingt-

---

(1) Voyez, pour les autres espèces, les auteurs mentionnés précédemment.

deux pattes, vivent en société et plus particulièrement sur les pins (1).

Les autres ont le labre caché ou peu saillant; leur tête, vue en dessus, paraît presque carrée ou ronde.

Les antennes ont douze articles et au-delà.

Tantôt les mandibules sont allongées et étroites; le cou n'est point allongé; la tarière ne fait pas de saillie au-delà de l'anus.

Elles forment le genre *cephaleia* de Jurine, que l'on divise en deux.

LES MÉGALODONTES. (MEGALODONTES. Lat. — TARPA. Fab.)

Où les antennes sont en scie ou en peigne (2).

LES PAMPHILIES. (PAMPHILIUS. Lat. — LYDA. Fab.)

Qui ont les antennes simples dans les deux sexes.

Leurs larves n'ont point de pattes membraneuses, et l'extrémité postérieure de leur corps se termine par deux cornes. Elles vivent de feuilles, qu'elles plient souvent pour s'y tenir cachées (3).

Tantôt les mandibules ne sont guère plus longues que larges; le cou est allongé; la tarière est saillante.

Les larves vivent probablement dans l'intérieur des végétaux ou dans les vieux bois.

LES CÉPHUS. (CEPHUS. Lat. Fab. — TRACHELUS. Jur.)

Qui ont les antennes insérées près du front, et plus grosses vers le bout (4).

---

(1) Ibidem, et la Monogr. de ce sous genre publiée par M. Klüg, dans les Mém. des Curieux de la Nature, de Berlin.

(2) Voyez les ouvrages ci-dessus.

(3) Ibid.; l'article *pamphilie* de l'Encycl. méth., et la Monographie du genre *lyda* du docteur Klüg (Mém. des Cur. de la nature, de Berlin).

(4) Les ouvrages cités plus haut et la Monog. des *sirex* du docteur Klug, g. *astatus*.

LES XIPHYDRIES. (XIPHYDRIA. Lat. Fab. — UROCERUS. Jur.)

Dont les antennes sont insérées près de la bouche et plus grêles vers le bout (1).

La seconde tribu,

Celle des UROCÈRES. (UROCERATA. Lat.)

Se distingue de la précédente aux caractères suivans: les mandibules sont courtes et épaisses; la languette est entière; la tarière des femelles est tantôt très-saillante et composée de trois filets, tantôt roulée en spirale dans l'intérieur de l'abdomen et sous une forme capillaire. Cette tribu est composée du genre

DES SIREX (SIREX) de Linnæus.

Leurs antennes sont filiformes ou sétacées, vibratiles, de dix à vingt-cinq articles. La tête est arrondie et presque globuleuse, avec le labre très-petit, les palpes maxillaires filiformes, de deux à cinq articles, les labiaux de trois, dont le dernier plus gros. Le corps est presque cylindrique. Les tarses antérieurs ou postérieurs, et dans plusieurs la couleur de l'abdomen diffèrent selon les sexes. La femelle enfonce ses œufs dans les vieux arbres, et le

---

(1) Ibidem et M. Jurine. M. Klüg désigne ce genre sous le nom d'*hybonotus*.

plus souvent dans les pins. Sa tarrière est logée à sa base, entre deux valves, formant une coulisse.

LES ORYSSES. (ORYSSUS. Lat. Fab.)

Qui ont les antennes insérées près de la bouche, de dix à onze articles; les mandibules sans dents; les palpes maxillaires longs et de cinq articles; l'extrémité postérieure de l'abdomen presque arrondie ou faiblement prolongée; et dont la tarière est capillaire et roulée en spirale dans l'intérieur de l'abdomen.

Les deux espèces connues se trouvent, en Europe, sur les arbres, dans les premiers jours du printems, et sont très-agiles (1).

LES SIREX propres ou les ICHNEUMON-BOURDONS. (SIREX. Lin. — UROCERUS. Geoff.)

Ayant les antennes insérées près du front, de treize a vingt-cinq articles; les mandibules dentelées au côté interne; les palpes maxillaires très-petits, presque coniques, de deux articles, avec l'extrémité du dernier segment de l'abdomen prolongé en forme de queue ou de corne, et la tarière saillante, de trois filets.

Ces insectes, qui sont d'assez grande taille, habitent plus particulièrement les forêts de pins et de sapins des contrées froides et montagneuses, produisent, en volant, un bourdonnement semblable à celui des bourdons et des frêlons, et paraissent, certaines années, en telle abondance, qu'ils ont été pour le peuple un sujet d'effroi. La larve a six pieds, avec l'extrémité postérieure du corps terminée en pointe, vit dans le bois, où elle se file une coque et achève ses métamorphoses.

Le *S. géant.* (*Sirex gigas.* Lin. la fem. — *S. mariscus.*

---

(1) Voyez Latr. Gen. Crust. et Insect. III, p. 245, et l'article *orysse* de l'Encycl. méthod.

ejusd. le mâle.) Rœs. Ins. II, Vesp. VIII, IX. La femelle est longue d'un peu plus d'un pouce, noire, avec une tache derrière chaque œil; le second anneau de l'abdomen et ses trois derniers, jaunes. Les jambes et les tarses sont jaunâtres. Le mâle a l'abdomen d'un jaunâtre fauve, avec son extrémité noire.

Les *tremex* de M. Jurine ne diffèrent des sirex que par les antennes plus courtes, moins greles à leur extrémité ou filiformes, composées seulement de treize à quatorze articles, et par leurs ailes supérieures n'ayant que deux cellules cubitales (1).

La seconde famille des HYMÉNOPTÈRES,

LES PUPIVORES. (PUPIVORA.)

Ont l'abdomen attaché au corselet par une simple portion de leur diamètre transversal, et même le plus souvent par un très-petit filet ou pédicule, de manière que son insertion est très-distincte, et qu'il se meut sur cette partie du corps. Les femelles ont une tarière qui leur sert d'oviducte.

Je la partage en cinq tribus.

La première,

Celle des ICHNEUMONIDES. (ICHNEUMONIDES. Lat.)

A les quatre ailes veinées.

---

(1) Voyez Latr. Gen. Crust. et Insect. III, p. 238, la Monographie de ce genre du docteur Klüg, l'ouvrage de M. Jurine et celui de Panzer sur les *hyménoptères*.

Les antennes sont presque toujours filiformes ou sétacées, vibratiles, composées d'un grand nombre d'articles. Les palpes maxillaires sont apparens. La tarière des femelles est toujours de trois filets.

Cette tribu embrasse la presque totalité du genre

DES ICHNEUMONS (ICHNEUMON) de Linnæus.

Qui détruisent la postérité des lépidoptères, si nuisibles à l'agriculture sous la forme de chenilles, de même que l'*ichneumon* quadrupède était censé le faire à l'égard du crocodile, en cassant ses œufs ou même en s'introduisant dans son corps, pour dévorer ses entrailles. D'autres auteurs ont nommé ces insectes *mouches tripiles*, à raison des trois soies de leur tarière, et *mouches vibrantes*, parce qu'ils agitent continuellement leurs antennes, qui sont souvent contournées, avec une tache blanche ou jaunâtre, en forme d'anneau, dans leur milieu. Ils ont les palpes maxillaires allongés, presque sétacés, de cinq à six articles; les labiaux sont plus courts, filiformes, et de trois à quatre articulations. La languette est ordinairement entière ou simplement échancrée. Leur corps a, le plus souvent, une forme étroite et allongée ou linéaire, avec la tarière tantôt extérieure, en manière de queue, tantôt fort courte et cachée dans l'intérieur de l'abdomen, qui se termine alors en pointe, tandis qu'il est plus épais et comme en massue tronquée obliquement dans ceux où la tarière est saillante. Des trois pièces qui la composent, celle du milieu est la seule qui pénètre dans les corps où ils déposent leurs œufs; son extrémité est aplatie et taillée quelquefois en bec de plume. Les femelles pressées de pondre marchent ou volent continuellement, pour tâcher de découvrir les larves, les nymphes, les œufs des insectes, et même des araignées, des pucerons, etc. destinés à recevoir les leurs et à nourrir, lorsqu'ils seront éclos, leur famille. Elles montrent dans ces recherches un instinct admirable, et qui leur dévoile les retraites les plus cachées. C'est sous les écorces des arbres, dans leurs fentes ou dans leurs crevasses que celles dont la tarière est longue, placent le germe de leur race. Elles y introduisent leur oviducte ou la tarière propre, dans une direction presque perpendiculaire; il est entièrement dégagé des demi-fourreaux, qui sont parallèles entre eux et soutenus en l'air dans la ligne du corps. Mais les femelles, dont la tarière est très-courte, peu ou point apparente, placent leurs œufs dans le corps ou sur la peau des larves, des chenilles et dans les nymphes, qui sont à découvert, ou très-accessibles.

Les larves des ichneumonides n'ont point de pattes, ainsi que toutes les autres des familles suivantes. Celles qui vivent, à la manière des vers intestinaux, dans le corps des larves ou des chenilles, où elles sont même quelquefois en société, ne rongent que leur corps graisseux, ou les parties intérieures qui ne sont point rigoureusement nécessaires à leur conservation; mais sur le point de se changer en nymphes, elles percent leur peau, afin d'en sortir, ou bien leur donnent la mort et y achèvent tranquillement leurs dernières métamorphoses. Telles sont aussi les habitudes des larves d'ichneumonides, qui se nourrissent de nymphes ou de chrysalides. Presque toutes se filent une coque soyeuse, pour passer à l'état de nymphe. Ces coques sont quelquefois agglomérées, et soit nues, soit enveloppées d'une bourre ou d'un coton, en une masse ovale, que l'on trouve souvent attachée aux tiges des plantes. Leur réunion et leur disposition symétrique forment dans une espèce un corps alvéolaire, semblable à un petit rayon d'abeille domestique. La soie de ces coques est tantôt d'un jaune ou d'un blanc uniforme; tantôt mêlangée de noir ou de fils de deux couleurs. Les coques de quelques espèces sont suspendues à une feuille ou à une petite branche, au moyen d'un fil assez long. Réaumur a observé que détachées du corps où elles sont fixées, elles font des sauts dont la hauteur peut aller jusqu'à quatre pouces, les larves renfermées dans les coques rapprochant les deux extrémités de leurs corps et les débandant ensuite, à la manière de quelques petites larves sauteuses de diptères que l'on trouve sur le vieux fromage. Cette famille est très-nombreuse en espèces.

Les unes ont les antennes composées de treize à quatorze articles. Latreille les réunit en une petite famille sous le nom d'*evaniales*.

LES PÉLÉCINES. (PELECINUS. Lat. Fab.)

Où l'abdomen, inséré à l'extrémité postérieure et inférieure du corselet, est filiforme et très-long. Leur languette a trois divisions (1).

LES EVANIES. (EVANIA. Fab. Lat.—SPHEX. Lin.)

Où l'abdomen, inséré à l'extrémité postérieure et supérieure du corselet, est très-petit, fort comprimé, triangulaire ou ovoïde, avec un pédicule brusque à sa base. Les antennes sont coudées (2).

LES FŒNES. (FŒNUS. Fab.)

Qui ont l'abdomen inséré, comme dans les évanies, mais allongé, en forme de massue, avec les jambes postérieures en massue, les antennes droites, filiformes et la tête portée sur un cou (3).

LES AULAQUES. (AULACUS. Jur.)

Très-voisins des fœnes, mais ayant l'abdomen ellipsoïde et comprimé, les antennes sétacées et les jambes grêles (4).

Les autres espèces ont les antennes composées de vingt articles ou davantage, et forment le genre

DES ICHNEUMONS proprement dits.

Les uns ont les mandibules terminées par une seule dent, ou sans échancrure sensible, et la tête presque globuleuse. Cette division renferme le genre *stéphane* de Jurine (5),

---

(1) Voyez Latr. Gen. Crust. et Insect. III, p. 254.

(2) Ibid., Fabricius et Jurine.

(3) Latr. Fabricius et Jurine, ibidem.

(4) Jur. hym.; Latr. Gen. Crust. et Insect. IV, 3, et Panz. sur les *hyménoptères*.

(5) Latr. ibid.

rapproché des précédens, et distinct des suivans par l'insertion supérieure de l'abdomen, et celui de *xoride* de Latreille (1). Les femelles ont toutes une tarière très-saillante.

D'autres ont l'extrémité de leurs mandibules échancrée ou refendue, et terminée ainsi par deux dents. Tantôt leur tête est arrondie en devant, ou ne se prolonge point en forme de museau. Ici se placent :

1°. Les *pimples* de Fabricius, que l'on distingue à la forme cylindrique de leur abdomen, plus épais, tronqué obliquement et terminé par une longue tarière dans les femelles. De ce nombre est :

L'*Ichneumon pointillé*. (*Ichneumon persuasorius*. Lin.) Panz. Faun. Insect. Germ. XIX, XVIII, la femelle. Une de nos plus grandes espèces; noire, avec l'écusson et deux points sur chaque anneau de l'abdomen blancs ou jaunâtres ; pieds rouges; tarière de la longueur du corps (2).

2°. Les *cryptes* du même, auxquels la plupart des ses *bassus* me paraissent devoir être réunis. Leur tarière est encore très-saillante; mais leur abdomen est presque ovale ou en triangle allongé, et rétréci assez brusquement en pédicule, à sa base.

3°. Ses *ichneumons*, dont la tarière est cachée ou à peine extérieure, et qui ont l'abdomen composé au moins de cinq anneaux apparens, déprimé, soit presque cylindrique, soit ovale.

Ceux où il est presque cylindrique, demi-sessile et fort long, et qui ont le second article des palpes maxillaires très-dilaté, forment le genre *métopie* de Panzer, ou celui de *peltaste* d'Illiger. Le premier sépare, sous le nom générique d'*alomye*, les espèces dont l'abdomen est en forme de fuseau allongé, avec un pédicule court et aminci insen-

(1) Latr. ibid.

(2) Fabric. Syst. Piezatorum.

blement. Dans d'autres, l'abdomen est plus ovale ou elliptique, et tient au corselet par un filet ou un étranglement brusque. Le genre *trogus* du même, et à ce que je présume les *joppa* de Fabricius, font partie de cette subdivision.

Enfin d'autres espèces ont l'abdomen petit, très-aplati et annexé au corselet par un très-court pédicule. Latreille les range dans son genre *microgastre.*

Quelques femelles de cette division et de la précédente n'ont point d'ailes. (1).

4°. Les *ophions* de Fabricius ont l'abdomen très-comprimé, plus ou moins arqué en faucille, tronqué au bout, avec la tarière courte, mais saillante.

L'*O. jaune* (*Ichneumon luteus.* Lin.) Schæff. Icon. Insect. tab. 1, fig. 10, est d'un jaune roussâtre, avec les yeux verts. La femelle dépose ses œufs sur la peau de quelques chenilles, particulièrement de celle qu'on a nommée la *queue fourchue.* Ils y sont fixés au moyen d'un pédicule long et délié. Les larves y vivent, ayant l'extrémité postérieure de leur corps engagé dans les pellicules des œufs d'où elles sont sorties, y croissent, sans empêcher la chenille de faire sa coque; mais elles finissent par la tuer, en consumant sa sabstance intérieure, se filent ensuite des coques oblongues, les unes uprès des autres, et en sortent sous la forme d'ichneumons, ainsi que de l'enveloppe commune.

La larve d'une espèce (*J. moderator*) détruit celle d'un autre ichneumon (*J. strobilellæ*).

5°. Les *banchus*, dont l'abdomen est encore très-comprimé et en faucille, diffèrent des ophions en ce qu'il est pointu au bout et que la tarière est cachée.

6°. Les *sigalphes* de Latreille et les *chélones* de Jurine sont remarquables par leur abdomen élargi et arrondi à son

(1) Voyez la Monographie qu'en a publiée M. Gravenorsth.

extrémité postérieure et creusé en voûte inférieurement; il ne paraît composé, vu en dessus, que de trois anneaux dans les *sigalphes*, et d'un seul dans les *chélones*. Leur tarière est intérieure.

Tantôt l'extrémité antérieure de la tête, par l'avancement des parties de la bouche, forme une sorte de museau, comme dans les *bracons* de Jurine et de Fabricius, auxquels on peut réunir les *agathis* de Latreille.

Les autres ichneumonides ont les mandibules en carré régulier, écartées, et offrant trois dentelures. Ils rentrent dans le genre des *alysies* de Latreille.

Celui des *anomalons* de M. Jurine se compose des ichneumons qui n'ont que deux cellules cubitales, n'importe les différences qu'ils peuvent présenter dans les autres parties de leur organisation (1).

La seconde tribu,

LES GALLICOLES. (DIPLOLEPARIÆ. Lat.)

N'ont point les ailes inférieures veinées, ni d'aiguillon au bout de la tarière; cette tarière est filiforme et naît de la partie inférieure de l'abdomen; les palpes sont très-courts et quelquefois nuls; les antennes sont droites ou sans coude, filiformes ou à peine plus grosses vers le bout, et ordinairement composées de treize à quinze articles.

Les gallicoles forment le genre

---

(1) Consultez les ouvrages cités plus haut, et l'Encycl. méthod. pour l'article *ophion*. Mais tous ces travaux sont très-imparfaits, quant à la méthode, et très-incomplets quant aux espèces.

Des Cynips (Cynips) de Linnæus.

Geoffroi les distingue mal à propos sous le nom de *diplolèpe* et appelle *cynips* des insectes de la famille suivante, compris par Linnæus dans sa dernière division des ichneumons.

Les cynips paraissent comme bossus, ayant la tête petite, et le corselet gros et élevé. Leur abdomen est comprimé, en carène ou tranchant, à sa partie inférieure, et tronqué obliquement, ou très-obtus, à son extrémite. Il renferme, dans les femelles, une tarière qui ne paraît composée que d'une seule pièce longue et très-déliée, ou capillaire, roulée en spirale à sa base, ou vers l'origine du ventre, et dont la portion terminale se loge sous l'anus, entre deux valvules allongées, qui lui forment chacune un demi-fourreau. L'extrémité de cette tarière est creusée en gouttière, avec des dents latérales, imitant celles d'un fer de flèche, et avec lesquelles l'insecte élargit les entailles qu'il fait aux différentes parties des végétaux pour y placer ses œufs. Les sucs s'épanchent à l'endroit qui a été piqué, et y forment une excroissance ou une tumeur qu'on nomme *galle*, et dont la plus connue, *noix de galle*, *galle du Levant*, est employée avec une solution de *vitriol vert*, ou de *sulfate de fer*, dans la teinture en noir. La forme et la solidité de ces protubérances varient selon la nature des parties des végétaux qui ont été offensées, comme les feuilles, leurs pétioles, les boutons, l'écorce ou l'aubier, les racines, etc. La plupart sont sphériques ; quelques-unes imitent des fruits ; telles sont les *galles en pomme*, en *groseille*, en *pepin*, la *galle en forme de nèfle* du chêne tozin, etc. D'autres sont chevelues, comme celle qu'on nomme *bédéguar*, *mousse chevelue*, et qui vient sur le rosier sauvage ou l'églantier. Il y en a de semblables à des pommes d'artichauds, à des champignons, à de petits boutons, etc. ; les œufs renfermés dans ces excroissances acquièrent du volume et de la consistance. Il en naît de petites larves sans pattes, mais ayant souvent des mamelons qui en tiennent lieu. Tantôt elles y vivent solitairement et tantôt en société. Elles en rongent l'intérieur, sans nuire à son développement, et y restent cinq à six mois dans cet état. Les unes y subissent leurs métamorphoses ; les autres la quittent pour s'enfoncer dans la terre, où elles demeurent jusqu'à leur dernière transformation. Des trous ronds que l'on voit à la surface des galles, annoncent que l'animal en est sorti. On y trouve aussi plusieurs insectes de la famille suivante ; mais ils ont pris la place des habitans naturels qu'ils ont détruits, à la manière des ichneumons.

Quelques cynips sont aptères. Une espèce dépose ses œufs dans la semence du figuier sauvage le plus précoce. Les grecs modernes, suivant à cet égard une méthode que l'antiquité leur a transmise, enfilent plusieurs de ces fruits et les placent sur les figuiers tardifs ; les cynips sortent chargés de poussière fécondante, s'introduisent dans l'œil des figues de ces derniers, en fécondent les graines et provoquent la maturité du fruit. Cette opération a été appelée *caprification.*

Les uns ont le pédicule de l'abdomen très-court ; les antennes de treize à quinze articles, des palpes, des mâchoires et une lèvre très-distincts. Tels sont

LES CYNIPS proprement dits (CYNIPS. L.), les *Diplolèpes* de Geoffroi.

On peut leur associer les *ibalies* de Latreille qui ont l'abdomen tres-comprimé dans toute sa hauteur et en forme de lame de couteau (1); et ses figites (2) dont les antenes sont grenues, un peu plus grosses vers le bout, et de treize articles dans les femelles ; celles des mâles ont un article de plus, et ressemblent, à cet égard, aux antennes des *diplolèpes* femelles de Geoffroi ; on compte quinze articles à celles de leurs mâles.

Le *C. de la galle à teinture* (*Diplolepis gallæ tinctoriæ.* Oliv. Voy. en Turq.), est d'un fauve très-pâle, couvert d'un duvet soyeux et blanchâtre, avec une tache d'un brun noirâtre et luisant sur l'abdomen. Dans la galle ronde, dure et hérissée de tubercules, qui vient sur une espèce de chêne du Levant, et qu'on emploie dans le commerce. En cassant cette galle, on en retire souvent l'insecte parfait.

Nous citerons encore le *C. des fleurs du chêne* (*C. quercus pedunculi.* Lin.) Réaum. Ins. III, XL, 1-6, qui est gris, avec une croix linéaire sur les ailes ; il pique les chatons des fleurs mâles du chêne, et y produit des galles rondes, ce qui les fait ressembler à de petites grappes de fruit.

Le *C. du bédéguar* (*C. rosæ.* Lin.) Réaum. ibid. XLVI,

---

(1) Latr. Gen. Crust. et Insect. IV, p. 17.

(2) Latr. ibid. p. 19, et Jurine.

5-8; et XLVII, 1-4; noir, avec les pieds et l'abdomen, son extrémité exceptée, rouges (1).

Les autres ont l'abdomen porté sur un long pédicule, les antennes de douze articles grenus, et leur bouche n'a d'autres parties distinctes que les mandibules.

Latreille les a distingués sous le nom générique d'EUCHARIS. (EUCHARIS) (2).

La troisième tribu,

Celle des CHALCIDITES. (CHALCIDIÆ. Spin.)

Ne diffère essentiellement de la précédente que par les antennes qui sont brisées et forment, à partir du coude, une massue allongée ou en fuseau; elles n'ont pas au-delà de douze articles.

On peut rapporter les genres qu'on a établis dans cette tribu, à celui

DES CHALCIDES. (CHALCIS. Fab.)

Ces insectes sont fort petits, ornés de couleurs métalliques très-brillantes, et ont, pour la plupart, la faculté de sauter. La tarière est souvent composée de trois filets, ainsi que celle des ichneumons, et les larves sont également parasites. Quelques-

(1) Voyez pour les autres espèces, Linnæus; Oliv. art. *diplolèpe* de l'Encycl. méthod.; Latr. Hist. gen. des Crust. et des Insect. XIII, p. 206, et Gen. Crust. et Insect. IV, p. 18; Jur. et Panzer sur les *hyménoptères*.

(2) Latr. Gen. Crust. et Insect. IV. p. 20.

unes, à raison de leur extrême petitesse, se nourrissent de l'intérieur d'œufs d'insectes, presque imperceptibles. Plusieurs autres vivent dans les galles et les chrysalides des lépidoptères. Je soupçonne qu'elles ne se filent point de coque pour passer à l'état de nymphe.

LES CHALCIDES proprement dits. (CHALCIS. — VESPA. — SPHEX. Lin.)

Dont les pieds postérieurs ont les jambes très-arquées, avec les cuisses très-grandes; dont l'abdomen, attaché au corselet par un pédicule très-apparent, est ovoïde ou conique, pointu au bout, avec la tarière cachée ou extérieure, mais droite, et qui ont les ailes étendues.

Les uns ont le pédicule de l'abdomen allongé; tels sont ceux que Fabricius nomme *sispes* et *clavipes*, et qui se trouvent dans les lieux marécageux. Ils sont noirs l'un et l'autre. Le premier a les cuisses postérieures jaunes; elles sont fauves dans le second.

Les autres ont le pédicule de l'abdomen très-court.

Tels sont le *C. nain* (*Vespa minuta.* Lin.), qui est très-commun sur les fleurs ombellifères, noir, avec les pieds jaunes; et le *C. à jarretières* (*C. annulata.* Fab.), qui se trouve dans les nids des guêpes cartonnières de l'Amérique méridionale, et que Réaumur (Insect. VI, XX, 2, et XXI, 3, 4) a pris pour l'individu femelle de cette guêpe. Il est noir, avec la pointe de l'abdomen allongée, un point blanc à l'extrémité des cuisses postérieures, et les jambes blanches, entrecoupées de blanc (1).

LES LEUCOSPIS. (LEUCOSPIS. Fab.)

Qui ont les pieds postérieurs semblables à ceux des

---

(1) Voyez Latr. Gen. Crust. et Insect. IV, p. 25; Fab. Syst. Piez.; et Olivier, art. *chalcis* de l'Encycl. méthodique.

chalcides, mais dont l'abdomen paraît appliqué contre l'extrémité postérieure du corselet, comprimé dans toute sa hauteur, arrondi postérieurement, avec la tarière recourbée sur le dos ; les ailes supérieures sont doublées.

Le *L. dorsigère*. (*L. dorsigera*. Fab. la fem.; *L. dispar*. le mâle.) Panz. Faun. Insect. Germ. LVIII, xv, le mâle. Noir ; abdomen presque une fois plus long que le corselet, avec trois bandes et deux petites taches jaunes; une ligne transverse sur l'écusson, et deux autres à la partie antérieure du corselet, de cette même couleur. La femelle place ses œufs dans les nids de quelques abeilles maçonnes de Réaumur. Celle d'une autre espèce (*gigas*) pond dans les guêpiers (1).

LES EULOPHES. (EULOPHUS. Geoff.)

Dont les pieds postérieurs n'ont ni les cuisses à la fois très-renflées et lenticulaires, ni les jambes tres-arquées.

Nous comprenons dans ce sous-genre les ichneumons *nains* (*minuti*) de Linnæus, les *diplolèpes* de Fabricius (Syst. Piez.), les *cynips* de Geoffroi, ses *eulophes*, et plusieurs autres genres peu importans établis par Latreille et M. Maximilien Spinola, dont l'étude est d'autant plus difficile que ces insectes sont, en général, d'une extrême petitesse.

J'y rapporte encore ici, d'après la considération des palpes qui sont très-courts, comme tous ceux des insectes de cette tribu, le *psil de Bosc* de M. Jurine. Le premier anneau de son abdomen donne naissance à une corne solide, recourbée en avant, jusques au-dessus de la tête, et qui, suivant les observations de M. Leclerc de Laval, est le

---

(1) Les mêmes ouvrages et la Monographie de ce genre de M. Klüg, dans les mémoires des Cur. de la Nature de Berlin.

fourreau de la tarière. Cette espèce est très-petite et entièrement noire (1).

La quatrième tribu,

LES OXYURES. (PROCTOTRUPII. Lat.)

Semblables aux précédens quant aux ailes inférieures sans nervures, ont, dans les femelles, l'abdomen terminé par une tarière tubulaire, conique, ou en forme de queue, soit d'une pièce, soit de deux ou trois réunies longitudinalement. Les palpes maxillaires sont longs et pendans.

Nous réduisons les divers genres dont elle se compose à celui

DES BÉTHYLES (BETHYLUS) de Latreille et de Fabricius.

Leurs habitudes sont, probablement, les mêmes que celles des chalcidites; mais comme la plupart de ces insectes se trouvent sur le sable ou sur les plantes peu élevées, je soupçonne que leurs larves vivent cachées dans la terre.

Dans les femelles des *codres* de M. Jurine, sous-genre de cette tribu, la tarière forme une queue écailleuse, longue, arquée et très-pointue.

---

(1) Voyez Latr. Gen. Crust. et Insect. IV, p. 27-32, genres 453-463; Max. Spinola, Ann. du Mus. d'Hist. natur.; Fabricius, genre *diplolepis*, avec les six dernières espèces de *cleptes*; et la dernière division des *chalcis* de M. Jurine.

Dans les autres sous-genres, cette tarière est rétractile et presque en forme d'aiguillon.

Les *dryines* de Latreille sont remarquables par la forme du corselet, qui est divisé en deux nœuds, et par leurs tarses qui ont au bout deux longs crochets, dont l'un se replie et fait l'office de griffe (1).

La cinquième tribu,

LES CHRYSIDES. (CHRYSIDIDES. Lat.)

N'ont point, de même que ceux des trois tribus précédentes, les ailes inférieures veinées; mais leur tarière est formée par les derniers anneaux de l'abdomen, à la manière des tubes d'une lunette d'approche, et se termine par un petit aiguillon. L'abdomen, qui, dans les femelles, ne paraît composé que de trois à quatre anneaux, est voûté ou plat en dessous, et peut se replier contre la poitrine; l'insecte prend alors la forme d'une boule.

Cette tribu comprend le genre

DES CHRYSIS (CHRYSIS) de Linnæus.

Par la richesse et l'éclat de leurs couleurs, ils

---

(1) Voyez Latr. Gen. Crust. et Insect. IV, p. 33, et les genres de M. Jurine qui y sont indiqués.

vont de pair avec les colibris et les oiseaux-mouches; aussi les désigne-t-on sous le nom de *guêpes dorées*. On les voit se promener, mais toujours dans une agitation continuelle et avec une grande vivacité, sur les murs et sur les vieux bois, exposés aux ardeurs du soleil. On les trouve aussi sur les fleurs. Leur corps est allongé et couvert d'un derme solide. Leurs antennes sont filiformes, coudées, vibratiles, et composées de treize articles dans les deux sexes. Les mandibules sont arquées, étroites et pointues. Les palpes maxillaires sont ordinairement plus longs que les labiaux, filiformes, et de cinq articles inégaux; les labiaux en ont trois. La languette est le plus souvent échancrée. Le corselet est demi-cylindrique, et offre plusieurs sutures ou lignes imprimées et transverses. L'abdomen du plus grand nombre est en demi-ovale, tronqué à sa base, et semble, au premier coup d'œil, suspendu au corselet par toute sa largeur; le dernier anneau a souvent de gros points enfoncés, et se termine par des dentelures.

Les chrysides déposent leurs œufs dans les nids des apiaires solitaires maçonnes, ou dans ceux de quelques autres hyménoptères. Leurs larves dévorent celles de ces insectes.

Les uns ont les mâchoires et la lèvre très-longues, composant une fausse trompe, fléchie en dessous, et les palpes très-petits, de deux articles. Tels sont

LES PARNOPÈS (PARNOPES) de Latreille.

Le *P. incarnat* place ses œufs dans les nids du *bembex rostrata* de Fabricius (1).

Les autres n'ont point de fausse trompe : leurs palpes maxillaires sont de grandeur moyenne ou allongés et composés de cinq articles ; il y en a trois aux labiaux.

Tantôt le corselet n'est point rétréci antérieurement ; l'abdomen est en demi-ovale, voûté, et n'offre à l'extérieur que trois segmens ; comme dans

LES CHRYSIS proprement dits. (CHRYSIS. Fab.)

Ceux dont les quatre palpes sont égaux, et dont la languette est profondément échancrée, forment le genre *stilbe* de M. Max. Spinola, auquel on peut réunir les *euchrées* de Latreille.

Ceux dont les palpes maxillaires sont beaucoup plus longs que les labiaux, et qui ont la languette échancrée, avec l'abdomen arrondi et uni au bout, ont été distingués génériquement sous le nom d'*hédychres*.

Ceux qui, semblables aux hédychres par les proportions relatives des palpes, ont la languette arrondie et entière, forment les genres *elampe* et *chrysis* de M. Spinola. Les mandibules, dans le premier, ont deux dents au côté interne ; l'abdomen est uni et arrondi au bout ; l'extrémité postérieure du corselet a une épine. Les mandibules, dans le second, n'ont qu'une dentelure au même bord ; l'abdomen est plus allongé, tronqué au bout, et offre souvent près de cette extrémité une rangée transverse de gros points enfoncés ; dans cette subdivision se place le chrysis le plus commun en Europe,

Le *C. enflammé* (*C. ignita.* Lin.) Panz. Faun. Insect.

---

(1) Latr. Gen, Crust. et Insect. IV, p. 47, et Annales du Muséum d'Hist. naturelle.

Germ. V, XXII, qui est bleu, mêlé de vert, avec l'abdomen d'un rouge cuivreux doré, et terminé par quatre dentelures.

Tantôt le corselet est rétréci en devant; l'abdomen a une figure presque ovoïde, sans être voûté, et offre quatre segmens dans les femelles et cinq dans les mâles. Tels sont

LES CLEPTES (CLEPTES) de Latreille.

Les mandibules sont courtes et dentelées. La languette est entière (1).

La seconde section des Hyménoptères,

Celle des PORTE-AIGUILLON. (ACULEATA.)

Diffère de la première par le défaut de tarière; un aiguillon de trois pièces, caché et rétractile, la remplace ordinairement, dans les femelles, et dans les neutres des espèces réunies en société. Quelquefois, comme dans plusieurs fourmis, cet aiguillon n'existe point, et l'insecte se défend en éjaculant une liqueur acide renfermée dans des réservoirs spéciaux, sous la forme de glandes.

Les hyménoptères de cette section ont toujours les antennes simples et composées

(1) Voyez, pour toutes ces divisions, Latr. Gen. Crust. et Insect. IV, pag. 41 et suiv.; Améd. Lepelletier, Ann. du Mus. d'Hist. nat.; Maxim. Spinola, Insect. Ligur.; Jurine et Panzer sur les *hyménoptères*.

d'un nombre d'articles constant, savoir de treize dans les mâles et de douze dans les femelles. Les palpes sont ordinairement filiformes; les maxillaires, souvent plus longs, ont six articles et les labiaux quatre. Les mandibules sont plus petites et souvent moins dentées dans les mâles que dans les autres individus. Les quatre ailes sont toujours veinées. L'abdomen, uni au corselet par un pédicule ou un filet, est composé de sept articles dans les mâles, et de six dans les femelles.

Les larves n'ont jamais de pieds, et vivent des alimens que les femelles ou les neutres leur fournissent, et qui consistent soit en cadavres d'insectes, soit en sucs de fruits, et pour d'autres, en un mélange de pollen d'étamines et de miel.

Cette section est divisée en quatre familles.

La première famille de la seconde section,

Celle des Hétérogynes. (Heterogyna.)

Se compose de deux ou trois sortes d'individus, dont les plus communs, les neutres ou les femelles, n'ont point d'ailes, et rarement des yeux lisses très-distincts.

Ils ont tous les antennes coudées et la languette petite, arrondie et voûtée, ou en cuiller.

Les uns vivent en sociétés, et nous offrent trois sortes d'individus, dont les mâles et les femelles ailés, et les neutres sans ailes; dans les deux dernières sortes d'individus, les antennes vont en grossissant, et la longueur de leur premier article égale au moins le tiers de leur longueur totale; le second est presque aussi long que le troisième, et a la forme d'un cône renversé. Le labre des neutres est grand, corné, et tombe perpendiculairement sous les mandibules. Ces hyménoptères comprennent le genre

Des Fourmis (Formica) de Linnæus.

Si vantées pour leur prévoyance, dont plusieurs sont si connues, les unes par les dégats qu'elles font dans nos jardins, dans l'intérieur même des habitations, ou elles attaquent les sucreries, les viandes conservées, et leur communiquent une odeur de musc désagréable; les autres par le tort qu'elles font aux arbres, en rongeant leur intérieur pour s'y établir et s'y propager.

Les fourmis ont le pédicule de l'abdomen en forme d'écaille ou de nœud, soit unique, soit double, caractère qui les fait aisément reconnaître. Elles ont des antennes brisées, ordinairement un peu plus grosses vers le bout, la tête triangulaire, avec les yeux ovales ou arrondis et entiers, le chaperon grand, les mandibules très-fortes dans le plus grand nombre, mais dont la forme varie beaucoup dans les neutres; les mâchoires et la lèvre petites, les palpes filiformes, dont les maxillaires plus longs; le corselet comprimé sur les côtés, et l'abdomen presque ovoïde, muni, dans les femelles et les ouvrières, tantôt d'un aiguillon, tantôt de glandes situées près de l'anus, et qui sécrètent un acide particulier, distingué sous le nom de *formique*.

Elles vivent en sociétés et souvent très-nombreuses. Chaque espèce est de trois sortes : les *mâles* et les *femelles*, qui ont des ailes longues, moins veinées que dans les autres hyménoptères de cette section, et très-caduques, et les *neutres*, privés d'ailes, et qui ne sont que des femelles dont les ovaires sont imparfaits. Les deux premières sortes d'individus ne se trouvent, sous leur dernière forme, que passagèrement dans l'habitation. Ils en sortent dès qu'ils ont acquis des ailes. Les mâles, très-inférieurs pour la taille aux femelles, ayant encore la tête et les mandibules proportionnellement plus petites, et les yeux plus gros, les fécondent au milieu des airs, où ils forment avec elles des essaims nombreux, et périssent bientôt après, sans rentrer dans leur ancien domicile, où leur présence n'est plus nécessaire. Ces femelles, propres à devenir mères, s'éloignent de leur berceau, et après avoir détaché leurs ailes, au moyen de leurs pattes, fondent un nouvel établissement. Quelques-unes cependant, parmi celles qui s'accouplent aux environs de la fourmilière, sont retenues par les neutres, qui les ramènent dans l'habitation, les empêchent d'en sortir, leur arrachent les ailes, et les contraignent d'y faire leur ponte; mais elles en sont chassées, à ce que l'on croit, dès que le vœu de la nature est rempli.

Les *neutres*, distincts, non-seulement par le défaut d'ailes et d'yeux lisses, mais encore par la grandeur de leur tête, leurs fortes mandibules, leur corselet plus comprimé et souvent noueux; leurs pieds proportionnellement plus longs, sont seuls chargés des travaux relatifs à l'habitation et à l'éducation des petits. La nature et la forme des nids ou fourmilières varient selon l'instinct particulier des espèces; elles les établissent plus généralement dans la terre; les unes n'emploient que ses molécules, et leur habitation est presque entièrement cachée; les autres s'emparent de fragmens de matières végétales et autres qu'elles rencontrent, et élèvent au-dessus du terrain où elles se sont établies, des monticules coniques ou en forme de dômes. On en connaît qui ont pour domicile habituel le tronc des vieux arbres, dont elles percent l'intérieur en tout sens ou en manière de labyrinthe. Elles tirent parti de la sciure. Diverses routes ou galeries, quoique irrégulières en apparence, conduisent au séjour spécial de la race future.

Les neutres vont à la recherche des provisions, paraissent s'instruire par le toucher et l'odorat de l'heureux succès de leurs découvertes, s'encourager et s'aider mutuellement; des fruits, des insectes ou leurs larves, des cadavres de quadrupèdes ou d'oiseaux de petite taille, etc., leur servent de nourriture. Elles donnent la becquée aux larves, les transportent, dans les beaux jours, à la superficie extérieure de leur habitation, pour leur procurer de la chaleur, les redescendent plus bas, aux approches de la nuit ou du mauvais temps, les défendent contre les attaques de leurs ennemis, et veillent avec le plus grand soin à leur conservation, particulièrement lorsqu'on dérange leurs nids. Elles ont la même attention pour les nymphes, dont les unes sont renfermées dans une coque et les autres à nu; elles déchirent l'enveloppe des premières lorsque le temps de leur dernière métamorphose est arrivé.

On donne vulgairement le nom d'*œufs de fourmis* aux larves et aux nymphes; ceux de la *F. fauve* servent de nourriture aux jeunes faisans. Les neutres empêchent les individus, qui viennent d'acquérir des ailes, de sortir, jusqu'au moment propice et toujours déterminé par une chaleur de l'atmosphère assez forte. Elles leur donnent alors leur liberté, en leur frayant des issues favorables.

La plupart des fourmilières sont uniquement composées d'individus de la même espèce; mais la nature s'est écartée de ce plan à l'égard de la *F. roussâtre* ou *amazone*, et de celle que j'ai nommée *sanguine*. Leurs neutres se procurent par la violence des auxiliaires de leur caste, mais d'espèces différentes, et que j'ai désignées sous le nom de *noir-cendrée* et *mineuse*. Lorsque la chaleur du jour commence à décliner, et régulièrement à la même heure, du moins pendant quelques jours, les fourmis *amazones* ou *légionnaires* quittent leurs nids, s'avancent sur une colonne serrée, plus ou moins nombreuse suivant l'étendue de la population, et se dirigent en corps d'armée jusqu'à la fourmilière qu'elles veulent spolier. Elles y pénètrent, malgré l'opposition et la défense des propriétaires, saisissent avec leurs mandibules les larves et les nymphes des fourmis neutres, propres à ces sociétés, et les transportent, en suivant le même ordre, dans leur habitation. D'autres fourmis neutres de leur espèce, mais en état parfait, qui y ont pris naissance ou qui ont été arrachées à leurs foyers, de la même manière, en prennent soin, ainsi que de la postérité de leurs vainqueurs. Telle est la composition des *fourmilières mixtes*. Ces curieuses observations, et que j'ai vérifiées, sont dues à M. Huber fils, qui marche si glorieusement sur les traces de son père.

On sait que les fourmis sont très-friandes d'une liqueur sucrée qui transsude du corps des pucerons et des gallinsectes. Quatre à cinq espèces portent et rassemblent au fond de leur nid, surtout dans la mauvaise saison, ces pucerons et leurs œufs même. Elles s'en disputent aussi entre elles la possession. Il y en a qui se construisent, avec de la terre, de petites galeries, partant de la fourmilière et prolongée dans toute la longueur des arbres, jusqu'aux branches chargées de ces insectes.

Parmi les individus neutres de la même espèce, il en est dont la tête et les mandibules sont plus fortes, et l'on a soupçonné qu'ils pouvaient avoir des fonctions particulières. Les fourmis pourvues de sexe périssent au plus tard vers la fin de l'automne ou dès les premiers froids. Les ouvrières passent l'hiver engourdies dans leurs fourmilières; leur prévoyance si célébrée n'a d'autre but, à cet égard, que d'augmenter et de consolider leur habitation par toutes sortes de moyens: car des vivres seraient inutiles pour un temps où elles ne peuvent en faire usage.

L'économie des fourmis étrangères, particulièrement de celles qui habitent les contrées équatoriales, nous est inconnue. Si celle qu'on a nommée *fourmi de visite* rend quelquefois service à nos colons, en purgeant leurs habitations des rats et d'une foule d'insectes domestiques destructeurs ou incommodes, d'autres espèces font maudire leur existence, par les pertes considérables qu'elles font éprouver et qu'il est impossible de prévenir.

Latreille divise le genre des fourmis de la manière suivante.

1°. Les FOURMIS proprement dites (FORMICA), qui manquent d'aiguillon, dont les antennes sont insérées près du front, et qui ont des mandibules triangulaires, dentelées et incisives. Le pédicule de l'abdomen n'est jamais formé que d'une écaille ou d'un seul nœud.

La *F. biépineuse* (*F. bispinosa.*) Lat. Hist. nat. des Fourm. p. 133, IV, 20, noire; deux épines en avant du corselet; écaille de l'abdomen terminée en une pointe longue et aiguë. A Cayenne. Elle compose son nid d'une grande quantité de duvet, qu'elle tire, à ce qu'il paraît, des semences d'une espèce de fromager.

La *F. fauve.* (*F. rufa.* Lin.) Lat. ibid. v, 28. Mulet long de près de quatre lignes, noirâtre, avec une grande partie de la tête, le corselet et l'écaille fauves; corselet inégal; les petits yeux lisses un peu apparens. Elle forme dans les bois des nids en pain de sucre ou en dôme, composés de terre, de fragmens de bois, etc., et qui sont souvent très-considérables. Elle fournit l'acide dit *formique.* Les individus ailés paraissent au printems.

La *F. sanguine.* (*F. sanguinea.*) Lat. ibid v, 29. Mulet semblable à la précédente, mais d'un rouge sanguin, avec l'abdomen d'un noir cendré. Elle vit dans les bois, et c'est une de celles que M. Huber nomme *F. amazones* ou *légionnaires.*

La *F. mineuse.* (*F. cunicularia.* Lat.) Tête et abdomen du mulet noirs; environs de la bouche, dessous de la tête, premier article des antennes, corselet et pieds d'un fauve pâle. Cette espèce et la suivante sont enlevées par les fourmis *amazones,* et transportées dans leurs nids, pour qu'elles les remplacent et les aident dans l'éducation des petits de leurs races.

La *F. noir cendrée.* (*F. fusca.* Lin.) Lat. ibid. vi, 32. Mulet d'un noir cendré, luisant, avec la base des antennes et les pieds rougeâtres; écaille grande, presque triangulaire; apparence de trois yeux lisses.

2°. Les Polyergues (Polyergus), où l'aiguillon manque encore, mais dont les antennes sont insérées près de la bouche, et dont les mandibules sont étroites, arquées ou très-crochues.

La *F. roussâtre* de Latreille (Hist. nat. des Fourmis, vii, 38) est celle que M. Huber fils désigne plus spécialement sous le nom d'amazone. Voyez ses *Recherches sur les Fourmis indigènes*, pag. 210—260, pl. ii, *F. roussâtre.* Dans toute la France.

3°. Les Ponères (Ponera). Les mulets et les femelles

armés d'un aiguillon; pédicule de l'abdomen formé d'une seule écaille ou d'un seul nœud.

On trouve aux environs de Paris une espèce de ce sous-genre, la *F. resserrée* (*F. contracta*) de Latreille, ibid. VII, 40. Le mulet n'a presque pas d'yeux et vit sous les pierres, en société très-peu nombreuse. Il est très-petit, noir, presque cylindrique, avec les antennes et les pieds d'un brun jaunâtre.

4°. Les MYRMICES (MYRMICA), ayant aussi un aiguillon, mais dont le pédicule de l'abdomen est formé de deux nœuds; leurs antennes sont découvertes, et les palpes maxillaires sont longs, à six articles distincts. Telle est

La *F. rouge* (*F. rufa*) de Linnæus. Lat. ibid. X, 62. Le mulet est rougeâtre, finement chagriné, avec l'abdomen luisant et lisse; une épine sous le premier nœud de son pédicule; son troisième anneau un peu brun. Cette fourmi pique assez vivement. Dans les bois.

5°. Les ATTES (ATTA) de Fabricius, ne diffèrent des myrmices que par leurs palpes très-courts, et dont les maxillaires ont moins de six articles. La tête des mulets est ordinairement très-grosse.

De ce nombre est la *F. de visite* (*Atta cephalotes*. Fab.) Lat. ibid. IX, 57.

6°. Les CRYPTOCÈRES (CRYPTOCERUS), toujours munis d'un aiguillon, avec le pédicule de l'abdomen formé de deux nœuds; mais dont la tête, très-grande et aplatie, a une rainure de chaque côté, pour loger une partie des antennes. Espèces propres à l'Amérique méridionale (1).

Les autres HÉTÉROGYNES vivent solitairement; chaque espèce n'est composée que de

(1) Voyez Latr. Hist. Nat. des *fourmis*; ejusd. Gen. Crust. et Insect. IV, p. 124; Huber, sur les *fourmis indigènes*; Fabricius, etc.

deux sortes d'individus, de *mâles* ailés, et de *femelles* aptères et toujours armées d'un fort aiguillon. Les antennes sont filiformes ou sétacées, vibratiles, avec le premier et le troisieme articles allongés; la longueur du premier n'égale jamais le tiers de la longueur totale de ces organes.

Ils forment le genre

DES MUTILLES (MUTILLA) de Linnæus.

Les unes, dont on n'a encore observé que les mâles, ont les antennes insérées près de la bouche, la tête petite et l'abdomen long et presque cylindrique, comme dans

LES DORYLES (DORYLUS) de Fabricius.

Insectes propres à l'Afrique et aux Indes orientales (1).

LES LABIDES (LABIDUS) de Jurine.

Hyménoptères de l'Amérique méridionale, en diffèrent par les mandibules plus courtes et moins étroites, et leurs palpes maxillaires de la longueur au moins des labiaux, et composés au moins de quatre articles; ils sont très-petits et de deux articles au plus dans les doryles (2).

Les autres ont les antennes insérées près du milieu de la face de la tête, qui est plus forte que dans les précédens; l'abdomen est tantôt conique, tantôt ovoïde ou elliptique. Ce sont

LES MUTILLES proprement dites. (MUTILLA.)

On trouve ces insectes dans les lieux chauds et sablon-

---

(1) Voyez Fabricius et Latreille, Gen. Crust. et Insect. IV, p. 123.

(2) Voyez Jurine, et Latr. ibid.

neux. Les femelles courent très-vite et sont toujours à terre. Les mâles se posent souvent sur les fleurs; mais on ignore d'ailleurs leur manière de vivre.

Les espèces dont le corselet est presque cubique, sans nœuds ni apparence de divisions en dessus, dans les femelles, composent les genres *mutille* et *aptérogyne* (1) de Latreille. L'abdomen des aptérogynes a les deux premiers anneaux en forme de nœuds, comme dans plusieurs fourmis.

La *M. tricolore* (*Mutilla europæa.* Lin.) Coqueb. Illust. Icon. Insect. dec. II, XVI, 8. La femelle est noire, avec le corselet rouge, et trois bandes blanches, dont les deux dernières rapprochées sur l'abdomen. Elle a un fort aiguillon. Le mâle est d'un noir bleuâtre, avec le dessus du corselet rouge et l'abdomen comme dans la femelle (2).

Les espèces qui, dans les deux sexes, ont le corselet égal en dessus, mais partagé en deux segmens distincts, avec l'abdomen conique dans les femelles, elliptique et déprimé dans les mâles, composent le genre *myrmose* de Latreille et de Jurine (3).

Celles où le corselet des femelles est encore égal en dessus, mais divisé en trois segmens par des sutures, et qui ont les palpes maxillaires très-courts, avec le second article des antennes emboîte dans le premier, forment le genre des *myrmecode* Latr. (4).

Les *sclérodermes* de Klug n'en diffèrent que par les palpes maxillaires allongés et les antennes, dont le second article est découvert (5).

---

(1) Latr. ibid. p. 121.

(2) Ibid. et Olivier, art. *mutille* de l'Encycl. méthod.

(3) Latr. ibid. p. 119, et Jurine sur les *hymen.*

(4) Latr. ibid. p. 118.

(5) Latr. ibid.

Les *méthoques* de Latreille ont le dessus du corselet comme noueux ou articulé (1).

La seconde famille de cette section,

Celle des FOUISSEURS (FOSSORES) ou GUÊPES-ICHNEUMONS.

Comprend des hyménoptères à aiguillon, dont tous les individus sont ailés, de deux sortes, et vivant solitairement; dont les pieds sont exclusivement propres à marcher, et dans plusieurs à fouir; les ailes sont toujours étendues. Ils composent le genre

DES SPHEX (SPHEX) de Linnæus.

La plupart des femelles placent à côté de leurs œufs, dans les nids qu'elles ont préparés pour leurs petits, et le plus souvent dans la terre ou dans le bois, divers insectes ou leurs larves; quelquefois aussi des arachnides qu'elles ont préalablement percés de leur aiguillon, et qui servent de nourriture à ces petits. Les larves n'ont jamais de pieds, ressemblent à un petit ver, et se métamorphosent dans la coque qu'elles ont filée, avant de passer à l'état de nymphe. L'insecte parfait est ordinairement très-agile et vit sur les fleurs. Les mâchoires et la lèvre sont allongées, et en forme de trompe dans plusieurs.

---

(1) Latr. ibid.

Nous distribuerons les nombreux sous-genres qui dérivent du genre primitif des *sphex* en six petites coupes.

Dans les deux premières, les yeux sont souvent échancrés; le corps des mâles est ordinairement étroit, allongé, et se termine postérieurement, dans un grand nombre, par trois pointes, en forme d'épines, ou des dentelures.

1°. Ceux dont le premier segment du corselet est tantôt en forme d'arc, et prolongé latéralement jusqu'aux ailes, tantôt en carré transversal ou en forme de nœud ou d'article; qui ont les pieds courts, gros, très-épineux ou fort ciliés, avec les cuisses arquées près du genou; et dont les antennes sont sensiblement plus courtes que la tête et le corselet, dans les femelles. Ce sont les SCOLIÈTES de Latreille, ainsi nommées du genre

Des SCOLIES. (SCOLIA.)

Les uns ont les palpes maxillaires longs, composés d'articles sensiblement inégaux, et le premier article des antennes presque conique.

Tels sont

LES TIPHIES (TIPHIA. Fab.), auxquelles on peut associer les *tengyres* de Latreille (1).

Les autres ont les palpes maxillaires courts, composés d'articles presque semblables, avec le premier article des antennes allongé et presque cylindrique.

Tantôt cet article recoit et cache le suivant, comme dans

LES MYZINES (MYZINE. Latr.), qui ont les mandibules dentées (2).

LES MÉRIES (MERIA. Illig.), où les mandibules n'ont point de dentelures (3).

---

(1) Latr. Gen. Crust. et Insect. IV, p. 116; Fab. et Jur.

(2) Latr. ibid.

(3) Latr. ibid.

Tantôt le second article des antennes est découvert ainsi que dans

LES SCOLIES proprement dites. (SCOLIA. Fab.) (1).

2°. Les fouisseurs dont le premier segment du corselet est conformé ainsi que dans les précédens; qui ont encore les pieds courts, mais grêles, point épineux ni fortement ciliés; et dont les antennes sont, dans les deux sexes, aussi longues au moins que la tête et le corselet.

Leur corps est ordinairement ras ou n'a qu'un faible duvet. Cette subdivision embrasse la famille des SAPYGITES de Latreille, dont la dénomination est prise du genre principal

DES SAPYGES. (SAPYGA.)

Les uns ont les antennes filiformes ou sétacées, comme dans

LES THYNNES (THYNNUS. Fab.), qui ont les yeux entiers (2).

LES POLOCHRES (POLOCHRUM. Spin.), où ils sont échancrés, et dont les mandibules sont, en outre, très-dentées (3).

Les autres ont les antennes plus grosses vers leur extrémité, ou même en massue, dans quelques mâles.

Tels sont

LES SAPYGES proprement dites. (SAPYGA. Lat.)

Elles voltigent autour des arbres et des murs exposés au soleil, et paraissent y déposer leurs œufs (4).

Les *céramies* de Latreille, d'après la forme du premier

---

(1) Latr. ibid. et Fab.

(2) Latr. ibid.

(3) Latr. ibid.

(4) Latr. ibid.

segment du corselet et leurs ailes étendues ou sans plicature, appartiennent à cette subdivision; mais elles doivent être rangées, sous des rapports plus importans, dans la famille des *diploptères*.

3°. Les fouisseurs qui avoisinent encore les précédens, à l'égard de l'étendue et de la forme du premier segment du corselet; mais dont les pieds postérieurs sont une fois au moins aussi longs que la tête et le tronc; et qui ont les antennes le plus souvent grêles, formées d'articles allongés, peu serrés ou lâches, et très-arquées ou contournées, du moins dans les femelles.

Latreille les réunit dans sa famille des SPHÉGIMES, nom dérivé du genre dominant, celui

DES SPHEX. (SPHEX.)

Les uns ont le premier segment du corselet carré, soit transversal, soit longitudinal, et l'abdomen attaché au corselet par un pédicule très-court; leurs jambes postérieures ont ordinairement au côté interne une brosse de poils.

Ils forment le sous-genre

DES POMPILES. (POMPILUS. Fab.)

Auxquels on peut réunir les *pepsis* de Latreille, dont les palpes sont presque de la même longueur avec la languette allongée et très-bifide; ses *céropales*, qui ont le labre entièrement découvert et les antennes presque droites dans les deux sexes; les *apores* de M. Spinola, dont les ailes supérieures n'ont que deux cellules cubitales au lieu de trois; la seconde famille des *misques* de M. Jurine, parfaitement semblables aux autres pompiles, mais où la troisième cellule cubitale est plus petite et pétiolée; et les *salius* de Fabricius, où le premier segment du corselet, au lieu d'être transversal, comme dans les précédens, est aussi long ou plus long que large, et dont les mandibules n'ont pas de dentelures.

On trouve dans l'Amérique équinoxiale de grandes espèces de pompiles, dont les ailes supérieures sont souvent colorées de rouge ou de bleu. Les nôtres, beaucoup plus petites, approvisionnent souvent leurs larves d'*arachnides fileuses*, comme

Le *P. des chemins* (*Sph. viatica.* Lin.) Panz. Faun. Insect. Germ. LXV, XVI, très-noir, avec l'abdomen rouge, entrecoupé de cercles noirs.

Les autres ont le premier segment du corselet rétréci en devant, en forme d'article ou de nœud, et le premier anneau de l'abdomen, et quelquefois même, en outre, une partie du suivant, rétréci en un pédicule allongé.

Ils forment le genre

DES SPHEX proprement dits. (SPHEX.)

Qu'on a encore subdivisé ainsi :

Ceux dont les mandibules sont dentées, qui ont les palpes filiformes, presque égaux, les mâchoires et la languette très-longues, en forme de trompe, fléchie en dessous, en ont été séparés par M. Kirby, sous le nom générique d'*ammophile*.

Le *Sphex du sable* (*Sphex sabulosa*) de Linnæus, Panz. Faun. Insect. Germ. LXV, XII, est de cette division. Il est noir, avec l'abdomen d'un noir bleuâtre, rétréci, à sa base, en un pédicule long, menu, presque conique; le second anneau, sa base exceptée, et le troisième, sont fauves; le mâle a un duvet soyeux et argenté sur le devant de la tête.

La femelle creuse avec ses pattes, dans la terre, sur le bord des chemins, un trou assez profond, dans lequel elle dépose une chenille, qu'elle tue ou blesse mortellement, au moyen de son aiguillon, et y pond un œuf auprès d'elle. Elle ferme le trou avec des grains de sable, ou même avec un petit caillou. Il paraîtrait, d'après quelques observations, qu'elle fait successivement, et en recommençant la même manœuvre, d'autres pontes dans le même nid.

Le *Sphex du gravier* (*Pepsis arenaria.* Fab.) Panz. ibid. LXV, XIII, est encore une ammophile. Il est noir, velu, avec le pédicule de l'abdomen formé brusquement par son premier anneau; le second, le troisième et la base du quatrième sont rouges (1).

Les espèces dont les mandibules et les palpes sont encore conformés de même, mais dont les mâchoires et la lèvre sont beaucoup plus courtes, et fléchies, tout au plus, à leur extrémité, sont comprises par Latreille dans les genres *sphex*, *pronée* et *chlorion* (2).

Le *Chlorion comprimé,* très-commun à l'Isle-de-France, y fait la guerre aux kakerlacs, dont il approvisionne ses petits. Il est vert, avec les quatre cuisses postérieures rouges.

Le *C. lobé,* qui est entièrement d'un vert doré, se trouve au Bengale.

D'autres espèces ayant toujours les mandibules dentées, mais dont les palpes maxillaires sont beaucoup plus longs que les labiaux, et presque en forme de soie, composent le genre *dolichure* du même auteur (3). Toutes celles qui terminent, n'ont point de dentelures aux mandibules, et sont comprises dans son genre *pélopée,* et celui de *podie* (4).

Les *Pélopées* ou *Potiers* font, dans l'intérieur des maisons, aux angles des corniches, des nids de terre, arrondis ou globuleux, formés d'un cordon tournant en spirale, et présentant sur leur côté inférieur deux ou trois rangées de trous, de sorte que ces corps ressemblent à l'instrument connu sous le nom de *sifflet de chaudronnier.* Les ouvertures sont les entrées d'autant de cellules, dans

(1) Latr. Gen. Crust. et Insect. IV, p. 53.

(2) Voyez Latr. Gen. Crust. et Insect. IV, p. 55-57.

(3) Ibid. p. 57, genre *pison*, et p. 387, *dolichurus.*

(4) Ibid. p. 59.

chaçune desquelles l'insecte place une araignée, un diptère, etc., avec un de ses œufs, et qu'il bouche ensuite avec de la terre.

Du nombre de ces hyménoptères est

Le *Sphex tourneur* (*Sphex spirifex*) de Linnæus, qui est noir, avec le filet de l'abdomen et les pieds jaunes. Dans les départemens méridionaux de la France.

4°. Dans d'autres fouisseurs, le premier segment du corselet ne forme plus qu'un simple rebord linéaire et transversal, dont les deux extrémités latérales sont éloignées de l'origine des ailes supérieures. Les pieds sont toujours courts ou de longueur moyenne. La tête, vue en dessus, paraît transverse, et les yeux s'étendent jusqu'au bord postérieur. L'abdomen forme un demi-cône allongé, arrondi sur les côtés de sa base. Le labre est entièrement à nu ou très-saillant. M. Latreille fait de ces insectes une petite famille, qu'il appelle *bembécides*, du genre de Fabricius, dont elle est formée, celui de

Bembex. (Bembex.)

Ces hyménoptères propres aux pays chauds, ont le corps allongé, pointu postérieurement, presque toujours varié de noir et de jaune ou de roussâtre, glabre, avec les antennes rapprochées à leur base, un peu coudées au second article et grossissant vers le bout; des mandibules étroites, allongées, dentées au côté interne et croisées; les jambes et les tarses garnis de petites épines ou de cils, qui sont plus remarquables aux tarses antérieurs des femelles. On voit souvent une ou deux dents élevées sous l'abdomen des mâles. Ils ont des mouvemens très-rapides, volent de fleur en fleur, en fesant entendre un bourdonnement aigu et coupé. Plusieurs répandent une odeur de rose. Ils ne paraissent qu'en été. Les uns ont une fausse trompe, fléchie en dessous, avec le labre en triangle allongé.

Tantôt les palpes sont très-courts; les maxillaires n'ont que quatre articles et les labiaux que deux. Tel est

Le *B. à bec.* (*Apis rostrata.* Lin.) Panz. Faun. Insect. Germ. I, x. Mâle. Grand, noir, avec des bandes transverses d'un jaune citron sur l'abdomen, dont la première interrompue, et les suivantes ondulées. La femelle, qui a moins de jaune à la tête, que le mâle, creuse dans le sable des trous profonds, où elle empile des cadavres de divers insectes à deux ailes, particulièrement de syrphes et de mouches, et y fait sa ponte; elle bouche ensuite avec de la terre la retraite qu'elle a préparée à ses petits. Dans toute l'Europe (1).

Tantôt les palpes maxillaires, assez allongés, ont six articles, et les labiaux quatre, comme dans les *monédules* de Latreille (2).

Les autres n'ont point de fausse-trompe, et le labre est court et arrondi. Tels sont les *stizes* du même et de M. Jurine (3).

5°. D'autres fouisseurs, ayant presque le port de ceux de la divison précédente, en diffèrent par le labre caché en totalité ou en grande partie, et souvent par leurs antennes filiformes. Ce sont les LARRATES de Latreille.

Les uns ont une profonde échancrure au côté inférieur de leurs mandibules, et peuvent être réunis en un seul sous-genre, celui

DES LARRES. (LARRA.)

On y rapportera les *palares*, les *larres*, les *lyrops*, les *miscophes* et les *dinètes*. Les *palares* de Latreille ou les

---

(1) Voyez Latr. Gen. Crust. et Insect. IV, 97.

(2) Latr. ibid. la plupart des *bembex* de Fab.

(3) Latr. ibid. la plupart des larres de Fabricius, telles que les suivans : *vespiformis*, *erytroeephala*, *cincta*, *crassicornis*, *bifasciata*, *analis*, *ruficornis*, *cingulata*, *ruifrons*, *bicolor*, *fasciata*.

gonius de M. Jurine, se distinguent des autres à leurs antennes très-courtes et à leurs yeux très-rapprochés en arrière, et renfermant les petits yeux lisses (1).

Les autres n'ont point d'échancrure au côté inférieur des mandibules.

Tantôt les yeux sont entiers ou sans échancrure, comme dans les so -genres suivans :

Les ASTATES (ASTATA. NITELA. Lat.), dont les antennes sont filiformes, et qui ont les yeux très-allongés (2).

Les OXYBÈLES (OXYBELUS), où les antennes, un peu plus grosses vers le bout, sont coudées, contournées et très-courtes ; qui ont les jambes épineuses, et une à trois pointes en forme de dents, à l'écusson.

Les femelles font leurs nids dans le sable (3).

Les GORYTES (GORYTES) ou les *arpactes* de Jurine, et auxquels nous réunissons les *nyssons*, ayant aussi des antennes plus grosses vers le bout, mais notablement plus longues que la tête, presque droites, et dont l'écusson n'est point épineux (4).

Tantôt les yeux sont échancrés, comme dans les TRYPOXYLONS (TRYPOXYLON, PISON. Lat.), ou les *apius* de M. Jurine.

Le *Larre potier* (*Sphex figulus*. Lin.) Jurine, Hym. IX, G. 8, noir, luisant; chaperon couvert d'un duvet soyeux argenté; abdomen long, porté sur un long pédicule, en forme de massue. La femelle profite des trous que lui offre le vieux bois, et qui ont été creusés par d'autres

---

(1) Voyez Latr. ibid. et ses Consid. général. sur l'ordre des Crust. des Arachn. et des Insect.

(2) Latr. Gen. Crust. et Insect. IV, p. 67 et 77 ; Jurine, genre *dimorpha*.

(3) Voyez Olivier, Encycl. méthodique, article *oxybèle*.

(4) Latr. ibid. ; Jurin. genre *arpacte* et *nysson*.

insectes, pour y placer ses œufs, et les petites araignées destinées à nourrir ses petits. Elle en ferme ensuite l'ouverture avec de la terre glaise (1).

6°. Les autres fouisseurs ont aussi le premier segment du corselet très-court, linéaire et transversal; les pieds courts ou de longueur moyenne; mais leur tête, très-grosse, paraît, vue en dessus, presque carrée; les yeux, quoique très grands, se terminent, en dessus, à quelque distance du bord postérieur. L'abdomen a toujours une forme ovale ou elliptique.

Ils composent la famille des CRABRONITES de Latreille, que l'on peut diviser en trois sous-genres.

LES MELLINES. (MELLINUS. Fab.)

Auxquels nous associons les *pemphredons* de Latreille, ou les *cémones* de Jurine, ainsi que ses *alysons* et ses *stigmes*, ont les antennes insérées près de la bouche, filiformes, point ou peu coudées; les mandibules tridentées dans les femelles, les palpes maxillaires beaucoup plus longs que les labiaux, et la languette divisée distinctement en trois parties; la base de leur abdomen est toujours rétrécie en manière de long pédicule.

Les uns font leurs nids dans la terre; les autres dans les trous du vieux bois, comme le *cémone unicolor* de Jurine, qui nourrit sa larve de pucerons (2).

LES CRABRONS. (CRABRO. Fab.)

Dont les antennes, pareillement insérées près de la bouche et filiformes ou en fuseau dans quelques-uns, sont très-brisées; dont les mandibules se terminent simplement en une pointe bifide ou échancrée; qui ont les palpes courts, presque égaux, et la languette presque entière.

---

(1) Latr. ibid.; Jur. gen. *apius ;* et Fab. Syst. Piez.

(2) Voyez Latr. Gen. Crust. et Insect. IV, p. 82-87.

Leur chaperon est souvent très-brillant, doré ou argenté. Quelques mâles sont remarquables par la dilatation en forme de palette, de truelle, ayant même l'apparence d'un crible, des jambes ou du premier article des tarses des deux pieds antérieurs.

La femelle d'une de ces espèces (*C. cribrarius*) approvisionne ses larves d'une pyrale qui vient sur le chêne. Les autres femelles les nourrissent avec des diptères, qu'elles empilent dans les trous où elles font leur ponte (1).

LES PHILANTHES. (PHILANTHUS. Fab.)

Dont nous ne séparons pas les *cerceris*, se distinguent des précédens par leurs antennes insérées au milieu de la face de la tête, à une distance sensible de la bouche, et terminées en massue ou plus grosses vers le bout. Les organes de la manducation ont beaucoup de rapports avec ceux des crabrons.

Les femelles creusent leurs nids dans le sable, et y mettent, pour nourrir leurs larves, des cadavres d'abeilles, d'andrènes et même de charansons (2).

La troisième famille des Hyménoptères porte-aiguillons,

Celle des DIPLOPTÈRES.

Est la seule de cette section qui nous offre des ailes supérieures doublées longitudinalement dans leur repos. Elle comprend le genre

---

(1) Latr. ibid.
(2) Latr. ibid.
(3) Latr. ibid.

DES GUÊPES (VESPA) de Linnæus.

Ces hyménoptères ont toujours les antennes plus épaisses vers leur extrémité, et coudées au second article; les yeux échancrés; le chaperon grand, souvent diversement coloré dans les deux sexes; les mandibules fortes et dentées; une pièce, en forme de languette, sous le labre; les mâchoires et la lèvre allongées; la languette communément divisée en trois parties, dont celle du milieu plus grande, en cœur, et les latérales étroites, allant en pointe; le premier segment du corselet arqué, avec les côtés élargis, en forme d'épaulette, et repliés en arrière, jusqu'à la naissance des ailes; et le corps glabre, ordinairement coloré de noir et de jaune ou de fauve. Les femelles et les neutres sont armés d'un aiguillon très-fort et venimeux. Plusieurs vivent en sociétés, composées de trois sortes d'individus.

Les larves sont vermiformes, sans pattes, et renfermées chacune dans une cellule, où elles se nourrissent tantôt de cadavres d'insectes, dont la mère les a approvisionnés au moment de la ponte, tantôt du miel des fleurs, du suc des fruits et de matières animales, élaborées dans l'estomac de la mère ou dans celui des mulets, et que ces individus leur fournissent journellement.

Les uns ont les antennes composées de douze à treize articles distincts, selon les sexes, et terminées en pointe; la languette, soit divisée en trois pièces, dont celle du milieu plus grande, en cœur, avec deux petites taches arrondies et glanduleuses à son extrémité, et les latérales étroites, pointues, ayant aussi chacune une tache semblable; soit composée de quatre filets longs et plumeux.

Tantôt les mandibules sont beaucoup longues que larges, rapprochees en devant, en forme de bec; la languette est étroite et allongée; le chaperon est presque en forme de cœur ou ovale, avec la pointe en avant et plus ou moins tronquée.

Ils vivent tous solitairement, et chaque espèce n'est composee que de *mâles* et de *femelles*. Ces derniers individus approvisionnent leurs petits avant leur naissance et pour tout le temps qu'ils seront en état de larve. Les nids de ces petits sont ordinairement formés de terre, et tantôt cachés dans les trous des murs, dans la terre, dans le vieux bois, et tantôt extérieurs et situés sur des plantes. La mère renferme dans chacun d'eux des chenilles ou d'autres larves qu'elle empile circulairement, quelquefois aussi des aranéides, après les avoir préalablement percées de son dard; ces cadavres servent de nourriture à la larve de la guêpe.

Les divers sous-genres compris dans cette division peuvent être réduits à deux :

Les Synagres. (Synagris. Lat. Fab.)

Dont la languette est divisée en quatre filets longs et plumeux, sans points glanduleux à leur extrémité. Les mandibules des mâles sont souvent très-grandes et en forme de cornes. Les espèces connues sont peu nombreuses et propres à l'Afrique (1).

Les Eumènes. (Eumenes. Lat. Fab.)

Où la languette est divisée en trois pièces, glanduleuses

---

(1) *Synagris cornuta*, Latr. Gener. Crust. et Insect. IV, p. 135; Fab. System. Piezat.; Drur. Insect. II, XLVIII, 3, le mâle;—*vespa calida*, Linn.—*v. hæmorrhoidalis*, Fab.

à leur extrémité, dont celle du milieu plus grande, évasée au bout, en forme de cœur, échancrée ou bifide.

L'abdomen des unes est ovoïde ou conique, et plus épais à sa base. Tels sont

Les *céramies* de Latreille, qui, par une exception singulière, ont toujours les ailes étendues et les palpes maxillaires très-petits, et de trois à quatre articles (1).

Les *ptérocheiles* de M. Klüg, remarquables par leurs mâchoires et leur lèvre très-longues, formant une espèce de trompe fléchie en dessous, et reconnaissables encore par leurs palpes labiaux hérissés de longs poils, et n'ayant que trois articles distincts (2).

Les *odynères* de Latreille, auxquels il réunit les *rygchies* de M. Spinola, où ces parties de la bouche sont beaucoup plus courtes, et dont les palpes labiaux sont presque glabres, avec quatre articles apparens.

La femelle d'une espèce de cette division (*Vespa muraria*. Lin.) Réaum. Mém. VI, XXVI, 1—10, pratique dans le sable ou dans les enduits des murs, un trou profond de quelques pouces, à l'ouverture duquel elle élève, en dehors, un tuyau d'abord droit, ensuite recourbé, et composé d'une pâte terreuse, disposée en gros filets contournés. Elle entasse, dans la cavité de la cellule intérieure, huit à douze petites larves du même âge, vertes, semblables à des chenilles, mais sans pattes, en les posant par lits les unes au-dessus des autres, et sous une forme annulaire. Après y avoir pondu un œuf, elle bouche le trou, et détruit l'échafaudage qu'elle avait construit (3).

---

(1) Latr. Consid. génér. sur l'ord. des Crust. et des Insect. p. 329; —*gnatho Lichtenstenii*, Klüg. nouv. genres de Piézat. tab. 1, 3.

(2) Panz. hymen. p. 145; ejusd. *vespa phalœrata*, Faun. Insect. Germ. XLVII, XXI.

(3) Voyez Latr. Gen. Crust. et Insect. IV, p. 139 et 136; plusieurs guêpes de Fabricius.

Dans les autres, l'abdomen a son premier anneau étroit et allongé en forme de poire, et le second en cloche, comme dans

Les Eumènes proprement dites, auxquelles on peut rapporter les *zèthes* (1) de Fab. et les *discœlies* (2) de Lat.

L'*E. étranglée.* (*E. coarctata.* Fab.) Panz. Faun. Insect. Germ. LXIII, XII, le mâle. Longue de cinq lignes, noire, avec des taches et le bord postérieur des anneaux de l'abdomen jaunes; le premier anneau en poire allongée, avec deux petits points jaunes; une bande oblique, de la même couleur, de chaque côté du second, qui est le plus grand de tous et en cloche.

La femelle construit sur les tiges des végétaux, et particulièrement des bruyères, avec de la terre très-fine, un nid sphérique, le remplit, suivant Geoffroi, de miel, et y dépose un œuf (3).

Tantôt les mandibules ne sont guères plus longues que larges, et ont une troncature large et oblique à leur extrémité; la languette est courte ou peu allongée; le chaperon est presque carré.

Ces espèces forment le genre

Des Guêpes proprement dites. (Vespa, Polistes. Lat.)

Elles sont réunies en sociétés nombreuses, composées de *mâles*, de *femelles* et de *mulets*. Les individus des deux dernières sortes font, avec des parcelles de vieux bois ou d'écorce, qu'ils détachent avec leurs mandibules, et qu'ils réduisent, en les délayant, en forme de pâte, de la nature du papier ou du carton, des gâteaux ou rayons ordinaire-

(1) Latr. ibid.
(2) Latr. ibid.
(3) Latr. ibid.

ment horizontaux, suspendus en dessus par un ou plusieurs pédicules, et qui ont au côté inférieur un rang d'alvéoles verticaux, en pyramides hexagonales et tronquées. Ces cellules servent uniquement à loger, et d'une manière isolée, les larves et les nymphes. Le nombre des gâteaux, composant le même nid ou le même guêpier, varie. Il est tantôt nu, tantôt enveloppé, avec une ouverture commune et extérieure, presque toujours centrale, et qui correspond quelquefois à une file de trous, pour la communication intérieure, si les gâteaux adhèrent aux parois de l'enveloppe, et soit en plein air, soit caché en terre ou dans des creux d'arbres. Sa figure est encore très-diversifiée, selon les espèces.

Les femelles le commencent seules, et pondent des œufs, d'où sortent des mulets ou des guêpes ouvrières, qui l'aident a agrandir le guêpier, ainsi qu'à élever les petits qui éclosent ensuite. Leur société n'est, jusqu'au commencement de l'automne, composée que de ces deux sortes d'individus. A cette époque paraissent les jeunes mâles et les jeunes femelles. Toutes les larves et les nymphes qui ne peuvent subir leur dernière métamorphose avant le mois de novembre, sont mises à mort et arrachées de leurs cellules par les mulets, qui périssent avec les mâles au retour de la mauvaise saison. Quelques femelles survivent, et deviennent au printemps les fondatrices d'une nouvelle colonie. Les guêpes se nourrissent d'insectes, de viandes ou de fruits, et alimentent leurs larves de l'extrait de ces substances. Ces larves qui, à raison de la situation inférieure des ouvertures de leurs cellules, s'y tiennent le corps renversé, ou la tête en bas, s'enferment et se font une coque, lorsqu'elles veulent passer à l'état de nymphe. Les mâles ne travaillent point.

Dans plusieurs espèces, la portion du bord interne des mandibules qui est au-delà de l'angle, et qui le termine, est plus courte que celle qui précède cet angle; le milieu du devant du chaperon s'avance en pointe. Ces espèces forment le genre *poliste* de Latreille et de Fabricius (1).

Tantôt l'abdomen ressemble, par la forme de ses deux premiers anneaux, à celui des eumènes proprement dites. Telle est

La *Guêpe tatua.* (*Polistes morio.* Fab.) Cuv. Bull. de la Soc. philom., n°. 8; Lat. Gen. Crust. et Insect. I, XIV, 5. Elle est entièrement d'un noir luisant. Son nid a la forme d'un cône tronqué, comme celui de la guêpe cartonnière; mais il est d'un carton plus grossier, plus grand, avec le fond plat et percé à l'un des côtés. A Cayenne.

Tantôt l'abdomen a une forme ovalaire ou elliptique. Tel est celui de

La *Guêpe des arbustes* (*Vespa gallica.* Lin.) Panz. Faun. Insect. Germ. XLIX, XXII, un peu plus petite que la guêpe commune; noire; chaperon, deux points sur le dos du corselet, six lignes à l'écusson, deux taches sur le premier et sur le second anneaux de l'abdomen, leur bord supérieur, ainsi que celui des autres, jaunes; abdomen ovalaire, brièvement pédiculé. Son guêpier a la forme d'un petit bouquet étagé, composé de vingt à trente cellules, dont les latérales plus petites. Il est ordinairement fixé sur une branche d'arbuste.

Tantôt encore l'abdomen des polistes est ovoïde ou conique, comme dans

La *Guêpe cartonnière.* (*Vespa nidulans.* Fab.) Réaum. Insect. VI, XX, 1, 3, 4; XXI, 1; XXII—XXIV. Petite, d'un noir soyeux, avec des taches et le bord postérieur des anneaux de l'abdomen jaunes. Son nid, suspendu aux branches d'arbres, par un anneau, est composé d'un carton très-fin, et a la forme d'un cône tronqué. Les

(1) Latr. Gen. Crust. et Insect. IV, p. 141.

gâteaux, dont le nombre augmente avec la population et donne quelquefois au guêpier une grandeur considérable, sont circulaires, mais concaves en dessus et convexes en dessous, ou en forme d'entonnoir, et percés d'un trou central. Ils sont fixés aux parois intérieures de l'enveloppe par toute leur circonférence. L'inférieur est uni en dessous, ou n'a point de cellules; son ouverture sert d'issue ou de porte. A mesure que la population s'accroît, ces guêpes construisent un nouveau fond, et garnissent de cellules la surface inférieure du précédent.

Les autres guêpes ont la portion supérieure du bord interne de leurs mandibules, celle qui vient après l'angle, aussi longue ou plus longue que l'autre partie de ce bord; le milieu du bord antérieur de leur chaperon est largement tronqué, avec une dent de chaque côté. Leur abdomen est toujours ovoïde ou conique. Elles comprennent le genre des *guêpes* propres de Latreille (1).

La *Guêpe frélon* (*Vespa crabro.* Lin.) Réaum. Insect. VI, XVIII, long d'un pouce; tête fauve, avec le devant jaune; corselet noir, tacheté de fauve; anneaux de l'abdomen d'un brun noirâtre, avec une bande jaune, marquée de deux ou trois points noirs au bord postérieur. Elle fait son nid dans des lieux abrités, comme dans les greniers, les trous des murs, et dans les troncs d'arbres. Il est arrondi, composé d'un papier grossier et couleur de feuille morte. Les rayons, ordinairement en petit nombre, sont attachés les uns aux autres par des colonnes ou des piliers, dont celui du milieu est beaucoup plus épais. L'enveloppe est généralement épaisse et friable. Cette espèce dévore les autres insectes et particulièrement les abeilles, dont elle vole aussi le miel.

La *Guêpe commune* (*Vespa vulgaris.*) Réaum. ibid. XIV, 1—7, longue d'environ huit lignes. Noire, devant

---

(1) Latr. Gen. Crust. et Insect. IV, p. 142.

de la tête jaune, avec un point noir au milieu; plusieurs taches jaunes sur le corselet, dont quatre à l'écusson; une bande jaune, avec trois points noirs au bord postérieur des anneaux.

Elle fait, dans la terre, un nid analogue à celui de la guêpe frélon, mais composé d'un papier plus fin, et dont les rayons sont plus nombreux. Les piliers qui les soutiennent sont egaux. Son enveloppe est formée de plusieurs couches, disposées par bandes, et se recouvrant successivement par leurs bords.

Une autre espèce de guêpe (*media.* Lat.), d'une taille intermédiaire entre celles des deux précédentes, fait un nid semblable, mais qu'elle attache aux branches des arbres.

Les autres diploptères ont les antennes terminées en bouton ou en massue très-obtuse et arrondie au bout; elles n'offrent que huit à dix articles bien distincts; la languette est composée de deux filets très-longs, avec la base molle, en forme de tube cylindrique, les recevant dans la contraction et retirée alors dans la gaîne du menton.

Les quatre palpes sont très-courts; les maxillaires n'ont que trois à quatre articles; les labiaux en ont trois.

Fabricius a d'abord réuni ces insectes dans un seul genre, celui des

MASARIS. (MASARIS.)

Dont Latreille a détaché depuis les *célonites.* Les antennes de ceux-ci sont à peine plus longues que la tête; leur huitième article forme avec les derniers un bouton globuleux. Ces hyménoptères se tiennent accrochés aux plantes, avec les ailes rejetées sur les côtés. Leur corps se met en boule (1).

Les *masaris* proprement dits (2) ont les antennes plus

---

(1) Latr. Gen. Crust. et Insect. IV, p. 144; Jur. hymen. pl. X, gen. 17. Fab. Syst. Piezat.

(2) Latr. ibid.; Coqueb. Illust. Icon. Insect. Dec. II, XV, mâle.

longues et terminées en une massue formée par le huitième et dernier article. L'abdomen est plus allongé que celui des célonites.

On ne connoît qu'un petit nombre d'espèces particulières au midi de l'Europe et au nord de l'Afrique.

La quatrième et dernière famille des Hyménoptères porte-aiguillons,

Celle des Mellifères. (Anthophila. Lat.)

Nous offre, dans la propriété qu'ont les deux pieds postérieurs, celle de ramasser le pollen des étamines, un caractère unique et qui la distingue de toutes les autres familles d'insectes; le premier article des tarses de ces pieds est très-grand, fort comprimé, en palette carrée ou en forme de triangle renversé.

Leurs mâchoires et leur lèvre sont ordinairement fort longues et composent une sorte de trompe. La languette a le plus souvent la figure d'un fer de lance ou d'un filet très-long, et dont l'extrémité est soyeuse ou velue. Les larves vivent exclusivement de miel et de la poussière fécondante des étamines. L'insecte parfait ne se nourrit lui-même que du miel des fleurs.

Ces hyménoptères embrassent le genre

DES ABEILLES (APIS) de Linnæus.

Que je diviserai en deux subdivisions. La première ou celle

DES ANDRENÈTES. (ANDRENETÆ. Lat.)

A la division intermédiaire de la languette en forme de cœur ou de fer de lance, plus courte que sa gaîne, et pliée en dessus dans les unes, presque droite dans les autres. Elle se compose du genre des *pro-abeilles* de Réaumur et de De Géer; ou des *andrènes* de Fabricius et des *melittes* de M. Kirby (1).

Ces insectes vivent solitairement et n'offrent que deux sortes d'individus, des mâles et des femelles. Leurs mandibules sont simples ou terminées au plus par deux dentelures; les palpes labiaux ressemblent aux maxillaires; ceux-ci ont toujours six articles. La languette est divisée en trois pièces, dont les deux latérales très-courtes, en forme d'oreillettes. La plupart des femelles ramassent avec les poils de leurs pieds postérieurs la poussiere des étamines, et en composent avec un peu de miel, une pâtée, pour nourrir leurs larves. Elles creusent dans la terre, et souvent dans les lieux battus, sur les bords des chemins ou des champs, des trous assez profonds, où elles placent cette pâtée avec un œuf, et ferment ensuite l'ouverture avec de la terre.

Nous partagerons cette subdivision en deux sous-genres.

LES HYLÉES. (HYLÆUS. Fab.—PROSOPIS. Jur.)

Qui ont la division moyenne de la languette évasée à son extrémité, presque en forme de cœur, et doublée dans le repos.

Les uns ont le corps glabre et le second et le troisième

---

(1) *Monog. apum Angliæ*, excellent ouvrage.

article des antennes presque de la même longueur. N'ayant point de poils, ils ne recueillent point de pollen, et paraissent déposer leurs œufs dans les nids des autres hyménoptères de cette famille. Ce sont les *hylées* proprements dits de Latreille et de Fabricius (1).

Les autres ont le corps velu, avec le troisième article des antennes plus long que le second. Les femelles font des récoltes sur les fleurs. Latreille les distingue sous le nom générique de *collète*. Telle est

Notre *Hylée glutineux* (*Apis succincta*. Lin.), ou l'*abeille dont le nid est fait d'espèces de membranes soyeuses*, de Réaumur, Ins. VI, XII; petite, noire, avec des poils blanchâtres; ceux du corselet roussâtres; abdomen ovoïde; bord posterieur de ses anneaux couvert d'un duvet blanc, formant des bandes. Le mâle (*evodia calendarum*, Panz.) a les antennes plus longues. La femelle fait dans la terre un trou cylindrique, dont elle enduit les parois d'une liqueur gommeuse qu'on peut comparer à la bave visqueuse et luisante que les limaçons laissent sur les lieux de leur passage. Elle y place ensuite bout à bout et dans une file des cellules composées de la même substance, d'une forme analogue à celle d'un dé à coudre et renfermant chacune un œuf et de la pâtée (2).

Le second sous-genre,

Celui des ANDRÈNES. (ANDRENA. Fab.)

Se distingue du précedent par la figure en fer de lance de la languette.

Dans les unes, cette languette se replie sur le côté supérieur de sa gaîne, comme dans les *andrènes* proprement dites (3), et les *dasypodes* de Latreille (4). Les femelles

(1) Latr. Gen. Crust. et Insect. IV, p. 149.

(2) Ibid.

(3) Latr. Gen. Crust. et Insect. IV, p. 150.

(4) Ibid.

des dernières ont le premier article des tarses postérieurs fort long, hérissé de longs poils, en forme de plumaceau.

Dans les autres, la languette est droite ou un peu courbée en dessous à son extrémité. Tels sont les *sphécodes* (1), les *halictes* (2) et les *nomies* (3) de ce naturaliste.

Les sphécodes mâles ont des antennes noueuses; leur languette, ainsi que celle des femelles, est presque droite, à divisions presque également longues; celle du milieu est beaucoup plus longue dans les halictes et dans les nomies. Les femelles des halictes ont à l'extrémité postérieure de leur abdomen une fente longitudinale. Les cuisses et les jambes des pieds sont renflées ou dilatées dans les nomies mâles.

L'*Andrène des murs* (*Andrena flessæ*. Panz. Faun. Ins. Germ. LXXXV, XV.) Réaum. Insect. VI, VIII, 2, longue de six lignes; des poils blancs sur la tête, le corselet, les bords latéraux des derniers anneaux de l'abdomen et aux pieds; abdomen d'un noir bleuâtre; ailes noires, avec une teinte violette. La femelle creuse, dans les enduits de sable gras, des trous, au fond desquels elle dépose un miel de la couleur et de la consistance du cambouis, et d'une odeur narcotique. Commune dans nos environs.

La seconde tribu des Hyménoptères mellifères,

Celle des Apiaires. (Apiariæ. Lin.)

Comprend les espèces dont la division moyenne de la languette est aussi longue au moins que le menton ou sa gaîne tubulaire, et en forme de filet ou de soie. Les mâ-

(1) Ibid.

(2) Ibid.

(3) Ibid.

choires et la lèvre sont très-allongées et forment une sorte de trompe coudée et repliée en dessous, dans l'inaction.

Les deux premiers articles des palpes labiaux ont, le plus souvent, la figure d'une soie écailleuse, comprimée, et qui embrasse les côtés de la languette; les deux autres sont très-petits; le troisième est communément inséré près de l'extrémité extérieure du précédent, qui se termine en pointe.

Les unes vivent solitaires; les pieds postérieurs de leurs femelles n'ont ni duvet soyeux (*la brosse*) à la face interne du premier article de leurs tarses (*la corbeille*), ni d'enfoncement particulier au côté extérieur de leurs jambes; ce côté, ainsi que le même du premier article des tarses, sont le plus souvent garnis de poils nombreux et serrés.

Tantôt le second article des tarses postérieurs des femelles est inséré au milieu de l'extrémité du précédent; l'angle extérieur et terminal de celui-ci ne paraît point dilaté ou plus avancé que l'intérieur, dans les sous-genres suivans.

Dans ces apiaires on peut encore séparer les espèces dont les mandibules sont petites, étroites, arquées, crochues, avec une dentelure au plus et située sous la pointe. Leur labre membraneux ou coriace est en demi-ovale et transversal, ou triangulaire. Les divisions latérales de la languette sont en forme de soie, souvent allongée. Tels sont

Les Panurges. (Panurgus. Panz.)

Dont les pieds postérieurs sont garnis de poils, servant à la récolte du pollen. La tige des antennes, à prendre du troisième article, forme dans les femelles une sorte de fuseau, ou de massue allongée, presque cylindrique, amincie vers sa base.

Par la longueur et la composition de leurs palpes maxillaires, souvent même par la forme des labiaux, et par les habitudes, ces apiaires se rapprochent des andrènes.

Nous réunirons aux panurges les *rophites* (1) de M. Spinola, et les *systrophes* (2) d'Illiger. Les mâles de ces dernières apiaires ont l'extrémité de leurs antennes roulée sur elle-même. Les panurges (3) proprement dites n'ont point de dentelure aux mandibules. Celles des rophites et des systrophes en ont une sous celle qui forme la pointe; mais les antennes des rophites ne sont point recoquillées.

LES NOMADES. (NOMADA. Fab.)

Qui ne ramassent point le pollen des fleurs et déposent leurs œufs dans les nids des autres mellifères, et dont les antennes sont filiformes dans les deux sexes.

Il y en a dont le corps est velu par places, et dont les divisions latérales de la languette sont au moins aussi longues que les palpes labiaux, comme dans les eucères. On a formé, avec ces espèces, les genres *melecte* (4), *crocise* (5) et *oxée* (6). Les palpes maxillaires manquent dans les oxées. Ceux des crocises ont trois articles; on en compte six à ceux des melectes.

Les autres espèces de nomades ont le corps ras ou simplement pubescent; les divisions latérales de la languette sont beaucoup plus courtes que les palpes labiaux. Elles composent les genres : *nomade* proprement dit (7), *épéole* (8),

---

(1) Insect. Ligur.

(2) Latr. Gen. Crust. et Insect. IV, p. 156.

(3) Latr. art. *panurge*, Encycl. méth.

(4) Latr. Gen. Crust. et Insect. IV, p. 172.

(5) Latr. ibid.

(6) Oliv. art. *oxée*, Encycl. méth.

(7) Latr. Gen. Crust. et Insect. IV, p. 169. Oliv. Encycl. meth. art. *nomade*. La *nomade à antennes rousses* (*apis ruficornis*, Linn.; Panz. Faun. Insect. Germ. LV, XVIII), de notre Tableau élémentaire de l'Histoire des animaux, est de cette division.

(8) Latr. ibid.; notre *nomade variée* (*apis variegata* Linn.; Panz. ibid. LXI, XX), ibid. de cette division.

pasite (1), *philérème* (2) et *ammobate* (3). Le labre est court et presque en demi-ovale dans les trois premiers. Les palpes maxillaires des nomades proprement dits ont six articles; on n'en distingue que quatre à ceux des pasites, et qu'un seul à ceux des épéoles. Le labre des philérèmes et des ammobates est en forme de triangle allongé et tronqué. Ici les palpes maxillaires ont six articles; là, ou dans les philérèmes, ils n'en ont que deux.

Les autres apiaires, où, comme dans les précédens, le premier article des tarses postérieurs n'est point dilaté à l'angle extérieur de son sommet, diffèrent de celles que nous venons de voir, par leurs mandibules fortes, souvent sillonnées, tantôt triangulaires, très-dentées ou incisives, tantôt très-avancées et en pince. Le labre est carré, souvent même très-long dans les uns, transversal et presque corné dans les autres. Les divisions latérales de la languette ne forment qu'une petite écaille. Presque toutes les femelles ramassent le pollen des fleurs, et le plus souvent avec un duvet soyeux qui garnit le dessous de leur ventre. Beaucoup emploient, dans la construction de leurs nids, des parties de végétaux ou le maconnent. Les mâles ont ordinairement les deux pieds antérieurs arqués, ciliés, propres à embrasser et à retenir leurs femelles dans l'accouplement, qui a lieu sur les plantes ou durant leur vol. L'extrémité de leur abdomen est souvent courbé en dessous et terminé par des dentelures. Leurs antennes sont renflées vers le bout dans plusieurs.

Ces apiaires forment deux sous-genres :

LES MÉGACHILES. (MEGACHILE. Lat. — ANTHOPHORA. Fab.)

Qui ont un labre en forme de quadrilatère ou de paral-

(1) Latr. ibid.

(2) Latr. ibid.

(3) Latr. ibid.

lélogramme, crustacé au plus, et tombant perpendiculairement entre les mandibules.

Les unes ont le labre fort allongé ou en carré long, et les palpes maxillaires composés tout au plus de quatre articles.

La plupart des femelles ont une brosse soyeuse sous l'abdomen; les autres n'ont point d'instrument pour récolter le pollen, et font leur ponte dans les nids des autres insectes de cette famille, et ont de l'affinité avec les nomades.

Plusieurs mégachiles de cette division ont le corps simplement ovale ou oblong; la longueur du second article de leurs palpes labiaux ne surpasse pas sensiblement celle du premier. On a formé de ces espèces les genres : *cœlioxyde* (1), *mégachile* proprement dit (2), *osmie* (3), *anthidie* (4), et celui de *stélide* (5). Dans les deux premiers, les femelles, ou quelquefois les deux sexes, ont l'abdomen soit conique, soit triangulaire et plat en dessus. Leurs palpes maxillaires n'ont jamais que deux articles. Les cœlioxydes n'ont point de brosse soyeuse au ventre. Leurs mandibules sont proportionnellement moins robustes que celles des suivans. Leur écusson est souvent échancré ou épineux. Ce sont des apiaires parasites. Les femelles des *mégachiles* proprement dites de Latreille ont les mandibules très-fortes, avec le dessous de l'abdomen très-soyeux.

La *M. des murs* (*Xylocopa muraria.* Fab.) Réaum. Insect. VI, VII, VIII, 1—8, une des plus grandes de ce genre. La femelle est noire, avec les ailes d'un noir violet; le mâle est couvert de poils roussâtres, avec les derniers anneaux noirs. La femelle construit son nid

(1) Latr. Gen. Crust. et Insect. IV, pag. 166.

(2) Latr. ibid.

(3) Latr. ibid. et art. *osmie* de l'Encycl. méth.

(4) Latr. ibid. et Annal. du Mus. d'Hist. nat.

(5) Latr. ibid.

avec de la terre très-fine, dont elle forme un mortier; elle l'applique sur les murs exposés au soleil ou contre des pierres. Il devient très-solide et ressemble à une motte de terre. Son intérieur renferme douze à quinze cellules, dans chacune desquelles elle dépose un œuf et de la pâtée. L'insecte parfait éclot au printemps de l'année suivante.

Une autre espèce très-voisine de la précédente (*Apis sicula.* Ross.) donne au sien la forme d'une boule, et le place sur des branches de végétaux.

D'autres mégachiles, nommées par Réaumur *abeilles coupeuses de feuilles,* emploient dans la construction de leurs nids, des portions parfaitement ovales ou circulaires de feuilles, qu'elles entaillent, au moyen de leurs mandibules, avec autant de promptitude que de dextérité. Elles les emportent dans les trous droits et cylindriques qu'elles ont creusés dans la terre et quelquefois dans les murs, ou le tronc pourri des vieux arbres; elles tapissent avec ces portions de feuilles le fond de la cavité, en forment une cellule qui a la figure d'un dé à coudre, y mettent la provision mielleuse dont la larve doit se nourrir, y pondent un œuf, et la ferment avec un couvercle, plat ou un peu concave, et pareillement de portion de feuille. Elles font une nouvelle cellule, et de la même manière, au-dessus de la première, puis une troisième, et ainsi de suite, jusqu'à ce que le trou soit plein. De ce nombre est

La *M. du rosier* (*Apis centuncularis.* Lin.) Réaum. Insect. VI, x, longue d'environ six lignes, noire avec un duvet d'un gris fauve; de petites taches blanches et transverses sur les côtés supérieurs de l'abdomen, et son dessous garni de poils fauves. Le mâle est décrit par Linnæus, comme une autre espèce, sous le nom de *lagopoda*.

D'autres espèces analogues coupent des feuilles de chênes, d'ormes, de ronces, pour le même but. Les femelles de celles avec lesquelles on a formé les genres *osmie*, *anthidie* et *stelide* ont l'abdomen en demi-ovale et convexe en dessus.

Les osmies ont les palpes maxillaires de quatre articles, ou de trois au moins bien distincts. Les unes sont maçonnes et ont souvent deux ou trois cornes sur le chaperon qui paraissent leur être de quelque usage dans la construction de leurs nids. Elles les cachent dans la terre, les fentes des murs, dans des trous de portes, de vieux bois, quelquefois même dans des coquilles d'hélix, et y emploient du mortier. Elles sont généralement velues et printanières. Les mâles ont ordinairement les antennes assez longues. D'autres coupent des pétales de fleurs et en font des cellules à la manière des coupeuses de feuilles. L'abeille *tapissière* de Réaumur compose les siennes de portions de pétales de coquelicot, et quelquefois de navette. D'autres s'établissent dans les galles des arbres.

Les anthidies (1), dont les palpes maxillaires n'ont qu'un seul article, arrachent le duvet cotonneux de quelques plantes, pour former le nid de leur postérité.

Les stélides (2) qui ont deux articles aux mêmes palpes, et dont le corps est presque ras, choisissent, dans un dessein semblable, les trous du vieux bois.

Telle est aussi la manière de vivre des mégachiles à corps étroit, cylindrique ou linéaire, dont le second article des palpes est beaucoup plus long que le premier, espèces qui composent le genre *hériade* (3) de M. Spinola et celui de *chelostome* (4) de Latreille. Dans le premier, les mandibules des deux sexes présentent peu de différence. Mais celles des mâles des chelostomes sont très-avancées et fourchues, ou en pince.

---

(1) Latr. Ann. du Mus. d'Hist. nat. tom. 13.

(2) Latr. Gen. Crust. et Insect. IV, p. 163.

(3) Insect. Ligur.; Latr. ibid.

(4) Latr. ibid.

Les autres mégachiles ont le labre carré, presque aussi long que large, et les palpes maxillaires composés de six articles. Telles sont les *cératines* (1) de Latreille. Leur corps est presque ras, allongé, avec les pieds velus.

Le second sous-genre de cette division est celui

Des Xylocopes. (Xylocopa. Lat. Fab.)

Appelées communément *abeilles perce-bois, menuisières*, etc. Leur labre est très-dur, corné ou écailleux, transversal, échancré et cilié en devant. Elles ont de grands rapports avec les mégachiles, et plus particulièrement avec celles de la division des osmies. Elles ressemblent à de gros bourdons. Leur corps est ordinairement noir, quelquefois couvert en partie d'un duvet jaune, avec les ailes souvent colorées de violet, de cuivreux ou de vert, et brillantes. Le mâle, dans plusieurs espèces, diffère beaucoup de la femelle. Les antennes sont brisées. Les mandibules ont des sillons et sont terminées par deux ou trois dentelures: Les palpes maxillaires ont six articles. L'abdomen n'a point de brosse soyeuse.

La *X. violette* (*Apis violacea*. Lin.) Réaum. Insect. VI, v, vi, longue de près d'un pouce, noire, avec les ailes d'un noir violet; un anneau roussâtre au bout des antennes du mâle. La femelle creuse dans le vieux bois sec et exposé au soleil un canal vertical, assez long, parallèle à la surface du corps qu'elle a choisie, et divisé en plusieurs loges, par des cloisons horizontales formées avec de la rapure de bois agglutinée Elle dépose successivement, dans chacune d'elles, en commençant par l'inférieure, un œuf et de la pâtée. Elle creuse quelquefois jusqu'à trois canaux dans le même morceau de bois.

---

(1) Latr. ibid.

Ces apiaires se trouvent plus particulièrement dans les pays chauds (1).

Tantôt dans d'autres apiaires, qui vivent encore solitairement, l'insertion du second article de leurs tarses postérieurs paraît être plus rapprochée de l'angle interne de l'extrémité de l'article précédent que de son angle extérieur, celui-ci étant plus avancé.

Ces apiaires peuvent être com ris dans deux sous-genres. Celui

DES EUCÈRES. (EUCERA. Scop. Fab.)

Qui n'ont au plus qu'une dentelure au côté interne des mandibules, et dont les palpes maxillaires sont composés de cinq à six articles.

Ces insectes volent avec beaucoup de rapidité de fleur en fleur et toujours en bourdonnant. Plusieurs mâles ont au premier et dernier article des tarses intermediaires un faisceau de poils; d'autres sont distingués de l'autre sexe, soit par leurs longues antennes, soit par un épaississement plus remarquable des deux cuisses de la seconde paire de pieds ou par celui des deux dernières. L'extrémité antérieure de leur tête est souvent colorée de jaune ou de blanc. Les femelles ont souvent les jambes et le premier article des tarses des pieds postérieurs très-garnis extérieurement de poils. Elles font leur nid, soit dans la terre, soit dans les fentes des vieux murs. Plusieurs choisissent de préférence les terrains coupés à pic et qui sont exposés au soleil. Les cellules où elles pondent, sont composées de terre, en forme de dés à coudre, ainsi que celles de beaucoup de mégachiles, et très-lisses en dedans. Elles en bouchent l'entrée avec la même matière.

Les espèces dont les deux divisions latérales de la lan-

---

(1) Latr. Gen. Crust. et Insect. IV, p. 158. Fabricius en a confondu plusieurs espèces avec les *bourdons* (*bombus*).

guette sont aussi longues que les palpes labiaux, en forme de soie, et dont les mâles ont de longues antennes, forment le genre proprement dit des *eucères*. M. Spinola en a détaché génériquement, sous le nom de *macrocère*, les espèces dont les palpes maxillaires n'ont que cinq articles distincts, et qui n'ont que deux cellulles cubitales aux ailes supérieures.

L'*E. longicorne* (*Apis longicornis*. Lin.) Panz. Faun. Insect. Germ. Fasc. LXIV, XXI, le mâle; LXXVIII, XIX, et LXIV, XVI, la femelle. Le mâle est noir, avec le labre et l'extrémité antérieure de la tête jaunes; son dessus, le corselet et les deux premiers anneaux de l'abdomen sont couverts d'un duvet roussâtre. Les antennes sont noires et un peu plus longues que le corps. La femelle a les antennes courtes; les mâchoires et la lèvre forment à leur base une petite saillie; l'abdomen a des raies grises : l'anus est roussâtre. Elle paraît dès les premiers jours du printems (1).

Les autres eucères ont les deux divisions latérales de la languette beaucoup plus courtes que les palpes labiaux. Les antennes des mâles sont quelquefois en massue, comme dans le genre *melliturge* (2) de Latreille. Elles sont toujours filiformes ou à peine plus grosses vers le bout dans les *anthophores* (3) de Latreille ou les *mégilles* de Fabricius. Les *saropodes* (4) du premier n'ont que cinq articles aux palpes maxillaires, et les palpes labiaux se terminent d'une manière continue, en une pointe formée par les deux derniers articles.

L'*anthophore pariétine* de Latreille (*Annal. du Mus.*

---

(1) Voyez pour les autres espèces Fab. et Latr. Gen. Crust. et Insect. IV, p. 173.

(2) Latr. ibid.

(3) Latr. ibid.

(4) Latr. ibid.

d'Hist. nat. tom. 3) fait son nid dans les murs ; elle élève à son entrée un tuyau perpendiculaire et un peu courbé, composé de grains de terre. Sa ponte achevée, elle le détruit ou l'emploie peut-être pour boucher l'entrée du nid. L'autre sous-genre de cette division, celui

DES CENTRIS. (CENTRIS. Fab.)

A plusieurs dentelures au côté interne des mandibules. Les palpes maxillaires n'ont au plus que quatre articles, ou en manquent même tout-à-fait.

Les espèces de ce sous-genre ne se trouvent qu'en Amerique.

Les *centris* proprement dits (1) ont quatre articles aux palpes maxillaires. Il n'y en a qu'un à ceux des *épicharis* (2) de M. Klüg. Enfin les palpes ont disparu dans ses *acanthopes* (3).

Les dernières apiaires vivent en société, composée de *mâles*, de *femelles*, et d'une quantité considérable de *mulets* et d'*ouvrières;* les pieds postérieurs de ces derniers individus ont à la face externe de leurs jambes (*la palette*), un enfoncement lisse (*la corbeille*), où ils placent une pelotte de pollen, qu'ils ont recueilli avec le duvet soyeux, ou la brosse, dont la face interne du premier article des tarses (*la pièce carrée*) des mêmes pieds est garnie.

Les palpes maxillaires sont très-petits et formés d'un seul article. Les antennes sont coudées.

Tantôt les jambes postérieures sont terminées par deux épines, comme dans

LES EUGLOSSES. (EUGLOSSA. Lat. Fab.)

Dont le labre est carré, et qui ont la fausse trompe de la

---

(1) Latr. Gen. Crust. et Insect. IV, p. 177.

(2) Latr. ibid.

(3) Latr. ibid.

longueur du corps, avec les palpes labiaux terminés en une pointe (1) formée par les deux derniers articles.

LES BOURDONS. (BOMBUS. Lat. Fab.)

Où le labre est transversal, qui ont la fausse trompe notablement plus courte que le corps, et le second article des palpes labiaux terminé en pointe, portant sur le côté extérieur les deux autres.

On désigne communément sous ce nom, les mâles de notre abeille domestique. Mais les insectes dont il s'agit ici ont le corps beaucoup plus gros, plus arrondi, et chargé de poils, souvent distribués par bandes diversement colorées. Ils sont bien connus des enfans, qui les privent souvent de la vie pour avoir le miel renfermé dans leur corps et le sucer. Ils vivent dans des habitations souterraines, reunis en société de 50 à 60 individus, ou quelquefois de 200 à 300, qui finit aux approches de l'hiver. Elle se compose de *mâles*, distingués par la petitesse de leur taille, leur tête moins forte, leurs mandibules plus étroites, terminées par deux dents, et barbues, ainsi que très-souvent par des couleurs différentes; de *femelles* qui sont plus grandes que les autres individus, et dont les mandibules, ainsi que celles des *mulets* ou des *ouvrières*, c'est-à-dire de la troisième sorte d'individus, sont en forme de cuiller; les ouvrières sont d'une taille intermédiaire, entre les deux autres. Réaumur cependant en distingue deux variétés; les unes plus fortes et de grandeur moyenne, et les secondes plus petites, et qui lui ont paru plus vives et plus actives. M. Huber fils a vérifié ce fait. Suivant lui, plusieurs des ouvrières qui naissent au printems s'accouplent au mois de juin avec des mâles provenus de leur mère commune, pondent bientôt après, mais ne mettent au jour que des individus de ce dernier sexe; ceux-ci féconderont les femelles ordinaires ou tardives, celles qui

(1) Latr. ibid. Espèces propres à l'Amérique méridionale.

ne paraissent que dans l'arrière-saison, et qui doivent, au printems de l'année suivante, jeter les fondemens d'une nouvelle colonie. Tous les autres individus, sans en excepter les petites femelles, périssent.

Celles des femelles ordinaires qui ont échappé aux rigueurs de l'hiver, profitent des premiers beaux jours pour faire leur nid. Une espèce (*Apis lapidaria*) s'établit à la surface de la terre, sous des pierres; mais toutes les autres le placent dans la terre, et souvent à un ou deux pieds de profondeur, et de la manière que nous allons exposer. Les prairies, les plaines sèches et les collines sont les lieux qu'elles choisissent. Ces cavités souterraines d'une étendue assez considérable, plus larges que hautes, sont en forme de dôme; leur voûte est construite avec de la terre et de la mousse, cardée par ces insectes, et qu'ils y transportent brin par brin, en y entrant à reculons. Une calotte de cire brute et grossière en revêt les parois intérieures. Tantôt une simple ouverture ménagée au bas du nid sert de passage; tantôt un chemin tortueux, couvert de mousse, et long d'un à deux pieds conduit à l'habitation. Le fond de son intérieur est tapissé d'une couche de feuilles, sur laquelle doit reposer le couvain. La femelle y place d'abord des masses de cire brune, irrégulières, mammelonées, que Réaumur nomme la *pâtée*, et qu'il compare, à raison de leurs figures et de leurs couleurs, à des truffes. Leurs vides intérieurs sont destinés à renfermer les œufs et les larves qui en proviennent. Ces larves y vivent en société, jusqu'au moment où elles doivent se changer en nymphes; elles se séparent alors et filent des coques de soie, ovoïdes, fixées verticalement les unes contre les autres; la nymphe y est toujours dans une situation renversée, ou la tête en bas, comme le sont, dans leur coque, les femelles de l'abeille ordinaire; aussi ces coques sont-elles toujours percées à leur partie inférieure, lorsque l'insecte parfait en est sorti. Réaumur dit que les larves vivent de la cire qui forme leur logement; mais dans l'opinion de M. Huber, elle les garantit simplement du froid et de l'humidité, et la nourriture de ces larves consiste dans une provision assez grande de pollen, humecté d'un peu de miel, que les ouvrières ont soin de leur fournir; lorsqu'elles l'ont épuisée, elles percent à cet effet le couvercle de leurs cellules, et les referment ensuite. Elles les agrandissent même, en leur ajoutant une nouvelle pièce, lorsque ces larves, ayant pris de la croissance, sont trop à l'étroit. On trouve, en outre, dans ces nids, trois à quatre petits corps composés de cire brune ou de la même matiere que la pâtée, en forme de gobelets ou de petits pots presque cylindriques, toujours ouverts, plus ou moins remplis d'un bon miel. Les places qu occupent les réservoirs à miel ne sont pas constantes. On a dit que les ouvrières fesaient servir au même usage les coques vides. Mais le fait me paraît douteux, ces coques étant d'une matière soyeuse et percées inférieurement.

Les larves sortent des œufs quatre à cinq jours après la ponte, et achèvent leurs métamorphoses dans les mois de mai et de juin. Les ouvrières enlèvent la cire du massif qui embarrasse leur coque, pour faciliter leur sortie. On avait cru qu'elles ne donnaient que des ouvrières; mais nous avons vu plus haut, qu'il en sort aussi des mâles, et nous en avons indiqué les fonctions. Ces ouvrières aident la femelle dans ses travaux. Le nombre des coques qui servent d'habitation aux larves et aux nymphes s'accroît, et elles forment des gâteaux irréguliers, s'élevant par étages, sur les bords desquels on distingue surtout la matière brune que Réaumur nomme pâtée. Suivant M. Huber, les ouvrières sont très-friandes des œufs que la femelle pond, et entr'ouvrent même quelquefois, en son absence, les cellules où ils sont renfermés, pour sucer la matière laiteuse qu'ils contiennent; fait bien extraordinaire, puisqu'il semble démentir l'attachement connu des ouvrières pour le germe de la race dont elles sont les gardiennes et les tutrices. La cire qu'elles produisent a, d'après le même observateur, la même origine que celle de l'abeille domestique, ou n'est qu'un miel élaboré, et qui transsude aussi par quelques-uns des intervalles des anneaux de l'abdomen. Plusieurs femelles vivent en bonne intelligence sous le même toit et ne se témoignent point de l'aversion Elles s'accouplent hors de leur demeure, soit dans l'air, soit sur des plantes, où je les ai vues quelquefois ainsi réunies. Les femelles sont bien moins fécondes que celles de l'abeille domestique. On trouve communément dans nos environs les espèces suivantes :

Le *B. des mousses* (*Apis muscorum.* Lin.) Réaum. Insect. VI, II, I, 2, 3, jaunâtre ; poils du corselet fauves. Mêmes couleurs dans tous les individus.

Le *B. des pierres* (*Apis lapidaria.* Lin.) Réaum. ibid. I, 1-4. La femelle est noire, avec l'anus rougeâtre et les ailes incolores. Le mâle (*Bombus arbustorum.* Fab.) a le devant de la tête et les deux extrémités du corselet jaunes. L'anus est rouge, ainsi que dans l'individu précédent. Cette espèce fait son nid sous des tas de pierres.

Le *B. souterrain* (*Apis terrestris.* Lin.) Réaum. ibid. III, I, noir, avec l'extrémité postérieure du corselet et la base de l'abdomen jaunes; anus blanc (1).

Tantôt les apiaires sociales n'ont point d'épines à l'extrémité de leurs jambes postérieures.

Elles forment deux sous-genres :

Les Abeilles proprement dites. (Apis. Lat.)

Dont les ouvrières ont le premier article de leurs tarses postérieurs en carré long, et garni à sa face externe d'un duvet soyeux, divisé en bandes transversales ou strié.

---

(1) Voyez pour les autres espèces le mémoire de M. Huber, Transactions de la Soc. Linnéenne, tom. 6; M. Jurine sur les *hymenoptères*, genre *breme*, et Panzer sur le même ordre d'insectes.

L'*Abeille domestique* (*Apis mellifica.* Lin.) Réaum. Insect. V, XXI—XXXVIII, noirâtre; écusson et abdomen de cette couleur; une bande transversale grisâtre, formée par un duvet, à la base du troisième anneau et des suivans.

Les abeilles ou *mouches à miel* sont beaucoup plus petites et plus oblongues que les bourdons. Leur corps n'a, sur quelques parties, qu'un simple duvet, et ses couleurs sont peu variées. Leur société est composée d'*ouvrières* ou de *mulets*, dont le nombre ordinaire est de quinze à vingt mille (quelquefois trente mille); d'environ six à huit cents mâles (mille et au-delà dans quelques ruches), appelés *bourdons* par les cultivateurs, *faux-bourdons* par Réaumur, et communément d'une seule *femelle*, dont les anciens fesaient un roi ou le chef de la population, et que des modernes désignent sous le nom de reine. Les ouvrières, plus petites que les autres individus, ont les antennes de douze articles, l'abdomen composé de six anneaux, le premier article des tarses postérieurs, ou la *pièce carrée*, dilaté en forme d'oreillette pointue, à l'angle extérieur de leur base, couvert, à sa face interne, d'un duvet soyeux, court, fin et serré, et sont armées d'un aiguillon. La femelle présente les mêmes caractères; mais les ouvrières ont l'abdomen plus court; leurs mandibules sont en forme de cuiller et sans dentelures. Leurs pieds postérieurs ont, sur le côté externe de leurs jambes, cet enfoncement uni et bordé de poils qu'on a nommé *corbeille*; la brosse soyeuse du premier article des tarses des mêmes pieds, a sept à huit stries transversales. Les mâles et les femelles sont plus grands, avec les mandibules échancrées sous la pointe et velues; la trompe plus courte, surtout dans les mâles. Ceux-ci diffèrent des uns et des autres par leurs antennes de treize articles; par leur tête plus arrondie, avec les yeux plus grands, allongés et réunis au sommet; par leurs mandibules plus petites et plus velues; par le défaut d'aiguillon; par les quatre pieds antérieurs courts, dont les deux premiers arqués; enfin par leur pièce carrée, qui n'a ni oreillette ni brosse soyeuse. Leurs organes sexuels se présentent sous la forme de deux cornes, en partie d'un jaune rougeâtre, accompagnées d'un penis terminé en palette et de quelques autres pièces. Si on fait sortir de force ces organes, l'animal périt sur-le-champ.

L'intérieur de l'abdomen des femelles et des ouvrières offre deux estomacs, les intestins et la fiole à venin. Une ouverture assez grande, placée à la base supérieure de la trompe, au-dessous du labre et fermée par une petite pièce triangulaire, nommée *langue* par Réaumur, l'*épipharynx* ou l'*épiglosse* par Savigny, sert de passage aux alimens et conduit à un œsophage délié, traversant l'intérieur du corselet, et de là à l'estomac antérieur, qui renferme le miel. L'estomac suivant contient le pollen des étamines ou la matière cireuse, suivant Réaumur, et a des rides annulaires et transverses, en forme de cerceaux, à sa surface. Cette cavité abdominale renferme, en outre, dans les femelles, deux grands ovaires, composés d'une multitude de petits sacs, contenant chacun seize à dix-sept œufs; chaque ovaire aboutit à l'anus, près duquel il se dilate en une poche, où l'œuf s'arrête et recoit une humeur visqueuse, fournie par une glande voisine. D'après les observations de M. Huber fils, les demi-anneaux inférieurs de l'abdomen des ouvrières, à l'exception du premier et du dernier, ont chacun, sur leur face interne, deux poches où la cire se secrète et se moule en forme de lames, qui effluent ensuite par les intervalles des anneaux. Au-dessous de ces poches est une membrane particulière, formée d'un réseau très-petit, à mailles hexagonales, s'unissant à la membrane qui revêt les parois de la cavité abdominale. Ces observations sur l'anatomie intérieure des abeilles, sont communes, à quelques modifications près, aux bourdons proprement dits. La cire, d'après les expériences du même naturaliste, ne serait qu'une élaboration du miel, et le pollen, mêlé d'un peu de cette substance, ne servirait qu'à la nourriture de ces insectes et de leurs larves.

M. Huber distingue deux sortes d'abeilles ouvrières; les premières, qu'il nomme *cirières*, sont chargées de la récolte des vivres, de celle de tous les matériaux de construction et de leur emploi; les secondes ou les *nourrices*, plus petites et plus faibles, sont faites pour la retraite, et toutes leurs fonctions se réduisent presque à l'éducation des petits, et aux soins intérieurs du ménage.

Nous avons vu que les abeilles ouvrières ressemblent aux femelles en plusieurs points. Des expériences curieuses ont prouvé qu'elles sont du même sexe, et qu'elles peuvent devenir mères, si étant sous la forme de larves, et dans les trois premiers jours de leur naissance, elles recoivent une nourriture particuliere, celle qui est fournie aux larves des reines. Mais elles ne peuvent acquérir toutes les facultés de ces dernieres, qu'étant alors placées dans un loge plus grande ou semblable à celle de la larve de la femelle propre, la cellule royale. Si, étant nourries de cette manière, leur demeure reste la même, elles ne peuvent donner naissance qu'à des mâles, et diffèrent en outre des femelles par leur taille plus petite. Les abeilles ouvrières ne sont donc que des femelles dont les ovaires à raison de la nature des alimens qu'elles ont pris en état de larve, n'ont pu se développer.

La matière qui compose leurs gâteaux ne pouvant résister aux intempéries de l'air, ces insectes n ayant pas d'ailleurs l'instinct de se construire un nid ou une enveloppe générale, ils ne peuvent s'établir que dans les cavités où leur ouvrage trouve un abri naturel. Les ouvrières chargées seules du travail, font avec la cire ces lames composées de deux rangs opposés de cellules hexagones, à base pyramidale, et formée de trois rhombes. Ces cellules ont recu le nom d'*alvéoles*, et chaque lame celui de *gâteau* ou de *rayon*. Ils sont toujours perpendiculaires, parallèles, fixés par leur sommet ou par une des tranches, et séparés entre eux par des espaces qui permettent le passage à ces insectes. La direction des alvéoles est ainsi horizontale. D'habiles géomètres ont fait voir que leur forme est à la fois la plus économique sous le rapport de la dépense de la cire, et la plus avantageuse quant à l'étendue de l'espace renfermé dans chaque alvéole. Les abeilles savent cependant modifier cette forme, selon les circonstances. Elles en taillent et en ajustent les pans, pièce à pièce. Si l'on excepte l'alvéole propre à la larve et à la nymphe de la femelle, ces cellules sont presque égales, et renferment les unes le couvain, et les autres le miel et le pollen des fleurs. Parmi les cellules à miel, les unes sont ouvertes, et les autres, ou celles de la réserve, sont fermées d'un couvercle plat ou peu convexe. Les cellules royales, dont le nombre varie de deux à quarante, sont beaucoup plus grandes, presque cylindriques, un peu moins grosses au bout, et ont de petites cavités à leur surface extérieure. Elles pendent ordinairement, en manière de stalactites, sur les bords des gâteaux, de facon que la larve s'y trouve dans une situation renversée. Il y en a qui pèsent autant que cent cinquante cellules ordinaires. Les abeilles prolongent toujours leurs rayons de haut en bas. Elles calfeutrent les petites ouvertures de leur habitation avec une espèce de mactic, qu'elles cueillent sur différens arbres, et qu'on nomme la *propolis*.

L'accouplement se fait au commencement de l'été, hors dela ruche, et suivant MM. Huber, la femelle rentre dans son habitation, en portant à l'extrémité de son abdomen les parties sexuelles du mâle. Cette seule fécondation vivifie, à ce que l'on croit, les œufs qu'elle peut pondre dans le cours de deux ans, et peut-être même pendant sa vie entière. Les pontes se succèdent rapidement et ne cessent qu'en automne. Réaumur évalue à douze mille le nombre des œufs qu'une femelle pond, au printems, dans l'espace de vingt jours. Guidee par son instinct, elle ne se méprend point sur le choix des alvéoles qui leur sont propres. Quelquefois cependant, comme lorsqu'il n'y a pas une quantité suffisante d'alvéoles, elle met plusieurs œufs dans le même. Les ouvrières en font ensuite le triage. Ceux qu'elle produit au retour de la belle saison, sont tous des œufs d'ouvrières qui éclosent au bout de quatre à cinq jours. Les abeilles ont soin de donner aux larves la pâtée nécessaire, proportionnée à leur âge, et sur laquelle elles se tiennent, ayant le corps courbé en arc. Six ou sept jours après leur naissance, elles se disposent à subir leur métamorphose. Enfermées dans leurs cellules par les ouvrières qui en ont bouché l'ouverture avec un couvercle bombé, elles tapissent les parois de leur demeure d'une toile de soie, se filent une coque, deviennent nymphes, et au bout d'environ douze jours de réclusion, se dégagent et se montrent sous la forme d'abeilles. Les ouvrières aussitôt nétoyent leurs loges, afin qu'elles soient propres à recevoir un nouvel œuf. Mais il n'en est pas ainsi des cellules royales; elles sont détruites, et les abeilles en reconstruisent d'autres s'il est nécessaire. Les œufs contenant des mâles sont pondus deux mois plus tard, et ceux des femelles bientôt après ceux-ci.

Cette succession de générations forme autant de sociétés particulières, susceptibles de fonder de nouvelles colonies, et que l'on connaît sous le nom d'essaims. Une ruche en donne quelquefois trois à quatre; mais les derniers sont toujours faibles. Ceux qui pèsent six à huit livres sont les meilleurs. Trop resserrés dans leur habitation, ces essaims quittent souvènt leur mère patrie. Quelques signes particuliers annoncent au cultivateur la perte dont il est menacé, et il tâche de la prévenir, ou de faire tourner à son avantage l'émigration.

Les abeilles se livrent quelquefois entre elles de violens

combats. A une époque où les mâles deviennent inutiles, les femelles ayant été fécondées (du mois de juin à celui d'août), les ouvrières les mettent à mort, et le carnage s'étend jusqu'aux larves et aux nymphes des individus de ce sexe.

Les abeilles ont des ennemis intérieurs et extérieurs; elles sont sujettes à plusieurs maladies.

Le cultivateur instruit donne à ces animaux une attention particulière, choisit parmi les différentes sortes de ruches qu'on a imaginées, celle qui est la moins dispendieuse dans sa construction, la plus favorable à l'éducation des abeilles, la plus propre à les conserver; il étudie leurs habitudes, prévoit les accidens dont elles sont menacées ou atteintes, et n'a point lieu de se repentir de ses peines et de ses sacrifices.

Toutes les abeilles proprement dites ne se trouvent que dans l'ancien continent, et celles de l'Europe méridionale et orientale, de l'Egypte, diffèrent déjà de la nôtre, qu'on a transplantée en Amérique et dans diverses autres colonies, où elle s'est acclimatée.

L'espèce qui se trouve à l'île de France et à Madagascar (*A. unicolor*, Lat.) donne un miel très-estimé, qu'on désigne par l'épithète de *vert* (1).

Le dernier sous-genre des apiaires sociales, celui

DES MÉLIPONES. (MELIPONA. Illig. Lat. —TRIGONA. Jur.)

Est distingué du précédent par la forme du premier article des tarses postérieurs, plus étroit à sa base, ou en triangle renversé, et sans stries sur la brosse soyeuse de sa face interne.

On trouve ces hyménoptères dans l'Amérique méridionale. Ils établissent leurs nids au sommet des arbres.

---

(1) Voyez pour les autres espèces Latr. dans les Obs. Zool. et Anat. de MM. Humbold et Bonpland.

Celui de la *M. amalthée* a la forme d'une cornemuse. Son miel est très-doux, fort agréable, mais très-liquide et se corrompt facilement. Il fournit aux Indiens une liqueur spiritueuse qu'ils aiment beaucoup (1).

On peut donner une idée générale des intestins des hyménoptères, en disant qu'ils ont deux estomacs, dont le second allongé ; de nombreux vaisseaux biliaires s'insérant près du pylore, un intestin court, le plus souvent terminé par un cloaque élargi.

LE DIXIEME ORDRE DES INSECTES.

Celui des LÉPIDOPTÈRES. (GLOSSATA. Fab.)

Termine la série de ceux qui ont quatre ailes et nous montre deux caractères qui lui sont exclusivement propres.

Les ailes sont recouvertes, sur leurs deux surfaces, de petites écailles colorées, semblables à une poussière farineuse et qui s'enlève au toucher. Une trompe, à laquelle on a donné le nom de *langue*, roulée en spirale, entre deux palpes hérissés d'écailles ou de

---

(1) Voyez Lat. Gen. Crust. et Insect. IV, p. 182, *genus melipona* et *trigona*; ainsi que l'ouvrage ci-dessus.

poils, forme la partie la plus importante de leur bouche, l'instrument avec lequel ces insectes soutirent le miel des fleurs, qui est leur seule nourriture. Nous avons vu dans les généralités de la classe des insectes (pag. 129) que cette trompe étoit composée de deux filets tubulaires, représentant les mâchoires, et portant chacun, près de leur base extérieure, un très-petit palpe (les *supérieurs*); il a la forme d'un tubercule. Les palpes apparens ou *inférieurs*, ceux qui sont pour la trompe, une sorte de gaîne, tiennent lieu des palpes labiaux des insectes broyeurs; ils sont cylindriques ou coniques, ordinairement relevés, et composés de trois articles. Deux petites pièces, à peine distinctes, cornées et plus ou moins ciliées, situées, une de chaque côté, au bord antérieur et supérieur du devant de la tête, près des yeux, semblent être des vestiges de mandibules; enfin on retrouve, et dans des proportions pareillement très-exiguës, le labre ou la lèvre supérieure.

Les antennes sont variables et toujours composées d'un grand nombre d'articles. On découvre dans plusieurs espèces deux yeux lisses, mais cachés entre les écailles Les trois segmens, dont le tronc des insectes hexapodes est formé, se réunissent en un seul corps; le premier est très-court; les deux autres se confondent l'un avec l'autre. Les ailes sont simplement veinées, de figure, de grandeur et de position variables; dans plusieurs, les inférieures ont quelques plis longitudinaux, vers leur bord interne. L'abdomen, composé de six à sept anneaux, est attaché au corselet par une très-petite portion de son diamètre, et n'offre ni aiguillon, ni tarière analogue à celle des hyménoptères. Dans plusieurs femelles cependant, comme les *cossus*, les derniers annèaux se rétrécissent et se prolongent, pour former un oviducte, en forme de queue pointue et rétractile. Les tarses ont constamment cinq articles. Il n'y a jamais que deux sortes d'individus, des mâles et des femelles. Ceux-ci placent leurs œufs, souvent très-nombreux, sur les substances ordinairement végétales, dont leurs larves doivent se nourrir, et ils périssent bientôt après.

Les larves des lépidoptères sont connues sous le nom de *chenilles*. Elles ont six pieds écailleux ou à crochets, qui répondent à ceux de l'insecte parfait, et, en outre, quatre à dix pieds membraneux, dont les deux derniers sont situés à l'extrémité postérieure du corps, près de l'anus ; celles qui n'ont en tout que dix à douze pieds ont été appelées, à raison de la manière dont elles marchent, *géomètres* ou *arpenteuses*. Elles se cramponnent au plan de position au moyen des pattes écailleuses, puis élevant les articles intermédiaires du corps, en forme d'anneau ou de boucle, elles rapprochent les dernières pattes des précédentes, dégagent celles-ci, s'accrochent avec les dernières, et portent leur corps en avant, pour recommencer la même manœuvre. Plusieurs de ces chenilles arpenteuses et dites en *bâton* sont fixées, dans le repos, aux branches des végétaux, par les seuls pieds de derrière; elles ressemblent par la direction, la forme et les couleurs de leur corps, à un rameau et se tiennent longtemps dans cette situation sans donner le moindre signe de vie. Une attitude si gênante suppose une force musculaire prodigieuse; et Lyonnet a, effectivement, compté dans la chenille du saule (*cossus ligniperda*), quatre mille quarante-un muscles. Quelques chenilles à quatorze ou à seize pattes, mais dont quelques-unes des membraneuses intermédiaires sont plus courtes, ont été nommées *demi-arpenteuses*, ou *fausses-géomètres*.

Les pieds membraneux sont souvent terminés par une couronne plus ou moins complète de petits crochets.

Le corps de ces larves est, en général, allongé, presque cylindrique, mou, diversement coloré, tantôt nu ou ras, tantôt hérissé de poils, de tubercules, d'épines, et composé, la tête non comprise, de douze anneaux, avec neuf stigmates, de chaque côté. Leur tête est revêtue d'un derme corné ou écailleux et offre de chaque côté six petits grains luisans, qui paroissent être de petits yeux lisses; elle a, de plus, deux antennes très-courtes et coniques, une bouche composée de fortes mandibules, de deux mâchoires, d'une lèvre et de quatre petits palpes. La matière soyeuse, dont elles font usage, s'élabore dans deux vaisseaux intérieurs, longs et tortueux, dont les extrémités supérieures viennent, en s'amincissant, aboutir à la lèvre; un mammelon tubulaire et conique, situé au bout de cette lèvre, est la filière, qui donne issue aux fils de la soie.

La plupart des chenilles se nourrissent des feuilles de végétaux; d'autres en rongent les fleurs, les racines, les boutons, les graines; la partie ligneuse ou la plus dure des arbres sert d'alimens à quelques-unes. Elles la ramollissent au moyen d'une liqueur qu'elles y dégorgent. Certaines espèces rongent nos draps, nos étoffes de laine, les pelleteries, et sont pour nous des ennemis domestiques très-pernicieux : le cuir, la graisse, le lard, la cire ne sont même pas épargnés. Plusieurs vivent exclusivement d'une seule matière; mais il en est de moins délicates, et qui attaquent diverses sortes de plantes ou de substances.

Quelques-unes se réunissent en société et souvent sous une tente de soie qu'elles filent en commun, et qui leur devient même un abri pour la mauvaise saison. Plusieurs se fabriquent des fourreaux, soit fixes, soit portatifs. On en connaît qui se logent dans le parenchyme des feuilles, où elles creusent des galeries. Le plus grand nombre se plaît à la lumière du jour. Les autres ne sortent de leurs retraites que la nuit. Les rigueurs de l'hiver, si contraires à presque tous les insectes, n'atteignent pas quelques phalènes; elles ne paraissent qu'à cette époque.

Les chenilles changent ordinairement quatre fois de peau avant de passer à l'état de nymphe ou de chrysalide. La plupart filent alors une coque où elles se renferment. Une liqueur souvent rougeâtre, une espèce de méconium que les lépidoptères jettent par l'anus, au moment de leur métamorphose, attendrit un des bouts de la coque et facilite leur sortie; communément encore une des extrémités du cocon est plus faible ou présente, par la disposition des fils, une issue propice. D'autres chenilles se contentent de lier avec de la soie des feuilles, des molécules de terre, ou les parcelles des substances où elles ont vécu, et se forment ainsi une coque grossière. Les chrysalides des lépidoptères diurnes, ornées de taches dorées qui ont donné lieu à cette dénomination générale de chrysalides, sont à nu, et fixées par l'extrémité postérieure du corps. Les nymphes des lépidoptères offrent un caractère spécial et que nous avons exposé dans les généralités de la classe des insectes. Elles sont *emmaillotées* ou en forme de *momie*. Celles de plusieurs lépidoptères, particulièrement des diurnes, éclosent en peu de jours; souvent même ces insectes donnent deux générations par année. Mais à l'égard des autres, leurs chenilles ou leurs chrysalides passent l'hiver, et l'insecte ne subit sa dernière métamorphose qu'au printemps ou dans l'été de l'année suivante. En général, les œufs pondus dans l'arrière-saison n'éclosent qu'au printemps prochain. Les lépidoptères sortent de leur chrysalide, à la manière ordinaire, ou par une fente qui se fait sur le dos du corselet.

L'intestin des chenilles consiste en un gros canal sans inflexions, dont la partie antérieure est quelquefois un peu séparee en manière d'estomac, et dont la partie postérieure forme un cloaque ridé; les vaisseaux biliaires, au nombre de quatre et très-longs, s'insèrent fort en arrière. Dans l'insecte parfait, on voit un premier estomac latéral ou jabot, un second estomac tout boursouflé, et un intestin grêle assez long, avec un cœcum près du cloaque (1).

Les larves des ichneumonides et des chalcidites nous délivrent d'une grande partie de ces insectes destructeurs.

Nous partagerons cet ordre en trois familles, qui répondent aux trois genres dont il se compose dans la méthode de Linnæus.

---

(1) Voyez sur l'anatomie de la chenille, l'admirable ouvrage de Lyonnet; et sur le développement des organes dans la chrysalide et le papillon, celui de M. Herold, intitulé *Histoire du Développement des Papillons*, en allemand, Cassel et Marburg, 1815.

La première famille, celle

Des Diurnes. (Diurna.)

Est la seule où le bord extérieur des aîles inférieures n'offre point une soie roide, écailleuse, ou une espèce de frein, pour retenir les deux supérieures; celles-ci et même le plus souvent les autres sont élevées perpendiculairement dans le repos; les antennes sont tantôt terminées par un renflement en forme de bouton ou de petite massue, tantôt presque de la même grosseur, ou même plus grêles et en pointe crochue à leur extrémité. Cette famille comprend le genre

Des Papillons (Papilio) de Linnæus.

Leurs chenilles ont constamment seize pieds. Leurs chrysalides sont presque toujours nues, attachées par la queue, et le plus souvent anguleuses. L'insecte parfait, toujours pourvu d'une trompe, ne vole que pendant le jour; les couleurs du dessous de leurs ailes ne le cèdent pas à celles qui ornent leur face supérieure.

Nous les partagerons d'abord en deux sections.

Ceux de la première n'ont qu'une paire d'ergots ou d'épines à leurs jambes, savoir celle de leur extrémité postérieure. Leurs quatre ailes s'élèvent perpendiculairement dans le repos. Leurs antennes sont tantôt renflées à leur extrémité, en manière de bouton ou de petite massue tronquée ou arrondie à son sommet, tantôt presque filiformes.

Cette section renferme le genre PAPILLON et les HESPÉRIES *ruricoles* de l'entomologie systématique de Fabricius.

On peut diviser cette coupe, très-nombreuse en espèces, de la manière suivante :

1°. Ceux dont le troisième article des palpes inférieurs est tantôt presque nul, tantôt très-distinct, mais aussi fourni d'écailles que le précédent ; dont les crochets des tarses sont très-apparens ou saillans.

Leurs chenilles sont allongées, presque cylindriques. Leurs chrysalides sont presque toujours anguleuses, quelquefois unies, mais renfermées dans une coque grossière.

Il y en a parmi eux qui ne marchent que sur les quatre pieds de derrière, les deux premiers étant beaucoup plus courts et repliés ou courbés sur la poitrine, en manière de palatine, soit dans les deux sexes, soit plus rarement dans les mâles seuls.

Les ailes inférieures s'avancent ordinairement sous l'abdomen, l'embrassent et lui forment une gouttière ou un canal où il se loge.

Leurs chrysalides sont simplement attachées par l'extrémité postérieure de leur corps, et suspendues verticalement, la tête en bas.

Tels sont :

LES NYMPHALES. (P. NYMPHALES. Lin.)

Dont les palpes, s'élevant notablement au-delà du chaperon, ou longs et avancés, sont très-rapprochés l'un de l'autre, et qui ont les crochets des tarses bifides ou comme doubles.

Leurs ailes inférieures embrassent toujours l'abdomen et lui forment un canal.

Plusieurs espèces exotiques, souvent remarquables par

la grandeur de leur taille, et dont plusieurs font partie de la division des papillons *chevaliers* (*equites*) de Linnæus, s'éloignent des autres par leurs antennes presque filiformes ou à peine et graduellement plus grosses vers leur extrémité. Leurs chenilles, ainsi que celles des nymphales des quatre premières subdivisions suivantes, ont souvent le corps nu ou peu épineux, et terminé par deux pointes, en forme de fourche. Fabricius a composé (*Syst. glossat.*), avec ces espèces à antennes presque filiformes, plusieurs genres, mais que Latreille reunit en un seul, sous le nom de *morphe* (*morpho*) (1).

Les nymphales qui suivent ont les antennes terminées en bouton ou en une massue très-sensible.

Plusieurs ont les palpes inférieurs très-comprimés, avec la tranche antérieure presque aigue ou fort étroite. Ils comprennent le genre des *satyres* (*satyrus*) de Latreille, et forment ceux de *brassolis* et d'*hipparchia* de Fabricius. Leurs ailes inférieures sort presque toujours rondes. Notre pays offre un grand nombre d'espèces de ce dernier genre de Fabricius (2).

Dans les autres nymphales, les palpes inférieurs sont peu comprimés; leur côté antérieur est aussi large ou guère plus étroit que ses faces latérales.

Ces palpes sont longs et avancés dans les *libythées* de Fabricius (3), ses *biblis* (4) et ses *mélanites* (5). Les femelles

(1) Les *P. achilles*, *menelaus*, *hecuba*, *teucer*, *idomeneus*, *phidippus*, *lena*, *piera*, *diaphanus*, de Fab. (Entom. System.), etc. Voyez les figures de Cramer qu'il a citées.

(2) Les *P. galathea*, *mœra*, *hermiona*, *hyperanthus*, *manto*, *pamphilus*, *arcanius*, *davus*, *janira*, *bathseba*, *eudora*, *pilosellæ*, etc. de Fabricius. Parmi les espèces exotiques : les pap. *arete*, *mycæna*, *beroe*, etc. de Cramer ; les pap. *sophoræ*, *cassiæ*, etc. de Fabricius.

(3) Les *P. celtis*, *carinenta*, etc.

(4) *P. Biblis*, Fab.

(5) *P. ariadne*, *undularis*, Fab.

ont tous les pieds presque semblables, tandis que les deux anterieurs sont en palatine dans les mâles, caractère qui distingue particulièrement ce sous-genre. Les deux autres different peu entre eux.

Parmi les nymphales dont les palpes inférieurs sont plus courts, on séparera d'abord ceux dont les antennes se terminent plutôt en une massue allongée qu'en bouton ou en forme de tête. Latreille réunit ces especes dans son genre *nymphale* proprement dit (1), auquel il en réunit plusieurs autres de Fabricius.

Viennent ensuite les nymphales, dont les antennes se terminent brusquement par un bouton ou une petite tête, dont les palpes inférieurs sont contigus à leur extrémité, et forment, ainsi réunis, une pointe ou une sorte de bec. Ce sont les *vanesses* de Latreille. Leurs chenilles sont chargées d'épines longues et dentées. Leurs chrysalides ont souvent des taches dorées ou argentées, et deux pointes courtes, en forme de cornes, à leur extrémité antérieure. On trouve communément en Europe les espèces suivantes :

Le *N. morio* (*Papilio antiopa.* Lin.) Engram. Pap. d'Europ. I et LV, I. Ailes anguleuses, d'un noir pourpre foncé, avec une bande jaunâtre ou blanchâtre au bord postérieur, et une suite de taches bleues au-dessus. Sa chenille est noirâtre, épineuse, avec une rangée de taches rouges, carrées et partagées en deux, le long du dos. Elle se nourrit des feuilles du bouleau, de l'osier et du peuplier, et y vit en société. Elle paraît à deux epoques.

Le *N. paon de jour* (*Papilio io.* Lin.) Engram. ibid. II. Ailes anguleuses et dentées; dessus d'un fauve rougeâtre, avec une grande tache en forme d'œil sur chacun;

---

(1) Les *Pap. jasius, populi, sibilla, camilla, abaris, iris, pupleis, bolina demophon, dirce*, de Fabricius; les *argonautes* de Cramer, etc.

celle des supérieures rougeâtre au milieu, entourée d'un cercle jaunâtre; celle des inférieures noirâtre, avec un cercle gris autour, et renfermant des taches bleuâtres; dessous des ailes noirâtres. Sa chenille est noire, pointillée de blanc, avec des épines simplement velues; elle vit sur l'ortie.

Le *N. belle-dame* (*Papilio cardui.* Lin.) Engram. ibid. VII. Ailes dentées; leur dessus rouge, varié de noir et de blanc; leur dessous marbré de gris, de jaune et de brun, avec cinq taches, en forme d'yeux, bleuâtres sur leurs bords. La chenille vit solitaire sur les chardons. Il y en a de brunâtres avec des raies jaunes, ou de roussâtres, avec des bandes transverses jaunes. Elle est épineuse. Ce lépidoptère ne paraît qu'à la fin de l'été.

Le *N. vulcain* (*Papilio atalanta.* Lin.) Engram. ibid. VI. Ailes dentées, un peu anguleuses; leur dessus noir, traversé par une bande d'un beau rouge, avec des taches blanches sur les supérieures; dessous marbré de diverses couleurs. La chenille est noire, épineuse, avec une suite de traits, d'un jaune citron, de chaque côté. Elle vit sur l'ortie, en mange de préférence la graine, et se tient cachée au sommet entre des feuilles qu'elle roule et fixe avec de la soie.

La même division comprend quelques autres espèces très-communes dans notre pays, telles que la *grande tortue* (*P. polychloros.* Lin.), la *petite tortue* (*P. urticæ.* Lin.), le *gamma* ou *Robert le diable.* (*P. C. album.*) La chrysalide de celui-ci représente grossièrement une face humaine ou le masque d'un satyre.

Enfin les derniers nymphales diffèrent de ceux que nous venons de citer par leurs palpes inférieurs écartés à leur extrémité, et terminés brusquement par un article grêle, en forme d'aiguille. Ces espèces composent le genre *argynnis* de Latreille. Les unes ont des taches nacrées sous leurs ailes. Leurs chenilles ont des épines, mais dont deux plus grandes, situées sur leur cou. Les autres ont des ailes tachetées en forme de damier ou d'échiquier. Leurs chenilles ont de petits tubercules velus. Fabricius forme avec ces derniers lépidoptères le genre *melitæa* (1).

Un second sous-genre, celui

DES CÉTHOSIES (CETHOSIA) de Latreille.

Se compose d'espèces qui ne diffèrent des nymphales que par les crochets simples, ou sans divisions, de leurs tarses. Ces lépidoptères sont intermédiaires entre les précédens et ceux qui succèdent. Ils sont tous exotiques (2).

LES DANAÏDES. (DANAUS. Lat. — Partie des DAN. FESTIVI de Linnæus.)

Se distinguent des deux sous-genres précédens par leurs palpes inferieurs très-écartés l'un de l'autre, grêles, presque cylindriques et courts. Leurs ailes inférieures n'embrassent point ou presque pas le dessous de l'abdomen; les crochets des tarses sont toujours simples. Ces caracteres sont communs au sous-genre suivant; mais les danaïdes ont les ailes triangulaires, guère plus longues que larges, l'abdomen ovale, et le bouton des antennes courbe à son extrémité. Les espèces de ce sous-genre sont propres aux pays chauds de l'ancien continent. Le disque de leurs ailes inférieures présente souvent, du moins dans l'un des sexes, une petite poche. Les chenilles sont epineuses (3).

---

(1) Les *Pap. paphia*, *adippe*, *aglaia*, *dia*, *niobe*, *euphrosine*, *lathonia*, *lucina*, *cynthia*, *cinxia*, *maturna*, etc.

(2) Les *Pap. cydippe*, *penthesilea*, de Fab.; les espèces nommées par Cramer : *juno*, *alcionea*, *phlegia*, *eugenia*, *calliope*, *euterpe*, *diaphana* *lenea* *nise*, *melanida*, etc. Elles ont le port des héliconiens.

(3) Les *P. midamus*, *plexippus*, *chrysippus*, *similis*, *idea*, etc. de Fab.

LES HÉLICONIENS. (HELICONIUS. Lat.)

Semblables aux danaïdes, mais ayant les ailes étroites et allongées, et l'abdomen grêle et cylindrique. Le bouton de leurs antennes est droit. On les trouve plus particulièrement dans l'Amérique méridionale (1).

Les autres lépidoptères diurnes de cette division ont six pieds presque semblables, ou également propres à la marche, dans les deux sexes.

La plupart de leurs chrysalides sont non-seulement fixées par l'extrémité de leur queue, mais retenues encore transversalement par un lien de soie, qui forme au-dessus de leur corps une boucle ou un demi-anneau; d'autres sont enveloppées dans une coque grossière.

Nous distinguerons parmi eux ceux dont les ailes inférieures n'embrassent point l'abdomen en dessous; leur bord interne est plissé ou concave. Les crochets du bout de leurs tarses sont simples.

Leurs chenilles, dans des momens de crainte ou d'inquiétude, font sortir de la partie supérieure du col, une corne molle, fourchue, et qui jette ordinairement une odeur désagréable. Elles ont la peau nue.

LES PAPILLONS proprement dits. (LES PAPILLONS EQUITES de Linnæus.)

Qui ont les palpes inférieurs très-courts, atteignant à peine, par leur extrémité supérieure, le chaperon, très-obtus, avec le troisième article presque nul ou très-peu distinct.

Leur chrysalide est nue et attachée avec un cordon de soie.

Les espèces de ce sous-genre sont remarquables par leur taille et la variété de leur coloris. On les trouve plus parti-

(1) Les *P. horta*, *terpsicore*, *calliope*, *melite*, *polymnia*, *euterpe*, *ricini*, *charitonia*, *clio*, *erato*, *melpomene*, etc. de Linnæus

culièrement dans les contrées équatoriales des deux hémisphères. Celles qui ont des taches rouges à la poitrine forment la division des *chevaliers troyens* de Linnæus. Il a désigné sous le nom de *grecs* celles qui n'en ont pas en cette partie. Plusieurs ont les ailes inférieures prolongées en forme de queue, et telle est celle de notre pays qu'on a nommée :

Le *P. à queue du fenouil*, ou *grand porte-queue* (*Papilio machaon.* Lin.) Engram. Pap. d'Europ. XXXIV, LXX, et Suppl. 3, VI, n°. 68. Ailes jaunes avec des taches et des raies noires; les ailes inférieures prolongées en queue, et ayant près du bord postérieur des taches bleues, dont une en forme d'œil, avec du rouge, à l'angle interne.

La chenille est verte, avec des anneaux noirs, ponctués de rouge, et vit sur la carotte, le fenouil, etc. dont elle mange les feuilles.

On trouve encore en France un autre papillon à queue, celui qu'on nomme le *flambé* (*P. podalirius*), Engram. ibid. XXXIV, et Suppl. III, VI, n°. 69 (1).

Les Parnassiens. (Parnassius. Lat.)

Dont les palpes inférieurs s'élèvent sensiblement au-dessus du chaperon, vont en pointe, et ont trois articles très-distincts. Le bouton de leurs antennes est court, presque ovoïde et droit. Les femelles ont une espèce de poche cornée et creusée en forme de nacelle, à l'extrémité postérieure de leur abdomen.

Leurs chenilles ont sur le cou un tentacule rétractile, de même que celles des papillons proprement dits; mais elles se forment avec des feuilles liées par des fils de soie, une coque, où elles se changent en chrysalides.

---

(1) Voyez pour les autres espèces Fabricius et Cramer (*Pap. exot.*), division des *equites*.

Ces espèces ne se trouvent que dans les montagnes Alpines ou sous-Alpines de l'Europe et du Nord de l'Asie. Tel est

Le *P. apollon* (*Papilio apollo.* Lin.) Engram. ibid. XLVII, LXXV, LXXVI, n°. 99. Blanc, tacheté de noir; quatre taches blanches, en forme d'yeux, bordées d'un cercle rouge et d'une cercle noir, sur les ailes inférieures. Sa chenille vit sur le *sedum telephium*, sur des *saxifrages*, etc. Elle est d'un noir velouté, avec une rangée de points rouges, de chaque côté, et une autre sur le dos. La chrysalide est arrondie, d'un vert noirâtre, saupoudrée de blanc ou de bleuâtre (1).

LES THAÏS (THAIS) de Fabricius.

Qui ont les palpes des parnassiens, mais dont le bouton des antennes est allongé et courbe. L'abdomen des femelles n'a point de poche cornée.

Leurs chenilles n'ont pas, à ce qu'il paraît, de tentacule rétractile. Ces espèces sont propres aux contrées méridionales de l'Europe; quelques-unes ne se trouvent aussi que dans les montagnes (2).

Nous passons maintenant à d'autres lépidoptères diurnes, ayant, comme les précédens, six pieds presque égaux, mais dont les ailes inférieures s'avancent sous l'abdomen et lui forment une gouttière, ainsi que nous l'avons déjà vu, dans la plupart des nymphales; les crochets de leurs tarses sont bifides ou unidentés.

Leurs chenilles n'ont point de tentacules. Plusieurs vivent sur des plantes crucifères.

Ces lépidoptères forment le sous-genre

---

(1) Ce sous-genre comprend en outre quelques espèces voisines de la précédente, figurées par Hübner, et le *Pap. mnémosyne* de Linnæus.

(2) Les *Pap. hypsipyle*, *rumina*, Fab.; le *petit apollon*, d'Engramelle, LXXVI, n°s. 99, *quat.*

DES PIÉRIDES. (PIERIS — DANAI CANDIDI. Lin.)

Auquel nous joignons les *Coliades* de Fabricius et de Latreille (1).

2°. Nous terminons cette premiere section des lépidoptères diurnes par ceux dont les palpes inférieurs ont trois articles distincts, mais dont le dernier est presque nu, ou bien moins fourni d'écailles que les précédens, et dont les crochets des tarses sont très-petits, point ou à peine saillans.

Leurs chenilles sont ovales ou en forme de cloportes. Leurs chrysalides sont courtes, contractées, unies et toujours attachées, comme celles des trois sous-genres précédens, par un cordon de soie qui traverse le corps.

Linnæus les comprenoit parmi les *papillons plébéiens* division des *ruricoles*, et Fabricius (Entom. Syst.) dans une coupe homonyme de son genre des *hespéries*.

Il l'a divisé récemment en plusieurs genres, mais dont les caractères ont besoin de revision. Latreille partage ces lépidoptères plébéiens en deux coupes génériques. Les *polyommates* (2) qui ont six pieds semblables, et les *érycines* (3), dont les deux antérieurs sont plus petits et en palatine, du moins dans l'un des sexes. Les érycines sont propres à l'Amérique méridionale, tandis que les polyommates ne se trouvent que dans l'ancien Continent.

---

(1) Ici se rangent les lépidoptères désignés sous le nom général de *brassicaires*, tels que le *grand papillon du chou* (*P. brassicæ*, Lin.), le *petit P. du chou* (*P. rapæ*, Lin.), le *P. blanc veiné de vert* (*P. napi*, Lin.), le *P. blanc marbré de vert* (*P. daplidice*, Lin.), le *P. blanc de lait* (*P. sinapis*, Lin.), le *P. aurore* (*P. cardamines*, Lin.), etc. espèces presque toutes printanières. Viennent encore le *papillon souci* (*P. hyale*, Lin.), le *P. citron* (*P. rhamni*, Lin.), le *P. cléopatre*, (*P. cleopatra*, Lin.), etc. Ces dernières forment le genre *colias* de Fabricius.

(2) Voyez Latr. Gen. Crust. et Insect. IV, pag. 206.

(3) Ibid. p. 205, et Zool. et Anat. de MM. Humboldt et Bonpland.

Nous n'en ferons qu'un sous-genre, celui

Des Polyommates. (Polyommatus.)

Désignés ainsi, parce que ces lépidoptères ont, pour la plupart, de petites taches, imitant des yeux, sur leurs ailes.

Plusieurs espèces ont encore été nommées collectivement: les *petits porte-queue.*

La plus commune aux environs de Paris est

Le *P. bleu* (*Papilio Alexis*, Hübn. LX, 292—294.), l'*argus bleu.* Geoff. — Engram. Pap. Europ. XXXVIII, n°. 80, *g. h.* Le dessus des ailes du mâle est d'un bleu d'azur, changeant en violet tendre, avec une petite raie noire, suivant le bord postérieur et une frange très-blanche; celui des ailes de la femelle est brun, avec une rangée de taches fauves, près du bord postérieur, et un trait noir, sur le milieu des supérieures. Le dessous des quatre ailes est, à peu près, le même dans les deux sexes; il est gris, avec une rangée de taches fauves, renfermees entre deux lignes de points et de traits noirs, près du bord postérieur; on y voit aussi des points noirs bordés de blanc. Sa chenille vit sur le sainfoin, le genêt d'Allemagne, etc. Ses couleurs sont variées (1).

La seconde section des lépidoptères diurnes est composée des espèces dont les jambes postérieures ont deux paires d'épines, savoir une à leur extrémité, et l'autre au dessus (et de même dans les deux familles suivantes). Les ailes inférieures sont ordinairement horizontales dans le repos, et l'extrémité de leurs antennes se termine fort souvent en pointe très-crochue.

Leurs chenilles, mais dont on ne connaît encore qu'un petit nombre, plient les feuilles, s'y filent une coque de

---

(1) Voyez, pour les autres espèces indigènes, Latr. Nouv. Dict. D'Hist. Nat., tom. 17, p. 79, *Pap. plébéiens.*

soie, très-mince et s'y transforment en chrysalides dont le corps est uni, ou sans éminences angulaires.

Ces lépidoptères forment la division des *papillons plébéiens urbicoles* de Linnæus, ou les papillons *estropiés* de Geoffroi. Fabricius les avait réunis aux *argus*, sous le nom générique d'*hesperie*. Mais il faut encore rapporter à cette section quelques lépidoptères exotiques, appelés *pages* par les amateurs, et dont la place naturelle n'avait pas été jusqu'ici bien déterminée; tels sont les *uranies* de Fabricius. Ces divers lepidoptères conduisent très-bien à la seconde famille.

Ils composent deux sous-genres : celui

DES URANIES. (URANIA. Fab.)

Où les antennes d'abord filiformes, s'amincissent en forme de soie à leur extrémité; et dont les palpes inférieurs sont allongés, grêles, avec le second article très-comprimé, et le dernier beaucoup plus menu, presque cylindrique et nu (1).

Près de ce sous-genre doit être placé celui d'*agariste* de M. Leach. Zool. Miscell. XV.

LES HESPÉRIES. (HESPERIÆ URBICOLÆ. Fab.)

Ou les *papillons plébéiens urbicoles* de Linnæus, qui ont des antennes terminées distinctement en bouton ou en massue, et les palpes inférieurs courts, larges, très-garnis d'écailles en devant.

L'*H. de la mauve* (*Hesperia malvæ*. Fab.) Rœs. Insect. I, cl. 2, x. Ailes dentées, d'un brun noirâtre en-dessus, avec des taches et des mouchetures blanches; bord postérieur entrecoupé de taches de cette couleur; dessous des ailes d'un gris verdâtre, avec des taches irré-

---

(1) Les *Pap. riphœus, leilus, lavinia, orontes*, de Fab.; *noctua, patroclus*, ejusd.

gulières semblables. Sa chenille est allongée, grise, avec la tête noire, et quatre points jaunes sur le col ou le premier anneau, qui est rétréci, caractère particulier des chenilles de ce sous-genre. Elle vit sur les malvacées, dont elle plie les feuilles, et où elle se métamorphose. Sa chrysalide est noire, mais saupoudrée de bleuâtre (1).

La seconde famille des lépidoptères,

LES CRÉPUSCULAIRES. (CREPUSCULARIA.)

Ont près de l'origine du bord externe de leurs ailes inférieures une soie roide, écailleuse, en forme d'épine ou de crin, qui passe dans un crochet du dessous des ailes supérieures, et les maintient, lorsqu'elles sont en repos, dans une situation horizontale ou inclinée. Ce caractere se retrouve encore dans la famille suivante; mais les crépusculaires se distinguent de celle-ci par leurs antennes en massue allongée, soit prismatique; soit en fuseau.

Leurs chenilles ont toujours seize pattes. Leurs chrysalides ne présentent point ces pointes ou ces angles que l'on voit dans la plupart des chrysalides des lépidoptères

---

(1) Voyez pour les autres espèces, Fab. Entom. System. la division des hespéries *urbicoles*.

diurnes et sont ordinairement renfermées dans une coque, ou cachées soit dans la terre, soit sous quelque corps. Ces lépidoptères ne volent souvent que le soir ou le matin.

Cette famille compose le genre

DES SPHINX (SPHINX) de Linnæus, ou des *Papillons-Bourdons* de De Géer.

L'attitude de plusieurs de leurs chenilles, semblable à celle du sphinx de la Fable, leur a valu la première dénomination. Le bourdonnement que l'insecte parfait fait souvent entendre lorsqu'il vole, a donné lieu à la seconde.

Les uns, dont les antennes sont toujours terminées par un petit flocon d'écailles, ont les palpes inférieurs larges ou comprimés transversalement, et très-fournis d'écailles. Leur troisième article est généralement peu distinct.

La plupart des chenilles ont le corps ras, allongé, plus gros et avec une corne sur le dos, à leur extrémité postérieure, les côtés rayés obliquement ou longitudinalement. Elles vivent de feuilles et se métamorphosent dans la terre, sans filer de coque. Tels sont

LES CASTNIES. (CASTNIA. Fab.)

Voisins des lépidoptères diurnes et distincts des suivans par le renflement terminal de leurs antennes; il forme une massue allongée, sans dentelures ou stries en dessous.

Ces insectes se trouvent dans l'Amérique méridionale (1).

---

(1) Les *Pap. cyparissias*, *licas*, etc. de Fabricius.

LES SPHINX proprement dits. (SPHINX.)

Où les antennes, à commencer vers leur milieu, forment une massue prismatique, simplement ciliée, ou striée transversalement en maniere de rape, sur un côté, et qui ont une langue très-distincte. Ils volent avec une extrême rapidité, planent au-dessus des fleurs, ce qui les a fait nommer *sphinx éperviers*, et bourdonnent en même temps. Les chrysalides de quelques espèces ont le fourreau de la trompe saillant, en forme de nez; telle est celle du *S. du liseron.*

Le *Sphinx du tithymale.* (*S. euphorbiæ.* Lin.) Rœs. Insect. I, cl. I, *pap. noct.* III. Dessus des ailes supérieures d'un gris rougeâtre, avec trois taches et une large bande vertes; dessus des inférieures rouge, avec une bande noire et une tache blanche. Antennes blanches. Dessus du corps d'un vert olive. Abdomen conique, très-pointu et sans brosse au bout. Sa chenille est noire, avec des points et des taches jaunes, une ligne sur le dos, la queue et les pieds rouges.

Le *Sphinx tête de mort.* (*Sphinx atropos.* Lin.) Rœs. Insect. III, I. Ailes supérieures variées de brun foncé, de brun jaunâtre et de jaunâtre clair; inférieures jaunes, avec deux bandes brunes; une tache jaunâtre, avec deux points noirs sur le corselet; abdomen sans brosse au bout, jaunâtre, avec des anneaux noirs. Cette espèce est la plus grande de notre pays. La tache de son corselet imitant une tête de mort, le bruit aigu qu'il fait entendre, attribué par Réaumur au frottement des palpes contre la langue, et par M. Lorrey, à l'air qui s'échappe rapidement de deux cavités particulières du ventre, ont alarmé le peuple, certaines années où ce sphinx était plus commun. Sa chenille est jaune avec des raies bleues sur les côtés, et la queue recourbée en zigzag. Elle vit sur la pomme de terre, le troëne, le jasmin, etc., et se met en nymphe vers la fin du mois d'août. L'insecte parfait éclot en septembre.

D'autres sphinx ont l'abdomen terminé par une brosse d'écailles, et ont été placés par cette considération avec les sésies (1); mais ils ont les caractères essentiels des sphinx; tel est celui du *caille-lait* (*stellatarum*, Lin.), et ceux qu'on a nommés : *fuciformis*, *bombyliformis*, etc. Les ailes de ces deux derniers sont vitrées ou transparentes en grande partie (2).

Les Smérinthes. (Smerinthus. Lat.)

Qui ont les antennes dentées en manière de scie et n'ont point de langue distincte.

Le *sphinx du tilleul*, mais bien plus commun sur l'orme, le *S. demi-paon*, ceux du *peuplier* et du *chêne*, etc., forment ce sous-genre. Ils sont lourds et les ailes inférieures débordent les supérieures, comme dans plusieurs bombyx.

Les autres sphinx, dont les antennes sont souvent en fuseau ou en corne de belier, et se terminent rarement par une petite houpe d'écailles, ont les palpes inférieurs grêles, cylindriques ou coniques, barbus, avec le troisième article très-distinct.

Leurs chenilles, surtout celles des espèces exotiques, sont souvent velues, sans corne à l'extrémité postérieure et supérieure du corps, et se filent une coque pour y achever leurs métamorphoses.

Les Sésies. (Sesia.)

Dont les antennes n'ont point de dentelures dans aucun sexe, mais sont en forme de fuseau et terminées par une petite houppe d'écailles.

---

(1) Fabricius (System. Glossat.) les sépare des sphinx, sous le nom générique de *sésie*; et les autres *sésies* forment le genre *ægeria*.

(2) Voyez pour les autres espèces, Fabricius, loc. cit.

Les écailles de l'extrémité de l'abdomen forment une brosse. Les ailes sont horizontales et ont des espaces vitrés. Plusieurs de ces insectes ressemblent à des guêpes, ou à d'autres hyménoptères, à des diptères, etc. Leurs chenilles rongent l'intérieur des tiges ou des racines des végétaux, à la manière de celles des *hépiales*, des *cossus*, et s'y métamorphosent, en employant dans la construction de leur coque les débris des matières dont elles se sont nourries (1).

Les Zygènes. (Zygæna.)

Dont les antennes sont encore simples dans les deux sexes, en fuseau ou en corne de belier, mais sans houppe à leur extrémité.

On a nommé les espèces de ce sous-genre et du suivant *sphinx-beliers*, *papillon-phalènes*, etc., parce qu'elles ont, pour la plupart, des antennes contournées en manière de cornes de belier, ou qu'elles ressemblent à des lépidoptères nocturnes. Elles portent ordinairement les ailes en toit et volent lourdement. Leurs chenilles se nourrissent des feuilles de différentes sortes de plantes, et se forment une coque de soie, tantôt en fuseau, tantôt ovoïde, qu'elles attachent à leurs tiges. L'insecte parfait, dans les espèces indigènes qu'on a observées, entraîne, en sortant, hors de sa coque, la dépouille de chrysalide qu'il a quittée.

Nous rapporterons à ce sous-genre les *ægocères* (2) de Latreille, les *thyrides* (3) de M. de Hoffmansegg, et les *syntomides* (4) d'Illiger.

La *Z. de la filipendule* (*Sphinx filipendulæ*. Lin.)

---

(1) Voyez la Monographie des *sésies* de Laspeyres, Hübner, etc.

(2) *Bombyx venulia*, Fab.; voyez Latr. Gen. Crust. et Insect. IV, p. 211.

(3) *Sphinx fenestrina*, Fab.; Lat. ibid.

(4) *Zygæna quercus*, Fab.; Lat. ibid.

Rœs. Insect I, class. 2, *Pap. noct.* LVII, d'un vert noir ou bleuâtre ; six taches rouges sur les ailes supérieures; les inférieures rouges, avec le bord postérieur de la couleur du corps. Sa chenille est d'un jaune citron, un peu velue, avec cinq rangées de taches noires le long du corps. Elle file sur les tiges des plantes une coque d'un jaune paille, luisante, fort allongée et en fuseau. Sa surface est ridée ou comme plissée. L'insecte parfait en sort dans le mois de juillet (1).

LES GLAUCOPIDES. (GLAUCOPIS)

Où les antennes, jamais terminées par une houppe, sont en peigne, soit dans les mâles seulement, soit dans les deux sexes.

Nous y réunissons plusieurs genres établis récemment, tels que ceux de *procris*, d'*atychie*, d'*aglaope* et de *stygie* (2).

Je ne citerai que l'espèce suivante, très-commune dans notre pays.

La *G. turquoise* (*sphinx statices.* Lin.) De Géer, Insect. II, p. 255, III, 8-10, corps d'un vert luisant et comme doré; ailes inférieures brunes; antennes du mâle ayant deux rangs de barbes noires, celles de la femelle un peu dentées en scie.

On trouve dans les pays étrangers, particulièrement dans l'Amérique méridionale, un grand nombre d'espèces de ce sous-genre.

La troisième famille des LÉPIDOPTÈRES,

Celle des NOCTURNES. (NOCTURNA.)

Nous présente, ainsi que la famille pré-

---

(1) Latr. ibid.

(2) Voyez Latr. Gener. Crust. et Insect. IV, 213-215.

cédente, des ailes bridées, dans le repos, au moyen de la soie, en forme de crin, du bord extérieur des inférieures, horizontales ou penchées, et quelquefois roulées autour du corps; mais les antennes vont en diminuant de grosseur, de la base à la pointe, ou sont sétacées.

Cette famille ne compose, dans la méthode de Linnæus, qu'un seul genre, celui

Des Phalènes. (Phalæna.)

Ces lépidoptères ne volent ordinairement que la nuit ou le soir, après le coucher du soleil. Plusieurs n'ont point de langue. Quelques femelles sont privées d'ailes ou n'en ont que de très-petites. Les chenilles se filent le plus souvent une coque; le nombre de leurs pieds varie de dix à seize (1). Les chrysalides sont toujours arrondies ou sans proéminences en forme d'angles ou de pointes.

Je divise ce genre très-nombreux et d'une étude difficile en huit petites tribus. Les deux premières embrassent les deux premières divisions (*attacus*, *bombyx*) du genre *phalæna* de Linnæus.

Les Bombycites. (Bombycites. Lat.)

Qui ont les ailes entières ou sans fissures, soit étendues, soit rabattues ou couchées horizontalement sur le corps, formant toujours alors, par leur contour extérieur, un

(1) De Géer en a compté dix-huit, et toutes membraneuses, dans une espèce, II, p. 245, et I, xxx, 20; xxxi, 13-16.

triangle plus ou moins large ou guère plus étroit à sa base que long; dont les ailes supérieures ne sont point arquées à l'origine de leur bord externe et rétrécies ensuite; qui ont les palpes inférieurs tantôt très-petits, sous la figure d'un tubercule, tantôt presque cylindriques ou presque coniques et dont l'épaisseur diminue graduellement; les deux palpes supérieurs, ou ceux de la base de la langue, ne paraissent point et sont entièrement cachés; leurs chenilles ont seize pieds dans le plus grand nombre, quatorze dans les autres, les deux anales manquant et étant remplacées par une double queue; la langue est nulle ou imperceptible; les antennes sont dentelées en scie ou en peigne, soit dans les deux sexes, soit au moins dans les mâles.

Leur corselet est laineux, et l'abdomen ordinairement très-volumineux dans les femelles. Tels sont

Les Hépiales. (Hepialus. Fab.)

Que l'on distingue à leurs antennes presque grenues et beaucoup plus courtes que le corselet.

Leurs palpes inférieurs sont très-petits et très-velus. Les ailes sont en toit. Leurs chenilles vivent dans la terre et rongent les racines des plantes. Elles ont seize pattes.

L'*H. du houblon* (*H. humuli.* Fab.) Harr. Ins. ang. IV, a-d. Le mâle a les ailes supérieures d'un blanc argenté, sans taches; celles de la femelle sont jaunes avec des taches rouges. La chenille dévore les racines du houblon, et cause de grands dommages dans les lieux où on en fait une culture particulière (1).

Les Cossus. (Cossus. Fab.)

Où les antennes, aussi longues au moins que le corselet, sont dentelées en scie dans les deux sexes, ou demi-pectinées dans les mâles et simples dans les femelles.

---

(1) Voyez pour les autres espèces Fabricius, Esper, Engramelle, Hübner, Donovan, etc.

Leurs ailes sont toujours en toit. L'extrémité de l'abdomen se prolonge en forme de queue ou d'oviducte en tarière. Les chenilles sont nues, ont toujours seize pattes et vivent dans l'intérieur des arbres, qu'elles rongent; elles en font entrer la sciure dans la construction de leur coque. Leurs chrysalides ont des dentelures aux bords des anneaux de l'abdomen. Au moment où l'insecte va se développer, elles s'avancent jusqu'à l'ouverture extérieure, qui doit lui servir de passage.

Plusieurs cossus ont les antennes dentelées en scie dans les deux sexes. Ce sont les *cossus* proprement dits de Latreille. Tel est

Le *C. ronge-bois* (*Cossus ligniperda.* Fab.) Rœs. Insect. tom. I, class. 2, *Pap. noct.* XVIII. Long d'un peu plus d'un pouce. D'un gris cendré, avec de petites lignes noires, très-nombreuses, sur les ailes supérieures, y formant de petites veines, entremêlées de blanc. Extrémité postérieure du corselet jaunâtre, avec une ligne noire.

Sa chenille, que l'on trouve au printemps, ressemble à un gros ver; elle est rougeâtre, avec des bandes transverses d'un rouge de sang. Elle vit dans l'intérieur du bois du saule, du chêne, mais particulièrement de l'orme. Elle dégorge une liqueur âcre et fétide, contenue dans des réservoirs intérieurs spéciaux, et qui lui sert, à ce qu'il paraît, à ramollir le bois (1).

Les autres cossus ont les antennes simples dans les femelles, à moitié pectinées dans les mâles. Latreille les réunit dans son genre des *zeuzères* (*zeuzera*).

La chenille d'une très-jolie espèce (*Cossus æsculi.* Fab.), dont le corps est d'un beau blanc, avec des anneaux bleus sur l'abdomen et des points nombreux de la même couleur sur les ailes supérieures, vit dans l'intérieur du

(1) Ajoutez : *cossus terebra*, Fab.; *phalène strix*, de Cramer. — *Cossus lituratus*, Donov. — *C. nebulosus*, ejusd.

marronier d'Inde, du pommier, du poirier, etc., et souvent dans leur moelle même (1).

LES BOMBYX. (BOMBYX.)

Dont les antennes sont toujours entièrement ou presque entièrement barbues ou pectinées des deux côtés, soit dans les deux sexes, soit au moins dans les mâles.

Leurs chenilles sont le plus souvent velues ou tuberculées, épineuses, etc. Elles vivent des parties extérieures des végétaux, et se font, pour la plupart, une coque de pure soie.

Les unes ont les ailes étendues horizontalement. Elles forment la division des phalènes *attacus* de Linnæus, le genre *attacus* de M. Germar, et celui des saturnies de M. Schrank. Cette division comprend les plus grandes espèces, dont les ailes ont souvent des taches vitrées (*fenestratæ*). Telles sont surtout, parmi les exotiques, l'*atlas* ou la phalène *porte-miroir* de la Chine, le *B. hesperide,* le *B. cecropia,* le *B. luna*, dont les ailes inférieures se prolongent en forme de queue, etc. On emploie depuis un temps immémorial, au Bengale, la soie du cocon de deux autres espèces de la même division, le *bombyx mylitta* de Fabricius et la *phalène cynthia* de Drury (Insect. II, VI, 2) (2). Latreille s'est assuré, d'après la communication qui lui a été faite par M. Huzard, d'un manuscrit chinois sur cet objet, que les chenilles de ces bombyx étaient les *vers à soie sauvages de la Chine* Il conjecture qu'une partie des soiries que les anciens se procuraient par leur commerce maritime avec les Indiens provenaient de la soie de ces chenilles.

L'Europe ne fournit que quatrè espèces de *bombyx attacus.* Le plus connu est

---

(1) Rœsel. Insect. III, XLVIII, 5, 6;—*Cossus pyrinus,* Fab.—*C. scalaris*, ejusd.; *phalæna scalaris*, Donov.—*P. mineus,* ejusd.—*Cossus verbasci ?* Fab.

(2) Linn. Societ. Trans. VII, p. 33.

Le *B. paon-de-nuit* ou *grand paon* (*B. pavonia, major,* Fab.) Rœs. Ins. IV, XV-XVII, le plus grand de notre pays, ayant jusqu'à cinq pouces de largeur, les ailes étendues; le corps brun, avec une bande blanchâtre à l'extrémité antérieure du corselet; les ailes rondes, d'un brun saupoudré de gris; une grande tache, en forme d'œil, noire, coupée par un trait transparent, entourée d'un cercle d'un fauve obscur, d'un demi-cercle blanc, d'un autre rougeâtre, et enfin d'un cercle noir, sur le milieu de chacune. La chenille qui vit de feuilles de différens arbres, est verte, avec des tubercules bleus, disposés annulairement, d'où partent de longs poids terminés en massue. Elle se file au mois d'août une coque ovale, mais rétrécie en pointe mousse, à double goulot, et dont l'intérieur est formé en partie de fils élastiques et convergens, qui facilitent la sortie de l'insecte, mais qui empêchent l'entrée de tout insecte ennemi. La soie est très-forte et gommeuse. Le bombyx éclot au mois de mai de l'année suivante (1).

D'autres bombyx ont les ailes supérieures inclinées en toit; le bord extérieur des inférieures les déborde presque horizontalement (*alæ reversæ*). Leurs chenilles ont toujours seize pattes.

Quelquefois leurs palpes s'avancent en forme de bec, et leurs ailes sont dentelées. L insecte ressemble à un paquet de feuilles mortes. Ces bombyx forment les genres *gastropacha* (2), *odonestis* (3), de M. Germar.

Les espèces qui n'offrent pas ces caractères, s'associent au genre des *lasiocampes* de M. Schrank. Ici se place

(1) Voyez pour les autres espèces : Fab. Entom. System. la première division des *bombyx*, et Olivier. Encycl. méthod. la première famille du même genre.

(2) Les *B. quercifolia, populifolia, betulifolia, illicifolia,* etc. de Fabricius.

(3) *B. pruni, potatoria*, Fab.

Le *B. du mûrier* ou *le ver à soie* (*B. mori.* Lin.) Rœs. Ins. III, VII-IX, blanchâtre, avec deux ou trois raies obscures et transverses et une tache en croissant sur les ailes supérieures. Sa chenille est connue sous le nom de ver à soie. On sait qu'elle se nourrit des feuilles de mûrier, et qu'elle se file une coque ovale d'un tissu serré de soie très-fine, le plus souvent d'un beau jaune et quelquefois blanche.

Suivant Latreille, qui publiera bientôt un mémoire relatif à l'ancien commerce de la soie, le bombyx qui la produit est originaire des provinces septentrionales de la Chine.

La ville de Turfan, dans la petite Bucharie, fut longtemps le rendez-vous des caravanes venant de l'Ouest, et l'entrepôt principal des soieries de la Chine. Elle était la métropole des Sères de l'Asie supérieure, ou de la Sérique de Ptolémée. Expulsés de leurs pays par les Huns, les Sères s'établirent dans la grande Bucharie et dans l'Inde. C'est d'une de leurs colonies, du Ser-hend (*Serindi*), que des missionnaires Grecs transportèrent, du temps de Justinien, les œufs du ver à soie à Constantinople. Sa culture passa, à l'épcque des premières croisades, de la Morée en Sicile, au royaume de Naples, et plusieurs siècles après, sous Sully particulièrement, dans notre pays. Mais les anciens tiraient encore leurs soieries, soit par mer, soit par terre, des royaumes de Pégu et d'Ava, ou des Sères orientaux, ceux qui sont le plus généralement mentionnés dans les écrits des premiers géographes. Une partie des Sères septentrionaux réfugiée dans la grande Bucharie, en fesait même le commerce, ainsi que semble l'indiquer un passage de Denis le Périégète. On sait que la soie se vendait anciennement au poids de l'or, et qu'elle est aujourd'hui pour la France une source importante de richesse.

Le *B. livrée* (*B. neustria.* Fab.) Rœs. Ins. I, class. 2, pap. noct. VI, jaunâtre, avec une bande ou deux raies transverses d'un brun fauve, au milieu des ailes supérieures. La femelle dépose ses œufs autour des branches, en forme de brasselet ou d'anneau. Sa chenille est rayée longitudinalement de blanc, de bleu et de rougeâtre, d'où lui vient le nom de *livrée.* Elle vit en société et fait souvent beaucoup de tort aux arbres fruitiers. Elle fait une coque d'un tissu mince, entremêlée d'une poussière blanchâtre.

Le *B. processionnaire* (*B. processionnea.* Fab.) Réaum. Ins. II, x, xi, cendré, ainsi que les ailes; deux raies obscures, vers la base des supérieures, et une troisième noirâtre, un peu au-delà de leur milieu; toutes les trois transverses. Les chenilles ont le corps velu, d'un cendré obscur, avec le dos noirâtre et quelques tubercules jaunes. Elles vivent en sociétés, sur le chêne, se filent en commun, dans leur jeune âge, une toile ou elles sont à couvert, changent souvent de domicile jusqu'après la troisième mue, se fixent alors et se forment une autre habitation commune, de la même matière, semblable à une espèce de sac, et divisée intérieurement en plusieurs cellules. Elles en sortent ordinairement le soir, dans un ordre processionnaire. Un des individus est à la tête et sert de guide; deux autres viennent ensuite et composent la seconde ligne; il y en a trois à la troisième, quatre à la quatrième, et ainsi de suite, en augmentant toujours d'une unité. Ils suivent les mouvemens du premier. Ces chenilles se filent chacune une coque les unes à côté des autres, avec le tissu de laquelle elles mêlent des poils de leur corps. Ces poils, ainsi que ceux de plusieurs autres espèces, sont très-fins, penètrent dans la peau et occasionnent des démangeaisons assez vives et des ampoules.

Les habitans de Madagascar emploient la soie d'une chenille qui vit aussi en grande réunion. Son nid a quelquefois trois pieds de hauteur, et les coques sont tellement pressées les unes contre les autres, qu'il n'y a point de vide. Un seul de ces nids offre jusqu'à cinq cents coques.

Le *B. du pin* (*B. pythio-campa*) est encore une espèce analogue à celles-ci.

Les autres bombyx ont les quatre ailes en toit et en recouvrement; les inférieures ne dépassent point extérieurement celles de dessus.

Tantôt leurs chenilles sont allongées, ont seize pattes très-distinctes, et vivent à nu ou sans fourreau, comme celle

Du *Bombyx disparate* (*B. dispar.* Fab.) Rœs. Insect. I, cl. 2, pap. noct. III, dont le mâle, beaucoup plus petit, a les ailes supérieures brunes, avec des raies ondées, noirâtres; et dont la femelle est blanchâtre, avec des taches et quelques raies noires sur ces mêmes ailes. Elle recouvre ses œufs avec les poils nombreux qu'elle porte à l'extrémité de l'abdomen. Sa chenille fait souvent du tort à nos arbres fruitiers.

D'autres chenilles de cette subdivision ont des aigrettes et des pinceaux de poils :

Telle est le *B. étoilé* (*B. antiqua.* Fab.) Rœs. ibid. XXXIX, la fem.; III, cl. 2, pap. noct. XIII, le mâle.

Le mâle a les ailes supérieures fauves, avec deux raies transverses, noirâtres, et une tache blanche vers l'angle interne. La femelle est remarquable en ce qu'elle est presque aptère. Son abdomen est très-volumineux.

Tantôt les chenilles des bombyx à ailes en toit, ayant toujours le corps allongé et seize pattes distinctes, se renferment dans un fourreau de soie, qu'elles traînent avec elles, et auquel elles attachent des petits morceaux de feuilles, des fétus de paille, de petites baguettes de bois sec, ou d'autres objets, qui en imposent aux yeux de l'observateur. Ces bombyx forment le genre *psyche* de M. Schrank (1).

Tantôt encore d'autres chenilles ont le corps court,

---

(1) Les bombyx : *hieracii*, *viciella*, *muscella*, etc. de Fabricius.

ovale, en forme de cloporte, et paraissent dépourvues de pieds, ou n'avoir à leur place que de simples mamelons (1).

Nous connaissons enfin des chenilles qui n'ont que quatorze pieds. Les deux derniers manquent, et le corps est terminé par deux appendices longs et mobiles, formant une sorte de queue fourchue (2). Schrank distingue ces bombyx par le nom générique de *cerura*.

La seconde tribu des lépidoptères nocturnes, celle

Des Faux-Bombyx. (Noctuo-Bombycites. Lat.)

Se compose des lépidoptères nocturnes, semblables aux bombycites, mais qui ont une langue très-distincte et se prolongeant notablement, lorsqu'elle est déroulée, au-delà de la tête. Les ailes sont en toit. Tels sont

Les Arcties. (Arctia. Schr. Lat.)

Dont les antennes sont en peigne dans les mâles; qui ont les palpes inférieurs très-velus et la langue courte.

L'*A. queue d'or* (*Bombyx chrysorrhœa.* Fab.) Rœs. Ins. I, class. 2, pap. noct. XXII. Ailes blanches, sans taches; extrémité postérieure de l'abdomen d'un brun fauve. Sa chenille, certaines années, dépouille de leurs feuilles des bois entiers.

L'*A. martre* (*Bombyx caja.* Fab.) Rœs. ibid. I. Tête et corselet bruns; ailes supérieures de la meme couleur, avec des raies irrégulières blanches; ailes inférieures et dessus de l'abdomen rouges, avec des taches d'un noir bleuâtre. Sa chenille, qui vit sur l'ortie, la laitue, sur l'orme, etc., a été nommée l'*hérissonne* ou l'*ours* a raison des poils longs et nombreux dont elle est garnie. Elle est d'un brun noirâtre, avec des tubercules bleus, disposés en anneaux (3).

---

(1) Les hépiales : *testudo*, *asellus*, *bufo*, etc. ejusd.

(2) Les bombyx : *vinula*, *furcula*, *fagi*, Fab.; *B. erminea*, Esp.

(3) Voyez pour les autres espèces, Latr. Gen. Crust. et Insect. IV, p. 220; Germar, *bombyc.*

Les Callimorphes. (Callimorpha. Lat.)

Où les antennes sont tout au plus ciliées dans les mâles; les palpes inférieurs ne sont couverts que de petites écailles; la langue est longue.

Une espèce très-commune dans notre pays est celle dont la chenille se trouve sur le senecon. (*Bombyx jacobeæ*. F. Rœs. Insect. cl. 2, pap. noct. XLIX.) Elle est noire. Ses ailes supérieures ont une ligne et deux points d'un rouge carmin. Les inférieures sont de cette couleur et bordées de noir. La chenille est jaune, avec des anneaux noirs (1).

Les *lithosies* de Fabricius paraissent, sous plusieurs rapports naturels, avoisiner les lépidoptères de cette tribu; mais nous les placerons, à raison de leur forme étroite et allongée, dans la tribu des *tinéïtes*, comme avait fait Linnæus.

La troisième tribu des lépidoptères nocturnes, celle

Des Arpenteuses. (Phalenæ geometræ. Lin. — Phalænites. Lat.)

Ne se distingue rigoureusement des deux précédentes que par la considération de leur forme, dans leur premier âge. La plupart de leurs chenilles n'ont que dix pattes et sont connues sous le nóm d'*arpenteuses*. Les autres, en très-petit nombre, en ont deux ou même quatre de plus; dans celles qui en ont douze, la première paire des membraneuses est plus petite que la suivante; dans celles qui en ont quatorze, les deux pattes postérieures manquent, et ne sont point remplacées par deux appendices, en forme de queue, comme dans quelques bombyx.

Les lépidoptères nocturnes de cette tribu ont, en général, le corps plus allongé et beaucoup plus grêle que ceux des tribus précédentes. Leurs ailes sont souvent grandes, éten-

(1) Les mêmes ouvrages.

dues horizontalement, avec des teintes et des dessins communs aux quatre.

Les chrysalides sont presque nues ou leur coque est très-mince et peu fournie de soie

Cette tribu ne comprend qu'un sous-genre,

Celui des PHALÈNES proprement dites. (PHALÆNA.)

Quelques chenilles ont quatorze pieds, et sont uniquement privées des deux postérieurs; leur corps se termine en pointe.

Elles plient les feuilles dont elles se nourrissent et s'y tiennent cachées. Laspeyre fait un genre de ces espèces, sous le nom de *platypteryx*.

Celle de la *phalène perle* (*margaritaria*. Fab.) a douze pieds; mais toutes les autres n'en ont que dix.

La *phalène du sureau* (*P. sambucaria*. Lin.) Rœs. Insect. I, class. 3, pap. noct. VI, une des plus grandes de nos pays, est d'un jaune de soufre; ses ailes sont étendues et marquées de deux raies transverses et brunes; les inférieures se prolongent, à l'angle extérieur, en forme de queue, et on y remarque deux petites taches noirâtres. Sa chenille est brune et ressemble pour la forme et la couleur à un petit bâton; sa tête est plate et ovale. M. Leach (Zool. miscell.) forme avec cette phalène et quelques autres espèces, dont les ailes inférieures ont la même figure, un genre qu'il nomme *ourapteryx*.

Nous citerons encore :

La *P. du lilas* (*P. syringaria*. Lin.) Rœs. ibid. X, dont les antennes sont pectinées dans le mâle; qui a les ailes anguleuses, et jaspées par un mélange de jaunâtre, de brun et de rougeâtre. Sa chenille a quatre gros tubercules sur le dos, outre d'autres plus petits, et une corne ou crochet, sur le huitième anneau.

La *P. du groseiller* (*P. grossulariata*. Lin.) Rœs. ibid. II, dont les ailes sont blanches, mouchetées de noir;

deux bandes d'un jaune aurore sur le dessus des supérieures, une vers la base et l'autre un peu au-delà du milieu. Sa chenille est, en dessus, d'un gris bleuâtre, tacheté de noir, avec les côtés inférieurs et le ventre jaunes, pointillés de noir.

La femelle de la *Ph. hiémale* (*Ph. brumata*. Lin.) ainsi que celles de quelques autres espèces analogues, n'ont que des rudimens d'ailes. Ces espèces paraissent en hiver.

De Géer décrit une espèce (*Ph. à six ailes*) dont le mâle semble avoir six ailes, les inférieures ayant au côté interne, un petit appendice qui se couche sur elles (1).

La quatrième tribu des lépidoptères nocturnes, celle

Des Deltoïdes. (Phalænæ pyralides. Lin.)

Nous offre des espèces très-analogues aux phalènes proprement dites, mais qui ont les palpes supérieurs à découvert, et non cachés sous les inférieurs, comme dans la plupart des lépidoptères, à l'exception encore de quelques tinéites. Leurs ailes forment avec le corps, sur les côtés duquel elles s'étendent horizontalement, une sorte de delta, dont le côté postérieur a, dans son milieu, un angle rentrant, ou paraît fourchu. Les antennes sont ordinairement simples.

Les chenilles ont seize pattes. La plupart se logent soit entre des feuilles qu'elles plient ou qu'elles entortillent, soit dans d'autres matières, dont elles se nourrissent, et avec les parcelles desquelles elles se font même des fourreaux fixes, des espèces de galeries.

Les lépidoptères deltoïdes composent le sous-genre

Des Botys. (Botys, Aglossa. Lat.)

Le *B. de la graisse* (*Phalæna pinguinalis*. Lin) De G. Insect. II, VI, 9—12; Reaum. Ins. III, XX, 5—11,

(1) Voyez pour les autres espèces Fabricius et Hübner.

sans trompe; ailes supérieures d'un gris d'agathe, avec des raies et des taches brunes et noires. On la trouve dans l'intérieur des maisons, sur les murs. Sa chenille est rase, d'un brun noirâtre et luisant. Elle se nourrit de matières butyreuses ou graisseuses; Réaumur la nomme *fausse-teigne des cuirs*, parce qu'elle ronge aussi ces matières, de même que les couvertures des livres et des insectes morts. Elle se construit un fourreau, en forme de long tuyau, qu'elle applique contre les corps dont elle vit, et qu'elle recouvre de grains, composés en majeure partie de ses excrémens. Suivant Linnæus, on la trouve, mais rarement, dans l'estomac de l'homme, où elle produit des effets plus alarmans que ceux qu occasionnent les vers intestinaux.

Une autre espèce (*P. farinalis*) se trouve aussi dans nos maisons. Sa chenille mange la farine.

Plusieurs autres fréquentent habituellement les lieux aquatiques; telles sont celles qu'on a nommées : *potamogata, stratiolata, paludata, lemnata, nympheata*, etc. Leurs chenilles se tiennent dans l'eau, et se fabriquent avec les feuilles de diverses plantes, dont elles se nourrissent, des tuyaux où elles sont a couvert. Leur corps a plusieurs appendices pour la respiration; ce sont de fausses branchies.

La chenille de la *Phalène queue-jaune* (*P. urticata*. Lin.), qui appartient au sous-genre des *botys*, roule les feuilles de l'ortie. Elle reste très-longtems sous sa forme, dans la coque qu'elle s'est préparée, pour se changer en chrysalide (1).

La cinquième tribu des lépidoptères nocturnes, celle

DES NOCTUÉLITES. (NOCTUÆLITES. Lat.)

Semblable aux précédentes, quant à la coupe et à la

(1) Voyez pour les autres espèces Latr. Gener. Crust. et Insect. IV, p. 228 et 229; Fabricius, division *** des *phalènes*; Hubner, etc.

grandeur relative des ailes, et quant à leur position dans le repos, nous montre pour caractère distinctif des palpes inférieurs, terminés brusquement par un article très-petit ou beaucoup plus menu que le précédent; celui-ci est beaucoup plus large et très-comprimé.

Les noctuélites ont le corps plus couvert d'écailles que de duvet laineux. Leurs antennes sont ordinairement simples. Elles ont presque toutes une langue longue et cornée. Leur corselet est souvent huppé en dessus; l'abdomen a la forme d'un cône allongé; leur vol est rapide. Quelques espèces paraissent pendant le jour.

Leurs chenilles ont communément seize pattes; les autres en ont deux ou quatre de moins; mais les deux postérieures ou les anales ne manquent jamais, et dans celles qui n'en offrent que douze, la paire antérieure des membraneuses est aussi grande que la suivante. La plupart de ces chenilles se renferment dans une coque, où elles achèvent leurs métamorphoses.

Ces lépidoptères embrassent la division des *phalènes de nuit* (*noctuæ*) de Linnæus, et forment aujourd'hui le sous-genre

Des Noctuelles. (Noctua.)

Les *érèbes* de Latreille se distinguent des autres par le dernier article de leurs palpes inferieurs qui est allongé et nu (1).

Ses *herminies*, auxquelles il rapporte les *hyblées* de Fabricius et plusieurs de ses *crambus*, ont les palpes très-grands et recourbés sur la tête. Leur port, d'ailleurs, a beaucoup d'affinité avec celui des *phalènes pyrales* de Linnæus (2).

---

(1) Latr. Consid. gén. sur les Crust., etc., et Gen. Crust. IV, p. 225.

(2) Latr. Gen. Crust. et Insect. ibid. p. 228.

Parmi ses noctuelles propres, il y en a, et c'est le plus grand nombre, dont les chenilles ont seize pattes. Nous y remarquerons

La *N. fiancée* (*N. sponsa.* Fab.) Roes. Ins. IV, XIX, d'un gris cendré; corselet en crête; ailes en recouvrement; le dessus des supérieures d'un gris obscur, avec des raies noires, très-ondees, et une tache blanchâtre divisée par quelques traits noirs; dessus des inférieures d'un rouge vif, avec deux bandes noires; abdomen entièrement cendré.

Sa chenille vit sur le chêne; elle est grise avec quelques taches obscures, irrégulières, et de petits tubercules; son huitième anneau a une bosse sur laquelle est une plaque jaune. Cette espèce et quelques autres sont connues sous le nom de *lichenées*, parce que leurs chenilles ont la couleur des lichens qui viennent sur les arbres. Elles ont les quatre pieds membraneux antérieurs plus courts et marchent à la manière des arpenteuses.

Le *N. accordée* (*N. pacta.* Fab.) est de ce nombre; Elle est distinguée des autres par la couleur rouge du dessus de son abdomen. Elle ne se trouve qu'au nord de l'Europe.

Les chenilles de quelques-unes n'ont que douze pattes. L'insecte parfait a souvent des taches dorees ou argentées sur les ailes supérieures. Telles sont les deux espèces suivantes.

La *N. gamma* (*N. gamma.* Fab.) Roes. Ins. I, clas. 3. pap. noct. V, a le corselet en crête; le dessus des ailes supérieures brun, avec des nuances plus claires, et une tache dorée, représentant un lambda ou un gamma couché de côté, dans leur milieu. Lorsqu'on presse l'extrémité postérieure de l'abdomen du mâle, on en fait sortir deux houppes de poils. La chenille vit sur plusieurs plantes potagères.

La *N. dorée* (*N. chrysitis.* Fab.). Esp. noct. CIX, F. 1-5.

Ailes supérieures d'un brun clair, traversées par deux bandes couleur de laiton poli.

Quelques chenilles, comme celles de la *N. du bouillon blanc* (*verbasci*), de la *N. de l'armoise* (*artemisiæ*), de la *N. de l'absinthe* (*absinthii*), etc., ont l'habitude particulière de se nourrir des fleurs des plantes qui leur sont propres (1).

D'autres espèces de noctuelles ont les antennes pectinées, et pourraient être réunies dans un sous-genre distinct du précédent, comme par exemple la *N. des graminées* (*P. graminis*. Lin.), dont la chenille ravage quelquefois les prés de la Suède.

La sixième petite tribu des lépidoptères nocturnes :

LES TORDEUSES. (PHALÆNÆ TORTRICES de Linnæus.)

Ont les plus grands rapports avec les lépidoptères des deux précédentes. Les ailes supérieures, dont le bord extérieur est arqué à sa base et se retrécit ensuite, leur forme courte et large, en ovale tronqué, donne à ces insectes une physionomie particulière. On les a nommés : *phalènes à larges épaules*, *phalènes chappes*.

Ces lépidoptères sont petits, agréablement colorés, portent leurs ailes en toit écrasé ou presque horizontalement, mais toujours couchées; les supérieures se croisent même un peu alors, le long de leur bord interne. Les palpes inférieurs avancent souvent en forme de petit museau, ou sont recourbés sur la tête.

Leurs chenilles ont seize pattes, le corps ordinairement ras ou peu velu, tordent et roulent les feuilles; elles fixent successivement, et dans un même sens, divers points de leur surface, par des couches de fils de soie, se font

---

(1) Voyez pour les autres espèces, Olivier, art. *noctuelle* de l'Encycl. méthodique, et Lat. Gener Crust. et Insect. IV, p. 224. Voyez aussi le Catalogue systématique des Lépidoptères de Vienne.

ainsi un tuyau où elles sont à couvert et où elles mangent tranquillement le parenchyme de ces feuilles. D'autres ont pour retraite plusieurs feuilles ou des fleurs qu'elles lient toujours avec de la soie. Il en est qui s'établissent dans les fruits.

Plusieurs ont l'extrémité postérieure du corps plus étroite, et Réaumur les nomme *chenilles en forme de poisson*. Leur coque a la figure d'un bateau. Ces coques sont tantôt de pure soie, tantôt mélangées de diverses matières.

Les tordeuses composent le sous-genre

DES PYRALES. (PYRALIS. Fab.)

La *P. des pommes* (*P. pomana*. Fab.) Rœs. Insect. I, Class. 4, Pap. noct. XIII, d'un gris cendré; ailes supérieures finement rayées en dessus de brun et de jaunâtre, avec une grande tache d'un rouge doré. Sa chenille se nourrit du pepin des pommes. L'insecte parfait avait déposé ses œufs sur leur germe.

La *P. de la vigne*. (*P. vitis*.) Bosc. Mém. de la Soc. d'Agric. II, IV, 6. Ailes supérieures d'un verdâtre foncé, avec trois bandes obliques, noirâtres, dont la troisième terminale. Sa chenille fait de grands dégâts dans les vignobles.

La *P. verte à bandes* (*P. prasinaria*. Fab.) Rœs. Ins. IV, X, la plus grande des espèces connues. Dessus des ailes supérieures d'un vert tendre, avec deux lignes obliques blanches.

Sur l'aulne et sur le chêne. Sa chenille est du nombre de celles que Réaumur compare à un poisson. Sa coque a la forme d'un bateau.

La septième tribu des lépidoptères diurnes:

Celle des TINEÏTES. (PHALÆNÆ TINEÆ. Lin.)

A, de même que les précédentes, les ailes entières ou sans fissures; mais leur forme et leur port sont différens.

Les supérieures sont étroites et fort allongées, tandis que les inférieures s'étendent beaucoup en largeur et sont plissées dans le repos. Tantôt couchees sur le corps, tantôt moulées autour de lui ou pendantes et serrées sur ses côtés, elles lui forment une sorte de manteau. Ainsi enveloppé, le corps de l'insecte a une figure linéaire ou celle d'un triangle long et fort étroit.

Ces lépidoptères sont très-petits, mais souvent ornés de couleurs brillantes, avec le bord postérieur de leurs ailes frangé. Leurs chenilles ont communément seize pattes. On en trouve deux de moins à quelques autres, et jusqu'à dix-huit et toutes membraneuses dans une espèce de mineuse. Leur corps est ordinairement ras et peu coloré.

Les especes qui vivent dans des tuyaux portent le nom de *teignes ;* mais on les a distinguées en *teignes* et en *fausses-teignes,* suivant que leurs habitations sont portatives ou fixes. Plusieurs des teignes qui gâtent ou détruisent les étoffes de laine, les pelleteries, etc., sont de la première sorte. Ces fourreaux sont construits des matières dont la chenille se nourrit, liées avec de la soie, ou superposées sur un tuyau de cette substance. On en connaît qui emploient jusqu'aux lichens des murs. La ferme de ce fourreau varie. Ces chenilles savent l'allonger par un bout, ou même le fendre, pour y ajouter une nouvelle pièce et l'élargir, à mesure qu'elles croissent. Elles y subissent leurs métamorphoses, après en avoir, au préalable, fermé les ouvertures avec de la soie.

D'autres chenilles de cette tribu ont été nommées *mineuses,* parce qu'elles creusent en divers sens, et souvent en manière de galeries, le parenchyme des feuilles dont elles se nourrissent. Telle est l'origine de ces portions desséchées, en forme de taches, de lignes ondulées, que l'on observe sur beaucoup de feuilles. Les boutons, les fruits, les semences, souvent même celle du blé, enfin jusqu'à des galles résineuses de quelques arbres conifères, servent de domicile et de nourriture à d'autres.

Cette tribu est maintenant composée de plusieurs sous-genres.

Les uns n'ont que deux palpes apparens; les supérieurs sont cachés.

Tantôt les palpes inférieurs se recourbent dès leur origine, comme dans les sous-genres suivans :

LES LITHOSIES. (LITHOSIA. Fab.)

Qui ont une langue allongée et très-distincte; les antennes écartées à leur naissance (en peigne ou barbues dans plusieurs mâles); les palpes inférieurs moins longs que la tête, cylindriques, avec le dernier article fort court.

Leurs ailes sont couchées et croisées sur le corps. Leur front n'est point huppé. Leurs chenilles vivent à nu ou sans fourreau(1).

LES YPONOMEUTES. (YPONOMEUTA. Lat.)

Très-voisines des lithosies, mais ayant les palpes inférieurs plus longs que la tête, avec le dernier article allongé et conique; ils forment souvent deux espèces de cornes pointues et recourbées en arrière de la tête.

Les espèces dont les palpes sont très-longs, forment le genre des *œcophores* de Latreille.

L'*Y. du fusain.* (*Tinea evonymella.* Fab.) Rœs. Insect. I, Class. 4, Pap. noct. VIII. Ailes superieures d'un blanc luisant, avec des points noirs très-nombreux; les inferieures noirâtres.

L'*Y. du cerisier.* (*Tinea padella.* Fab.) Rœs. ibid. VII. Ailes supérieures d un gris plombé, avec une vingtaine de points noirs.

La chenille, ainsi que celle de la précédente, vit en société nombreuse, sous une toile. Elle se multiplie quelquefois prodigieusement sur nos arbres fruitiers, dont

---

(1) Voyez Fabricius, Entom. System. suppl.

elle dévore les feuilles. Leurs branches semblent etre recouvertes de crêpes (1).

LES ALUCITES (ALUCITA) de Fabricius, ou les ADÈLES de Latreille.

Qui ont une langue distincte; les antennes excessivement longues, très-rapprochées à leur base; et les yeux grands et presque contigus dans les mâles.

Leurs palpes inférieurs sont courts, cylindriques et velus. Leurs ailes sont très-brillantes. On trouve ces insectes, au printemps, dans les bois.

L'*A. de Degéer.* (*A. Degeerella.* Fab.) Deg. Insect. I, XXXII, 13. Antennes trois fois plus longues que le corps, blanchâtres, avec la partie inférieure noire; ailes supérieures d'une jaune brun doré, sur un fond noir qui y forme des raies longitudinales, avec une large bande d'un jaune d'or, bordée de violet, transverse.

L'*A. de Réaumur* (*A. Reaumurella.* F.) est noire, avec les ailes supérieures dorées, sans taches (2).

LES TEIGNES. (TINEA.)

Semblables aux alucites par les palpes, mais dont la langue est peu distincte, ou très-courte, et composée, au

---

(1) Nous placerons dans ce sous-genre beaucoup de teignes de Fabricius, telles que celles qu'il nomme *bracetella, leucatella, cinctella, oliviella, geofroyella, schefferella, rœsella, linnella, rajella*, etc., et la plupart des espèces dont les chenilles sont mineuses ou rouleuses de feuilles.

La *teigne des blés*, qui fait tant de ravages dans les départemens méridionaux de la France, appartient au meme sous-genre, ainsi que la teigne *harrisella*, dont la chenille, suivant les observations de M. Huber fils, se forme une sorte de hamac.

(2) Voyez pour les autres espèces Fabricius, Entom. System. supplem.; Latr. Gen. Crust. et Insect. IV, p. 223; Hübner sur les lepid. d'Europe, etc.

plus, de deux très-petits filets membraneux et disjoints; leurs antennes sont ecartées; leur tete est huppée.

La *T. des tapisseries.* (*Pyralis tapezana.* Fab.) Réaum. Insect. III, xx, 2-4. Ailes supérieures noires; leur extrémité postérieure, ainsi que la tête, blanches.

La chenille ronge les draps ou d'autres étoffes de laine, cachée sous une voûte ou un demi-tuyau, qu'elle forme de leurs parcelles, et qu'elle allonge en avancant. C'est une fausse-teigne pour Réaumur.

La *T. des draps* (*Tinea sarcitella.* Fab.) Réaum. Ins. III, VI, 9, IV, d'un gris argenté; un point blanc de chaque côté du corselet. Sa chenille se trouve sur les draps et les étoffes de laine. Elle se fabrique, en tissant avec de la soie, les brins qu'elle détache, un tuyau immobile; elle l'allonge par le bout, à mesure qu elle croît, le fend pour l'élargir et y ajoute une pièce. Ses excrémens ont la couleur de la laine qu'elle a mangée.

La *T. des pelleteries.* (*T. pellionella.* Fab.) Réaum. Insect. III, VI, 12-16. Ailes superieures d'un gris argenté, avec un ou deux points noirs sur chacun. Sa chenille vit dans un tuyau feutré, sur les pelleteries, dont elle coupe les poils à la racine, et qu'elle détruit rapidement.

La *Teigne à front jaune* (*F. flavifrontella.* Fab.) ravage de la même manière les collections d'Histoire naturelle.

La *T. des grains.* (*T. granella.* Fab.) Rœs. Ins. I, class. 4, Pap. noct. XII. Ses ailes supérieures sont marbrées de gris, de brun et de noir, et se relèvent par derrière. Sa chenille (*fausse teigne des blés*) lie plusieurs grains de blé avec de la soie, et s'en forme un tuyau, dont elle sort, de temps en temps, pour ronger ces grains. Elle nuit beaucoup.

Tantôt les palpes antérieurs se portent en avant, dans la plus grande partie de leur longueur.

Les Galléries. (Galleria. Fab.)

Où les palpes inférieurs sont uniformément couverts d'écailles, avec le dernier article un peu courbé; les écailles du chaperon forment une saillie au-dessus d'eux.

La langue est très-courte. Les ailes sont appliquées sur les côtés du corps, et se relevent postérieurement en queue de coq.

La *G. de la cire* (*G. cereana.* Fab.) Hübn. Tin. IV, 25, est longue d'environ cinq lignes, cendrée, avec la tete et le corselet plus clairs; de petites taches brunes le long du bord interne des ailes supérieures: leur bord posterieur échancré.

Réaumur désigne sa chenille sous le nom de *fausse-teigne de la cire.* Elle fait de grands dégats dans les ruches; elle en perce les rayons, en construisant, à mesure qu'elle avance, un tuyau de soie, recouvert de ses excrémens, qui sont formés de la cire dont elle se nourrit.

La *G des ruches* (*Alvearia*) de Fabricius, se rapproche plus des teignes que de ce sous-genre.

Les Phycides. (Phycis. Fab.)

Ressemblent beaucoup aux teignes; mais leurs palpes inferieurs sont beaucoup plus grands, avancés, avec un faisceau d'ecailles au second article, et le troisième relevé perpendiculairement et presque nu. Leur langue est très-courte. Leurs antennes sont ciliées ou barbues dans les males.

Les *euplocampes* de Latreille peuvent être réunis à ce sous-genre. Les antennes des mâles sont seulement plus en peigne (1).

---

(1) Voyez Fab. et Lat. Gen. Crust. IV, p. 223.

LES YPSOLOPHES (YPSOLOPHUS) de Fabricius, ou les ALUCITES de Latreille.

Ne diffèrent des *phycides* que par leurs antennes qui sont plus simples, et par leur langue plus distincte ou plus longue (1).

Les autres tineïtes ont les quatre palpes découverts; les inférieurs sont plus longs et s'avancent en forme de museau ou de bec. Tels sont

LES CRAMBUS. (CRAMBUS. Fab.)

Leur corps est étroit et allongé, presque cylindrique; les ailes sont roulées autour de lui.

On trouve ces lépidoptères dans les pâturages secs, sur les plantes (2).

La huitième et dernière tribu des lépidoptères nocturnes,

Celle des FISSIPENNES. (PTEROPHORITES. Lat.)

A de grands rapports avec la précédente, quant à la forme étroite et allongée du corps et des ailes supérieures, mais s'en éloigne, ainsi que de toutes les autres du même ordre, en ce que les quatre ailes, ou deux au moins, sont refendues dans leur longueur, en manière de branches ou de doigts, barbus sur leurs bords, et ressemblant à des plumes. Les ailes imitent celles des oiseaux.

Linnæus comprend ces lépidoptères dans sa division des *phalènes alucites*. De Géer les nomme *phalène-tipules*.

Nous en formerons, avec Geoffroi et Fabricius, le sous-genre

DES PTEROPHORES. (PTEROPHORUS.)

Leurs chenilles ont seize pattes, vivent de feuilles ou de fleurs, sans se construire de fourreau.

---

(1) Fab. Entom. Syst. suppl., et Lat. ibid. p. 233.

(2) Ibid.; Latr. ibid.; le *crambus carneus* et quelques autres espèces, doivent former un sous-genre propre.

Tantôt les palpes inférieurs se recourbent dès leur naissance, sont entièrement garnis de petites écailles et pas plus longs que la tête; ils composent le genre *ptérophore* proprement dit de Latreille. Leurs chrysalides sont à nu, hérissées de poils ou de petits tubercules, tantot suspendues par un fil, tantôt fixées, au moyen des crochets de l'extrémité postérieure de leur corps, à une couche de soie sur des feuilles, etc.

La *P. à cinq digitations.* (*P. pentadactylus.* Fab.) Rœs. Insect. I, Cl. 4, Pap. noct. v. Ailes d'un blanc de neige; les supérieures divisées en deux lanières, et les inférieures en trois (1).

Tantôt les palpes inférieurs sont avancés, plu longs que la tête, avec le second article très-garni d'écailles, et le dernier presque nu et relevé. La chrysalide est renfermée dans une coque de soie. Latreille distingue ces espèces sous le nom générique d'*ornéode* (2).

L'ORDRE ONZIÈME DES INSECTES.

Celui des RHIPIPTÈRES. (Rhipiptera.)

A été établi sous le nom de *stresiptères* (ailes torses) par M. Kirby, sur des insectes très-singuliers par leurs formes anomales et leurs habitudes. Des deux côtés de l'extrémité antérieure du tronc, près du col et de

---

(1) Les autres ptérophores de Fabricius, à l'exception de l'*hexadactylus ;* voyez aussi Hübner et De Géer.

(2) *P. hexadactylus*, Fab. ; le *ptérophore en éventail* de Geoffroi. Voyez Lat. Gen. Crust. et Insect. IV, p. 231 et 235.

la base extérieure des deux premieres pattes, sont insérés deux petits corps crustacés, mobiles, en forme de petites élytres, rejetés en arrière, étroits, allongés, dilatés en massue, courbes au bout, et se terminant à l'origine des ailes. Les élytres, proprement dites, recouvrant toujours la totalité ou la base de ces derniers organes, et naissant du second segment du tronc, ces corps, dont une espèce de diptères du sous-genre des *psychodes* de Latreille nous offre les analogues, ne sont donc point de véritables étuis. Les ailes des rhipiptères sont grandes, membraneuses, divisées par des nervures longitudinales, formant des rayons, et se plient dans leur longueur en manière d'éventail. Leur bouche est composée de quatre pièces, dont deux, plus courtes, paraissent être autant de palpes à deux articles, et dont les deux autres insérées près de la base interne des précédentes, ont la forme de petites lames linéaires, pointues et se croisant à leur extrémité, à la manière des mandibules de plusieurs insectes; elles ressemblent plus aux lancettes du sucoir des diptères, qu'à de véritables mandibules. La tête offre, en outre, deux yeux gros, hémisphériques, un peu pédiculés et grenus;

deux antennes, rapprochées à leur base, sur une élévation commune, presque filiformes, courtes et composées de trois articles, dont les deux premiers très-courts, et dont le troisième fort long, se divise, jusqu'à son origine, en deux branches, longues, comprimées, lancéolées, et s'appliquant l'une contre l'autre. Les yeux lisses manquent. Le tronc, par sa forme et ses divisions, a beaucoup de rapports avec celui de plusieurs cicadaires et des psylles. L'abdomen est presque cylindrique, formé de huit à neuf segmens, et se termine par des pièces qui ont encore de l'analogie avec celles que l'on voit à l'anus des hémiptères mentionnés ci-dessus. Les pieds, au nombre de six, sont presque membraneux, comprimés, à peu près égaux, et terminés par des tarses filiformes, composés de quatre articles membraneux, comme vésiculaires à leur extrémité, dont le dernier, un peu plus grand, n'offre point de crochets. Les quatre pieds antérieurs sont très-rapprochés, et les deux autres se rejettent en arrière; l'espace de la poitrine compris entre ceux-ci est très-ample, et divisé en deux par un sillon longitudinal. Les côtés de l'arrière-tronc, qui servent d'insertion à cette dernière paire de pattes, se dilatent fortement en arrière, et forment une espèce de bouclier renflé, qui défend la base extérieure et latérale de l'abdomen.

Ces insectes vivent en état de larve, entre les écailles de l'abdomen de quelques espèces d'andrènes et de guêpes, du sous-genre des polistes.

M. Peck a observé une des larves (*Xenos peckii*) qui se trouve sur les guêpes. Elle est ovale-oblongue, sans pattes, annelée ou plissée, avec l'extrémité antérieure dilatée en forme de tête, et la bouche formée de trois tubercules. Ces larves se métamorphosent en nymphes, dans la même place, et sous leur propre peau, à ce qu'il m'a paru, d'après l'examen de la nymphe du *xenos Rossii*, autre insecte du même ordre.

Peut-être la nature a-t-elle donné aux rhipiptères les deux faux-étuis, dont nous avons parlé, pour se dégager, avec plus de facilité, d'entre les écailles de l'abdomen des insectes sur lesquels ils ont vécu.

Ce sont des sortes d'*œstres* d'insectes. Nous verrons plus bas qu'une espèce de conops subit ses métamorphoses dans l'intérieur du ventre des bourdons, et peut-être devrait-on supprimer l'ordre des rhipiptères et le réunir à celui des diptères.

Ces insectes composent deux genres : celui de *xenos*, établi par Rossi, et celui de *stylops*, que M. Kirby a observé et institué le premier. Ici la branche supérieure de la dernière pièce des antennes est composée de trois petits articles. L'abdomen est rétractile et charnu. On n'en connaît qu'une espèce qui vit sur des andrènes. Dans l'autre genre, ou celui de *xenos*, les deux branches des antennes n'ont point d'articulations. L'abdomen est corné, à l'exception de l'anus qui est charnu et rétractile. Il comprend deux espèces, dont l'une vit sur la guêpe nommée *gallica*, et l'autre sur une guêpe analogue de l'Amérique septentrionale (*polistes fucata*. Fab.) (1).

LE DOUZIEME ET DERNIER ORDRE DE LA CLASSE DES INSECTES.

Celui des DIPTÈRES. (ANTLIATA. Fab.)

A pour caractères distinctifs : six pieds, deux ailes membraneuses, étendues, ayant, presque toujours au-dessous d'elles, deux corps mobiles, en forme de balanciers; un

---

(1) Consultez le memoire de M. Kirby, tome XIe, des Transactions de la Société linnéenne.

sucoir composé de pièces écailleuses, en forme de soies, d'un nombre variable (deux à six), et soit renfermé dans la gouttière supérieure d'une gaîne, en forme de trompe, terminée par deux lèvres, soit recouvert par une ou deux lames inarticulées, qui lui servent d'étui.

Leur corps est composé, à la manière de celui des autres insectes à six pieds, de trois parties principales. Le nombre des yeux lisses, lorsqu'ils sont présens, est toujours de trois. Les antennes sont ordinairement insérées sur le front et rapprochées à leur base; celles des diptères de notre première famille ont beaucoup de rapports, par leur forme, leur composition, et souvent leurs appendices, avec les antennes des lépidopteres nocturnes; mais dans les familles suivantes, qui font le plus grand nombre, elles ne sont composées que de deux ou trois articles, dont le dernier a souvent la figure d'un fuseau ou d'une palette lenticulaire ou prismatique, munie soit d'un petit appendice, en forme de stylet, soit d'un gros poil ou d'une soie, tantôt simple, tantôt velue ou barbue. Leur bouche n'est propre qu'à extraire et conduire des matières fluides; lorsque ces substances nutritives sont contenues dans des vaisseaux propres, mais dont l'enveloppe est aisément perméable, les pièces du sucoir font l'offic de lancettes, percent l'enveloppe et fraient un passage à la liqueur, qui suit le canal intérieur et remonte, par un effet de la pression qu'exercent sur elle ces pièces, au pharinx situé à la base du sucoir. La gaîne du sucoir, ou le corps extérieur de la trompe, ne sert qu'à maintenir les lancettes, et se replie ordinairement sur elle-même, dans leur action. Cette gaîne paraît representer la lèvre inférieure de la bouche dès insectes broyeurs, comme les pièces du sucoir semblent être les analogues, du moins dans les genres où il est le plus compliqué, des autres parties, telles que le labre, les mandibules et les mâchoires. La base de la trompe porte très-souvent deux palpes filiformes ou terminés en massue, composés, dans quelques-uns, de cinq articles, mais dans le plus grand nombre d'un à deux seulement. Le tronc ne paraît être formé, dans la plupart, que d'un seul segment, les deux derniers étant intimement·unis l'un avec l'autre, et l'antérieur ayant presque disparu. Les ailes sont simplement veinées, et le plus souvent horizontales.

L'usage des balanciers n'est pas encore bien connu; l'insecte les fait mouvoir avec une grande vitesse. Beaucoup d'espèces, particulièrement celles des dernières familles, ont au-dessus des balanciers, deux pièces membraneuses, semblables à deux valves de coquilles, attachées ensemble par un de leurs côtés, et qu'on a nommées *ailerons* ou *cuillerons*. L'une de ces pièces est unie à l'aile, et participe à ses mouvemens; mais alors les deux pièces se trouvent presque dans le même plan.

L'abdomen ne tient souvent au corselet que par une portion de son diamètre transversal; il est composé de cinq à neuf anneaux apparens, et se termine ordinairement en pointe dans les femelles; dans ceux ou le nombre des anneaux est le moindre, les derniers forment souvent une espèce de tarière ou d'oviducte, présentant une suite de petits tuyaux rentrant les uns dans les autres, comme une lunette d'approche. Les organes sexuels des mâles sont extérieurs dans plusieurs espèces, et repliés sous le ventre. Les pieds, longs et grêles dans la plupart, se terminent par un tarse de cinq articles, dont le dernier a deux crochets, et très-souvent deux ou trois pelottes vésiculeuses ou membraneuses.

Plusieurs de ces insectes nous font du tort, soit en sucant notre sang et celui des animaux domestiques, en déposant même leurs œufs sur leur corps, afin que leurs larves y puisent leur nourriture, soit en infectant, pour le même motif, les viandes que nous conservons et les plantes céréales. D'autres, en revanche, nous sont utiles en dévorant des insectes nuisibles, en consumant les cadavres ou les matières animales répandues sur la surface de la terre, et qui corrompent le fluide que nous respirons, ou en hâtant la dissipation des eaux putrides.

La durée de la vie des diptères, arrivés à leur état parfait, est tres-courte. Tous subissent une métamorphose complète, mais modifiée de deux manières principales. Les larves de plusieurs changent de peau pour se transformer en nymphes. Quelques-unes même se filent une coque; mais les autres ne muent point; leur peau se durcit, se contracte et se raccourcit le plus souvent; elle devient pour la nymphe une coque assez solide, qui a l'apparence d'une graine ou d'un œuf. Le corps de la larve s'en détache d'abord, et laisse sur les parois intérieures les organes extérieurs qui lui étaient propres, tels que les crochets de sa bouche, etc. Bientôt elle se présente sous la forme d'une masse molle ou gélatineuse, nommée *boulle-allongée*, au dehors de laquelle on ne distingue aucune des parties qui caractérisent l'insecte parfait. Enfin, quelques jours après, ces organes se prononcent et se déterminent, et l'insecte est véritablement en état de nymphe. Il sort, en fesant sauter l'extrémité antérieure de sa coque comme une calotte.

Les larves des diptères n'ont point de pattes; mais on observe dans quelques-unes des appendices qui les simulent. Cet ordre d'insectes est le seul où nous voyons des larves à tête molle et variable. Ce caractère est presque exclusivement propre aux larves des diptères qui se transforment sous leur peau. Leur bouche est ordinairement munie de deux crochets, qui leur servent à piocher les matières alimentaires. Les orifices principaux de la respiration, dans presque toutes les larves du même ordre, sont situés à l'extrémité postérieure de leur corps. Plusieurs offrent, en outre, deux stigmates sur le premier anneau, celui qui vient immédiatement après la tête ou qui en tient lieu.

La première ſamille des DIPTÈRES,

Celle des NÉMOCÈRES. (TIPULARIÆ. Lat.)

Est la seule de cet ordre dont les antennes soient composées de plusieurs articles (de 14 à 16, le plus souvent).

Leur corps est allongé, avec la tête petite et arrondie, les yeux grands, les antennes en forme de fil ou de soie, souvent velues, plus longues que la tête, la trompe saillante, soit courte et terminée par deux grandes lèvres, soit prolongée en forme de siphon ou de bec, deux palpes extérieurs, inséres à sa base, ordinairement filiformes ou sétacés et composés de quatre à cinq articles; le corselet gros, élevé et comme bossu; les ailes oblongues; les balanciers entièrement découverts et point accompagnés sensiblement de cuillerons; l'abdomen allongé, formé le plus souvent de neuf anneaux, terminé en pointe dans les femelles, plus gros au bout, et muni de pinces ou de crochets dans les mâles; et les pieds fort longs, très-déliés, et servant souvent à ces insectes pour se balancer.

Plusieurs, surtout les petits, se rassemblent par troupes nombreuses dans les airs, et y forment, en volant, des sortes de danses. On en trouve dans presque toutes les saisons de l'année. Ils sont placés bout à bout dans l'accouplement, et volent souvent dans cette attitude. Plusieurs femelles pondent leurs œufs dans l'eau; les autres dans la terre ou sur les plantes.

Les larves, toujours allongées et semblables à des vers, ont une tête écailleuse, de figure constante, et dont la bouche offre des parties analogues aux mâchoires et aux lèvres. Elles changent toujours de peau, pour se transformer en nymphes. Ces nymphes, tantôt nues, tantôt renfermées dans des coques que les larves ont construites, se rapprochent, par leur figure, de l'insecte parfait, en présentent les organes extérieurs, et achèvent leurs métamorphoses à la manière ordinaire. Elles ont souvent, près de la tête ou sur le corselet, deux organes respiratoires en forme de tubes ou d'oreillettes. Cette famille est composée des genres *culex* et *tipula* de Linnæus.

Les uns, dont les antennes sont toujours en filets, de la longueur du corselet, hérissées de poils, et composées d'environ quatorze articles, ont une trompe longue, avancée filiforme, renfermant un sucoir piquant et composé de plusieurs soies. Ils constituent le genre

DES COUSINS. (CULEX. Lin.)

Ils ont le corps et les pieds fort allongés et velus; les antennes très-garnies de poils, et qui forment un panache dans les mâles; les yeux grands, très-rapprochés ou convergens à leur extrémité postérieure; les palpes avancés, filiformes, velus, de la longueur de la trompe et de cinq articles dans les mâles, plus courts et paraissant moins articulés dans les femelles; la trompe composée d'un tube membraneux, cylindrique, terminé par deux lèvres, formant un petit bouton ou un renflement, et d'un sucoir de cinq filets écailleux, produisant l'effet d'un aiguillon; et les ailes couchées horizontalement l'une sur l'autre, au dessus du corps, avec de petites écailles.

On sait combien ces insectes sont importuns et fâcheux, surtout dans les lieux aquatiques, où ils se trouvent en plus grande abondance. Avides de notre sang, ils nous poursuivent partout, entrent dans nos habitations, particulièrement le soir, s'annoncent par un bourdonnement aigu, et percent notre peau, que nos vêtemens ne peuvent souvent garantir, avec les soies très-fines et dentelées au bout de leur sucoir; à mesure qu'ils les enfoncent dans la chair, leur fourreau se replie vers la poitrine et forme un coude. Ils distillent dans la plaie une liqueur vénéneuse, et telle est la cause de l'irritation et de l'enflure que cette partie éprouve. On a observé que nous ne sommes tourmentés que par les femelles. Les cousins sont connus en Amérique sous le nom de *maringouins*. On s'y préserve, ainsi que dans d'autres contrées, de leurs atteintes, en enveloppant sa couche d'une gaze ou *cousinière*. Les Lapons les éloignent avec le feu, et en se frottant les parties nues du corps avec de la graisse. Ces insectes aiment encore le suc des fleurs. Leur accouplement se fait vers le déclin du jour. La femelle dépose ses œufs à la surface de l'eau, et croisant ses pattes postérieures, près de l'anus, les écartant peu à peu, à mesure que les œufs sortent du corps, elle les place les uns à côté des autres, dans une direction perpendiculaire, comme des quilles; la masse qu'ils forment par leur réunion représente un petit bateau, flottant sur cet élément. Chaque femelle pond environ trois cents œufs par année. Ces insectes résistent souvent aux plus grands froids. Leurs larves fourmillent dans les eaux croupissantes des mares et des étangs, surtout au printemps, époque de la ponte des femelles qui ont survécu. Elles se pendent a la surface de l'eau, la tête en bas, pour respirer. Elles ont une tête distincte, arrondie, pourvue de deux especes d'antennes et d'organes ciliés, qui leur servent, par le mouvement qu'elles leur impriment, à attirer les matières alimentaires; un corselet avec des aigrettes de poils; un abdomen presque cylindrique, allongé, beaucoup plus étroit que la partie antérieure du corps, divisé en dix anneaux, dont l'avant-pénultième porte sur le dos l'organe respiratoire, et dont le dernier est terminé par des soies et des pièces disposées en rayons. Ces larves sont très-vives, nagent avec beaucoup de célérité, s'enfoncent de temps à autre, mais pour revenir bientôt à la surface de l'eau; après avoir subi quelques mues, elles s'y transforment en une nymphe, qui continue de se mouvoir par le moyen de sa queue et des deux nageoires de son extrémité. Elle se tient aussi à la surface de l'eau, mais dans une situation différente de celle de la larve, ses organes respiratoires étant placés sur le corselet; ils consistent en deux espèces de cornes tubulaires. C'est là aussi que l'insecte parfait se développe. Sa dépouille de nymphe devient pour lui une espèce de planche ou d'appui, qui le préserve de la submersion. Toutes ces métamorphoses se font dans l'espace de trois à quatre semaines. Aussi ces insectes produisent-ils plusieurs générations dans la même année.

Le *Cousin commun* (*Culex pipiens*. Lin.) De G. Insect. VI, XVII, cendré; abdomen annelé de brun; ailes sans taches (1).

Les autres Némocères ont la trompe, soit très-courte et terminée par deux grandes lèvres, soit en forme de siphon ou de bec, mais perpendiculaire ou courbée sur la poitrine. Les palpes n'avancent point au-delà de la tête.

---

(1) Voyez pour les autres espèces M. Meigen, Dipt. 1[r] partie, pag. 2 et suivantes.

Linnæus les comprend dans son genre

Des Tipules. (Tipula.)

Que nous diviserons de la manière suivante :

1°. Celles qui ont les antennes filiformes ou sétacées, grêles, beaucoup plus longues que la tête, du moins dans les mâles; qui manquent d'yeux lisses; dont les ailes toujours couchées sur le corps ou inclinées sur les côtés, n'ont que des nervures longitudinales, ou n'offrent point de réseau; et dont les yeux, en forme de croissant, sont contigus ou très-rapprochés à leur extrémité postérieure.

Les antennes des deux sexes, ou du moins celles des mâles, sont garnies de poils nombreux, formant souvent des plumets ou des bouquets, disposés annulairement. Leurs larves vivent, pour la plupart, dans l'eau, et ont des rapports avec celles des cousins. Il y en a qui ont de fausses pattes. D'autres ont, en outre, à l'extrémité postérieure du corps, des appendices en forme de cordons ou de bras, et Réaumur nomme ces larves : vers *polypes*. Leur couleur est ordinairement rouge, et telles sont celles qui fourmillent souvent dans l'eau. Les nymphes habitent le même élément, et respirent par deux tuyaux extérieurs et situés à l'extrémité antérieure du corps. Quelques-unes ont la faculté de nager.

Ces espèces sont analogues aux cousins, et des auteurs les désignent sous le nom de *tipules culiciformes*.

Elles formeront dans notre méthode trois sous-genres.

Les Tanypes. (Tanypus.)

Dont les mâles ont des antennes en panache, et dont les deux pieds antérieurs sont, dans les deux sexes, éloignés des autres, et naissent près du dessous de la tête. La poitrine est grande et renflée. La trompe est terminée par deux lèvres.

Nous y rapporterons les genres *corèthre* et *chironome* de M. Meigen, et les espèces suivantes.

La *Tipule culiciforme* de Degéer (Insect. VI, XXII, 10, 11), dont le corps est brun, avec l'abdomen et les pieds gris, et les nervures des ailes velues; sa *tipule annulaire* (ibid. XIX, 14, 15), qui est d'un brun grisâtre, avec des bandes transverses, noires, sur l'abdomen, et un point noir aux ailes; sa *tipule bigarrée* (ibid. XXIV, 19), qui est cendrée, avec les ailes blanchâtres, tachetées de noirâtre, et dont les antennes des femelles se terminent en bouton. La larve de la dernière a quatre fausses pattes; deux près de la tête et les deux autres au bout du corps (1).

LES CÉRATOPOGONS. (CERATOPOGON. Meig.)

Ou les antennes ont simplement un faisceau ou bouquet de poils à leur base.

Leur trompe, de même que dans le sous-genre suivant, a la forme d'un bec pointu. Les ailes sont couchées sur le corps (2). Leurs larves vivent dans des espèces de galles végétales.

LES PSYCHODES. (PSYCHODA, CULICOÏDES. Lat. — TRICHOPTERA. Meig.)

Sans panache ni faisceau de poils aux antennes. Leurs ailes sont en toit.

Une espèce de ce sous-genre a, au-devant du corselet, deux corps analogues à ceux que l'on voit dans les rhipiptères (3).

2°. Les tipules, qui ont encore des antennes filiformes ou sétacées, et beaucoup plus longues que la tête; qui sont

(1) Voyez pour les autres espèces, M. Meigen, sur les diptères, et Lat. Gen. Crust. et Insect. IV, p. 247 et suiv.

(2) Les mêmes ouvrages, et Fab Syst. Anth.

(3) Les mêmes.

aussi dépourvues d'yeux lisses, mais dont les ailes, souvent écartées, ont des nervures croisées et formant un réseau ; et dont les yeux sont ovales et entiers.

Leur trompe est toujours terminée par deux lèvres très-apparentes, et accompagnée de deux palpes assez longs, courbés, et de cinq articles. Plusieurs de leurs larves vivent dans le terreau, le tan des vieux arbres, etc., et n'ont point de corselet distinct, ni de fausses pattes ; elles ont, à l'extrémité supérieure du corps, deux ouvertures plus apparentes, pour la respiration. Les nymphes sont nues, avec deux tubes respiratoires, près de la tête, et les bords des anneaux de l'abdomen épineux.

Cette subdivision comprend les plus grandes espèces de tipules, celles qu'on a nommées *couturières*, *tailleurs*, etc., et qui sont les *tipulaires terricoles* de Latreille.

Nous n'en ferons que deux sous-genres.

LES TIPULES proprement dites. (TIPULA.)

Distinctes par la forme du dernier article de leurs palpes, qui est long, noueux ou paraissant composé de plusieurs petits articles.

Les ailes sont ordinairement écartées. Le devant de leur tête est avancé en une espèce de museau.

Nous y réunissons les genres *cténophore*, *nephrotome*, *ptychoptère* de M. Meigen, et plusieurs de ses *limonies*, ou les *pédicies* de Latreille.

La *T. des prés.* (*T. oleracea.* Lin.) De G. Insect. VI xviii, 12-13. Antennes simples ; corps d'un brun grisâtre sans taches ; ailes d'un brun clair, plus foncé au bord extérieur. Très-commune dans les prés, sur l'herbe. La larve se nourrit de terreau gras et des racines des plantes corrompues.

Plusieurs espèces (les *cténophores*) ont les antennes pectinées, ou du moins en scie, dans les mâles. Telle est

La *T. pectinicorne* (*T. pectinicornis.* Fab.) dont les ailes supérieures ont une tache noire, et dont l'abdomen est roussâtre à sa base, traversé de bandes jaunes au milieu et noir à l'extrémité (1).

LES LIMONIES. (LIMONIA. Meig.)

Dont le dernier article des palpes est simple, comme les précédens, et peu allongé. Les ailes sont toujours couchées horizontalement sur le corps.

Je ne distingue pas de ce sous-genre les *érioptères* et les *trichocères* de M. Meigen, ni les *hexatomes* de Latreille.

On rencontre souvent, au milieu de l'hiver, dans les maisons, sur les murs, une espèce de ce sous-genre, la *tipule d'hiver*, de Degéer. Elle ressemble à un cousin. M. Meigen la place dans son genre *trichocère*. Les larves de quelques petites espèces et de quelques autres de la division suivante, nuisent beaucoup aux plantes céréales, en rongeant l'intérieur de leur tige. (Oliv. *Mém. de la Soc. d'Agric.*) (2).

3. La troisième division comprend les espèces qui ont pareillement des antennes filiformes ou sétacées, quelquefois en fuseau, beaucoup plus longues que la tête, mais qui offrent trois petits yeux lisses. Ce sont les *tipulaires fungivores* de Latreille.

Leurs antennes sont tout au plus velues. Leurs ailes sont toujours couchées horizontalement sur le corps. Ces espèces courent très-vite, et les larves de quelques-unes se filent une coque à l'époque de leur transformation en nymphe.

Les unes ont une trompe en forme de bec, comme dans le sous-genre

---

(1) Voyez pour les autres espèces, M. Meigen; Latr. Gener. Crust. et Insect. IV, p. 254 et suiv.

(2) Voyez Lat. ibid. p. 257.

DES ASINDULES (ASINDULUM. Lat. — PLATYURA. Meig.), auquel on peut réunir celui des *rhyphes* (1) de Latreille.

Les autres ont une trompe de forme ordinaire, terminée par un empatement labial.

Tantôt leurs palpes sont presque filiformes, distinctement articulés, et leurs antennes grêles et en filets.

Leurs larves vivent dans les champignons; souvent en société, et sous une toile soyeuse; d'autres y répandent une bave gluante. Telles sont

LES MYCÉTOPHILES (MYCETOPHILA, ANISOPUS, SCIARA, Meig.), dont nous ne séparons point les *molobres* de Latreille, ni les *macrocères* de M. Meigen (2).

Tantôt les palpes sont p esque ovoïdes, et d'un seul article. Les antennes ont la figure d'un fuseau comprimé, comme dans

LES CÉROPLATES. (CEROPLATUS. Bosc. Fab., etc.) (3).

4°. Des antennes, en forme de massue presque cylindrique ou conique, épaisse, perfoliée, guère plus longues que la tête; un corps court et épais, distinguent cette division. Latreille la désigne sous la dénomination de *tipulaires florales*. Elle est composée de trois sous-genres.

LES BIBIONS. (BIBIO Geoff. — HIRTEA. Fab.)

Qui ont trois petits yeux lisses et les antennes de neuf articles.

Nous y conservons les espèces qui forment le genre *dilophus* de M. Meigen.

Ces insectes sont lourds, volent peu, et restent long-temps accouplés. Quelques-uns, très-communs dans nos jardins, ont des noms vulgaires, qui indiquent le temps où ils pa-

(1) Lat. Gen. Crust. et Insect. IV, p. 261.

(2) Ibid.; Meig.; Fab.; Oliv. art. *mycétophile*, Encyc. méth.

(3) Lat. ibid. et Fabricius.

raissent, comme ceux de *mouches de St. Marc*, *mouches de St. Jean*. Les deux sexes diffèrent quelquefois beaucoup par leurs couleurs; c'est ce que l'on voit dans

Le *Bibion précoce* (*Tipula hortulana*. Lin. fem.; ejusd. *T. marci*, le mâle.) Geoff. Ins. II, XIX, 3. Le mâle est tout noir; la femelle a le corselet d'un rouge cerise, l'abdomen d'un rouge jaunâtre, et le reste du corps noir. Il est très-abondant sur les fleurs au printemps.

On croit que ces insectes rongent les extrémités des boutons des plantes, et qu'ils leur sont nuisibles.

Leurs larves vivent dans les bouses, la terre et le fumier, et ont de petites rangées de soies sur leurs anneaux. Leurs nymphes ne sont pas renfermées dans des coques (1).

Les Scatopses. (Scathopse. Geoff. Meig. Fab.—Penthretia. Meig.)

Ayant aussi trois petits yeux lisses, mais dont les antennes sont composées de onze articles.

Le *Scatopse noir* (*Tipula latrinarum*. De G.) se trouve en quantité dans les latrines, particulièrement en automne (2).

Les Simulies. (Simulium. Lat.—Atractocera. Meig.)

Dépourvus d'yeux lisses, et dont les antennes composées de onze à douze articles, sont souvent crochues au bout.

Ces insectes sont très-petits, et ont été nommés *moustiques* par les voyageurs.

On les trouve ordinairement dans les bois et souvent en grande quantité. Ils sont très-incommodes par leurs piqûres.

Ils pénètrent quelquefois dans les parties de la génération des bestiaux et les font périr (3).

---

(1) Voyez Lat. ibid., Meigen et Fab.

(2) Les mêmes ouvrages.

(3) Voyez Lat. ibid. p. 268, et Meigen, genre *atractocera*. Nous y reunissons ses *cordyles*.

La seconde famille des DIPTÈRES,

LES TANYSTOMES. (TANYSTOMA.)

Ont les antennes composées de deux ou trois articles, la trompe entièrement ou en partie saillante hors de sa cavité, et renfermant un sucoir de plusieurs pièces.

Leurs larves ressemblent à des vers longs, presque cylindriques, et sans pattes, avec une tête, soit écailleuse et constante, soit molle et variable, et toujours munie de crochets ou d'appendices rétractiles, qui leur servent à ronger ou à sucer les substances dont elles se nourrissent. La plupart vivent dans la terre. Elles changent de peau pour subir leur seconde transformation. Les nymphes sont nues et offrent plusieurs des parties extérieures de l'insecte parfait, qui sort de sa dépouille par une fente du dos.

Les uns ont la tige de la trompe allongée, tubulaire (le-plus souvent écailleuse), tantôt cylindrique ou conique, tantôt sétacée, entièrement ou en grande partie saillante, à lèvres peu sensibles, ou très-apparentes, mais plus petites qu'elle.

Leurs larves ont une tête écailleuse.

Tantôt le dernier article des antennes n'offre

point de divisions transverses et annulaires. Le sucoir n'est composé que de quatre soies, ou manque avec la trompe.

La trompe est presque toujours en forme de siphon roide, écailleuse, sans lèvres très-distinctes.

LES ASILES. (ASILUS. Lin.)

Qui ont le corps oblong, les ailes croisées et la trompe dirigée en avant.

Ils volent en bourdonnant, sont carnassiers et très-voraces, et saisissent, suivant leur taille et leur force, des mouches, des tipules, des bourdons et des coléoptères, pour les sucer. Leurs larves vivent dans la terre, ont une petite tête écailleuse, armée de deux crochets mobiles, et s y transforment en nymphes qui ont des crochets dentelés au corselet et de petites épines sur l'abdomen.

Les uns ont les antennes de trois articles, séparées jusqu'à la base, et les tarses terminés par deux crochets et deux pelotes. Ils composent les sous-genres : *laphrie, asile* proprement dit, et *dasypogon*. Le troisième article des antennes est presque ovale, sans stylet saillant, dans le premier. Ce même article est en cône alongé, avec un stylet, en forme de soie, au bout, dans le second. Il est presque cylindrique, avec un petit stylet en forme d'article, dans le troisième, où d'ailleurs les deux premiers articles sont presque égaux.

D'autres ayant aussi les antennes de trois articles et les tarses terminés comme dans les précédens, en diffèrent par leurs antennes portées sur un pédicule commun et beaucoup plus longues que la tête. Tels sont les caractères d'un quatrième sous-genre, celui des *dioctries*. Les *gonypes*, ont trois crochets, sans pelote, au bout des tarses. Les *hybos*, très-voisins des *empis*, n ont que deux articles aux antennes; leurs palpes sont avances et non relevés, ainsi que dans les autres sous-genres.

On trouve fréquemment en Europe, vers la fin de l'été, et dans les lieux sablonneux,

L'*Asile frelon* (*Asilus crabroniformis*. Lin.) De Géer Insect. VI, XIV, 3. Cette espèce, du sous-genre des asiles proprement dits, est longue d'environ un pouce, d'un jaune d'ocre, avec les trois premiers anneaux de l'abdomen d'un noir velouté, les autres d'un jaune fauve et les ailes roussâtres. On a suivi ses métamorphoses ainsi que celles de l'*A. cendré* (*A. forcipatus*, Lin.) (1).

LES EMPIS. (EMPIS Lin.; Famille des EMPIDES. Lat.)

Très-voisins des asiles, par la forme du corps et la position des ailes, mais ayant la trompe perpendiculaire ou dirigée en arrière, et la tête arrondie, presque globuleuse, avec les yeux fort étendus.

Ils sont de petite taille, vivent de proie et du suc des fleurs. Le dernier article de leurs antennes est toujours terminé par un poil roide. Leur trompe est souvent longue. Les espèces dont les antennes sont composées de trois articles distincts, et dont les palpes sont relevés, forment le genre des *empis* proprement dits. Celles où les antennes ont un article de moins et qui ont les palpes avancés, avec la

---

(1) Consultez, pour les autres espèces et pour les divers sous-genres, Latreille, Meigen et Fabricius.

trompe courte, composent le genre des *siques* de Latreille, ou celui des *tachydromyies* de Meigen et de Fabricius. Celles-ci courent très-vite sur les feuilles, les tiges des végétaux, en haussant et baissant continuellement leurs ailes, mais sans les écarter.

L'*E. pieds-emplumés* (*Empis pennipes*. Fab.), Meig. Dipt. I, 11, 27, est noir, avec les ailes obscures; les pieds postérieurs de la femelle sont garnis de poils en forme de plumes (1).

LES CYRTES. (CYRTUS.—Fam. des VÉSICULEUX de Lat.)

Intermédiaires entre les empis et les bombilles; ils ont les ailes inclinées de chaque côté du corps; les cuillerons très-grands et couvrant les balanciers; la tête petite et globuleuse; le corselet très-élevé ou bossu; et l'abdomen vésiculaire, arrondi ou presque cubique; les antennes très-rapprochées; la trompe dirigée en arrière ou nulle.

Ceux qui ont une trompe prolongée en arrière, forment le genre *panops* de M. de Lamarck et celui des *cyrtes* proprement dits de Latreille. Dans celui-ci les antennes sont très-petites, de deux articles, avec une soie au bout du dernier; dans l'autre, elles sont plus longues que la tête, presque cylindriques, de trois articles, et sans soie à l'extrémité. Les autres cyrtes n'ont point de trompe remarquable, comme dans le *G. astomelle* de M. Dufour, distingué par les antennes composées de trois articles, dont le dernier en bouton allongé, comprimé et sans soie; et comme dans le genre *hénops* (*ogcode*, Latr.) d'Illiger et celui d'*acrocère*

(1) Voyez Latr., Meigen et Fab.

de M. Meigen, distincts du précédent, en ce que les antennes sont très petites, de deux articles, avec une soie terminale. Elles sont insérées au-devant de la tête dans le premier, et à sa partie antérieure dans le second (1).

Les Bombilles. (Bombylius. Lin.—Fam. des Bombyliers. Lat.)

Dont les ailes sont étendues horizontalement de chaque côté du corps, avec les balanciers nus; dont le corselet est plus élevé que la tête, ou bossu, ainsi que dans les cyrtes; qui ont les antennes très-rapprochées, et l'abdomen triangulaire ou conique, avec la trompe dirigée en avant.

Leurs antennes sont toujours composées de trois articles, dont le dernier allongé, presque en fuseau comprimé, tronqué ou obtus. Leur trompe est ordinairement fort longue et plus grêle vers le bout. Leurs pieds sont longs et très-déliés. Ils volent avec une grande rapidité, planent au-dessus des fleurs, sans s'y poser, y introduisent leur trompe pour en sucer le miel, et font entendre un bourdonnement aigu. Je soupconne que leurs larves ainsi que celles du genre suivant sont parasites.

Les uns ont la trompe plus longue que la tête, filiforme ou sétacée, et le troisième article des antennes plus grand que le premier. Ils composent le genre *bombille* proprement dit et celui de *volucelle* de Fabricius (*usia, phthiria.* Lat.). Le premier article des antennes est beaucoup plus long que le

(1) Voyez Lam., Ann. du Mus. d'Hist. nat. III, p. 263, xxii, 3, Latr. Gen. Crust. et Insect. IV, p. 315 et suiv.; les articles *ogcode* et *panops* de l'Encycl. méth.; Meigen et Fabricius.

suivant, et les palpes sont très-apparens dans le premier. Les deux premiers articles des antennes sont presque égaux, et les palpes sont très-petits ou même nuls dans les *volucelles*. Les especes de ce dernier sous-genre sont plus particulières aux contrées méridionales de l'Europe et à l'Afrique.

Les autres espèces ont la trompe de la longueur au plus de la tête et renflee au bout, le premier article de leurs antennes est le plus grand de tous. Celles où il est beaucoup plus gros que les suivans appartiennent au genre *ploas* de Latreille et de Fabricius (*conophorus*, Meig.), et celles où cet article est simplement plus long, sans être notablement plus gros, deviennent des *cyllénies* pour Latreille. Dans celles-ci l'abdomen est plus allongé ou conique.

Les bombilles proprement dits ont le corps garni d'un duvet abondant et laineux qui le colore. Le suivant est le plus commun aux environs de Paris.

Le *B. bichon* (*B. major*, Lin) Degéer, Insect. VI, XV, 10, 11, long de quatre à cinq lignes, tout couvert de poils d'un gris jaunâtre; trompe longue et noire; moitié extérieure des ailes noirâtre, le reste diaphane; pieds fauves (1) Geoffroi a confondu ce genre avec celui des asiles.

LES ANTHRAX. (ANTHRAX. Scop. Fab. — MUSCA. Lin.)

Semblables aux bombilles, mais n'ayant pas le corselet plus élevé que la tête, et dont les antennes sont d'ailleurs très-écartées entre elles et terminées en alène.

Leurs habitudes sont très-analogues à celles des

---

(1) Voyez pour les autres espèces et les autres sous-genres, Latreille, Gener. Crust. et Insect. IV, p. 310 et suivantes; Meigen, Fab. et Oliv. article *bombille*.

mêmes dipteres. Ces insectes sont généralement velus.

Aux anthrax se rattachent, comme autant de sous-genres. les *némestrines* de Latreille, dont les palpes sont insérés à la base extérieure d'une trompe très-saillante et beaucoup plus longue que la tête; les *mulions* de Latreille (*cythérées* de Fabricius) où les palpes sont intérieurs, ainsi que dans les anthrax, mais qui ont les deux premiers articles des antennes presque de la même longueur, et le dernier en cône allonge, avec le stylet peu distinct. Cet article, dans les anthrax proprement dits, a la figure d'une poire, finit brusquement en une longue alène et présente un stylet très-distinct. Nous observons ces caractères dans une espèce très-commune en Europe.

L'*A. morio*. (*Nemotelus morio*. De Géer, Insect. VI, XI, 13.) Il est noir, velu, avec deux touffes de poils blancs à l'extrémité de l'abdomen, et les ailes moitié blanches et moitié noires (1).

Tantôt les autres tanystomes à trompe saillante, ont le dernier article des antennes divisé transversalement, en forme d'anneaux (2), et un sucoir de six pièces.

Ils comprennent le genre

DES TAONS. (TABANUS. Lin. — La famille des TAONIENS de Lat.)

Diptères semblables à de grosses mouches et

(1) Voyez pour les autres espèces Latreille, Meigen et Fabricius, ainsi que pour celles des autres sous-genres; voyez aussi Olivier article *némestrine*, de l'Encycl. méth.

(2) Les *stratiomes*, les *cœnomyies*, les *taons* et les *pachygastres*

connus par les tourmens qu'ils font éprouver aux chevaux et aux bœufs, dont ils percent la peau pour sucer leur sang. Leur corps est généralement peu velu. Ils ont la tête de la largeur du corselet, presque hémisphérique et couverte, à l'exception d'un petit espace, surtout dans les mâles, par deux yeux, qui sont communément d'un vert doré, avec des raies ou des taches pourpres. Leurs antennes sont à peu près de la longueur de la tête, de trois articles, dont le dernier plus long, terminé en pointe, sans soie ni stylet au bout, souvent taillé en croissant au-dessus de sa base, avec des divisions transverses et superficielles, au nombre de trois à sept. La trompe du plus grand nombre est presque membraneuse, perpendiculaire, de la longueur de la tête ou un peu plus courte, presque cylindrique, et terminée par deux lèvres allongées. Les deux palpes sont ordinairement couchées sur elle, épais, velus, coniques, comprimés et de deux articles. Le sucoir renfermé dans la trompe est composé de six petites pièces, en forme de lancettes, et qui, par leur nombre et leur situation respective, représentent les parties de la bouche des coléoptères. Les ailes sont étendues horizontalement de chaque côté du corps.

---

ont le dernier article de leurs antennes annelé, et semblent à cet égard se rapprocher davantage des tipules, ou ces organes sont plus composés. Mais sous le rapport des métamorphoses, les stratiomes sont plus voisins du genre des mouches de Linnæus; et telle est la considération d'après laquelle nous avons établi la série de notre distribution.

Les cuillerons recouvrent presque entièrement les balanciers. L'abdomen est triangulaire et déprimé. Les tarses ont trois pelotes. Ces insectes commencent à paraître vers la fin du printemps, sont très-communs dans les bois et les pâturages, et volent en bourdonnant. Ils poursuivent même l'homme pour sucer son sang. Les bêtes de somme, n'ayant pas les moyens de les repousser, sont plus exposées à leurs attaques, et sont quelquefois couvertes de sang, par l'effet des piqûres de ces insectes. Celui dont Bruce a parlé dans ses voyages, sous le nom de *tsaltsalya*, et que le lion même redoute, est peut-être de ce genre.

Les uns ont la trompe beaucoup plus longue que la tête, grêle, en forme de siphon, ecailleuse, terminée ordinairement en pointe, et les palpes très-courts, relativement à sa longueur. Le dernier article des antennes est divisé en huit anneaux. On en a composé le sous-genre

DES PANGONIES. (PANGONIA. Lat. Fab.—TANYGLOSSA, Meig.)

Ces insectes ne se trouvent que dans les pays chauds, et vivent du suc des fleurs, comme les bombilles (1).

Les autres ont la trompe plus courte, ou à peine plus longue que la tête, membraneuse, terminée par deux grandes lèvres; la longueur des palpes égale au moins la moitié de celle de la trompe; le dernier article des antennes est divisé en cinq ou quatre anneaux.

Tantôt les antennes ne sont guères plus longues que la tête; le dernier article, qui a un peu la forme d'un crois-

---

(1) Article *pangonie* de l'Encycl. méthod.

sant et se termine en alène, est divisé en cinq anneaux, dont le premier très-grand avec une dent supérieure. Ce sont

LES TAONS proprement dits. (TABANUS.)

Le *T. des bœufs* (*T. bovinus*. Lin.), De G. Insect. VI, XII, 10, 11, long d'un pouce. Corps brun en dessus, gris en dessous, avec les yeux verts, les jambes jaunes, des lignes transversales et des taches triangulaires d'un jaune pâle sur l'abdomen; ailes transparentes, avec des nervures d'un brun roussâtre. Sa larve vit dans la terre. Elle est allongée, cylindrique, amincie vers la tête qui est petite et armée de deux crochets. Les anneaux du corps, au nombre de douze, ont des cordons relevés. La nymphe est nue, presque cylindrique, avec deux tubercules sur le front, des cils sur les bords des anneaux, et six pointes à son extremité postérieure. Elle se rend à la surface du sol lorsqu'elle doit se dépouiller de sa peau pour prendre la forme du taon, et sort à moitié de la terre.

Cette espèce est très-commune dans nos environs.

Le *Taon de Maroc* (*Maroccanus*, Fab.) qui est noir, avec des taches d'un jaune doré sur l'abdomen, tourmente les chameaux. Leur corps, au témoignage de M. Desfontaines, est quelquefois tout couvert de ces insectes (1).

Tantôt les antennes sont très-sensiblement plus longues que la tête et terminées par un article en cône allongé ou presque cylindrique, et n'offrant distinctement que quatre anneaux. Nous en formons le sous-genre

DES CHRYSOPS. (CHRYSOPS.)

Auquel nous rapportons ceux d'*hæmatopote* et d'*heptatome* de M. Meigen.

---

(1) Voyez, pour les autres espèces de ce sous-genre, Latr., Fab., Meigen, Palisot de Beauvois, etc.

Le *Chrysops aveuglant* (*C. cæcutiens.* F.), De. G. Ins. VI, XIII, 3-5, yeux dorés, avec des points couleur de pourpre; corselet d'un gris jaunâtre, rayé de noir; dessus de l'abdomen jaunâtre, avec une grande tache noire, fourchue au bout, sur les deux premiers anneaux; deux autres allongées, de la même couleur, sur chacun des anneaux suivans, et trois d'un brun noirâtre et transverses sur les ailes (1). Il tourmente beaucoup les chevaux.

Les autres tanystomes ont la tige de la trompe fort courte, retirée, ou à peine extérieure, avec les deux lèvres proportionnellement plus grandes qu'elle et saillantes.

Les antennes sont toujours composées de trois articles. Le sucoir est de quatre soies. La longueur des palpes, lorsqu'ils sont en dehors, égale presque celle de la trompe. Les balanciers sont nus. Les larves, dont on n'a encore observé qu'un petit nombre, ont la tête molle et de figure variable.

Ces diptères, en état parfait, vivent de rapine. Ils ont été placés avec les mouches par Linnæus, et avec les némotèles par de Géer.

Ils forment, dans les méthodes récentes, plusieurs genres, mais qu'on pourrait réunir en un seul, celui

---

(1) Les mêmes ouvrages.

Des Dolichopes. (Dolichopus.)

Tantôt les antennes, dont la longueur n'excède jamais notablement celle de la tête et sans soie au bout, ont leur dernier article divisé transversalement en plusieurs anneaux.

Les palpes sont toujours saillans.

Les Cænomyies. (Cænomyia. Lat. — Sicus. Fab. Meig.)

Qui ont les palpes relevés; le troisième article des antennes en cône allongé et divisé en huit anneaux.

Les ailes se croisent horizontalement sur le corps. La tête est plus basse que le corselet; l'écusson a deux épines. Ces insectes ont des rapports avec les stratiomes, etc.

La *C. ferrugineuse* (*Sicus ferrugineus.*) Meig. Dipt. I, part. VII, 8-14, roussâtre, avec des taches ou des raies jaunes ou blanchâtres sur l'abdomen; elle varie un peu; le corselet est quelquefois brun, et l'abdomen a des taches de cette couleur. Elle ne se trouve point aux environs de Paris; mais elle est commune dans le département du Calvados.

C'est la *Mouche armée odorante* (*Strat. olens*) de mon Tableau élémentaire de l'Histoire naturelle des Animaux. Elle répand une forte odeur de mélilot, qui dure même long-temps après sa mort (1).

Les Pachystomes. (Pachystoma. Lat.)

Où les palpes sont avancés, et dont les antennes sont cylindriques, insérées sur une élévation, épaisses, avec le dernier article divisé en trois anneaux.

Les ailes sont écartées. La larve du *P. syrphoide* (Panz.

---

(1) Voyez pour les autres espèces, Latr. Gen, Crust. et Insect. IV, p. 280, et Meigen.

Faun. Insect. Germ. LXXVII, XIX, fem.) vit sous l'écorce du pin.

La nymphe ressemble à celle des taons (1).

Tantôt les antennes, plus longues quelquefois que la tête, et le plus souvent terminées par un stylet ou par une soie, ont leur dernier article sans divisions annulaires, ou partagé en deux parties.

Les palpes ne sont pas toujours apparens.

LES MYDAS. (MYDAS. Fab.)

Remarquables par leurs antennes beaucoup plus longues que la tête, et dont le troisième article forme une massue ovoïde, divisée, transversalement, en deux articles, avec un ombilic à leur extrémité, renfermant un très-petit stylet. Les yeux lisses ne sont points distincts, caractère qui leur est propre dans cette division.

Les ailes sont écartées (2).

LES THÉRÈVES. (THEREVA. Lat. — BIBIO. Fab.)

Qui ont le port des *mydas*, mais dont les antennes ne sont au plus que de la longueur de la tête, avec le troisième article en forme de cône allongé, ou en alène, et portant au bout un stylet distinct. Leurs palpes ne sont pas extérieurs, ce qui les distingue encore des autres genres suivans.

La *T. plébéienne* (*Bibio plebeia.* Fab.) noire, avec des poils cendrés; anneaux de l'abdomen bordés de blanc. Sur les plantes.

La larve d'une espèce de ce genre (*Nemotelus hirtus.* De G.), ou peut-être d'une variété de la même, vit dans la terre, et ressemble à un petit serpent. Son corps est

---

(1) Voyez Latreille, ibid.; et l'article *pachystome* de l'Encycl. méthodique.

(2) Latr. Gen. Crust. et Insect. IV, p. 294; et Fab.

blanc, et pointu aux deux bouts. Elle se dépouille entièrement de sa peau lorsqu'elle se transforme en nymphe (1).

LES LEPTIS. (LEPTIS. Fab., auparavant RHAGIO, ATHERIX. ejud.)

Où les palpes sont toujours extérieurs et presque coniques; dont les antennes, toujours fort courtes, sont grenues, presque de la même grosseur, avec le troisième article terminé par une longue soie, et soit presque globuleux, soit en forme de poire renversée; les lèvres de la trompe s'étendent dans le sens de la hauteur de la tête.

Les uns ont les ailes écartées, et tel est

La *L. bécasse.* (*Musca scolopacea.* Lin.) *Némotèle bécasse*, De G. Insect. VI, IX, 6. Corselet noir; abdomen fauve, avec un rang de taches noires sur le dos; pieds jaunes; ailes tachetées de brun. Très-commune dans nos bois.

Tels sont encore les *atherix* de Meigen, dont les palpes sont avancés, tandis qu'ils sont verticaux dans les précédens.

Les autres ont les ailes couchées sur le corps, comme

Le *L. ver-lion.* (*Musca vermileo.* Lin.) *Némotèle ver-lion*, De G. ibid. X, semblable à une tipule; jaune; quatre traits noirs sur le corselet; abdomen allongé, avec cinq rangs de taches noires; ailes sans taches. La larve est presque cylindrique, avec la partie antérieure beaucoup plus menue, et quatre mamelons au bout opposé. Elle ressemble à une chenille arpenteuse *en bâton*, et en a même la roideur lorsqu'on la retire de sa demeure. Elle donne à son corps toutes sortes d'inflexions, s'avance et se promène dans le sable, y creuse un entonnoir, au fond duquel elle se cache, tantôt entièrement, tantôt seule-

---

(1) Latr. ibid., et Fab., Meigen, genre *bibio*. M. Faujas possède un morceau de schiste portant l'empreinte d'une espece de ce genre.

ment en partie, se lève brusquement lorsqu'un petit insecte tombe dans son piège, l'embrasse avec son corps, le perce avec les dards ou les crochets de sa tête et le suce. Elle rejette son cadavre, ainsi que le sable, en courbant son corps et le débandant ensuite comme un arc. La nymphe est couverte d'une couche de sable.

Les *clinocères* de M. Meigen sont probablement de la même division (1).

LES DOLICHOPES, proprement dits. (DOLICHOPUS. Lat. Fab. — SATYRA, CALLOMYIA, PLATYPEZA. Meig. — ORTOCHILE. Lat.)

Dont les palpes sont encore extérieurs, mais le plus souvent sous la forme de petites lames aplaties, couchées sur la trompe; ayant aussi les antennes terminées par une longue soie, mais de longueur variable, et portant à leur extrémité une palette, soit ovale ou oblongue, ou une petite massue arrondie; et dont la trompe forme un museau court et obtus, ou un petit bec.

Leur corps a souvent des couleurs vertes ou cuivreuses Les pieds sont longs et très-déliés. Les ailes sont couchées horizontalement sur le corps. Ces insectes se tiennent sur les murs, les troncs d'arbres, les feuilles, etc. Quelques-uns courent avec célérité sur la surface des eaux. Les organes sexuels des mâles sont presque toujours extérieurs, grands, compliqués et repliés sous le ventre.

Le *D. à crochets.* (*D. ungulatus.* Fab.) *Némotèle bronzée*, De G. Insect. VI, XI, 19, 20. Antennes de moitié plus courtes que la tête; corps d'un vert bronzé, luisant, avec les yeux dorés et les pieds d'un jaune pâle; ailes sans taches. Sa larve vit dans la terre; elle est longue, cylin-

---

(1) Voyez pour les autres especes son ouvrage et Fabricius; mais beaucoup d'*atherix* de celui-ci paraissent différer génériquement de ceux du premier.

drique, avec deux pointes, en forme de crochets recourbés. La nymphe a sur le devant du corselet deux espèces de cornes assez longues, dirigées en avant et courbées en S.

Les espèces dont les antennes sont notablement plus longues que la tête, avec le dernier article très-allongé, forment le genre *callomyia* de Meigen. Dans les *ortochiles* de Latreille, la trompe se prolonge en forme de bec (1).

La troisième famille des DIPTÈRES,

LES NOTACANTHES. (NOTACANTHA.)—Fam. des STRATIOMYDES, de Latreille.

Ont les antennes composées de deux ou trois articles, dont le dernier annelé, de même que dans plusieurs de la famille précédente; mais le sucoir n'est composé que de deux pièces; il est renfermé dans une trompe, soit très-courte, avec les deux lèvres grandes, saillantes, soit allongée, en siphon, et logée sous un museau, avancé en forme de bec, et portant les antennes.

---

(1) Voyez pour les autres espèces le mémoire que j'ai publié sur ces insectes, dans le Journ. d'Hist. nat. et de Physique, tom. 2, p. 253. La *mouche à pince* (*M. nobilitata*) de notre Tableau élémentaire de l'Hist. nat. des animaux, est encore un *dolichope*. Elle est d'un vert bronzé, avec les ailes noires, et marquées d'un point blanc à leur extrémité; voyez Latr. Gen. Crust. et Insect. IV, p. 289 (*g. orthochile*), et p. 290, famille des *dolichopodes*; Meigen et Fabricius. Voyez encore l'article *ortochile* de l'Encycl. méth.

Elles forment le genre

DES STRATIOMES. (STRATIOMYS. Geoff.)

Les larves ne changent point de peau, pour passer a l'état de nymphe. Celle qu'elles avaient, depuis leur naissance, devient une coque où elles subissent cette transformation et qui conserve sa forme.

Ces diptères, rangés par Linnæus avec les mouches, ont le corps oblong, déprimé, les antennes le plus souvent cylindriques ou coniques, et quelquefois terminées en massue ; la tête hémisphérique, presque entièrement occupée par les yeux dans les mâles ; trois petits yeux lisses ; les ailes longues, croisées horizontalement sur le corps ; l'écusson souvent épineux ; l'abdomen grand, aplati, ordinairement ovale ou arrondi ; les pieds courts, sans épines aux jambes, et les tarses terminés par trois pelotes.

La plupart fréquentent les lieux marécageux, leurs larves étant aquatiques, et se tiennent sur les feuilles ou sur les fleurs des végétaux. Quelques-autres fréquentent les bois, et paraissent déposer leurs œufs dans la carie ou les plaies des arbres.

Les uns ont le devant de la tête arrondi, ou sans avancement en forme de bec, portant les antennes ; leur trompe est très-courte, et se termine par deux grandes lèvres, saillantes ou apparentes et susceptibles de se tuméfier. Les palpes, lorsqu'ils existent, sont extérieurs.

Ils forment le genre

DES STRATIOMES OU MOUCHES-ARMÉES (STRATIOMYS.) de Geoffroi.

Qu'on a divisé depuis en plusieurs sous-genres, dont nous

avions indiqué quelques-uns dans notre Tableau élémentaire de l'Histoire naturelle des Animaux.

1. Les Hermétiès. (Hermetia. Lat. Fab.)

Dont les antennes, toujours beaucoup plus longues que la tête, ont trois articles distincts, dont le dernier sans stylet ni soie, est divisé en huit anneaux, et forme une massue comprimée.

Ces diptères sont étrangers.

2°. Les Xylophages. (Xylophagus. Meig. Fab.)

Ayant des antennes composées de même, mais presque cylindriques et pointues au bout.

Le *X. noir* (*X. ater*. Lat. Gen. Crust. et Insect. I, xvi, 9, 10.) est allongé, noir, avec la bouche, une ligne de chaque côté du corselet, l'écusson et les pieds jaunes; l'écusson n est point épineux. On le trouve, au mois de mai, dans les plaies des ormes.

Les *béris* de Latreille, ou les *actines* de M. Meigen, ont le corps plus court, les palpes très-petits et à peine apparens, et six épines à l'écusson. Telle est la *mouche pieds-renflés* (*musca clavipes*) de Linnæus; Panz. Faun. Insect. Germ. IX, xix. Elle est noire, avec l'abdomen et les pieds, les tarses exceptés, d'un jaune roussâtre. Elle est commune sur les plantes aquatiques (2).

Les Stratiomes proprement dits. (Stratiomys. Fab.)

Qui ont encore des antennes de trois articles, mais dont le dernier n'est composé que de cinq à six anneaux; il a la forme d'un fuseau, n'offre point de soie, et ne se termine point brusquement en alène ou par un stylet.

---

(1) Voyez Latr. Gen. Crust. et Insect. IV, p. 271 et suiv.

(2) Ibid. et Meigen.

Ce sous-genre comprend celui des *odontomyies* de Meigen. L'écusson est toujours épineux.

Leurs larves ont le corps long, aplati, revêtu d'un derme coriace ou assez solide, divisé en anneaux, dont les trois derniers plus longs et moins gros, forment une queue terminée par un grand nombre de poils à barbes ou plumeux, et qui partent de l'extrémite du dernier anneau comme des rayons; la tête est écailleuse, petite, oblongue, et garnie d'un grand nombre de petits crochets et d'appendices qui leur servent à agiter l'eau, ou ces larves font leur demeure. Elles y respirent, en tenant le bout de leur queue suspendu à la surface de l'eau; une ouverture située entre les poils de son extremite, donne passage à l'air. Leur peau devient la coque de la nymphe. Elle ne change point de forme, mais elle devient roide et incapable de se plier et de se mouvoir. Sa queue fait souvent un angle avec le corps. Elle flotte sur l'eau. La nymphe n'occupe qu'une des extrémités de sa capacite interieure. L'insecte parfait sort par une fente qui se fait au second anneau, se pose sur sa dépouille, ou son corps se raffermit et acheve de se développer.

Nous trouvons communément dans notre pays

Le *S. chamæleon* (*S. chamæleon.* Fab.) Rœs. Ins. II, Musc. v, long de six lignes; noir; extremité de l'écusson jaune, avec deux épines; trois taches d'un jaune citron, de chaque côté du dessus de l'abdomen (1).

Les Oxycères. (Oxycera, Clitellaria. Meig.)

Ne s'éloignent des stratiomes proprement dits que par la forme du dernier article des antennes qui est presque conique ou ovalaire, et termine brusquement en alène ou par un stylet.

L'*O. à selle* (*Stratiomys ephippium*, Fab.) Schæff. Mo-

(1) Voyez pour les autres espèces, Latreille et Meigen, genres: *stratiomys* et *odontomyia.*

nograph. 1753, I, très-noire ; corselet d'un rouge satiné, avec une épine de chaque côté et deux à l'écusson. Sur les troncs des vieux chênes. Latreille et Meigen en ont fait un genre particulier ; le premier le nomme *ephippium* et le second l'appelle *clitellaria*.

L'*O. hypoléon* (*Stratiomys hypoleon.* Fab.) Panz. Faun. Insect. Germ. I, XIV, variée de noir et de jaune. Ecusson de cette dernière couleur à deux épines (1).

LES SARGIES. (SARGUS. Fab.)

Où le troisième article des antennes porte une longue soie.

L'écusson n'est point épineux. Le corps est souvent allongé, vert ou cuivreux et brillant. Les deux premiers articles des antennes sont très-petits, et comme en forme de cupule dans les *vappons* de Latreille.

Le *S. cuivreux* (*Musca cupraria.* Lin.) Réaumur, Insect. IV, XXII, 7, 8; De G. Insect. VI, XII, 14, d'un vert doré; abdomen d'un violet cuivreux; pieds noirs, avec un anneau blanc ; ailes longues, avec une tache brune.

Sa larve vit dans les bouses de vaches, a une forme ovale-oblongue, rétrécie et pointue en devant, avec une tête écailleuse, munie de deux crochets. Son corps est parsemé de poils. Elle se métamorphose sous sa peau, et sans changer essentiellement de forme. L'insecte parfait sort de sa coque en faisant sauter sa partie antérieure. Voyez Réaum. Insect. IV, mémoires IV, VII, VIII, (2.

Les autres notacanthes ont le devant de la tête avancé en forme de bec, portant les antennes, et servant de gaîne à

(1) Voyez pour les autres espèces Latr. Gen. Crust. et Insect. IV, p. 275 et 277.

(2) Latr. ibid., Fab. et Meigen.

une trompe longue, grêle, en siphon et coudée à sa base. Ils composent le genre

DES NÉMOTÈLES (NEMOTELUS) de Geoffroi.

Leurs antennes sont très-courtes, de trois articles, dont le dernier conique, ou en fuseau, est divisé en quatre anneaux et terminé par un petit stylet.

On les trouve dans les prés marécageux. Leur écusson n'a point d'épines (1).

La quatrième famille des DIPTÈRES,

Celle des ATHÉRICÈRES (2). (ATHERICERA.)

Se rapproche des deux précédentes à l'égard du nombre des articles des antennes, qui n'est que de trois ou de deux; mais la trompe se retire totalement dans la cavité de la bouche, ou si elle est saillante et en forme de siphon, son sucoir n'est alors composé que de deux pièces; le dernier article des antennes est toujours sans divisions, en forme de palette ou de massue, accompagné d'une soie ou d'un appendice en forme de stylet, dans le plus grand nombre.

---

(1) Voyez Geoffroi, Latreille, Fabricius, Meigen, et Olivier, article *némotèle* de l'Encycl. méthodique.

Les *scenopines* et les *pipuncules* de Latreille paraissent appartenir à cette famille, sous quelques rapports, mais le dernier article de leurs antennes n'est point annelé. Nous les rangeons, pour ce motif, dans la suivante.

(2) Antennes à aigrette.

La trompe porte presque toujours les deux palpes, et se termine ordinairement par deux grandes lèvres. Le sucoir n'a jamais au-delà de quatre pièces, et n'en offre souvent que deux. Les larves ont le corps très-mou, fort contractile, annelé, plus étroit et pointu en devant, avec la tête de figure variable, et dont les organes extérieurs consistent en un ou deux crochets, accompagnés dans quelques genres de mamelons, et probablement dans tous, d'une sorte de langue destinée à recevoir les sucs nutritifs. Le nombre de leurs stigmates est ordinairement de quatre, dont deux situés, un de chaque côté, sur le premier anneau, et les deux autres sur autant de plaques circulaires, écailleuses, à l'extrémité postérieure du corps. On a observé que ceux-ci étaient formés, du moins dans plusieurs, de trois stigmates plus petits, très-rapprochés. La larve peut envelopper ces parties avec les chairs du contour, qui forment une sorte de bourse. Elle ne change point de peau. Celle qu'elle a, dès sa naissance, devient, en se solidifiant, une espèce de coque pour la nymphe. Elle se raccourcit, prend une forme ovoide ou celle d'une boule, et la partie antérieure, qui était plus étroite dans la larve augmente de grosseur, ou est quelquefois plus épaisse que l'extrémité opposée. On y découvre les traces des anneaux, et souvent les vestiges des stigmates, quoiqu'ils ne servent plus à la respiration. Le corps se détache peu à peu de la peau ou de la coque, se montre sous la figure d'une boule allongée et très-molle, sur laquelle on ne distingue aucunes parties, et passe bientôt après à l'état de nymphe. L'insecte sort de sa coque, en faisant sauter en forme de calotte, son extrémité antérieure. Il la détache par les efforts de sa tête. Cette partie de la coque est d'ailleurs disposée de manière à s'ouvrir.

Peu d'athéricères sont carnassiers en état parfait.

Ils se tiennent, pour la plupart, sur les les fleurs, les feuilles, et quelquefois sur les excrémens d'animaux.

Cette famille comprend les genres : *conops œstrus*, et la majeure partie de celui de *musca* de Linnæus.

Nous distinguerons 1° les athéricères dont la trompe est saillante, en forme de siphon écailleux, soit cylindrique, soit conique ou même en forme de filet.

Leur sucoir n'est composé que de deux pieces

Quelques espèces s'en servent pour piquer et sucer le sang.

Ces diptères comprennent le genre

DES CONOPS (CONOPS) de Linnæus, ou la fam. des CONOPSAIRES de Latreille.

Divisé maintenant en plusieurs sous-genres.

Les uns ont la trompe seulement coudée à sa base et se portant ensuite en avant, sans changer de direction.

LES CONOPS proprement dits. (CONOPS. Fab.)

Qui ont le corps allongé, l'abdomen presque en massue, rétréci à sa base, courbé en dessous à son extrémité, les ailes écartées, les antennes beaucoup plus longues que la tête, et terminées par une massue, en forme de fuseau, avec un stylet.

Le *C. grosse-tête* (*C. macrocephala.* Fab.), noir; antennes et pieds fauves; tête jaune, avec une raie noire; quatre anneaux de l'abdomen bordés de jaune; côte antérieure des ailes noire.

Le *C. pieds fauves* (*C. rufipes.* Fab.) Meig. Dipt. 2 part. XIV, 5, noir, avec des raies sur l'abdomen, ses deux extrémités et les pieds fauves. Il subit ses métamorphoses dans l'intérieur du ventre des bourdons vivans, et sort par les intervalles de ses anneaux.

On peut rapporter à ce sous-genre celui de *toxophore* de M. Meigen (1).

LES ZODIONS. (ZODION. Lat.)

Ne diffèrent des conops que par leurs antennes plus

---

(1) Voyez pour les autres espèces Latr. Gen. Crust. et Insect. IV, pag. 336; Meigen et Fab.

courtes que la tete, terminées en massue ovoïde, et leurs ailes qui se croisent sur le corps (1).

LES STOMOXES. (STOMOXYS. Geoff. Fab.)

Dont le corps est court, ou a le port des mouches domestiques, avec les ailes écartées, les antennes plus courtes que la tête, terminées en palette, avec une soie velue.

Le *S. piquant* (*Conops calcitrans* Lin.) De G. Insect. VI, IV, 12, 13, d'un gris cendré, tacheté de noir; trompe plus courte que le corps. Il pique fortement les jambes, surtout aux approches de la pluie (2).

Les autres ont la trompe coudée vers sa base et ensuite près du milieu, avec l'extrémité repliée en dessous.

LES MYOPES. (MYOPA. Fab.)

Qui ont le corps allongé, les antennes plus courtes que la tête, terminées en palette, avec un stylet, et les ailes croisées sur le corps.

Le *M. roux* (*M. ferruginea.* Fab.) Meig. Dipt. 2, part. XIV, 17, roussâtre, avec le front jaune et les ailes noirâtres (3).

LES BUCENTES. (BUCENTES. Lat.)

Ayant le port des stomoxes et les antennes terminées en palette, avec une soie simple.

La larve vit dans l'intérieur de quelques chrysalides (4).

2°. Les athéricères, dont la trompe membraneuse, terminée par deux grandes lèvres, susceptibles de gonflement, et renfermant un sucoir de deux à cinq pièces, se retire entièrement, lorsqu'elle est con-

---

(1) Latr. ibid.

(2) Latr. Gen. Crust. et Insect. IV, p. 338; Fab. et Meigen.

(3) Les mêmes ouvrages.

(4) Latr. ibid. pag. 339; *musca geniculata*, De Géer.

tractée, dans la cavité orale, formeront trois genres. Le premier, celui

DES SYRPHES. (Famille des SYRPHIES de Lat.)

Et démembré du genre *musca* de Linnæus, se distingue des deux suivans par le sucoir composé de quatre à cinq pièces, et dont deux portent chacune un palpe, se logeant avec elles et les autres dans une gouttière supérieure de la trompe.

On l'a partagé en plusieurs sous-genres, que nous allons exposer.

Les uns ont la trompe aussi longue que la tête et le corselet, avec la partie antérieure et inférieure de la tête avancée en forme de bec conique, et recevant, en dessous, la trompe. Tels sont

LES RHINGIES. (RHINGIA. Scop. Fab.)

La *R. à bec.* (*R. rostrata.* Fab.) Schell. Dipt. XVIII. Noire; devant de la tête, écusson, abdomen et pieds d'un jaune roussâtre. Sur les fleurs.

Les autres ont la trompe plus courte, et l'extrémité antérieure et inférieure de la tête forme, au plus, un bec fort court et perpendiculaire.

Tantot les antennes sont plus longues que la tête, comme dans

LES CÉRIES. (CERIA. Fab.)

Qui ont le corps étroit et allongé, avec les antennes terminées en une massue ovale, formée des deux derniers articles, et dont le dernier porte a son extrémite un filet.

Les *callicères* et les *chrysotoxes* de M. Meigen, et les *aphrites* de Latreille, ont le corps plus court et plus large, ou plus rapproché, pour la forme, de celui des mouches communes.

---

(1) Voyez pour les autres espèces Fabricius.

Leurs antennes portent une soie, terminale dans les callicères, latérale et plus inférieure dans les autres. Les aphrites n'ont point de proéminence sur le museau, et leur écusson a deux petites épines.

Ces diptères ressemblent souvent à des guêpes. Les céries, à ce qu'il paraît, déposent leurs œufs dans les parties cariées des arbres (1).

Tantôt les antennes sont beaucoup plus courtes.

Les espèces où leur longueur égale presque celle de la tête, embrassent les genres *parague* et *psare* de Latreille. Dans le premier, elles sont séparées jusqu'à leur base; elles ont un pédicule commun dans le second (2).

Les autres espèces, et composant la majeure partie des syrphes, ont ces organes bien plus courts encore.

On y distingue celles dont le museau offre une éminence ou un tubercule, et dont les ailes sont écartées.

LES VOLUCELLES. (VOLUCELLA. Geoff. — SYRPHUS. Fab.)

Ont la soie des antennes insérée à la jointure supérieure des second et troisième articles, et très-plumeuse.

L'extrémité antérieure de leur tête se prolonge toujours notablement en forme de bec. Leur corps est souvent très-velu et ressemble à celui des bourdons, dont ils se rapprochent pour la taille et le murmure qu'ils font entendre.

Les uns ont la palette des antennes courte, presque ronde, et telle est la *mouche lappone* de Linnæus et de Degéer, et qui est le type du genre *séricomyie* de Latreille.

Les autres ont la palette des antennes allongée, comme

La *V. bourdon* (*Musca mystacea.* Lin.) De G. Insect. VI, VIII, 2, qui est noire, très-velue, avec le corselet et le bout de l'abdomen couverts de poils fauves; l'origine des ailes est de cette couleur.

---

(1) Voyez Latr. Gen. Crust. et Insect. IV, pag. 327-329.

(2) Latr. ibid.

Sa larve vit dans les nids des bourdons; son corps s'élargit de devant en arrière, a des rides transverses, de petites pointes sur les côtés, six filets membraneux, disposés en rayon, à son extrémité postérieure, et offre, en dessous, deux stigmates et six paires de mamelons, garnis chacun de trois longs crochets, et qui lui servent à marcher.

Ici vient encore la *M. à zones* de Geoffroi (*Syrphus inanis.* Fab. Panz.) Faun. Insect. Germ. II, VI, longue de huit lignes, peu velue, fauve, avec la tête jaune, et deux bandes noires sur l'abdomen. Sa larve vit aussi dans le nid des bourdons (1).

LES ERISTALES. (ERISTALIS. Fab. Lat.)

Très-voisins des volucelles et souvent encore semblables à des bourdons; mais où les antennes, presque contiguës à leur base, ont la soie de la palette insérée plus haut que sa jointure, et où cette palette est plus large que longue.

La larve de l'*E. du narcisse* (*E. narcissi.* Fab.) Réaum. Insect. IV, XXXIV, ronge l'intérieur des oignons des narcisses. L'insecte parfait est très-velu; les poils du corselet sont fauves, et ceux de l'abdomen d'un gris jaunâtre (2).

LES ÉLOPHILES. (ELOPHILUS. Meig.)

Qui ne diffèrent essentiellement des éristales que par la palette des antennes, aussi longue ou plus longue que large.

Leur corps est généralement moins velu que celui des précédens. Les larves de plusieurs ont le corps terminé par une longue queue, ce qui leur a fait donner le nom de *vers à queue de rat.* Elles peuvent l'allonger et l'élever perpendiculairement, jusqu'à la surface des eaux ou des cloa-

---

(1) Voyez pour les autres espèces Latr. ibid.

(2) Latr. ibid.

ques où elles vivent, pour respirer au moyen de l'ouverture de son extrémité. Leur intérieur présente deux grosses trachées très-brillantes, et qui, vers l'origine de la queue, forment des plexus très-nombreux et dans une agitation continuelle.

Les vaisseaux qui se remplissent d'eau pluviale contiennent un grand nombre de ces larves. On prendrait leur queue pour des filets de racines. (*Voyez* Réaum. Ins. IV, XXX.)

L'*E. abeilliforme* (*Musca tenax.* Lin.) Réaum. Ins. IV, XX, 7, est de la taille du mâle de l'abeille domestique, et lui ressemble, au premier coup d'œil, par ses couleurs. Son corps est brun, couvert de poils fins d'un gris jaunâtre, avec une raie noire sur le front, deux à quatre taches d'un jaune fauve, de chaque côté de l'abdomen.

Sa larve vit dans les eaux bourbeuses, les latrines et les égouts. Elle est du nombre de celles qu'on a nommées *vers à queue de rat.*

On dit qu'elle est si vivace que la compression la plus forte ne peut la faire périr (1).

LES SYRPHES proprement dits (SYRPHUS) de Latreille.

Où la soie de la palette des antennes est insérée comme dans les deux sous-genres précédens, mais qui ont ces organes écartés à leur naissance, dirigés presque parallèlement, et dont l'extrémité antérieure de la tête ne forme qu'une saillie très-courte et fort obtuse.

Leurs larves se nourrissent uniquement de pucerons de toute espèce, qu'elles tiennent souvent en l'air, et qu'elles sucent très-vite. Leur corps forme une espèce de cône allongé, inégal ou même épineux. Lorsqu'elles doivent se métamorphoser, elles se fixent aux feuilles ou à d'autres

(1) Latr. Gen. Crust. et Insect. IV, p. 324.

corps par un gluten. Leur corps se raccourcit, et sa partie antérieure qui était la plus menue devient la plus grosse.

Le *S. du groseiller* (*Scæva ribesii.* Fab.) De G. Insect. VI, VI, 8, un peu plus petit que la mouche de la viande. Tête jaune; corselet bronzé, avec des poils et l'écusson jaunes; quatre bandes de cette couleur sur l'abdomen, dont la première interrompue (1).

Les autres syrphes à antennes très-courtes, n'ont point d'élévation sur le museau, et leurs ailes se croisent horizontalement sur le corps, dans le repos. Les pieds postérieurs sont très-grands ou plus gros dans les mâles.

M. Meigen les sépare en plusieurs sous-genres, mais qu'on peut réunir en un, sous le nom

De Milésie. (Milesia. Fab.)

La *M. sifflante* (*Musca pipiens.* Lin.), longue de près de quatre lignes, étroite et allongée, noire, avec l'abdomen cylindrique, et marqué de deux à trois paires de taches blanches; cuisses postérieures très-grosses et dentées. Elle fait entendre, en bourdonnant, un son aigu, semblable à un piaulement (2).

Le second genre de cette division des Athéricères, celui

Des Œstres. (Œstrus. Lin.)

Se compose de diptères, n'ayant à la place de la bouche que trois tubercules ou que de faibles rudimens de la trompe et des palpes.

Ils ont le port d'une grosse mouche très-velue, et

(1) Latr. ibid.

(2) Voyez pour les autres espèces Latr. Gener. Crust. et Insect, IV, p. 330 et suiv.

leurs poils sont colorés par zones, comme ceux des bourdons. Leurs antennes sont très-courtes, insérées chacune dans une fossette, au dessus du front, et terminées en une palette arrondie, portant sur le dos, près de son origine, une soie simple. Leurs ailes sont ordinairement écartées; les cuillerons sont grands et cachent les balanciers. Les tarses sont terminés par deux crochets et deux pelotes.

On trouve rarement ces insectes dans leur état parfait, le temps de leur apparition et les lieux qu'ils habitent étant très-bornés. Comme ils déposent leurs œufs sur le corps de plusieurs quadrupèdes herbivores, c'est dans les bois et les pâturages fréquentés par ces animaux qu'il faut les chercher. Chaque espèce d'œstre est ordinairement parasite d'une même espèce de mammifère, et choisit, pour placer ses œufs, la partie du corps qui peut seule convenir à ses larves, soit qu'elles doivent y rester, soit qu'elles doivent passer de là dans l'endroit favorable à leur développement. Le bœuf, le cheval, l'âne, le renne, le cerf, l'antilope, le chameau, le mouton et le lièvre sont jusqu'ici les seuls quadrupèdes connus sujets à nourrir des larves d'œstres. Ils paraissent singulièrement craindre l'insecte, lorsqu'il cherche à faire sa ponte.

Le séjour des larves est de trois sortes, qu'on peut distinguer par les dénominations de *cutané*, de *cervical* et de *gastrique*, suivant qu'elles vivent dans des tumeurs ou bosses formées sur la peau, dans quelque partie de l'intérieur de la tête et dans l'estomac de l'animal destiné à les nourrir. Les œufs d'où sortent les premières sont placés par la mère sous la peau qu'elle a percée avec une tarière écailleuse, composée de quatre tuyaux rentrant l'un dans l'autre, armée au bout de trois crochets et de deux autres pièces. Cet instrument est formé par les derniers anneaux de l'abdomen. Ces larves, nommées *taons* par les habitans de la campagne, n'ont pas besoin de changer de local; elles se trouvent, à leur naissance, au milieu de l'humeur purulente qui leur sert d'aliment. Les œufs des autres espèces sont simplement déposés et collés sur quelques parties de la peau, soit voisines des cavités naturelles et intérieures où les larves doivent pénétrer et s'établir, soit sujettes à être léchées par l'animal, afin que les larves soient transportées avec sa langue dans sa bouche et qu'elles gagnent de là le lieu qui leur est propre. C'est ainsi que la femelle de l'œstre du mouton place ses œufs sur le bord interne des narines de ce quadrupède, qui s'agite alors, frappe la terre avec ses pieds et fuit la tête baissée. La larve s'insinue dans les sinus maxillaires et frontaux, et se fixe à la membrane interne qui les tapisse, au moyen des deux forts crochets dont sa bouche est armée. C'est ainsi encore que l'œstre du cheval dépose ses œufs, sans presque se poser, se balançant dans l'air, par intervalles, sur la partie interne de ses jambes, sur les côtés de ses épaules et rarement sur le garot. Celui qu'on désigne sous le nom d'*hémorrhoïdal*, et dont la larve vit aussi dans l'estomac du même solipède, place ses œufs sur ses lèvres. Les larves s'attachent à sa langue et parviennent, par l'œsophage, dans l'estomac, où elles vivent de l'humeur que secrète sa membrane interne. On les trouve le plus communément autour du pylore, et rarement dans les intestins. Elles y sont souvent en grand nombre et suspendues par grappes. M. Clark croit néanmoins qu'elles sont plus utiles que nuisibles à ce quadrupède

Les larves des œstres ont, en général, une forme conique et sont privées de pattes. Leur corps est composé, la bouche non comprise, de onze anneaux, chargés de petits tubercules et de petites épines, souvent disposés en manière de cordons et qui facilitent leur progression. Les principaux organes respiratoires sont situés sur un plan écailleux de l'extrémité postérieure de leur corps, qui est la plus grosse. Il paraît que leur nombre et leur disposition sont différentes dans les larves gastriques. Il paraît encore que la bouche des larves cutanées n'est composée que de mamelons, au lieu que celle des larves intérieures a toujours deux forts crochets.

Les unes et les autres ayant acquis leur accroissement, quittent leur demeure, se laissent tomber à terre, et s'y cachent pour se transformer en nymphes sous leur peau, à la manière des autres diptères de cette famille. Celles qui ont vécu dans l'estomac suivent les intestins et s'échappent par l'anus, aidées peut-être par les déjections excrémentielles de l'animal, dont elles étaient les parasites. C'est ordinairement en juin et en juillet que ces métamorphoses s'opèrent.

M. de Humboldt a vu, dans l'Amérique méridionale, des Indiens dont l'abdomen était couvert de petites tumeurs, produites, à ce qu'il présume, par les larves d'un œstre.

Il résulterait, de quelques témoignages, qu'on a retiré des sinus maxillaires ou frontaux de l'homme des larves analogues à celles de l'œstre. Mais ces observations n'ont pas été assez suivies.

L'Œ. *du bœuf.* (Œ. *bovis.* De G.) Clarck. Lin. Soc. Trans. III, XXIII, 1-6. Long de sept lignes, très-velu; corselet jaune, avec une bande noire; abdomen blanc à la base, avec l'extrémite fauve; ailes un peu obscures. La femelle dépose ses œufs sous le cuir des bœufs et des vaches, âges au plus de deux ou trois ans et les mieux portans. Il s'y forme des tumeurs ou des bosses, et dont le pus intérieur alimente la larve. Les chevaux y sont encore sujets.

Le renne, l'antilope, le lièvre, etc., nourrissent aussi sous leur peau d'autres larves d'œstres, mais d'espèces différentes.

L'Œ. *du mouton.* (Œ. *ovis.* Lin.) Clarck. ibid. XXXII, 16, 17. Long de cinq lignes, peu velu; tête grisâtre; corselet cendré, avec des points noirs élevés; abdomen jaunâtre, finement tacheté de brun ou de noir; pattes d'un brun pâle; ailes transparentes. La larve vit dans les sinus frontaux du mouton. Celle de l'espèce qu'on nomme *trompe* (*trompe.* Fab.) se trouve dans les mêmes parties du renne.

L'Œ. *du cheval.* (Œ. *equi.* Lin.) Clarck. ibid. XXXIII, 8, 9. Peu velu, d'un brun fauve, plus clair sur l'abdomen; deux points et une bande noire sur les ailes. La femelle dépose ses œufs sur les jambes et les épaules des chevaux; la larve vit dans leur estomac.

L'Œ. *hémorrhoïdal.* (*Œ. hæmorroidalis.* Lin.) Clarck. ibid. 12, 13. Très-velu; corselet noir, avec l'écusson d'un jaune pâle; abdomen blanc à sa base, noir au milieu, et fauve à l'extrémité; ailes sans taches. La femelle dépose ses œufs sur les lèvres des chevaux. Sa larve vit dans leur estomac.

L'Œ. *vétérinaire.* (*Œ. veterinus.*) Clarck. ibid. 18, 19. Tout couvert de poils roux; ceux des côtés du corselet et de la base de l'abdomen blancs; ailes sans taches. Sa larve vit dans l'estomac et les intestins du même solipède. La femelle dépose peut-être ses œufs sur la marge de l'anus (1).

Le troisième genre de la même division des ATHÉRICÈRES est celui

DES MOUCHES. (MUSCA.)

Que la présence d'une trompe distingue du précédent; et que son sucoir, composé seulement de deux pièces, et les palpes extérieurs à la trompe séparent de celui des syrphes.

Malgré les modifications qu'il a éprouvées depuis Linnæus, son étude est encore embarrassante, les caractères des sous-genres qu'on y a établis étant minutieux et souvent peu tranchés. Plus la composition de la bouche, l'organisation des antennes et ceux du mouvement se simplifient, plus la difficulté des distinctions augmente, et c'est ce qui a lieu relativement au genre des mouches, l'un des derniers de la classe.

(1) Voyez pour les autres especes l'article *œstre* de l'Encycl. méth., et la seconde édition de la Monographie de ce genre de M. Clarck.

Parmi ces insectes, les uns, qui sont les plus nombreux, n'ont point les côtés de la tête prolongés en forme de pédicules ou de cornes portant les yeux.

Tantôt les cuillerons sont grands et recouvrent totalement, ou en majeure partie, les balanciers.

Parmi les derniers, il y en a dont les antennes sont presque aussi longues que la face antérieure de la tête (depuis leur insertion jusqu'au bord supérieur de la cavité de la bouche), comme

LES ÉCHINOMYIES. (ECHINOMYIA. Dum.—TACHINA. Fab.)

Dont les ailes sont écartées, et dont le second article des antennes est très-sensiblement le plus long de tous.

L'*É. géante* (*Musca grossa.* Lin.) De G. Insect. VI, I, I, 2, la plus grande mouche de notre pays, sa taille égalant presque celle d'un bourdon; noire, hérissée de poils; tête jaune; yeux bruns; poil de la palette simple; origine des ailes d'un jaune roussâtre. Elle bourdonne fortement, se pose sur les fleurs, dans les bois, et souvent aussi sur les bouses de vache. C'est là que vit sa larve, dont le corps est jaunâtre, luisant, en forme de cône allongé, dont l'extrémité antérieure, ou la pointe, n'offre qu'un seul crochet, avec quatre mamelons, et dont l'extrémité postérieure est coupée carrément, avec deux plaques brunes, circulaires, portant des stigmates; le premier anneau du corps, celui qui vient après la tête, en offre encore deux, un de chaque côté; la coque de la nymphe est plus grosse en devant, et terminée par un plan dont le contour a neuf côtés. (*Voyez* Réaum. Insect. IV, XII, II, 12; XXVI, 6-10.) (1).

---

(1) Ajoutez *tachina fera*, Fab.; Schell. Dipt. II, 1. Voyez Latr. Gen. Crust. et Insect. IV, p. 342. Mais il ne faut pas rapporter à ce genre toutes les tachines de Fabricius. Quelques-unes vont dans le sous-genre suivant.

LES OCYPTÈRES. (OCYPTERA. Lat. Fab.)

Qui ont encore les ailes écartées ; mais où les second et troisième articles des antennes sont allongés ; celui-ci est un peu plus long (1).

LES MOUCHES proprement dites. (MUSCA. Lat.)

Semblables quant aux ailes, mais ayant les deux premiers articles des antennes beaucoup plus courts que le troisieme ; celui-ci formant une palette allongée et prismatique, et dont la soie est souvent plumeuse.

Ici se placent la plupart des mouches dont les larves se nourrissent de viandes, de charognes, de chenilles ou de larves d'insectes, etc. ; quelques autres du même sous-genre vivent dans le fumier. Elles ont toutes la forme de vers mous, blanchâtres, sans pieds, plus gros et tronqués à leur extrémité postérieure, s'amincissant ensuite et se terminant en pointe à l'autre bout, où l'on distingue un à deux crochets, avec lesquels ces larves hachent leurs matières alimentaires, dont elles hâtent la corruption. Les métamorphoses de ces insectes s'achèvent en peu de jours. Les femelles ont l'extrémité postérieure de l'abdomen retrécie et prolongée en forme de tuyau ou de tarière, pour enfoncer leurs œufs.

Les œufs éclosent quelquefois dans le ventre de la mère, et ces espèces sont désignées par le nom de *vivipares*.

La *M. à viande* (*M. vomitoria*. Lin.) Rœs. Insect. II, Musc. et Cul. IX, X, une des grandes espèces de notre pays. Soie des antennes barbue ; front fauve ; corselet noir ; abdomen d'un bleu luisant, avec des raies noires.

Cet insecte a l'odorat tres-fin, s'annonce dans nos maisons par son bourdonnement assez fort, et dépose ses œufs sur la viande. Trompée par l'odeur cadavéreuse qu'exhale le gouet serpentaire (*arum dracunculus*. Lin.)

---

(1) Voyez Latr. ibid., et l'article *ocyptère* de l'Encycl. méth.

lorsqu'il est en fleur, elle y fait aussi sa ponte. Quand sa larve doit passer à l'état de nymphe, elle quitte les matières où elle a vécu, et dont la corruption pourrait lui être alors nuisible, entre dans la terre, si elle en a la facilité, ou se métamorphose dans quelque endroit sec et retiré.

La *M. dorée.* (*M. cæsar.* Lin.) Poil des antennes barbu; corps d'un vert doré, luisant, avec les pieds noirs. Elle pond dans les charognes.

La *M. domestique.* (*M. domestica.* Lin.) De G. Insect. VI, IV, I-II. Poil des antennes barbu; corselet d'un gris cendré, avec quatre raies noires; abdomen d'un brun noirâtre, tacheté de noir, avec le dessous d'un brun jaunâtre. Les cinq derniers anneaux de l'abdomen de la femelle forment un tuyau long et charnu qu'elle introduit, pour l'accouplement, dans une fente située entre les pièces munies de crochets, qui terminent le bout de l'abdomen du mâle et caractérisent son sexe.

La larve vit dans le fumier chaud et humide.

La *M. vivipare.* (*M. carnaria.* Lin.) De G. Insect. VI, III, 3-18. Un peu plus grande et plus allongée que la mouche de la viande; soie des antennes barbue; corps cendré, avec les yeux rouges; des raies sur le corselet et des taches carrées, sur l'abdomen, noires. La femelle est vivipare, et dépose ses larves, qui remplissent la capacite de son ventre, sur la viande, les cadavres, et quelquefois même sur l'homme, dans des plaies. Lorsqu'on presse fortement l'abdomen du mâle, on en fait sortir un corps en forme de boyau, d'un blanc transparent, et qui se meut vermiculairement et en divers sens, même après avoir coupé l'insecte en deux.

La *M. des chenilles.* (*Musca larvarum.* Lin.) De G. Ins. I, XI, 23, et VI, I, 7-8. Poil des antennes simple; corps noir, avec des raies plus foncées et plus luisantes sur le corselet; écusson brun; des taches et des nuances cendrées, disposées en damier, sur l'abdomen. Leurs larves vivent dans le corps de plusieurs espèces de chenilles, et les font périr (1).

LES LISPES. (LISPE. Lat.)

Où les ailes se croisent sur le corps, et dont les palpes s'élargissent fortement vers leur extrémité, en manière de spatule (2).

Les deux sous-genres suivans se distinguent des précédens par la brieveté de leurs antennes, dont la longueur ne surpasse guère la moitié de celle de la face antérieure de la tête.

Leurs ailes sont écartées.

LES PHASIES. (PHASIA. Lat. — THEREVA. Fab.)

Qui ont les antennes écartées à leur naissance, presque parallèles; le corps court; l'abdomen aplati, presque demi-circulaire, et les ailes grandes (3).

LES MÉLANOPHORES. (MELANOPHORA, METOPIA. Meig.)

Dont les antennes sont contiguës à leur naissance, et dont le corps a, d'ailleurs, le port ordinaire des mouches (4).

Tantôt les cuillerons sont très-petits et laissent à découvert la plus grande portion des balanciers.

Séparons d'abord quelques sous-genres anomaux, tels que les quatre suivans:.

LES OCHTHÈRES. (OCHTHERA. Lat.)

Que l'on reconnaît aisément à la grandeur et à la forme

---

(1) Voyez pour les autres espèces Fabricius; mais son genre *musca* doit être restreint à celles qui sont analogues aux précédentes.

(2) Latr. Gen. Crust. et Insect. IV, p. 347.

(3) Voyez Latr. Gen. Crust. et Insect. IV, p. 344, et Fab.

(4) Latr. ibid. p. 346.

en pince de leurs pieds antérieurs. Ils ressemblent à ceux des *nèpes* (1).

LES SCÉNOPINES. (SCENOPINUS. Lat. Fab.)

Distincts par leurs antennes presque cylindriques, et dont la palette grêle, allongée, comprimée, et un peu amincie au bout, n'a ni soie ni stylet.

La *S. des fenêtres.* (*Musca fenestralis.* Lin.) Schell. Dipt. XIII, 1, la fem.; 2, le mâle. Tête et corselet d'un bronzé obscur; abdomen noir, strié transversalement, rayé de blanc, dans le mâle; pieds fauves, avec les tarses obscurs. Très-commune sur les vitres de nos fenêtres (2).

LES PIPUNCULES. (PIPUNCULUS. Lat.)

Dans lesquels les antennes n'ont que deux articles, et dont le dernier presque ovoïde, comprimé, avec une soie latérale, se termine en une pointe aiguë, assez longue en manière d'alène.

Ces insectes ont la physionomie des *sargies* (3)

LES PHORES. (PHORA. Lat. — TRINEURA. Meig.)

Où les antennes sont insérées près de la cavité de la bouche, et ne paraissent composées que d'un seul article de forme globuleuse; et dont les palpes sont toujours extérieurs.

Leurs ailes n'ont que des nervures longitudinales et en petit nombre. On trouve ces diptères sur les feuilles, les troncs d'arbres, où ils courent avec une extrême vitesse (4).

De ces quatre sous-genres qui nous ont offert des caractères insolites, nous passons à ceux dont les antennes sont

---

(1) Latr. ibid. p. 347.

(2) Latr. ibid. p. 348.

(3) Latr. Gen. Crust. et Insect. IV, p. 352.

(4) Latr. ibid. p. 359.

remarquables par leur longueur; elle égale au moins celle de la tête. Tels sont:

Les Sépedons. (Sepedon. Lat. — Baccha. Fab.)

A antennes beaucoup plus longues que la tête, insérées sur une élévation, avec le second article fort allongé et cylindrique. On les trouve dans les lieux marécageux (1).

Les Loxocères. (Loxocera. Meig. Fab.)

Où les antennes sont encore bien plus longues que la tête, avec le dernier article plus allongé que les précédens et linéaire. Leur corps est long et menu.

On les prendrait, au premier coup d'œil, pour des espèces d'ichneumons (2).

Les Lauxanies. (Lauxania. Lat. Fab.)

Presque semblables, pour les antennes, aux loxocères, mais qui ont le corps peu allongé et arqué (3).

Les Tétanocères. (Tetanocera. Dum.)

Dont les antennes sont à peu près de la longueur de la tête, avec leurs deux derniers articles presque également longs.

On les trouve dans les bois et les lieux humides (4).

Les antennes, dans les sous-genres suivans, sont sensiblement plus courtes que la tête.

Les Calobates. (Calobata. Meig. Fab.)

Reconnaissables à la forme longue et grêle de leur corps et de leurs pieds; à leur tête presque ovoïde ou globuleuse.

---

(1) Latr. ibid. p. 349.

(2) Latr. ibid. p. 356, et Fab.

(3) Latr. ibid. pag. 357, et Fab.

(4) Latr. Gen. Crust. et Insect. IV, p. 350.

La *C. filiforme* (*C. filiformis.* Fab.) Schell. Dipt. VI, 1, noirâtre; tête ovale; anneaux de l'abdomen bordés en dessus de blanchâtre; pieds fauves; un anneau noir aux cuisses postérieures. — Dans les bois, aux environs de Paris. Elle paraît être très-voisine de la *mouche petronille* (*petronella*) de Linnæus.

Quelques espèces ont les ailes vibratiles; le corps et les pieds proportionnellement moins longs que les autres. Elles forment le genre *micropèze* de Meigen, et se rapprochent de celui des *téphrites* de Latreille.

Telles sont la *mouche vibrante* (*vibrans*) de Linnæus, qui est d'un noir bleuâtre, luisante, avec la tête rouge et une tache brune au bout des ailes.

Sa *M. cinipsoïde* (*Cynipsea*), dont le corps est d'un noir cuivreux, avec la tête noire, et un point noir à l'extrémité des ailes.

Ces deux espèces, surtout la dernière, sont communes dans nos jardins (1).

Les Téphrites. (Tephritis. Lat. Fab.—Dacus. Fab.)

Dont la tête est comprimée dans le sens de la largeur, avec les antennes insérées vers le milieu de sa face antérieure; qui ont les ailes grandes, écartées, tachetées et vibratiles; l'abdomen des femelles est terminé par un tube écailleux, en forme de queue.

Il leur sert à introduire leurs œufs dans les fleurs, les fruits et les graines où leurs larves se nourrissent.

La *T. du chardon* (*Musca cardui.* Lin.) Réaum. Insect. III, XLV, 12-14, noire; tête et pieds d'un jaune fauve; yeux verts; une ligne brune en zigzag sur les ailes. La larve pique les tiges du *chardon hæmorrhoïdal*, pour y enfoncer ses œufs. Il s'y forme une galle, qui sert d'habitation et de nourriture à la larve.

---

(1) Latr. ibid. pag. 352, et 355.

Celle d'une autre espèce, la *T. des bigarreaux* (*Musca cerasi.* Lin.) dévore l'amande de ce fruit, mais en sort et entre en terre pour se transformer.

On en connaît une autre qui fait beaucoup de tort aux olives. (*Oscinis oleæ.* Ross.)

Les colons de l'Isle-de-France ne peuvent presque pas, d'après des observations que m'a communiquées M. Cattoire, obtenir des citrons sains et en parfaite maturité, à raison de l'extrême multiplicité d'un diptère du même sous-genre qui y dépose ses œufs (1).

LES OSCINES. (OSCINIS. Lat. Fab.)

Ont presque le port des mouches ordinaires; leur corps est un peu plus allongé, avec les ailes couchées sur le corps, les antennes écartées, droites, avancées parallèlement, et dont le dernier article, ou la palette, un peu plus grand que le précédent, comprimé, presque ovoïde ou demi-rond.

Leur tête est souvent en forme de pyramide deprimée et tronquée au bout. Ces insectes sont des sortes de tétanocères à antennes beaucoup plus courtes. Nous leur réunissons les *mosilles* de Latreille.

Les larves de quelques espèces rongent l'intérieur des tiges de plusieurs plantes céréales, et font beaucoup de tort. Suivant Linnæus, celle de l'*oscine frit* (*Musca frit*) détruit quelquefois le dixième du produit de l'orge de la Suède, et cette perte est évaluée à 100,000 ducats d'or. Les *O. pumilionis, lineata,* de Fabricius, sont encore très-nuisibles.

La *mouche bossue* (*gibbosa*) de Degéer, Insect. VI, 11, 5, paraît être du même sous-genre. Elle est d'un cendré d'ardoise, avec les yeux rouges, quatre raies noires sur le corselet, et des points noirs sur l'abdomen.

---

(1) Voyez Latr. Gen. Crust. et Insect. IV, p. 354, g. *platystoma*, et p. 355, g. *tephritis*.

Sa larve se nourrit de pucerons; elle a deux cornes à l'extrémité postérieure du corps, qui paraissent être des conduits aériens.

La *mouche des celliers* (*cellaria*) de Linnæus, qui dépose ses œufs dans les vaisseaux renfermant des dépôts vineux, peut aussi être rangée avec les *oscines* (1).

Les Scathophages. (Scathophaga. Fab.)

Qui ont aussi le port des mouches, mais avec le corps plus oblong, les ailes croisées sur le corps ou peu écartées, et qui diffèrent des oscines par leurs antennes presque contiguës à leur base, inclinées, et dont la palette est longue et prismatique. La tête est presque globuleuse ou hémisphérique.

Ce sous-genre se compose de plusieurs scathophages de Fabricius, et de plusieurs espèces de son genre *musca*, des *anthomyies* pour Meigen.

Le *S. des pluies* (*Musca pluvialis*. Lin.) cendré, avec des taches noires sur le corselet, et neuf taches triangulaires également noires sur l'abdomen. Très-commune dans notre pays.

Le *S. commun* (*Musca stercoraria*. Lin.) Réaum. Ins. IV, XXVII, 1-7, très-velu, et d'un jaune grisâtre; front roux; un point brun sur les ailes; soie de la palette barbue. Très-commun sur les excrémens, particulièrement sur ceux de l'homme. La femelle y dépose ses œufs qui sont retenus à la surface, au moyen de deux appendices, en forme d'ailerons.

La *mouche des champignons*, de Degéer, dont la larve mine encore, et en société, les feuilles de la patience, se rapporte au même sous-genre. Peut-être aussi faut-il y placer l'espèce qui, dans son premier état, ronge l'in-

---

(1) Voyez Latr. Gen. Crust. et Insect. IV, p. 351 et 357.

térieur des truffes; et celle encore dont la larve vit dans le fromage, et sautille en courbant son corps en forme d'arc et le débandant ensuite (1).

LES THYRÉOPHORES. (THYREOPHORA. Meig. Latr. — SPHÆROCERA. Latr.)

Ressemblent aux scathophages, aux espèces surtout dont le corps est plus allongé, avec la tête presque globuleuse; mais leurs antennes beaucoup plus courtes, insérées en tout ou en partie dans une cavité frontale, sont terminées par une palette lenticulaire ou presque globuleuse.

Ils ont les ailes longues, et les pieds postérieurs bien plus grands que les autres. L'écusson a souvent des pointes ou des cils roides, en forme d'épines. Ces diptères vivent dans des matières putrides, ou même sur les charognes.

La *T. cynophile* (*Musca cynophila.* Panz. Faun. Insect. Germ. XXIV, XXII) est d'un bleu foncé, avec la tête d'un jaune rougeâtre et deux points noirs sur chaque aile. L'écusson est terminé par deux épines. On la trouve sur les cadavres des chiens, et toujours dans l'arrière saison (2).

Les deux derniers sous-genres de cette famille nous présentent un caractère commun et très-singulier : les deux côtés de la tête se prolongent en forme de cornes, au bout desquelles les yeux sont situés. Tels sont

LES ACHIAS. (ACHIAS. Fab.)

Dont les antennes sont insérées sur le front (3).

---

(1) Latr. Gen. Crust. et Insect. IV, pag. 358, et p. 346, genre *anthomyia.*

(2) Voyez pour les autres espèces Latr. Gen. Crust. et Insect. IV, p. 358 et 359.

(3) Fab. Syst. anth.; Latr. ibid

LES DIOPSIS. (DIOPSIS. Lin. Fab.)

Où ces organes sont situés immédiatement sous les yeux, à l'extrémité de leurs pédicules (1).

Les espèces de ces deux sous-genres sont exotiques.

La cinquième famille des DIPTÈRES,

LES PUPIPARES. (PUPIPARA.)

S'éloignent des précédens par la forme de leur trompe, qui consiste en un suçoir, composé de deux pièces réunies en un filet délié, naissant d'un petit bulbe, situé dans la cavité orale de la tête, et d'une gaîne tubulaire, formée d'une à deux lames, recouvrant en dessus et latéralement le suçoir.

Le corps est court, assez large, aplati, et défendu par un derme solide ou presque de la consistance du cuir.

La tête s'unit plus intimement au corselet que dans les familles précédentes; elle porte sur les côtés antérieurs deux antennes courtes, tantôt sous la forme d'un tubercule avec une soie, tantôt sous celle de deux petites lames velues. Les palpes manquent, ou peut-être

---

(1) Les mêmes auteurs; voyez encore Fuesli, archiv. VI, et Donov. Epit. of nat. Hist. fasc. IX, planche-dernière.

forment-ils la gaîne du suçoir. Les pieds sont forts, écartés, et terminés par deux ongles robustes, ayant en dessous une à deux dents, qui les font paraître doubles ou triples. Les ailes ont de fortes nervures; quelques espèces en sont privées, ainsi que des balanciers.

Ces diptères, nommés par quelques auteurs *mouches-araignées*, vivent exclusivement sur des quadrupèdes ou sur des oiseaux, courent très-vite et souvent de côté.

Les uns ont une tête très-distincte et articulée avec l'extrémité antérieure du corselet. Ils forment le genre

DES HIPPOBOSQUES. (HIPPOBOSCA.—Fam. des CORIACES de Latreille.)

La larve éclot et se nourrit dans le ventre de sa mère; elle y reste jusqu'à l'époque de sa transformation en nymphe, en sort alors, sous la forme d'un œuf mol, blanc et presque aussi gros que l'abdomen de la femelle qui l'a pondu. Sa peau se durcit et devient une coque solide, d'abord brune, ensuite noire, ronde, et souvent échancrée par un bout, offrant une plaque luisante. Cette coque n'a point d'anneaux ou d'incisions transverses, caractère qui la distingue des coques des autres nymphes analogues. La peau de l'abdomen de l'insecte parfait est formée d'une membrane continue, et qui se dilate au moment de la ponte.

Les hippobosques, dans la méthode de Latreille, se divisent en trois sous-genres.

LES HIPPOBOSQUES proprement dites. (HIPPOBOSCA.)

Qui ont des ailes, des yeux très-distincts, et les antennes en forme de tubercules, avec une soie sur le dos.

L'*H. du cheval* (*H. equina*. Lin.) De G. Insect. VI, XVI, 1-20, brune, mélangée de jaunâtre. Elle se tient sur les chevaux et les bœufs, et ordinairement sous la queue, près de leur fondement (1).

LES ORNITHOMYIES. (ORNITHOMYIA.)

Ne diffèrent des hippobosques que par leurs antennes en forme de lames, velues et avancées.

Elles vivent sur divers oiseaux, les hirondelles, les mésanges, et même sur des vautours. Plusieurs espèces ont de petits yeux lisses; on n'en voit point dans les hippobosques proprement dites.

L'*O. verte* (*Hippobosca avicularia*. Lin.) De G. Insect. ibid. 21-24, verte, avec le dessus du corselet noir; yeux lisses distincts; trompe avancée; ailes presque ovales. Sur les moineaux, les rouge-queues, etc. (2).

LES MÉLOPHAGES. (MELOPHAGUS.)

Sans ailes et dont les yeux sont peu distincts.

Le *M. commun* (*Hippobosca ovina*. Linn.) Panz. Faun. Insect. Germ. LXI, XIV, rougeâtre. Il se tient caché dans la laine des moutons. Une autre espèce se trouve sur le cerf (3).

Les autres pupipares ont la tête très-petite

---

(1) Voyez Latr. Gen. Crust. et Insect. IV, p. 362.

(2) Latr. ibid, et l'article *ornithomyie* de l'Encycl méth.

(3) Latr. ibid.

ou presque nulle. Elle forme près de l'extrémité antérieure et dorsale du corselet un petit corps qui s'élève verticalement.

Elles composent le genre

DES NYCTÉRIBIES (NYCTERIBIA. Lat.), ou celui des PHTHIRIDIES d'Hermann.

Ces insectes n'ont ni ailes ni balanciers, et ressemblent encore plus que les précédens à des araignées. Ils vivent sur les chauve-souris. Linnæus en a placé une espèce, et la seule qu'il a connue, avec les *poux* (1).

---

(1) Latr. ibid., et l'article *nyctéribie* de l'Encycl. méthod.

FIN DU TOME TROISIÈME.

For EU product safety concerns, contact us at Calle de José Abascal, 56–1°,
28003 Madrid, Spain or eugpsr@cambridge.org.

www.ingramcontent.com/pod-product-compliance
Ingram Content Group UK Ltd.
Pitfield, Milton Keynes, MK11 3LW, UK
UKHW042206080726
473066UK00007B/278

* 9 7 8 1 1 0 8 0 5 8 9 0 2 *